中国石化上游
"十二五"科技进展

《中国石化上游"十二五"科技进展》编委会◎编著

ZHONGGUO SHIHUA SHANGYOU
SHIERWU KEJI JINZHAN

U0318892

中国石化出版社
HTTP://WWW.SINOPEC-PRESS.COM

图书在版编目（ＣＩＰ）数据

中国石化上游"十二五"科技进展/《中国石化上游"十二五"科技进展》编委会编著．
－－北京：中国石化出版社，2017.11

ISBN 978-7-5114-4730-2

Ⅰ．①中… Ⅱ．①中… Ⅲ．①石油化工—技术发展—中国 Ⅳ．① TE65-12

中国版本图书馆 CIP 数据核字 (2017) 第 278232 号

中国石化出版社出版发行

地址：北京市朝阳区吉市口路 9 号

邮编：100020 电话：(010) 59964500

发行部电话：(010) 59964526

http://www.sinopec-press.com

E-mail:press@sinopec.com

北京柏力行彩印有限公司印刷

全国各地新华书店经销

＊

787×1092 毫米 16 开本 27.25 印张 502 千字

2017 年 12 月第 1 版 2017 年 12 月第 1 次印刷

定价：198.00 元

编 委 会

主 任：焦大庆

成 员：蔡立国　　邹　伟　　王国力　　张　俊　　陈本池

　　　　张奎林　　王步娥　　邓玉珍　　赵克斌　　杜玉山

　　　　丁士东　　姚　盛　　张以根　　郝雪峰　　龙胜祥

　　　　沃玉进　　腾格尔　　严　谨　　刘书会　　张卫华

　　　　朱德武　　张　允　　刘克奇　　刘海成　　马玉歌

　　　　李洪毅　　高　林　　邱桂强　　王　峰　　马广军

　　　　毛明海

随着我国经济快速发展，国内石油与天然气的供给与消费增长矛盾日益突出，石油和天然气对外依存度不断加大。2015 年我国原油表观消费量为 $5.43×10^8$t，进口原油 $3.28×10^8$t，对外依存度达到 60.6%；天然气表观消费量 $1910×10^8$m³，天然气进口量达 $624×10^8$m³，对外依存度升至 32.7%。加大国内油气勘探开发力度，提高国内石油天然气资源供给能力，对保障我国经济发展、能源安全具有重要意义，是中国石化义不容辞的政治责任和社会责任。

1998 年石油石化公司重组以来，中国石化所辖东部矿权区普遍进入高勘探和高含水期，区块特点多为"碎、小、散、边、杂"，这些问题制约了勘探开发进展。通过不断的理论创新、技术攻关，中国石化在陆相隐蔽油气藏、海相碳酸盐岩、致密低渗、非常规等领域的理论和技术取得了突破性成就，有力支撑了中国石化油气资源发展战略。

"十二五"期间，随着勘探开发的不断深入，面临的勘探对象、开发领域越来越复杂，增储稳产难度愈来愈大。中国石化坚持"围绕主业发展，着力自主创新，构筑技术平台，实现重点突破"的科技发展战略，加大核心技术和战略新兴技术的攻关，在东部陆相断陷盆地精细勘探和提高采收率、海相碳酸盐岩多类型油气藏勘探开发、致密碎屑岩油气勘探开发、页岩气勘探开发以及复杂介质地震成像、超深井优快钻完

1

井、长水平井钻完井和分段压裂等方面的技术创新取得了重大进展，特别是页岩气勘探开发及工程技术取得了从无到有的重大突破。"十二五"上游领域共获得国家科技进步奖特等奖 1 项、一等奖 3 项、二等奖 11 项，申请专利 7594 项，获授权专利 4282 项，创新水平较以往有较大幅度的提升。

针对"十二五"期间取得的主要勘探开发及工程配套技术成果，中国石化科技部组织编写了《中国石化上游"十二五"科技进展》。从技术研发背景、研发目标、形成的技术内容及技术指标、应用效果与知识产权情况等方面，对每一项技术进行了系统的整理，是一件很有意义的工作。通过这个过程不仅梳理完善了技术内容，同时以定量化的指标标定了相关技术成果在"十二五"末达到的水平，为今后科技创新工作提供了攻关起点，有利于避免重复立项和重复研究，提高科技创新水平和科技投入的效益。同时，这也是一本从研发背景到应用实例完整的技术手册，有利于科技成果的推广应用，是相关领域科研、生产人员重要的参考书。

希望本书的出版，能为油气勘探开发科技进步工作起到积极作用。

是为序。

马永生

2017 年 11 月 21 日

　　中国石化东部陆上油田经过 40 多年持续开采，目前已进入中、高含水的采出阶段，稳产困难。西部、南方受地质条件和勘探开发技术影响，增储上产难度大。

　　为了解决制约资源战略发展的瓶颈问题，中国石化加大上游科技投入，积极推进科技创新驱动工作。通过应用基础研究、关键技术攻关、成熟技术推广应用，完善了东部陆相盆地油气勘探开发理论体系及其配套技术，初步开发了隐蔽油气藏成藏动态分析和定量评价技术，实现了精细勘探。发展了水驱提高采收率、三次采油、稠油开采、低渗透油气田开发、滩海油田开发等主力油田开发稳产技术，确保了东部老油田硬稳定。初步建立了叠合盆地油气勘探开发理论体系及其配套技术，创新形成了塔河碳酸盐岩缝洞型油藏、川东北高含硫天然气藏、鄂尔多斯盆地大牛地气田勘探开发专项技术，为"西部快上产"和"天然气大发展"战略实施提供了技术支撑。突破了非常规资源评价与勘探开发技术，开拓了非常规油气新领域，实现国内首个大型页岩气田－涪陵气田的商业开发。石油工程及制造技术获得全面进步，实现了部分高端石油工程装备国产化与工程技术系列化，初步形成了油藏综合地球物理技术、高精度三维地震技术、超深水平井钻完井技术、水平井多段压裂、大型复合压裂等关键技术，研制了多功能测井快速平台、高分辨率多任务成像测井解释系统等技术。实现了分段压裂等大型装备及井下关键工具国产化。

为了加快科技成果的推广应用，并为今后的科技规划和计划工作提供重要的参考依据，科技部组织编写了《中国石化上游"十二五"科技进展》。全书共分7章。第一章总结了东部老区复杂油藏勘探开发技术，包括岩性油气藏、地层油气藏、复杂断块油气藏的勘探以及整装油田矢量开发调整、复杂断块油藏立体开发、复合驱提高采收率等方面；第二章总结了海相页岩气富集规律与资源评价技术、页岩气"甜点"综合预测技术和页岩气高效开发关键技术；第三章总结了碳酸盐岩缝洞型油藏的勘探开发技术，主要包括缝洞单元地球物理识别与描述技术、缝洞型油藏三维地质建模及数值模拟技术、缝洞型油藏提高开发效果技术、缝洞型油藏深抽及降黏工艺技术；第四章总结了致密碎屑岩天然气藏和高含硫天然气藏的高效开发技术；第五章总结了以高精度地震采集、可控震源高效采集、叠前深度域偏移成像、微地震等方面的地球物理技术；第六章总结了钻井完井工程技术，主要包括超深井钻井技术、超深水平井钻井技术、复杂结构井钻井技术、随钻测控技术、特殊钻井液技术、复杂地层固井技术等；第七章总结了具有自主知识产权的工程装备与软件产品。

本书的具体分工是：前言由邹伟、蔡立国编写。第一章由刘克奇、王勇、郝雪峰、韩宏伟、于正军、李红梅、李继光、揭景荣、孙淑艳、宋亮、孔省吾、张学芳、于景强、陈涛、唐东、贾光华、苏朝光、苗永康、马玉歌、张建芝、刘海成、宋志超、吕广忠、姜祖明、李洪毅编写。第二章由龙胜祥、王卫红、李金磊、朱德武、高波、周贤海、刘若冰、臧艳彬、范明、包汉勇、陈超、赵素丽、冯明刚、李远照、刘建坤、廖如刚、何勇、邹伟编写。第三章由何治亮、沃玉进、范明、丁茜、鲍征宇、胡文瑄、腾格尔、郑伦举、张志荣、陶成、卢龙飞、申宝剑、张卫华、唐金良、孙建芳、张允、邹伟、焦保雷编写。第四章由邱桂强、季玉新、严谨、史云清、胡向阳、邹伟编写。第五章由张卫华、薛诗贵、彭代平、常鉴、段心标、蔡杰雄、李博、郭书娟、朱童、崔树果编写。第六章由朱德武编写。第七章由杨昌学、李勇、王大勇、朱德武、李林、睢圣、张卫华、李博、宋志翔编写。焦大庆对全书进行了审核。

由于时间和水平有限，书中难免有不当之处，请批评指正。

CONTENTS **目 录**

第一章
东部老区复杂油藏勘探开发技术

第二章

海相页岩气勘探开发技术

第三章

碳酸盐岩缝洞型油藏勘探开发

第四章

复杂天然气藏高效开发技术

第五章

地球物理技术

第六章

钻井完井工程技术

第七章
工程装备与软件研发

东部老区复杂油藏勘探开发技术

　　中国石化东部探区包括五个油田、八个主要产油凹陷：胜利油田（东营、沾化、惠民、车镇凹陷）、中原油田（东濮凹陷）、河南油田（泌阳凹陷）、江苏油田（高邮凹陷）、江汉油田（潜江凹陷）。"十二五"以来，随着勘探开发的深入，东部老区油藏类型日趋复杂、资源品位越来越低，储产量的接替与难度逐年加大。以胜利油田为代表的东部老区，对理论与技术创新推进资源接替、油气产量与经济效益持续发展的需求比以往任何时候都更为迫切。为此，重新梳理勘探、开发对象，认为岩性油气藏、地层油气藏及复杂小断块油气藏仍是下一步的勘探、开发重点。通过开展大量科技攻关，中国石化东部探区及部分西部探区取得了一系列勘探及开发成效。

　　富油凹陷油气富集规律方面，揭示了渤海湾盆地油气成藏及分布的相似性、有序性及差异性，初步建立了陆相断陷盆地油气富集规律与控制机制：① 盆地结构及成藏要素的相似性，决定了不同盆地和相邻层系之间，勘探经验和技术可以相互借鉴，是指导三新领域勘探实践的基本原则；② 盆地内油气藏分布的有序性启示我们不同层系的储量空白区仍具有勘探潜力，是成熟探区精细勘探的指导方针；③ 成藏动力及不同岩相带油气富集模式的差异性指导了盆地内不同类型油气藏的勘探思路及关键技术，是实现高效勘探的关键。

　　精细地质评价技术方面，基于中国东部新生代陆相断陷盆地特有的复杂性所造成的油气藏形成、分布的复杂和多样性等特点，系统总结了一套适合成熟探区勘探的精细地质评价思路及方法。分别从高精度层序地层分析、油气成藏期关键地质要素恢复、油气输导体系精细刻画及油气成藏定量表征等方面系统研究和形成了适用于断陷盆地隐蔽油气勘探的精细地质评价技术与方法。其中，随着油气勘探工作的不断深化，以东营凹陷为代表的北部陡坡带的砂砾岩、中部洼陷带的浊积岩、南部缓坡带的滩坝砂以及新近系河道砂等四类隐蔽油藏成为勘探的主要目标。这类砂体常呈频繁的薄互层，砂层多但厚度薄，横向连续性差、变化大，预测困难。为此，在对测井资料进行归一化处理的基础上，按照岩心实测孔隙度—核磁孔隙度—三孔隙度—交汇孔隙度的工作过程，建立储层现今的精细地质模型。

精细勘探地震技术方面，随着油气勘探程度的提高，勘探目标变得越来越复杂，迫切需要提高三维地震勘探的精度。为了适应这种形势，针对制约地震勘探精度的瓶颈问题，经过技术攻关，近几年来取得了重要的发展。完善形成了适合精细勘探的地震技术，提高了地震关键技术的精确性、实用性、针对性。在高密集空间采样观测系统理论、安全高效激发技术、近地表探测与建模技术、保幅处理评价方法、高密度资料处理技术、井数据驱动的高精度地震处理关键技术、弱反射信号储层识别技术与非常规油气藏预测技术探索等方面取得了巨大进步，为精细勘探提供了高品质地震资料。在此基础上形成了地震储层预测思路：分析反演结果，明确地质意义；建立实际模型，完成正演模拟；同一方法反演，前后结果对比；地质物探结合，确立预测模式。

随着油气开发领域逐渐扩大，老区剩余油、新区低品位储量成为中国石化东部老油田开发的主体。"十二五"期间针对高含水油藏、稠油、薄互层低渗油藏、致密油气藏的开发技术瓶颈，开展了以提高储量动用率、建产率、采收率为核心的理论技术攻关，形成了较为完整的油气田开发技术体系。

一是特高含水油田提高水驱采收率技术。通过研究特高含水期水驱机理及规律，建立了高渗条带定量判识与表征方法和层系井网矢量调整模式，发展形成了微观剩余油定量表征技术。攻关形成低序级断层描述技术、复杂断块三级细分层系重组技术、复杂结构井技术、人工边水驱技术和立体开发技术，为东部老油田的产量稳定奠定了基础。二是低渗透油藏有效注水开发技术，通过研究仿水平井注水开发机理、拓频增精度储层预测及地应力预测技术，集成定向长缝压裂技术、高压精细注水配套技术，形成低渗透油藏仿水平井注水开发配套技术。三是化学驱油提高采收率技术。通过研究注聚后油藏剩余油分布形态、新型驱油剂 B-PPG 及"B-PPG+聚合物＋表面活性剂"复合驱油体系，攻关形成了聚驱后"井网调整非均相复合驱"技术；发展了耐温抗盐高效二元复合驱油技术。四是稠油高效开采技术。针对东部老区深层边际稠油油藏高效开发难题，创建了稠油热采非达西渗流理论，攻克了强水敏稠油、特超稠油、水驱后稠油等边际稠油油藏开发关键技术系列。

第一节　岩性油气藏勘探技术

中国东部老区岩性油气藏通常指古近系陡坡带砂砾岩、洼陷带浊积岩、缓坡带滩坝砂以及新近系河道砂沉积体系，整体上具有储集体展布复杂、纵横向连通性差、期次划分难、储层非均质性强、储集物性差以及油水关系复杂等特点。通过十多年的勘探实践，集成创新了中国东部老区岩性油气藏地质建模技术、岩心描述与测井判识技术、面向岩性的特殊处理技术、储层描述及流体检测技术、圈闭有效性评价技术，并取得了显著的勘探成效。

一、地质建模技术——以陡坡带砂砾岩为例

（一）研发背景和研发目标

中国东部断陷盆地砂砾岩扇体是盆地断陷期近源、快速、混杂堆积的产物，期次划分困难，横向相变快，等时地层标志不明确，精细等时对比难度大，沉积相时空展布复杂。

针对中国东部断陷湖盆陡坡带砂砾岩扇体多期杂乱叠置堆积的特点，形成了"以岩心、成像测井资料作标定，以曲线重构、单井小波变换分析为手段、以井震结合为核心"的砂砾岩扇体沉积旋回划分技术。基于砂砾岩体由多旋回正序组成，垂向上均表现为正旋回，旋回间断期可能分布稳定厚层湖相泥岩的特点，形成了"以多沉积作用形成的垂向上有序组合的正旋回沉积体为基本单元，以岩相突变面为沉积旋回界面进行单井沉积旋回划分；以扇缘稳定泥岩为标志层，由扇缘向扇中、扇根进行沉积旋回井间对比"的砂砾岩体精细旋回划分对比模式（图1-1-1）。以扇体横向补偿迁移

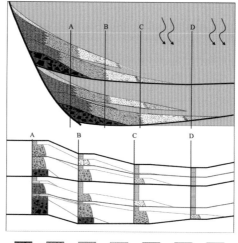

图1-1-1　砂砾岩体沉积旋回划分对比模式

叠置理论为指导，以地震资料约束精细解剖砂砾岩体内幕结构为依据，分期次进行沉积相划分，建立沉积相时空展布模式。

（二）技术内容及技术指标

1. 技术内容

以东营凹陷北部陡坡带盐 22 水下扇为例，综合利用岩心、录测井和地震资料，建立砂砾岩地质模型。

（1）砂砾岩沉积期次划分

用岩心对 FMI 图像进行刻度，通过岩心和成像图的对应性研究，找出岩心所反映的特定地质现象在成像图的响应（形态和颜色）特征，从而得出各种岩性（粒度）、沉积构造和裂缝等地质现象在 FMI 图像上的显示特征，克服多解性和不确定性，建立砂砾岩体典型岩性和主要沉积构造的成像测井解释图版。通过岩心观察分析，以岩性突变面、冲刷面、粒序变化处、相序转换面、不整合面等 5 种界面作为沉积旋回期次界面。根据这 5 种界面在成像图的响应特征，对典型井进行期次旋回划分。利用中子–密度交会初步计算孔隙度，利用威利公式反算岩点的骨架声波时差，该骨架声波时差已经对岩性有较明显的反映；在深电阻率–骨架时差和自然伽马–骨架时差统计关系的基础上，引入深电阻率和自然伽马，建立综合的岩性识别曲线。通过成像岩性描述刻度岩性识别曲线，确定岩性划分标准，进而在成像测井的约束下，通过重构岩性和小波变换，对盐 22–22 井进行沉积旋回的精细划分，全井识别出 19 个期次（短期旋回），将多个短期旋回进行叠加，识别出 6 个中期旋回（四级层序）。

（2）等时地层格架建立

对井旁道地震数据进行时频分析，对砂砾岩体期次进行划分，然后结合地震解释，运用地层旋回等时对比技术对砂砾岩体内部进行了划分，建立了高分辨率的等时地层格架。

（3）沉积模式

以扇体横向补偿迁移叠置为指导，地震资料为约束精细解剖砂砾岩体内幕结构，将盐 22 块沙四上亚段纯上扇体划分为 6 期，对于同期扇体，岩心、录测井结合地震反射特征进行沉积相的划分，明确沉积相分布规律，建立了"垂向多旋回正序叠加、横向多扇体迁移补偿、平面多期次叠置连片"的沉积模式。

2. 技术指标

① 通过"岩心成像作标定、曲线重构划旋回、井震结合定格架"的砂砾岩旋回划分对比技术，实现砂砾岩体短期旋回识别与对比。

② 依据"垂向多旋回正序叠加、横向多扇体迁移补偿、平面多期次叠置连片"的沉积模式，明确不同期次砂砾岩体叠置过程。

二、岩心描述与测井判识技术——以陡坡带砂砾岩为例

（一）研发背景和研发目标

砂砾岩体沉积类型多样、岩石组构复杂、成熟度低、非均质强、物性差、油水关系复杂，给利用测井技术进行储层评价带来了困难。

在砂砾岩体储层描述的基础上，按照从岩性识别到储层划分的顺序开展工作，最终进行油层识别和定量评价。

（二）技术内容及技术指标

1. 技术内容

（1）储层特征

岩性特征：砂砾岩体主要发育砾岩、含砾砂岩或砾状砂岩、砂岩和泥岩。砾岩以中砾岩、细砾岩为主，偶见粗砾、巨砾岩，颜色为灰色、杂色，成分复杂，以变质岩砾和灰岩砾为主，也见泥岩砾、砂岩砾、火山岩砾等，砾石分选中等—差，磨圆为次棱角状—次圆状多变；按岩石组构可划分有杂基支撑砾岩、颗粒支撑砾岩、块状砾岩、复合递变砾岩等。含砾砂岩或砾状砂岩粒度大小混杂、非均质强，有的含油，有的不含油。砂岩主要为岩屑砂岩，其次为长石质岩屑砂岩，杂砂岩也较常见。多为不等粒砂岩，砂岩中常含油。盐 22-22 井砾岩岩性类型及特征如图 1-1-2 所示。

（a）杂基支撑中砾岩　　　　（b）砾状砂岩　　　　（c）细砂岩

图 1-1-2　盐 22-22 井砾岩岩性类型及特征

岩石结构特征：砂砾岩扇体砾石粒径大，常规的粒度分析测试都有其局限性，很难准确测定砾石组分的粒径范围。针对砾石组分的特殊性，采取对岩心1∶1精描的方法，能够较准确地表征砾石颗粒的结构特征；而对于其中的砂级组分，采用薄片粒度的分析方法来表征砂级颗粒的结构特征。通过两者的结合，可以较好地表征砂砾岩组分的结构特征。

沉积特征：砂砾岩主要发育在陡坡带，下面以成熟探区东营凹陷陡坡带为例进行说明。东营凹陷陡坡带不同部位分别形成了洪积扇、辫状河三角洲、扇三角洲、近岸水下扇、陡坡深水浊积扇、近岸砂体前缘滑塌浊积扇等6类砂砾岩扇体。纵向上，在断陷初期，陡坡带主要发育近源快速沉积的洪积扇体，前方则主要沉积扇三角洲；随构造演化阶段逐渐向断陷后期过渡，断层坡度加大，湖盆的沉降速度大于沉积速度，成为非补偿性沉积湖盆，其水体也逐渐加深，早期的滨浅湖相主要演变为半深湖–深湖相，扇体纵向上逐渐向重力流机制为主的近岸水下扇、浊积扇体过渡；随断陷湖盆构造演化向平稳期、萎缩期过渡，湖盆的沉降速度又小于沉积速度，物源补给充分，陡坡带逐渐被扇三角洲体系、洪积扇体系所占据。

储集空间特征：东营凹陷北部陡坡带砂砾岩体经历了早成岩作用到晚成岩作用的演化，多种类型的成岩作用对储集空间的改变起着重要的影响。储层埋深小于1650m时发育原生孔隙，特别是埋深小于800m时，发育压实收缩的原生粒间孔；超过800m后出现碳酸盐胶结，未见溶蚀作用，主要分布着胶结剩余粒间孔。而埋深超过1650m时出现溶蚀现象；1650～1900m处的溶蚀作用相对较弱，为溶蚀孔隙、原生孔隙并存的混合孔隙段；超过1900m后以溶蚀和胶结作用为主，次生孔隙发育，次生孔隙包括粒间溶孔、粒内溶孔、超大孔隙（溶蚀孔洞）；裂缝包括剪切缝、贴粒缝、构造缝。深层砂砾岩贴粒缝发育，局部发育切穿颗粒裂缝，两者连通次生溶蚀孔隙，共同构成了立体连通孔–缝网络。孔–缝网络周围发育大量泥质和碳酸盐微孔，可以封闭浸染其中的油气，形成了深层砂砾岩次生溶孔、裂缝及原生孔隙等有效储集空间富存油气的特点。

储集物性特征：东营凹陷北带不同地区主要含油层段沙三中–下亚段、沙四上亚段砂砾岩储层的物性统计表明，同一地区沙三中–下亚段储层物性要明显好于沙四上亚段，沙三下–沙三中亚段孔隙度主要分布在15%～30%区间，渗透率主要分布在（10～10000）×$10^{-3}\,\mu m^2$，沙四上亚段孔隙度主要分布在5%～20%区间，渗透率主要分布在（0.1～100）×$10^{-3}\,\mu m^2$，表明随着深度的增加，储集物性在变差。

（2）储层测井识别技术

岩性测井综合识别技术：利用岩心刻度 FMI 成像测井，成像测井刻度常规曲线，然后通过岩性－测井系列敏感性分析，选取对岩性敏感性强的常规测井曲线进行岩性识别曲线的构建，经岩心、成像岩性描述刻度后确定出岩性划分标准，进行岩性划分。

选取三孔隙度测井曲线和自然伽马、深侧向电阻率测井曲线建立岩性识别曲线 LIC（Lithology Identify Curve），其主要思路是：利用中子－密度交会初步计算孔隙度，利用威利公式反算混合骨架点的声波时差，该骨架声波时差已经对岩性有较明显的反映；在深电阻率－骨架声波时差和自然伽马－骨架声波时差统计关系的基础上，引入深电阻率和自然伽马，建立了岩性识别曲线。岩性识别曲线 LIC 与岩心和成像所反映的岩性剖面有非常好的一致性：LIC 由高到低，代表着粒序逐渐变细，岩性也由砾岩逐步过渡为泥岩。利用岩心和 FMI 成像解释的岩性对 LIC 曲线进行刻度，确定不同岩性的 LIC 划分标准，进行岩性识别。

有效储层识别技术：在常规测井资料岩性识别的基础上，剔除泥岩和致密砾岩，结合录井、成像资料进行有效储层划分，采用测井解释模型确定储层的孔隙度和饱和度；然后依据有效厚度划分标准，结合录井、分析化验、试油投产、核磁测井等资料确定油层有效厚度和干层、水层。

2. 技术指标

① 针对砂砾岩体成岩圈闭进行部署，岩性解释符合率达 80% 以上。

② 针对砂砾岩体成岩圈闭进行部署，油层解释符合率达 75% 以上。

三、面向岩性的特殊处理技术

（一）研发背景和研发目标

随着勘探程度的深入，勘探开发的主体目标由简单的构造油气藏转为复杂的岩性等隐蔽性油气藏。勘探开发目标的复杂性，对地震资料的分辨能力提出了更高的要求，地震拓频处理技术已成为各大油公司亟待攻克的难关。目前国内外常用的拓频处理方法有地表一致性反褶积、反 Q 滤波、零相位反褶积、盲反褶积等。该类方法在实际资料处理中存在一些不足，主要表现为地震数据信噪比降低、难以保持相对振幅关系和时频特性，且极易破坏低频成分。

因此，开展地震资料保真性更好的拓频处理技术研究具有非常重要的现实意义。

要做好该项工作需要解决以下几个关键问题：一是处理后能够保持信噪比，以保证拓频地震数据的实用性；二是处理后能保持相对振幅关系和时频特性，以保持波场的动力学特性，为储层预测和地震属性分析奠定基础；三是处理后能相对保持低频信息，以保证地震反演和储层预测精度。

岩性圈闭识别对地震资料的保真、保幅性要求更高。但以前的地震处理技术及流程多注重以构造成像为主要评价目标，容易造成处理成果不能准确反映真实的储层岩性信息变化，给储层的精细识别带来困难，使储层描述精度受到相应的制约。

在地震保幅处理技术方面，首先通过典型岩性储层叠前正演，建立典型岩性储层的地震响应特征与其地质模式的对应关系；在此基础上，建立一套地震资料保幅处理评价准则及分析方法，对于现有关键处理环节的保幅性进行分析与评价；对于保幅性较低的技术环节，研发替代的处理技术模块，最终建立一套能够满足储层精细预测需要的保幅处理技术流程，形成了完整的面向岩性储层精细预测的地震保幅处理技术体系。通过对试验靶区地震资料开展技术应用，验证其有效性。

在提高分辨率方面，剖析常规地震拓频处理技术的优势与不足，通过时频域高频拓展研究，以模型验证及实际资料处理为基础，实现地震资料拓频处理后，地震主频及优势频带提高的同时，能够达到保持较好信噪比、振幅特性与时频关系的目标。

（二）技术内容及技术指标

1. 地震保幅处理技术

通过研究制定一套地震保幅处理评价准则，形成一套有效的地震资料保幅分析评价方法；在关键处理环节保幅性分析与评价的基础上，对保幅能力相对较低的技术环节，研发新技术、新方法，最终形成一套面向岩性储层精细预测的保幅处理技术系列，为叠前地震属性分析、储层精细预测提供保幅程度较高的地震成果资料。

（1）地震保幅评价模型建立与地震响应特征分析

针对胜利油田典型的岩性储层特征，结合济阳坳陷不同地区广泛发育的河道砂体及其他岩性油气藏类型，依据钻井、录井、测井及地震资料，建立针对河道砂、陡坡带砂砾岩体、断层岩性油气藏的保幅评价正演模型；对不同正演参数进行了试验分析，开展保幅性叠前、叠后波动方程正演模拟工作；对正演记录进行了详细的特征分析。对正演数据记录进行了相应的处理工作，分析不同处理环节对地震波形的影响。

（2）地震保幅评价准则建立与保幅分析方法研究

针对地震保幅评价准则的要求，开展了不同保幅分析方法的研究工作。利用正演数据结合实际地震资料处理，根据不同的技术类别，建立了相减法、振幅曲线对比法、子波一致性相关分析法、沿层地震属性平面分析法、相干切片分析法和AVO属性分析法的保幅分析方法及判断准则，建立了地震资料保幅分析评价系统，为后续的保幅性研究奠定了较好的基础。制定了中国石化及胜利油田企业标准《地震资料保幅处理技术规范》。

（3）现有关键处理技术的保幅性研究

利用正演数据，重点结合实际地震资料处理测试，运用地震资料保幅处理技术标准及保幅分析方法对目前处理中常用的四大类模块进行了相对保幅性分析与测试，并得出相应的结论：① 对Radon变换去除多次波、阵列变换、频率空间域、频率波数域等噪音衰减技术模块的相对保幅性进行了分析与研究；② 对地表一致性反褶积、统计子波反褶积，预测反褶积不同模块的原理、关键参数进行了分析与研究；③ 对现有处理系统中常用的显示类增益、几何扩散补偿、地表一致性振幅补偿及时频空间域补偿，分别从方法原理、模型数据及实际资料多方面通过各类曲线，分析不同振幅类处理技术的相对保幅性；④在成像方面，对影响叠前成像的因素，不同成像方法、偏移算子等方面进行了相对保幅性分析与研究。

（4）保幅新技术开发及模块研制

针对传统处理技术在相对保幅性方面存在的不足和缺陷，研发了三维叠前保幅道内插技术、基于双参数目标寻优的自适应谱模拟反褶积新技术及时频空间域波形一致性校正技术。针对三项新技术分别开发了相应的处理模块，通过大量的测试与完善，形成了能够应用于生产的处理模块，完善了面向精细储层预测的保幅处理流程。

（5）面向精细储层预测的保幅处理流程建立及应用研究

利用正演模拟数据及实际地震资料测试数据，对叠前噪音去除、振幅补偿、反褶积、叠前成像等关键处理环节不同处理技术的配置关系进行了研究。通过对已有技术开发及保幅新技术研发，建立能够有效提高岩性储层保幅程度的精细处理流程。利用研发的保幅处理流程，对垦东1区三维资料及罗家高精度三维资料开展保幅性处理研究工作，利用相对保幅成果资料开展叠前、叠后反演及属性分析工作，较大幅度的提高岩性储层的预测精度，发现了一批有利油气目标区。

五个方面研究成果细分为以下13项具体研究成果：①建立了河道砂、砂砾岩体、复杂断块等地震地质模型；②开发了黏弹介质中的交错网格高阶差分弹性波模拟技术；③制定了地震资料保幅处理评价规范；④研究了地震保幅处理分析方法，形成了地震保幅评价分析系统；⑤对叠前去噪类常用技术进行了保幅性分析与评价；⑥对振幅补偿类常用技术进行了保幅性分析与评价；⑦对不同反褶积技术进行了保幅性分析与评价；⑧对叠前成像处理技术进行了保幅性分析与评价；⑨研究开发了自适应谱模拟反褶积技术；⑩研究开发了时频空间域波形一致性校正技术；⑪研究开发了保幅三维叠前道内插技术；⑫建立了能够有效提高岩性储层保幅程度的处理流程；⑬对靶区资料进行了综合应用研究，较大幅度的提高岩性储层的预测精度。

2. 时频域地震拓频处理技术

常规拓频方法通常假设地震信号是平稳信号，反射系数序列是白噪序列，子波是最小相位。时频域谱模拟方法摒弃反射系数为白噪序列的假设，在假设地震子波振幅谱平滑的前提下，采用数学手段将子波振幅谱从地震记录振幅谱中拟合出来，根据子波振幅谱设计反褶积算子，进行零相位滤波，展宽地震子波振幅谱，降低反射系数对子波振幅谱模拟的影响，实现压缩子波提高分辨率的目的。该方法对非白噪序列反射系数具有很好的包容性，能够有效降低反射系数非白噪成分对子波振幅谱模拟的影响，提高子波振幅谱模拟质量及反褶积处理效果。

在时频域谱模拟拓频前要对球面扩散、界面反射和地层吸收衰减等进行能量补偿，子波一致性是做好拓频处理的前提条件。研究中将改进广义S变换引入到谱模拟方法中，在二维时频谱的点谱上进行谱模拟处理，恢复地震资料的中、深层弱反射有效信号，丰富层间信息，拓宽频谱的有效频带，提高识别薄储层的能力。广义S变换克服了小波基函数变化趋势固定不变的缺陷，具有较好的时频分析效果和较高的灵活性。根据实际应用的需要，可以调节参数的大小以获得不同的时频分辨率。随着频率的增加，窗函数的幅值会迅速增大，对时频谱的能量分布产生明显的加权效应，使得时频谱中高频端出现异常强能量。

改进广义S变换时频谱与傅里叶振幅谱之间具有明确的关系，信号在改进广义S正、逆变换前、后保持一致，改进广义S变换具有无损可逆性。将改进广义S变换引入到谱模拟反褶积方法中，不仅避免了傅里叶变换中复杂的时窗大小问题，还能更好地适应地震信号是平稳信号的假设条件，并能对薄储层进行针对性目标处理，有效提高了谱模拟反褶积处理效果。

3. 技术指标

① 对广义S变换窗函数进行了改进，研发形成了时频域高频拓展技术，在保持时间分辨率的前提下有效提高了叠前数据对薄储层的分辨率，地震主频及优势频带较常规技术均提高10Hz以上。

② 在东西部几十个工区进行保幅评价分析方法推广，完成三维地震资料保幅处

理 $1 \times 10^4 \text{km}^2$。利用保幅处理后的数据，进行目标区有效储层描述，储层预测结果与井的吻合率达到 80% 以上。

四、储层描述及流体检测技术

（一）研发背景和研发目标

随着济阳坳陷第三系油气藏勘探程度的不断提高，复杂岩性等隐蔽油气藏比例已经达到 80% 以上，储层描述难度大，进入开发阶段亟需开展有效储层识别，进行储层物性与含油性特征等方面的研究。原有的储层描述和流体地震检测技术已经满足不了实际的勘探开发需求，迫切需要针对不同岩性储层地震描述和流体检测存在的基础岩石物理研究少、预测结果多解性强、预测精度低等薄弱环节进一步深化研究，提高复杂岩性储层描述和流体检测的预测精度和钻探成功率，降低勘探开发风险，为提高勘探开发成功率提供有力的技术支撑。

"十二五"期间，针对岩性储集体描述难点，将地质、地震资料相结合，以储层沉积特征研究为指导，通过岩石物理分析及地震正演模拟，明确储层地震预测基础；基于保幅处理资料，形成了相控储层量化描述、多信息融合的有效储层描述等重点描述评价技术。同时，在地震波动理论指导下，充分利用地质、地震、测井等综合资料，以储层岩石物理理论和测试资料分析为基础，寻找对储层流体敏感的岩石物理参数；形成了基于衰减属性重构的油气层叠后流体检测和高灵敏度流体因子的叠前反演预测等岩性储层流体检测技术。

（二）技术内容及技术指标

1. 相控储层量化描述技术

在地震资料保幅拓频处理和砂层组（油层组）精细划分解释的基础上，研发了针对复杂岩性油藏的相控储层量化描述技术。以河流相储层相控描述技术为例，首先在区域沉积演化规律的指导下，开展各砂组单元的沉积相精细划分；开展不同河流类型的疏松砂岩储层的地震正演模拟，明确不同河流相带的地震响应特征。以上述研究为基础，建立了针对不同河流类型储层的地震精细描述技术。针对曲流河沉积类型，研发了基于振幅、频率、波形等复合属性的储层精细刻画的方法；针对辫状河 - 曲流河过渡相沉积类型，开发了薄互层砂岩净厚度估算的定量描述技术；而辫状河沉积储层发育，主要形成构造油藏，针对高砂地比类型油藏，以构造演化分析指导构造解释，开发了低序级断层识别和微幅构造描述方法精细刻画构造圈闭，形成了辫状河沉积地层构造精细描述技术。

2. 多信息融合的有效储层描述技术

勘探实践表明，单纯采用叠前、叠后信息预测有效储层都存在着一定的不足。叠后孔隙度预测虽然相带展布规律较明显，但是细节刻画不足，精度相对较低；叠前孔隙度预测精度较高，细节刻画明显，但由于预测过程中主要由数据驱动，在相带展布规律的表现上略有欠缺。基于以上原因，探索了叠前叠后属性融合预测方法。具体流程是，选择叠前属性预测数据体，如泊松比体、纵横波速度比体等，利用地层切片的方式，得到复杂岩性单期次不同弹性参数的平面图；选择叠后属性预测体，利用相同的方式获得同一期次相关性较高的优化属性；利用交汇分析和井震关系，对叠前、叠后属性的相关性进行分析，根据相关性的高低确定其权重；根据优选的属性和各属性的权重，利用多元回归方程进行属性融合，经过变差校正，得到最终的叠前、叠后属性融合数据体。多信息叠后融合有效储层技术流程如图1-1-3。

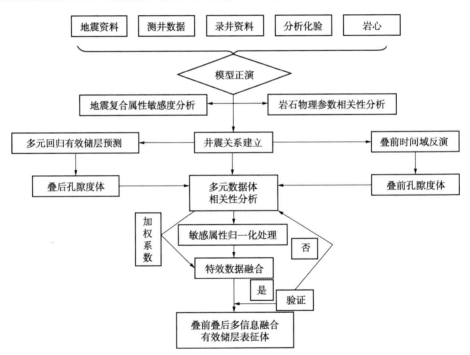

图 1-1-3 多信息融合有效储层预测技术流程图

该技术探索了叠前、叠后属性融合的孔隙度预测方法，是一项较为前沿的技术。从预测结果来看，它兼有叠前、叠后孔隙度预测的优点，在准确性得到保证的基础上，既显示了物性预测的相带变化特征，又突出了储层物性的细节变化，体现了地震、地质、测井、开发等多手段结合的优势，进一步提高了有效储层描述精度。

3. 基于衰减属性重构的油气层识别技术

地震属性里包含有关于储层物性、流体等信息，单一属性往往存在多解性，而且不同工区和不同储层对所预测对象敏感的地震属性是不完全相同的。

在同一个地区，能够反映储层含油气性的属性较多，在找到许多能够反映含油气储层的地震属性后，主要是通过属性优化从中提取出反映储层性质和分布的特征。但属性优化后得到的结果往往没有明确的物理意义，因此从吸收衰减属性出发，提出属性重构方法。

主要技术思路是，在单属性提取的基础上，结合振幅、频率和衰减属性，通过属性重构放大储层含油气后的吸收衰减属性，从而识别预测储层含油气有利分布区，减小了单一属性识别油层的多解性，提高了油藏识别精度。

4. 高灵敏度流体因子的叠前反演预测技术

在理论和实践中证明，波阻抗、泊松比等流体识别因子只能在某一方面有较强的识别能力，而不能全面有效地识别不同砂岩的含油气性。因此需要寻找一个更加灵敏的流体识别因子来对砂岩进行流体识别。由岩石物理参数流体敏感分析可知，波阻抗组合参数敏感性较高，波阻抗形式的组合存在各种次数量纲的形式，高次量纲能够将差异放大，而低次量纲将差异缩小，将两者结合，让高次幂将差异大的地方突出，低次幂将噪声减小，从而能较灵敏地实现流体识别。

根据上述分析，在叠前直接反演不同角度弹性阻抗体的拉梅参数、剪切模量、密度等弹性参数基础上，利用 4 次幂量纲和 0 次幂量纲组合的形式，建立了高灵敏度流体识别因子。

表 1-1-1 为垦东北部地区不同流体因子的对油气的敏感性计算结果。由表可知高灵敏度流体因子在识别储层油气方面要比其他流体因子更敏感，在弹性参数直接反演的基础上构建出能够精确识别储层油气的高灵敏度流体因子，从而提高油层识别精度。

表 1-1-1　垦东北部地区不同流体因子对储层流体的敏感性响应

	Vp	Vs	ρ	Ip	Is	σ	PI	$\lambda\rho$	Fw
含气砂岩	2.367	1.618	1.980	4.687	3.207	0.062	0.237	1.438	0.0025
含油砂岩	2.46	1.570	2.184	5.284	3.372	0.156	0.597	5.351	0.0742
含水砂岩	2.436	1.440	2.183	5.318	2.489	0.360	1.859	15.89	1.2008
敏感因子（水－气）	34.663	2.873	9.753	25.123	12.617	144.64	155.34	166.81	199.18
敏感因子（水－油）	31.393	0.98	1.617	30.134	0.641	79.07	102.769	99.233	176.72

图 1-1-4 是沿垦东地区馆上段 4 砂组提取的高灵敏度流体因子平面展布图。图中红色为流体因子低值异常，通过与实钻井对比表明，流体因子与油藏分布吻合较好，说明高灵敏度流体因子对储层流体的识别能力有效可靠，可以准确地描述储层含油气分布范围，对油气田开发具有非常重要的意义。

在流体检测技术中，系统地研究了流体地震识别岩石物理基础及技术，明确了浅层疏松砂岩常规油层具有地震识别基础，形成了地震特征属性重构、高灵敏流体因子叠前反演等流体识别技术，平均预测符合率 70%，在新近系河道砂岩油藏地震识别技术及应用方面达到国际领先水平。

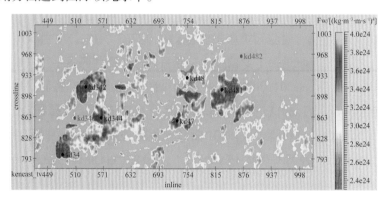

图 1-1-4　垦东地区馆上段 4 砂组高灵敏度流体因子平面展布

5. 技术指标

在陆相复杂岩性油藏储层描述技术中，研发了地震拓频和保幅处理技术，形成了岩性油气藏勘探技术系列。通过该技术的应用，平均储层预测符合率提高到 80%，可识别 5 ～ 10m 的储层，达到国际先进水平，取得了丰富的地质成果，获得了显著的勘探效益和经济效益。

五、复杂岩性圈闭有效性评价技术——以陡坡带砂砾岩为例

（一）研发背景和研发目标

国内外针对成岩圈闭的研究主要停留在成岩圈闭的静态特征描述以及圈闭主控因素分析阶段，成岩圈闭油气成藏模式及主控因素尚不清楚，因此，开展成岩圈闭成因机制、形成演化与油气富集规律的研究，是目前国内外成岩圈闭研究的发展趋势。

在成岩圈闭成因机制研究的基础上，从油气成藏动平衡原理出发，应用岩心压汞、核磁测井及常规测井物性资料，建立了基于岩相的油驱水突破压力计算方法，形成圈闭有效性的定量评价标准。

（二）技术内容及技术指标

1. 技术内容

圈闭类型：东营凹陷北带陡坡扇体圈闭分类如图 1-1-5 所示，从深层至浅层依次发育深层成岩圈闭、中层构造类圈闭和浅层稠油地层圈闭，其中，中浅层构造圈闭和地层圈闭在前期已获得突破，近年来主要针对深层成岩圈闭进行勘探。

类型	埋深	成岩阶段	模式图	封堵要素
1	中浅层 2200～3280m	早成岩B期	常规油成岩圈闭 （成岩主控+侧向封堵） 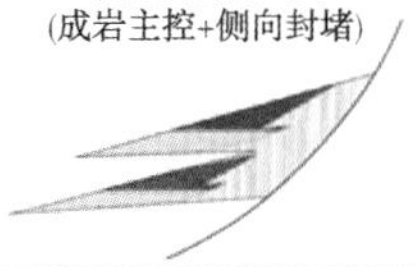	泥岩+ 扇根亚相
2	中深层 3280～4200m	中成岩A期	常规油成岩圈闭 （成岩主控+垂侧封堵） 	扇根亚相+ 扇中隔夹层
3	深层 >4200m	中成岩B期	凝析油成岩圈闭 （成岩主控+垂侧封堵） 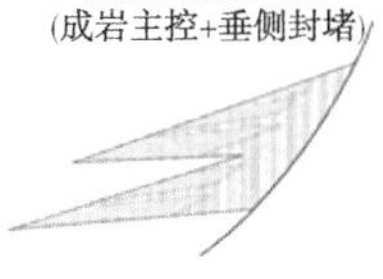	

图 1-1-5　陡坡扇体圈闭分类图

圈闭有效性评价：针对陡坡带深层砂砾岩体形成了"油藏精细解剖定规律、有效储层评价定范围、突破压力计算定高度、油藏顶面倾角定规模"的成岩圈闭评价技术方法。对于砂砾岩扇体来说，扇主体根部以杂基支撑砾岩为主，随埋深物性快速持续变差，而扇主体中部以颗粒支撑的砂砾岩为主，成岩作用多样，物性变化大。正是由于这种物性演化的差异性，才导致扇主体根部与中部具有物性差，形成物性封闭。其形成模式如图 1-1-6 所示。

扇根渗透率绝对大小以及扇根与扇中渗透率差值大小，控制了扇根—扇中排替压力差大小，进而控制了扇根封堵油气能力。通过实测物性以及核磁测井能够得到各岩石结构类型各岩相的油驱水突破压力随深度的变化关系曲线，就可以得到任意岩石结构类型和岩相的排替压力差，最终可以定量的评价扇根封闭能力。

通过扇体埋深、突破压力与封堵油柱高度关系的定量分析，可发现东营凹陷自上而下，在 2800m，扇根突破压力约为 1.0～1.1MPa，扇根—扇中突破压力差约为 0.15~0.2MPa，封堵油柱高度约为 80m。3200m 扇根突破压力约为 1.3MPa，扇根—扇中突破压力差约为 0.3 ~ 0.4MPa，封堵油柱高度约为 180m。3600m 扇根突破压力约为 1.4 ~ 1.5 MPa，扇根—扇中突破压力差约为 0.45 ~ 0.55MPa，封堵油柱高度约为 250m。突破压力与突破压力差均随深度而增加，封闭能力增强，受此控制，深部扇体呈现高充满状态，圈闭非油即干，基本不含水。在定量计算成岩圈闭封堵油柱高度的基础上，利用扇体沉积坡度，计算平面的含油宽度，进而明确油藏规模。

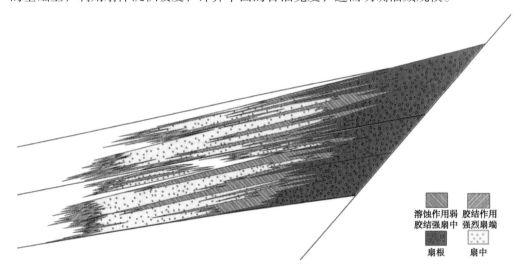

图 1-1-6　陡坡带近岸水下扇成岩圈闭形成模式图

2. 技术指标

在成岩圈闭成藏模式及富集规律研究的基础上，形成了一套成岩圈闭含油性预测方法，有效指导勘探部署，探井成功率提高到了 80%。

六、应用效果与知识产权情况

（一）应用效果

针对岩性储层描述和流体检测需求，通过拓频与保幅处理技术，地震剖面分辨率明显提高，并保持了较好的波组特征，高频和低频信息丰富，保幅性较高。对胜利油田东、西部潜力目标区进行保幅处理共 26 块，面积 $1 \times 10^4 km^3$，取得良好资料效果，满足了岩性油气藏精细储层预测需要。在此基础上，开展岩性储层描述和流体检测均取得良好效果。

通过"十二五"期间技术攻关，研究形成了一套复杂岩性储层描述评价技术系列，大大提高了复杂岩性油藏的描述精度，发现了胜利油田第 80 个油田——青南油田，在滩海地区、东营凹陷、沾化凹陷、车镇凹陷等岩性油藏描述中，部署井位 100 多口，多口井获得高产，取得了很好的勘探效益和经济效益。

利用叠前叠后流体检测技术，在济阳坳陷孤南－垦西、单家寺、永安等地区的中浅层天然气勘探开发，在垦东、老河口、埕岛、三合村及新疆车排子地区浅层油藏识别中应用，油气层钻探成功率达到 70%，提高了油藏识别精度。

1. 砂砾岩

"十二五"期间，在精细地质建模上，按照"打扇中求突破、探扇间求连片、探边界控规模"的勘探思路，在胜利油田渤南、埕南等地区砂砾岩勘探取得大量新发现，共上报探明储量 5410.62×10^4t，控制储量 9169.72×10^4t，预测储量 10773.85×10^4t。其中 2012 年在 BS4 块上报探明储量 3012.14×10^4t，在 YG103 块上报探明储量 768.96×10^4t；2011 年在 T154 块上报控制储量 806.54×10^4t，2012 年在 YI282 块上报控制储量 1833.77×10^4t；2012 年在 ZH331 块上报预测储量 2430.65×10^4t。预示着陡坡带砂砾岩油藏存在巨大的勘探潜力。

2. 浊积岩

"十二五"期间，按照"沉积恢复定区带，属性拟合定砂体，量化评价定目标"的勘探思路，在胜利油田孤南－富林、利津洼陷、埕岛等地区浊积岩勘探取得大量新发现，共上报探明储量 3605.65×10^4t，控制储量 7003.17×10^4t，预测储量 9421.01×10^4t。其中 2012 年在 FU112 块上报探明储量 519.71×10^4t，2015 年在 L24–3 块上报探明储量 217.09×10^4t；2012 年在 SH12 块上报控制储量 2302.23×10^4t，2011 年在 FAN1–FAN131 井区上报控制储量 563.95×10^4t；2011 年在 CB812 块上报预测储量 4449.57×10^4t，2012 年在 J5 块上报预测储量 3794.01×10^4t。预示着洼陷带岩性油藏存在巨大的勘探潜力。

3. 滩坝岩

"十二五"期间，在精细地质建模、储层和圈闭评价的基础上，按照"横向探边、纵向探底、由易到难、滚动部署"的勘探思路，在胜利油田东营南坡、渤南南部等地区滩坝砂勘探取得大量新发现，共上报探明储量 12332.5×10^4t，控制储量 3848.54×10^4t，预测储量 3111.31×10^4t。其中 2011 年在 L121 块上报探明储量 1032.19×10^4t，在 L75–L76 块上报探明储量 6429.49×10^4t；2012 年在 LI67 块上报控制储量 693.95×10^4t，2013 年在 LAI87 块上报控制储量 572.34×10^4t；2012 年在 LAI87 块上报预测储量 1900.6×10^4t，2011 年在 LUO6 块上报预测储量 1173.91×10^4t。预示着缓带滩坝砂油藏存在巨大的勘探潜力。

4. 河道岩

"十二五"期间，在精细地质建模上，按照"网毯结构定层系，输导体系定方向,储层描述定目标"的勘探思路,在胜利油田埕岛、垦东等地区河道砂勘探取得大量新发现,共上报探明储量 $2129.84 \times 10^4 t$,控制储量 $5806.08 \times 10^4 t$,预测储量 $4381.51 \times 10^4 t$。其中 2012 年在 KD701 扩块上报探明储量 $377.78 \times 10^4 t$,在 CBX601 块上报探明储量 $336.85 \times 10^4 t$;2011 年在 KD70–KD100 块上报控制储量 $393.99 \times 10^4 t$,2015 年在 CB208 块上报控制储量 $605.41 \times 10^4 t$;2014 年在 KD91 块上报预测储量 $1007.36 \times 10^4 t$,2015 年在 C121 块上报预测储量 $444.04 \times 10^4 t$。预示着河道砂油藏存在巨大的勘探潜力。

(二)知识产权情况

"十二五"期间,岩性油气藏勘探技术共获得省部级奖励 7 项,取得软件著作权 1 项,制定企业标准 2 项,获得国内发明专利授权 7 项,发表论文 43 篇。

第二节 地层油气藏勘探技术

地层油气藏是含油气盆地中一种重要的油气藏类型,特别是随着地震资料品质、勘探技术、稠油试油技术的进步逐渐引起人们的重视。"十二五"之前地层油藏的勘探技术主要侧重于圈闭描述技术方面,形成了相对比较完善的超剥线刻画技术、储层描述技术等技术系列,在这些技术指导下带动了地层油藏的勘探部署。随着盆地勘探程度的提高,地层圈闭勘探目标越来越隐蔽、勘探难度越来越大,前期技术已无法满足勘探需求。

"十二五"期间针对现阶段地层油气藏的发育特点、勘探需求形成了特有的地层油气藏勘探技术系列,包括基于测井综合曲线和地震高阶时频分析纵横约束的多级序不整合识别技术,基于地震 DNA 检测的低级序不整合识别技术,针对收敛地层储层及盖层突破压力的地震定量预测技术,有效指导了地层油气藏的勘探部署,提高了探井成功率,发现了规模储量。

一、不整合识别技术

(一)研发背景和研发目标

不整合是地层油气藏圈闭形成的首要因素,它是沉积盆地尤其是盆地边缘斜坡带常见的地质现象。不整合发育导致超剥带地层序列不完整,缺乏洼陷内明显的地层对比标志，不整合的识别是超剥带残留地层精细对比的关键，也是描述地层圈闭的基础。

现今不整合识别主要是运用野外地质露头、地震、钻井取心、测井等资料来进行人工对比识别。就目前可用资料来看，地质野外露头、取心资料有限，常规地震资料分辨率低，测井资料人为因素大。在这种情况下，探寻新的技术方法来定性甚至于定量识别地层不整合面显得尤其重要。

研究思路是综合利用测井、地震两方面资料，充分发挥测井资料纵向分辨率高、地震信息覆盖面广的优势，研发相应技术手段，实现不整合面识别。在井标定的基础上，分别做测井曲线、合成地震道和井旁地震道的高分辨率时频分析将测井得到的分析结果与高分辨率时频分析结果进行对比，建立井点处高分辨率时频分析划分结果与测井结果之间的关系模板，以此模板指导不整合面的识别划分。

（二）技术内容及技术指标

1. 技术内容

（1）测井综合曲线不整合识别技术

对不整合来说，不整合面上下地层岩性的矿物组成、地层的重力压实作用、下伏地层沉积成岩作用、淋滤剥蚀作用带来的地层残缺、古土壤层与半风化岩层等，都可以呈现到测井数据中，导致不整合面附近的测井数据出现特殊的响应情况。AC、DEN、CNL、COND、GR、SP等常规曲线都保留一些不整合的信息。

不同的测井曲线反应不同的地层性质，单一曲线划分层界面时，无法全面地反映地层情况。不同的测井曲线组合起来，对多条敏感曲线重构，综合考虑曲线的几何结构、数值特征以及地层的岩性来描述每一层的特征模式（曲线均值、曲线方差、地层厚度、岩性、曲线模拟相似度等参数），通过动态匹配算法，计算两井任何两个层段的累计最小匹配代价，再反向追踪找出最佳地层匹配路径，实现多级序不整合识别，应用该技术，可以最大程度地减少识别过程中的主观性，消除多解性，提高不整合识别精度。

（2）高阶时频分析不整合识别技术

地震资料的频率成分能够反映沉积体的厚度和岩石颗粒的粗细，反映地质体的层序和岩性演化特征。时频分析技术利用地震资料的频率特征研究实际地质特征，低频反映单层厚度大、粒度较粗；高频反映单层厚度小、泥质含量高。利用时频分析技术可以划分地震旋回、识别等时沉积界面等，不整合面是岩性、单层厚度变化最剧烈的地方，因此可以通过时频分析进行识别。选用双谱进行时频信息的提取，具体的方法流程如图1-2-1所示。为验证基于高阶统计量时频分析技术的准确性和高分辨率特点，设计了一个理论信号模型，该理论信号由两种频率分量的信号组成，其中在0.02s处存在一个25Hz的谐波与高斯窗相乘后得到的信号分量，而在0.05s处存在一个75Hz的谐波与高斯窗相乘后得到的信号分量。现分别应用短时窗傅里叶变换（STFT）和基于高阶统计量的时频分析（HSTF）方法对其进行处理分析，理论信号模型及其时频分析结果如图1-2-2所示，后者的处理结果的精度和分辨能力均高于前者。

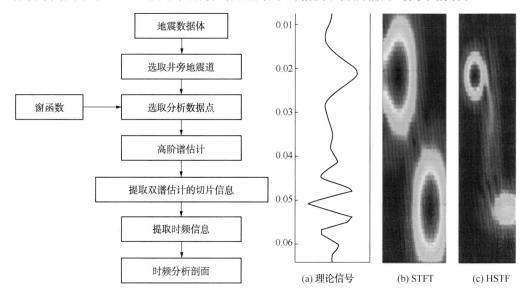

图1-2-1　高分辨率时频分析方法流程图　　图1-2-2　理论信号模型及其时频分析结果

2. 技术指标

① 将不整合面识别精度由原来一级不整合面识别扩展到二级、三级不整合面识别。

② 把不整合面测井识别方法由定性识别发展到半定量识别。

③ 将地层油气藏地层划分精度提高到砂层组的划分，识别精度达到15m。

④ 通过高阶时频分析提高了地震的分辨率，最高频率达到60Hz。

二、不整合圈闭刻画技术

（一）研发背景和研发目标

地层油藏具有油层厚度小、含油高度低、含油条带窄的特点，因此，地层超剥线的精细刻画是地层油藏勘探中的关键环节之一。超剥带不整合地震同相轴连续性差，横向变化快，尖灭线附近地层薄，地震上可分辨性低，地层和储层超剥尖灭点卡不准，圈闭描述技术单一，现有技术在刻画复杂超剥带的地层超剥线过程中具有很大的不适应性，是造成近年来探井失利的主要原因。

研究思路是针对地层油气藏不整合刻画难度大的问题，将生物仿生学中的 DNA 算法引入到地层超剥边界的识别中。根据地层超剥点两侧地震反射结构存在差异这一特征，借鉴生物遗传学算法，将地震剖面转换为字符剖面，超剥点两侧对应不同的字符串，即具有不同的地震 DNA，通过搜索字符串突变点实现不整合超剥边界的精细刻画。该方法充分考虑了不整合面上下地层结构的变化，通过地层结构的变化搜索超剥点的位置，识别结果更加准确、客观，可以提高不整合圈闭刻画精度。

（二）技术内容及技术指标

1. 技术内容

该技术是将生物仿生学中的 DNA 算法引入到地层超剥边界的识别中。DNA 检测技术是 2012 年挪威人 Oddgeir Gramstad 等在 SEG 年会上提出的，该技术是通过翻译器将地震反射数据转换成字符数据，将某一地震反射结构对应的字符串作为目标基因，在三维空间内经过多次迭代搜索最佳点集合。该方法由于考虑了上下多套反射轴的信息，避免了单个层位自动追踪的串层问题。

通过翻译器将地震反射数据和属性转换成字符数据，将地震反射结构对应的字符串作为目标基因，在三维空间内经过多次迭代搜索最佳点集合。使用迭代地震 DNA 技术进行搜索，即基于地震 DNA 技术的检测结果，使用迭代算法，人机交互方式把超剥线检测出来，可以发现超剥点两侧明显都具有不同的地震 DNA 基因序列，利用方向性蚂蚁追踪滤波方法对相干体进行处理，突出断层，将假的超剥点消除掉。在此基础上，利用地震 DNA 算法进行不整合的追踪，明确超剥结构的空间展布。基于地震 DNA 算法的不整合刻画技术流程如图 1-2-3 所示。

2. 技术指标

① 充分利用地震信息，综合考虑不整合面上下地层结构的变化，解决了地震数据或地震属性数据分辨率低无法识别不整合的问题。

② 通过捕捉地层超剥点附近的细微变化，提高地震识别超剥边界的精度将地层圈闭的地震精细刻画由一级不整合扩展到了二级、三级不整合识别。

③ 实现了不整合地层圈闭的自动追踪描述，检测结果更加客观、准确。

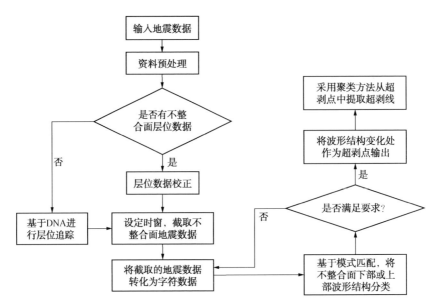

图 1-2-3　基于地震 DNA 算法的不整合刻画技术流程图

三、不整合圈闭有效性评价技术

（一）研发背景和研发目标

地层油气藏圈闭要素多、成藏条件苛刻，圈闭有效性准确刻画难度大，导致地层油气藏探井成功率低，"十一五"以来济阳坳陷地层油藏探井成功率 37.8%，远低于构造油藏、岩性油藏。其中储层和盖层条件是影响地层圈闭有效性的主要因素，急需定量评价技术。

现有的储层地震预测技术已经比较成熟了，可以满足地层油藏储层预测的需要。但是无论哪种方法基础都是先建立虚拟层，对地层油气藏来说由于处于盆缘，从洼陷到盆缘地层厚度逐渐减薄，沿一个层位取常时窗以及两个控制层位内插都将产生预测储层不等时问题，导致在储层预测时存在窜层、漏失地层的现象，急需建立收敛地层的虚拟面构建方法。盖层封闭性的好坏直接影响地层油气藏保存和油气勘探前景，地层油气藏盖层条件评价以地质分析为主的定性预测为主，缺少量化评价技术。

研究思路是采用地质、地震技术相结合的方法，充分发挥各自的技术优势，建立储层、盖层地震定量预测方法，达到地层圈闭有效性量化评价的目的。采用标准层控 SVM 非线性趋势面拟合技术，建立收敛地层变时窗层位提取技术，通过反演方法，建立储层、盖层参数的地球物理预测，达到不整合圈闭有效性定量评价的目的。

（二）技术内容及技术指标

1. 技术内容

（1）收敛地层储层定量预测技术

针对地层油气藏地层展布的独特性，由洼及坡逐渐减薄至不整合处被剥蚀，地层是逐渐收敛，采用标准层控 SVM 非线性趋势面拟合技术，建立收敛地层变时窗层位提取技术，在此基础上结合储层地震的频谱和井的波阻抗的频谱相匹配的有色反演预测技术，达到地层油气藏储层准确预测的目的。

钻井数目较多的地区，可以采用标准层控 SVM 非线性趋势面拟合技术得到收敛地层的解释成果，井少的地区，参与拟合的样本点少，拟合精度不高。针对这一问题，通过建立收敛地层反射轴与地层倾角变化之间的关系，研发了变时窗层位提取方法，获得合理、可靠、精度较高的收敛地层解释成果，进而提高储层预测成果精度。收敛地层变时窗构建如图 1-2-4 所示。

① 高钻遇区虚拟面构建技术：在构造平缓且勘探程度较高的地区，由大量已钻井的单井时间差与各井间的线道号差值相除得到线方向和道方向的时间梯度，通过线性计算就可以获得任意点相对于参考点位置的准确时间残差，进而与控制层位计算得到合适的变时窗层位。

② 低钻遇区虚拟面构建技术：在钻井比较少的地区采用线性内插计算方法误差较大，为解决这一问题，采用基于支持向量机的非线性拟合技术，由标志层控制，通过井标定结果进行趋势面拟合获得可靠的虚拟层拟合结果。

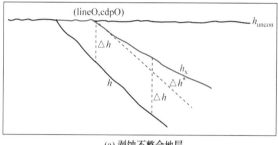

(a) 剥蚀不整合地层

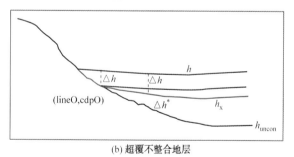

(b) 超覆不整合地层

图 1-2-4 收敛地层变时窗构建示意图

（line0，cdp0）—参考点；Δh—参考点处的地层厚度；Δh^*—地层厚度变化量；h—已知目的层底界面解释成果；h_{uncon}—已知不整合面解释成果；h_x—所求变时窗层位解释成果

（2）盖层突破压力地震定量预测技术

对地层油气藏来说处于盆缘常压系统，盖层封盖主要是毛管压力封闭。突破压力是反映盖层微观封闭能力最直接、最客观的评价参数，突破压力主要与界面张力、润

湿角、渗滤半径有关，这三个参数难以准确求取，通过岩心样品突破压力数据分析测试发现，突破压力与孔隙度、渗透率、泥质含量等有较好的相关性，通过分析测试数据建立突破压力与这些参数的关系，明确突破压力计算公式。

突破压力与孔隙度、泥质含量等有较好的相关性，目前关于孔隙度、泥质含量的测井求取方法已经比较完善了，可以满足研究的需要，建立突破压力与声波、自然伽马测井值计算公式。结合地震资料，利用地质统计学反演方法实现目的层自然伽马和声波时差的空间分布描述，根据突破压力计算公式，得到盖层封盖能力的定量预测。

2. 技术指标

① 建立了地层油气藏收敛地层变时窗层位提取技术，解决了预测过程中的穿时、漏失地层的问题。

② 实现了储层预测过程中虚拟层的自动构建，提高了地层油气藏储层预测的精度，将单层砂体描述精度提高到 7 ～ 8m。

③ 建立了突破压力测井、地震定量预测方法，将盖层封堵能力评价由定性评价发展到定量评价。

四、应用效果与知识产权情况

（一）应用效果

该技术应用到东营凹陷地层油藏勘探部署中，在第三系内部识别出 5 期不整合。Ⅰ级不整合：Ng／（E）、E/Mz。Ⅱ级不整合：Es2s/Es2x–Es3、Es4s/Es4x。Ⅲ级不整合：Es3/Es4s。共发现 Ng、Es1、Es2、Es3、Es4s、Es4x、Ek 七套含油层系，落实有利圈闭面积 35km²，储量 5000×10^4t，其中一级不整合圈闭面积 15km³，二、三级不整合圈闭面积 26km³。

在地层油气藏勘探技术的指导下，在超剥复合带地层油藏勘探取得突破，发现千万吨级储量阵地，在研究区部署探井 12 口，完钻探井 7 口，油流井 5 口。上报控制储量 457×10^4t，上报预测储量 1488×10^4t。

（二）知识产权情况

"十二五"期间，地层油藏勘探技术获得国内发明专利授权 1 项，发表论文 6 篇。

第三节　复杂断块油气藏勘探技术

济阳坳陷断块复杂，有个形象的比喻：就像一个盘子摔到地下，又被人踩了一脚。其在形成和演化过程中发育了丰富多样的断裂系统，断块复杂、断层发育、构造破碎，不同级别断层纵横交错。胜利油田断块油藏占胜利油田年产量近三分之一，具有举足轻重的地位。断层是形成油气藏的主导因素，由于断层规模、活动期次、产出状态不一，其控圈、控藏的作用十分复杂，成为制约济阳坳陷高效勘探开发的难点问题。"十二五"期间，针对不同类型复杂断块油藏的特点，通过攻关不断提高描述精度，主要研究了低序级断层识别描述技术和断块圈闭有效性评价技术，明晰了不同条件下低序级断层的可识别性；形成了突出低序级断层的解释性处理方法；建立了一套针对复杂断块圈闭有效性评价方法和流程。通过综合评价并优选勘探开发目标进行推广应用，取得了良好的效果。

一、低序级断层识别技术

（一）研发背景和研发目标

低序级断层通常指四、五级及以下的断层，是由高序级断层派生的，是常规地球物理方法难以识别的小断层，具有较强的隐蔽性。高、低序级断层之间有密切的成因联系，一般前者控制着含油地层的沉积构造和断块的产状、形状，后者则进一步分割含油断块并使其油水关系复杂化，对剩余油的分布起控制作用。

以三维地震资料为基础，结合钻井、录井、测井等资料，注重基础研究和规律总结的结合，以复杂断块构造地震资料平面追踪、梳理断裂格架为基础，利用测井资料纵向分辨率高的特点进行纵向描述，进而借助地震资料横向覆盖广的优势，以物探新技术为手段进行低序级断层的识别描述。

（二）技术内容及技术指标

1. 随机线扫描解释方法

三维随机测线在方向和长度上的任意性有助于了解区域构造格局和局部构造细节。以往的随机测线仅仅应用在检查层位的闭合解释上，但近几年实践表明，对于大构造背景落实的地区，有方向地切取随机测线可以更好地对四级以下的断层进行识别和落实，尤其适合于反射波组不清楚的断层解释。其应用的关键是切取能最佳反映与断层走向垂直的合适方向。

对于复杂构造带而言，其资料品质一般较差，尤其是无特征反射的区域解释较为困难，人工解释仍是目前主要工作模式。针对目前解释资料以重复采集或重复处理资料为主的情况，总结了一套地震反射层解释基本工作流程：首先，总结工区已有解释成果，分析区域沉积情况和地层结构变化，了解地层分布和厚度变化趋势，建立地质模式，以地质模式来指导复杂构造带的层位解释；其次，剖面解释中遵循先易后难，先主线后联络线，先粗后细的剖面解释顺序。即先解释资料品质好容易落实层位的区域，后解释资料差层位特征不好的区域；先解释与构造主控断裂走向垂直的主测线，后解释平行断层延伸方向的联络线；先进行粗框架大测网距解释，后进行目标区加密解释。解释中根据实际资料特点采取相应解释技术手段。同时，解释过程中密切注意各层构造面貌异同，尽可能进行多层解释，解释基本结束时应进行质量检查，保证层位的闭合并符合区域构造面貌变化规律。

2. 低序级断层解释性处理方法

不同条件下低序级断层的可识别性分析是研发突出低序级断层的解释性处理方法的基础。本技术采用了"波动方程法"地震正演，多点放炮、多点接收的观测系统，全过程模拟地震数据的采集和处理的过程。基于波动方程进行全波场模拟，兼顾了波的运动学和动力学特征，波场信息丰富，可进行资料叠加偏移处理，得到处理后的叠偏剖面，适合于研究矿场条件下小断层的可识别性。主要研究内容涉及到二维低序级断层模型正演试验，即不同主频断层模型正演。结合某实际工区解释层位，设计3D实际断层模型，进行了声波方程正演及叠前偏移处理。同时，利用沿层切片技术对3D偏移数据体进行断层精细解释，观察不同产状、不同频带下断层在切片上的表现形式。通过对2D理论模型和3D实际模型的正演、偏移处理，得出了在剖面和切片上识别低序级断层的理论指导。

（1）低序级断层的模型识别方法

根据研究区的实际速度，建立了不同断距低序级断层正演模型。其中图1-3-1（a）为建立的速度模型，图1-3-1（b）~图1-3-1（f）为不同主频下叠前偏移的结果。在主频20Hz情况下，在深度剖面上6m断层有扭曲现象，在时间剖面上这种现象几乎无法识别，时间剖面无法识别8m以下的断层，见图1-3-1（b）；主频提高到26Hz，时间剖面上虽然小于6m的断层有反应，但非常微弱，无法可靠地识别8m以下的断层，见图1-3-1（c）；主频提高到37Hz，对于时间剖面来说，6m断层出现的挠曲现象更明显，如果详细对比局部放大，可以识别6m左右的断层，见图1-3-1（d）；主频提高到50Hz，对于时间剖面来说，6m断层已经能可靠识别，对于更小的4m断层也出现比较明显的同相轴扭曲，见图1-3-1（e）；在主频提高到80Hz，对于时间剖面来说，4m 及以上的断层可靠识别，深度剖面上 2m 及以上的断层能识别，见图 1-3-1（f）。

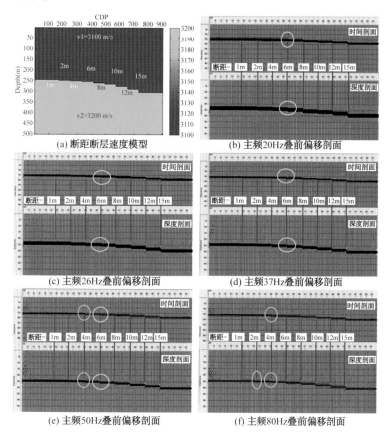

图 1-3-1　速度建模及叠前偏移剖面

分析可以小结如下：①当主频 <26Hz 时，时间剖面上能可靠识别 8m 以上断层；主频为 37Hz 时，时间剖面上断距 6m 的断层，出现同相轴挠曲现象；主频为 50Hz 时，时间剖面上 4m 的断层可以识别。②在深度剖面上，断层的识别规律较为不同。主频为 20Hz 和 26Hz 时，断距 2m 以上的断层均能识别；主频为 37Hz 和 50Hz 时，1m、2m 的断层不能识别，4m 以上的断层可靠识别。③极端情况下，将模拟主频提到 80Hz，时间剖面上还是不能可靠识别 2m 和 1m 的断层；深度剖面上可以识别 2m 及以上的断层。

（2）低序级断层的解释性提频处理方法

一般情况下，胜利油田断块油藏要识别落差 7m 的小断层，地震主频应至少到 35Hz。胜利油田常规三维地震主频一般 25Hz 左右，不能满足 7m 小断层识别条件，需要研发既能提高主频突出小断层，又不产生"断层假象"的、有针对性的解释性处理方法。因此，建立了针对小断层识别的提频方法，并研发了相应的软件模块。

通过应用解释性处理方法，处理后地震主频提高、频宽增加，地震剖面与合成地震记录吻合性较好。地震剖面同相轴的横向变化特征突出，频率增大，能量增强，噪声减少，波组关系和特征更明显，各种干扰波明显减少，整个地震剖面品质得到明显改善。原来的复波进一步分频变成两个波组，原来未能分辨的波组更加清晰，弱相位得到加强，反映薄层及隐蔽性小断裂信息的细微特征得到进一步凸显，为下一步的小断层精细反演奠定了良好的资料基础。

3. 技术指标

① 在常规地震资料条件下 2000m 左右识别落差 15m 左右的小断层，能够描述 $0.2km^2$ 的断块。

② 形成一套低序级断层地震识别描述技术系列，钻井吻合率达 75% 以上。

二、圈闭有效性评价技术

（一）研发背景和研发目标

复杂断块的成藏与圈闭的有效性关系密切，复杂断块的油气聚集和富集程度决定于断层的封闭能力，如何能定性和定量评价各个断层的封闭能力是解决断层圈闭含油性预测的关键，是减少钻探风险的需要。针对济阳坳陷的断裂特征及油气成藏条件和控制因素，深入细致地开展大量含油断块精细解剖和落空断块原因分析，注重断层识别、封闭、输导及断层活动与油气成藏关系等方面的新技术、新理论的研究应用。通过与勘探开发实践结合，研究和总结出符合济阳坳陷石油地质特征和油气勘探实际的断层封闭条件、断层控藏特征、断层控藏模式和复杂断块油藏富集规律，形成一套复杂断块油藏断层控藏理论、地质评价研究方法技术系列。

（二）技术内容及技术指标

对于断陷盆地而言，剩余油气可勘探资源仍与发育的断裂密切有关，而这些断裂的存在给油气的勘探开发增加了难度。平面上，在油气运移的方向上，油气的聚集和富集程度决定于断层的封闭能力，如何能定性和定量评价各个断层的封闭能力是解决断层圈闭含油性预测的关键，是减少钻探风险的需要。

1. 断层封闭性评价技术

断层封闭性是断块油气形成和分布的主要控制因素。研究表明，断层封堵性受断层力学性质、断层承受应力状况、断层剪切带、泥岩沾污带、断层两盘储层排驱压力、断层两盘岩性配置关系、断层上下两盘地层产状配置关系和断层活动时期及油气运移聚集期的配置等多种地质条件的约束。通过大量油藏和未成藏断块圈闭的解剖，发现断层封闭性与断层两侧岩性配置、泥岩涂抹、断面压力等多种因素相关，在断层封闭评价过程中仅考虑单一因素来评价断层的封闭性是不全面的。虽然断层封闭性影响因素有主次之分，但当不利地质因素的影响明显时，往往一种不利的封闭因素会"抵消"另一种有利因素的封闭作用，甚至当一种主要影响因素有利而次要因素具有明显不利时，都有可能造成断层不封闭。因此从影响断层封闭性的诸多因素入手，运用模糊综合评价法将各种因素有效地组合起来，可以对断层封闭性作出较为客观的综合性评价。

（1）影响断层的封闭性单因素分析

研究表明，复杂断块油藏存在岩性配置封闭、泥岩涂抹封闭、主应力封闭、产状配置封闭等多种类型的断层封堵模式。如东营构造区选择了位于不同构造位置的20余个分析点就影响断裂侧向封闭性的各单因素进行了研究。

（2）断层封闭性模糊综合评价

断层封闭性模糊综合评价主要通过综合考虑影响断层封闭性的各种因素，依据它们对断层封闭性贡献的大小，采用模糊数学的方法，对断层封闭性进行综合评价。在断裂封闭性模糊综合评价中，关键环节是正确确定各因素的权重系数并建立单因素评价矩阵。

2. 断层对油气藏的控制作用

断裂对油气成藏的控制作用，主要表现在断裂对油气的运移、聚集过程及油气分布的控制作用。断层既可作为油气运移的通道，又可作为油气聚集的遮挡物。由于在地质历史的演变过程中，控制或影响断层封闭性的因素是变化的，这就导致了大部分断层在某一段时间内是封闭的，而在另一段时间内是开启的，断层总是处在"封闭—不封闭—封闭"的循环过程中。研究表明，一、二级大断裂有明显的控源控带作用，优势运移通道控制油气富集区和富集层位，由二三条甚至多条断层切割所形成的大量的断层圈闭类型油气聚集提供了良好的场所。

3. 复杂断块圈闭评价勘探目标优选

油气分布主要受源岩发育、储层分布、输导体系特征、构造特征及保存条件等诸多因素控制。在进行圈闭评价和勘探目标优选时需要综合考虑各个因素对圈闭有效性的影响及控制作用。

4. 技术指标

断块圈闭有效性评价符合率为80%。

三、应用效果及知识产权

（一）应用效果

综合断层发育与油气成藏关系的研究成果认为，有利油气成藏条件主要有两点：首先，二级断层转换带及二级断层与三、四级断层交汇处最有利于油气成藏；其次，在烃源岩以上较高层系时，输导性强的断层附近更有利油气聚集。以这两点作为分层系评价寻找有利油气藏的指导方向，在实际勘探开发中，已发现多个有利区块。

复杂断块地震解释技术在胜利油田"十二五"勘探开发中广泛应用，提高了勘探开发的成功率，在YX、PH、DWZ、B12等三维地震区勘探、滚动勘探和开发中应用效果显著，取得了一系列勘探突破和进展，发现落实了一批地质储量。

例如，PH地区针对复杂断块完钻14口井，成功率100%。合计电测解释油层74层239.1m，油水同层123层354.7m，平均单井钻遇油层17.3m。P1-X303井投产沙三下、沙四，电测解释油层8.4m/3层，试油日产油10.4t，含水20%；P2-X533沙三下电测解释油层9.8m/4层，初期日产油6.7t，含水10%；P40-X204C也获得了初期日产油16.1t，展现了该区复杂断块良好的勘探和开发效果。

（二）知识产权

"十二五"期间，复杂断块油气藏勘探技术共发表论文8篇。

第四节　整装油田矢量开发调整技术

一、研发背景和研发目标

水驱油藏是我国东部老油田开发的主体。经过长期注水开发，中高渗整装油藏已整体进入特高含水后期开发阶段，进入"十一五"中后期，产量递减加大，开发规律出现变化，原有技术适应性变差，水驱稳产难度进一步加大。探索适合特高含水后期的主导开发调整技术，对有效减缓胜坨油田产量递减及改善开发效果具有重要指导意义。

胜坨油田特高含水后期开发矛盾突出：①长期注水冲刷，导致特高含水后期储层非均质性增强，注采驱替不均衡状况更加严重，水驱效果差；②特高含水后期剩余油仍呈"普遍分布，局部富集"，但剩余油分布更加复杂，剩余油差异程度加大；③特高含水后期层系不适应的储量比例达到 40.6%，主力与非主力层采出程度差异大，层间矛盾突出；④井况不断变差，导致注采井网完善性变差，平面矛盾突出，井网不适应的储量比例高达 38.8%。

矢量开发技术综合应用室内实验、数值模拟方法，明确了特高含水后期层间干扰机理，确定了影响层间差异的主要影响因素，引入了随饱和度变化的两相渗流能力表征参数——拟渗流阻力，建立了特高含水后期层系重组的原则——近阻细分，建立了层系近阻细分拟渗流阻力级差界限；运用物模实验方法，研究差异化的矢量井网及矢量注采对改善驱替效果的影响，理论推导出均衡驱替的标准，建立了矢量井网及注采优化数学模型，并建立了数学模型快速求解算法；通过矿场技术推广应用，形成的层系近阻细分四级优化方法、差异调整矢量井网及注采优化方法、在胜坨油田不同类型油藏建立相应的矢量调整模式，综合形成特高含水后期主导开发调整技术。

二、技术内容及技术指标

（一）技术内容

1. 纵向层系"近阻组合"调整技术

在中低含水期，层间差异主要受渗透率及原油黏度影响，层系重组考虑的主要参数是渗透率级差、原油黏度级差；特高含水后期，油水饱和度成为层间干扰的主要影响因素，层系重组过程中需要重点考虑。

根据达西定律产液量通过下式计算求取：

$$Q_t = \left(\frac{k_o}{\mu_o} + \frac{k_w}{\mu_w}\right) * A * \frac{\Delta P}{L} = \frac{\Delta P}{\frac{\mu_o \mu_w}{k_o \mu_w + k_w \mu_o} \frac{L}{A}} \tag{1-1}$$

式中：Q_t 为流体流量，cm³/s；k_o 为油相渗透率，μm²；μ_o 为地下原油黏度，mPa·s；k_w 为水相渗透率，μm²；μ_w 为地层水黏度，mPa·s；A 为渗流截面积，cm²；ΔP 为生产压差，0.1MPa；L 为渗流距离，cm。

其中：

$$k_o = k \cdot k_{ro}(S_w) \tag{1-2}$$

$$k_w = k \cdot k_{rw}(S_w) \tag{1-3}$$

式中：k 为储层渗透率，μm^2；$k_{ro}(S_w)$ 为油相相对渗透率，μm^2；$k_{rw}(S_w)$ 为水相相对渗透率，μm^2。

引入能够反映随饱和度变化的油水两相渗流能力的参数——拟渗流阻力：

$$R' = \frac{\mu_o \mu_w}{k_o \mu_w + k_w \mu_o} \tag{1-4}$$

式中：R' 为拟渗流阻力，$mPa \cdot s/\mu m^2$。

建立层系重组概念模型，模型参数设置见表 1-4-1：

建立层系重组相似模型建立五点法井网，合采至含水 95%，高倍相渗研究拟渗流阻力层间干扰，优化不同渗透率范围拟渗流阻力级差层系重组方案 20 套，研究表明：特高含水后期整装油田层系重组拟渗流阻力级差应控制在 4～5 以内，拟渗流阻力级差变化曲线见图 1-4-1。

表 1-4-1 模型设置表

项目	整装油田	模型设计
小层个数 / 个	5～13	10
主力层数 / 个	1～3	2
渗透率 /$10^{-3}\mu m^2$	300～3500	100～3000
原油黏度 /(mPa·s)	50	30

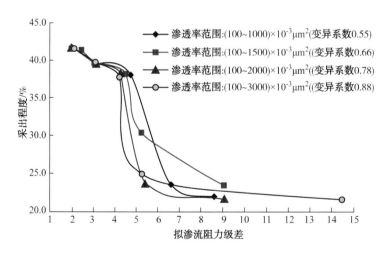

图 1-4-1 拟渗流阻力级差变化曲线

2. 平面"矢量井网及注采"优化调整技术

对于注水开发的油田，只有达到均衡驱替的井网和井距，才能实现高的采收率。在中低含水期，均衡驱替的标准是指从注入井注到地下的驱替液在各个方向上的驱替程度都相同，并在相同的时间到达周围的每一口采油井。对于特高含水后期，考虑动态非均质，确定剩余油饱和度方差最小化，作为均衡驱替的标准，不同含水期均衡驱替标准示意图见图 1-4-2。

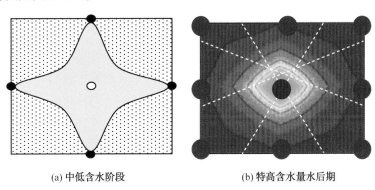

(a) 中低含水阶段　　　　(b) 特高含水量水后期

图 1-4-2　不同含水期均衡驱替标准示意图

（1）目标函数

平面矢量井网优化的目标，即通过井位调整，使得各注采控制面积内平均含水饱和度趋于一致，从而最大化的实现均衡驱替，各注采控制面积内平均含水饱和度趋于一致，在数学上即其方差最小，因此，目标函数取最小化各注采控制面积内平均含水饱和度的方差。

$$\min \frac{1}{n} \sum [\overline{S_w} - E(\overline{S_w})]^2 \qquad (1-5)$$

式中：$\min$ 为最小；$\overline{S_w}$ 为平均含水饱和度；E 为期望（n 个区域加权平均）。

（2）约束条件

井位优化过程中需要对井位进行必要的约束以保证井位不会越过边界，因此，加上边界约束。

$$(X + \Delta X, Y + \Delta Y) \in \Omega \qquad (1-6)$$

式中：Ω 为油藏含油面积。

矢量注采优化调整是在矢量井网基础上，进一步改善油藏驱替的均衡程度，提高驱替效率矢量注采优化，同样也是从建立目标分析函数出发，加上约束条件，进行相关变量优化。注采优化过程中需要对压力、总配注量总配产量进行必要的约束，其中压力约束是保证井底压力在合理范围内，不会出现过低或者压力过高压裂地层。

$$P_{\min} < P_i < P_{\max} \qquad (1\text{-}7)$$

式中：P_i 为井底压力；$P_{\min}$ 最小井底压力；$P_{\max}$ 最大井底压力。

总配注量约束是保证各注水井配注量之和等于总配注量

$$\sum q_i = Q_i \qquad (1\text{-}8)$$

式中：q_i 为各注水井配注量；Q_i 为总配注量。

总配产（液）量约束是保证各生产井配产（液）量之和等于总配产（液）量

$$\sum q_i = W_L \qquad (1\text{-}9)$$

式中：q_i 为各生产井配产液量；W_L 为总配产液量。

（3）优化模型求解算法

井网优化及注采参数优化问题是多变量、多峰值、有约束优化问题，通过调研，目前国内外所采用的算法可归纳为两种：全局／随机搜索算法；梯度算法。各算法优缺点如表 1-4-2 所示。

表 1-4-2　优化算法总结对比表

	算法	优缺点
全局／随机搜索算法	模拟退火法 遗传算法 粒子群算法	不需要计算导数／梯度 控制机制可避免局部最优解 性能依赖于算法参数的选取 计算量大
梯度算法	最速下降法 随机扰动梯度近似 有限差分梯度	速度快，效率高 需要计算导数／梯度 易陷入局部最优解

对各个方法优缺点进行总结并选择求解井网和注采优化的合适算法。其中遗传算法（GA）是井网优化以及其他油藏管理优化问题中使用的最广泛的算法，它在井网优化问题中有很多成功的应用，已成功应用在直井以及非常规井的井位优化上。其解决优化问题时有如下特点：①直接对结构对象进行操作，不存在求导和函数连续性的限定；②具有内在的隐并行性和更好的全局寻优能力；③采用概率化的寻优方法，能自动获取和指导优化的搜索空间，自适应地调整搜索方向，不需要确定的规则。

（二）技术指标

①建立了特高含水后期层系井网重组技术政策界限。

②在层系近阻细分及差异调控矢量优化调整后，提高采收率 3% 以上。

三、应用效果与知识产权情况

（一）应用效果

攻关形成的矢量井网及注采优化技术方法，配套相应的提高采收率技术，形成特高含水后期主导开发调整技术。技术成果已在胜二区沙二 9-10 开展了"层系重组及矢量井网"先导试验，实施后试验区含水下降、产量递减有效减缓，提高采收率 4.3%，已累计增油 6.97×10^4t，"十二五"期间在胜三区坨 21 沙二 8、胜一区沙二 1-3 单元等 12 个单元进行了推广应用，覆盖地质储量 1.2×10^8t，新增产能 17.2×10^4t，提高采收率 3.0%，增加可采储量 355.2×10^4t。新理论与技术的应用有效控制了胜坨油田产量递减加快的局面，递减率由"十一五"中后期的 8.7% 下降到 3.2%。

（二）知识产权情况

攻关研究形成的特高含水后期矢量开发调整技术具有较强的技术创新性及市场竞争力，"胜坨油田特高含水后期主导开发调整技术"获得中国石化科技进步二等奖，"一种特高含水期油田的开发方法"等 3 项专利获国家发明专利授权，获得软件著作权 4 项，发表论文 11 篇。

第五节　复杂断块油藏立体开发技术

一、研发背景和研发目标

断块油藏在中国石化东部老油田占据重要地位，截至"十一五"末动用储量 21.9×10^8t，占中国石化东部老油田储量的 30.4%，含水率 90.1%，挖潜增效的难度进一步加大。胜利断块油藏地质条件复杂，特高含水期井网适应性变差、被断层复杂化的剩余油难以有效开发。"十二五"期间，通过攻关研究形成了复杂断块"立体开发"配套技术。针对复杂断块剩余油分布立体化、富集区规模小的特点，考虑到单一断块、剩余油富集区钻井经济效益差的问题，提出了在低序级断层描述组合的基础上，通过不同井型组合平面及纵向剩余油，创建了纵向多靶点、平面跨断块组合优化的立体组合开发模式 (图 1-5-1)，最大幅度地提高储量控制程度和水驱控制程度，确保开发的经济最优化。

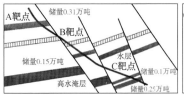

(a) 多靶点定向井示意图

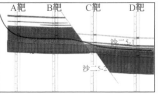

(b) 跨断块水平井示意图

(c) 绕锥水平井示意图

图 1-5-1　立体组合开发模式示意图

复杂断块油藏（群）具有断层多、单一油藏含油面积小（≤0.5km²），断裂系统复杂，油水关系不统一，油砂体多、空间叠置关系复杂等特点。这类复杂断块油藏储量规模小，断块通常无法形成规则面积井网，小碎块难动用、难注水。现阶段极复杂断块油藏开发上表现为高含水、低采出程度、低采收率。剩余油分布特点及规律包括以下三点：① 无井控制、未注水小断块剩余油富集；② 断层夹角及断边带剩余油富集；③ 小断层、夹层及微构造的配置控制剩余油富集。

这种小碎块、小规模剩余油单独打井经济效益差，要实现开发经济最优化，需要最大程度地提高储量控制程度和水驱控制程度。

复杂断块油藏技术攻关思路是在经济技术政策界限合理的前提下，以纵向多靶点、平面跨断块将纵向上多个小碎块、平面上多个富集区优化组合开发，同时，进行平面、纵向立体注采完善，做到复杂结构井与注水优化立体组合配套，实现储量动用与水驱控制最大化，达到立体三维驱油提高复杂断块水驱采收率的目的。

其技术流程可以归纳总结为以下几个步骤：

第一步，逐层、逐块井网设计：逐小层逐自然断块潜力分析，并对无井控制区部署新井井点，计算控制储量和增加可采储量。

第二步，井网立体优化：综合考虑复杂结构井适用地质条件和经济政策界限等因素，对平面上在断层两侧相邻的剩余油富集区优化组合为跨断层水平井，对纵向上叠合较差的相邻多个薄油层，采取多靶点定向井控制，提高油层钻遇率，形成井网的立体优化。

第三步，立体配套优化：对直井、多靶点定向井根据层间渗透率、能量和含水差异状况采取分采、分注措施，优化注采参数，减缓层间干扰，实现均衡水驱。

第四步，注采立体配套：逐层块优化部署注水控制点，对注水井点进行立体优化组合。

二、技术内容及技术指标

（一）技术内容

基于纵向上多个小碎块优化组合开发、平面上多个富集区优化组合开发的"立体组合优化开发"思路，形成了三种具有针对性和适应性的复杂结构井井型及油藏地质优化设计技术。

1. 多靶点定向井

（1）井型

针对纵向上叠合性差的不同自然断块，部署立体多靶点定向井把纵向多个小断块"串糖葫芦"，实现最大程度储量动用，制定了多靶点定向井的轨道设计技术界限：斜井段井斜变化率不超过 30°/100m；斜井段方位变化率不超过 35°/100m；斜井段狗腿度不超过 32°/100m。

（2）油藏地质设计

制定了"多点优选，窄靶优先，三维优化"的多靶点定向井复杂结构井靶点优化法。

针对断块小，宽度小，靶点移动调节空间小的难点，先确定宽度小断块的靶点位置，再逐个优化确定各断块靶点。针对井斜角、方位角大，造斜率和方位变化率大的问题，利用地震剖面开展井身轨迹优化，分析靶点优化方案的合理性。

2. 跨断块水平井

（1）井型

针对平面上相邻断块都存在具有一定厚度，但规模较小的剩余油富集区，在精细厘定断层落差（误差≤3m）及平面位置（误差≤10m）、合理组合断裂系统基础上，设计跨断块水平井，让相邻断块剩余油"人工连片"，实现效益开发，制定了跨断块水平井的轨道设计技术界限：水平段狗腿度不超过 20°/100m；每 1m 落差需要调整段 14m。

（2）油藏地质设计

在设计跨断块水平井时，利用图形拼接法和层位判别模式法对两盘对接关系及对接深度进行判别，具体步骤有 3 步：第一步求出断棱宽度，第二步利用断面图求出断层倾角，第三步求出两盘高差。

3. 绕锥水平井

（1）井型

针对平面上同一断块存在被分隔开的小规模剩余油富集区，特别是厚层构造顶部单个富集区储量规模小，且高部位剩余油分布模式变为边底水锥进控制，在精细刻画断棱形态及位置（误差≤3m）、水锥半径的基础上，贴近断层设计绕锥水平井，一方面，平面上绕水舌、纵向上绕水锥，串联组合多个剩余油富集区，最大程度接触油层。另一方面，避开水锥位置，降低固井风险，制定了绕锥水平井的轨道设计技术界限为：水平段狗腿度不超过20°/100m；每绕1m高度水锥需要调整段50m。

（2）油藏地质设计

在设计绕锥水平井时，需要对井区老井水锥形态及大小准确描述，利用数值模拟方法及油藏工程方法准确描述水锥，指导绕锥水平井优化设计。

（二）技术指标

①断层落差误差≤1m，断棱平面位置误差≤5m。

②复杂结构井遵循轨道设计技术界限。

三、应用效果与知识产权情况

（一）应用效果

复杂断块油藏立体开发技术在胜利油田Y3-1复杂断块区进行了矿场应用，"十二五"期间，共完钻多靶点、跨断块等各类复杂结构井5口，应用后单元产油能力从3.7t/d提高到88.3t/d，含水率由93.2%降到30.0%，累增油5.5×10⁴t，断块区储量控制程度由50.5%提高到92%，水驱控制程度由70.8%提高到91.4%，采收率由30.3%提高到38.5%，实现了复杂断块的变小规模无效益为有规模高效益的经济开发。

（二）知识产权

"十二五"期间，立体开发技术获得省部级奖励1项，"利用跨断块水平井组合平面相邻小断块开发的方法"获国内发明专利授权，研制复杂结构井优化设计软件1套，发表论文12篇。

第六节 低渗透油藏仿水平井注水开发技术

一、研发背景和研发目标

随着我国东部油田普遍进入高含水、特高含水期，低渗透、特低渗透油田已经成为我国增储上产的主要阵地，并占据越来越重要的地位。胜利油田低渗透油藏资源丰富，探明储量占胜利油区探明储量的20%，开发潜力大。但是埋藏深（油藏中深大于3000 m的储量占51%）、丰度低（储量丰度小于100×10^4t/km² 占58%）、物性差（渗透率小于10×10^{-3} μm² 占48%），该类油藏如何高效开发一直是油田开发面临的重大难题：一方面，由于物性差，技术上需要小井距注水，才能建立起有效驱替；另一方面，由于丰度低，经济上要求大井距开发，但由于渗透率低，大井距条件下不能建立有效驱替，导致开发效果差。因此，急需探索既能注水提高采收率，又能少打井降低投资的效益开发技术。

针对上述技术需求转变开发理念，提出了仿水平井注水开发技术设想，即直井定向长缝压裂增产措施与井网优化设计相融合，人工压裂造高导流能力定向长缝（或径向钻孔）"仿"水平井，增加单井控制储量，扩大井距；将"压裂长缝"与"注采井网"优化适配，达到既能够注水，获得较高采收率，又能少打井，减少投资，大幅度提高采收率，实现低渗透油藏的效益开发。

综合运用地质学、渗流力学、油藏工程学、采油工程学、工程力学、物理化学等理论和方法，采用物理模拟、分子模拟和数学模拟相结合的手段，明晰仿水平井注水开发机理；开展拓频增精度储层预测、地应力预测、排距及合理井距计算方法等研究，形成仿水平井注水开发井网设计技术；进行控缝高造长缝压裂和径向水射流定向压裂等研究，建立定向长缝压裂技术；开展分子膜降压增注和高压长效注水工艺等研究，形成高压精细注水配套技术。通过创新技术集成，形成低渗透油藏仿水平井注水开发配套技术。

二、技术内容及技术指标

（一）技术内容

1. 仿水平井注水开发机理

低渗透油藏具有启动压力梯度，只有注采系统之间的最小驱动压力梯度大于启动压力梯度时才能建立有效驱替，因此，注水开发存在技术极限井距，在相同的注采井距条件下，"面对面线性驱动"的波及体积要大于"点对点径向驱动"。水电模拟和数值模拟表明，在井距、排距一定的条件下，随着油井和水井缝长的增加，流动方向由油水井间径向流变为裂缝间的线性流，通过优化注采井排缝面之间排距，建立有效驱替，即"缝面建驱替"交错排状井网不同裂缝长度条件下的压力分布图见图1-6-1，裂缝能够有效扩大泄油面积，增加单井控制储量，在储量丰度一定的情况下，能实现效益开发的经济井网密度越小。因此，较长的裂缝可以形成较大的注采井距，起到"缝长增井距"的作用。通过油藏数值模拟技术，模拟了交错行列井网条件下，仿水平井注水开发和直井注水开发的波及情况，结果表明（仿水平井与直井流线分布见图1-6-2），仿水平井注水开发为"扇面状"波及，而直井注水开发为"纺锤状"波及，相同的井网密度下，裂缝越长、与井网配置越合理，波及系数越大，即"缝网扩波及"。仿水平井注水开发机理为仿水平井注水开发优化设计提供理论基础。

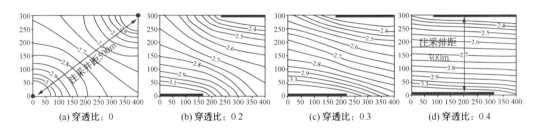

图1-6-1 交错排状井网不同裂缝长度条件下的压力分布图

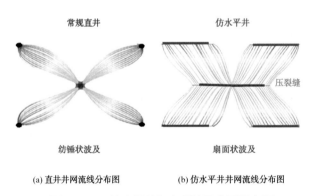

图1-6-2 仿水平井与直井波及范围示意图

2. 仿水平井地质优化设计技术

储层描述和地应力预测是仿水平井应用的基础，裂缝与井网的合理适配是保证仿水平井注水开发的关键。针对低渗透油藏地震资料品质差、地应力复杂的问题，攻关形成了拓频增精度储层预测技术、相控非均质地应力预测技术；通过裂缝与井网的匹配优化，形成了仿水平井裂缝井网适配优化设计技术。

（1）拓频增精度储层预测技术

针对低渗透储层深度大、地震品质差的问题，提出希尔伯特黄变换—多子波变换（HHT-MWT）联合拓频方法，利用叠加效应，使主频由 20Hz 提高到 40Hz，频宽由40Hz 扩大到 78Hz，从而提高地震品质，突出薄层信息；针对砂体厚度薄、纵向难以识别的问题，将三参数小波成像技术运用于薄互层纵向内部信息刻画，提高薄互层内幕识别精度；针对砂体平面预测难的问题，通过井震结合条件下的数值回归分析方法，进行敏感地震属性优选，确定了能量半时为敏感性参数，应用于砂体有利区预测，可识别 20m 以上的砂体发育有利区。通过技术集成和创新，形成集处理、解释及预测为一体的薄互层储层精细描述方法，研发了 Think 软件。

（2）相控非均质地应力预测技术

针对目前地应力预测中力学参数采用层间均质模型的不足，利用岩心、测井和地震多尺度资料形成了岩相精细描述技术；采用序贯指示模拟建立三维岩相模型，作为力学参数三维模拟的约束条件；采用相控建模技术建立三维非均质的力学参数模型，刻画力学参数三维空间的非均质性。针对地应力预测中边界载荷加载方式选择难度的问题，采用构造宏观分析控制、井点测试约束优化过程，对边界载荷加载方式进行自适应，形成了相控非均质地应力预测技术。提出了该技术在现场应用中的开发前期宏观分析地应、初期关键井点验证和开发阶段三维预测的"三步法"地应力分析与预测方法，为仿水平井优化设计提供支撑。研究结果表明试验区 20 口井水平最大主应力值、水平最小主应力的模拟计算值以及与测井值的差值，结果表明两个主应力值吻合程度都在 85% 以上。

（3）裂缝井网适配优化设计技术

基于仿水平井注水开发机理和地质综合研究成果，在非达西渗流理论的指导下，应用油藏工程方法，建立了缝面建驱极限排距计算公式和井距计算方法；以油藏数值模拟为手段，优化仿水平井井网形式和井排方向，采用交错排状井网、井排方向与最大主应力方向一致时开发效果最好。应用正交实验法设计裂缝—井网适配方案，以初期产量、采油速度、采出程度和前缘突破时间为综合评价指标，开展多目标极差分析，利用模糊综合评判，确定最优的裂缝—井网的匹配关系，形成多目标裂缝—井网适配优化设计技术。

3. 定向长缝压裂技术

有效支撑长缝的形成主要受到缝高、压裂液滤失及支撑剂均衡铺置的影响。通过研发油溶性人工双转向剂，利用其与压裂液的密度差形成上、下隔板，增加遮挡层应力 5MPa，有效控制缝高；应用压裂压力降 G 函数图版评价滤失大小，建立基质、天然裂缝与滤失量的关系曲线，根据滤失量大小来优选小粒径陶粒或树脂类降滤剂来控制滤失；采用纤维压裂液、小粒径支撑剂、大排量在水平方向建立连续、稳定的支撑带，实现均衡铺置，形成了基于长缝压裂的优化设计方法及配套工艺，可满足支撑半缝长 200m 以上的改造需求。通过径向水射流技术引导压裂裂缝方向，解决井网与地应力方向不适配的问题，保证人工裂缝沿井排设计方向延伸（图 1-6-3）。

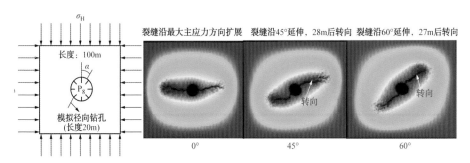

图 1-6-3　长孔方向与最大主应力方向夹角对裂缝延伸方向的影响

4. 高压精细注水配套工艺技术研究

针对低渗透油藏渗流能力差、驱替压差大、注水压力高等问题，基于携带正电荷的分子成膜剂与岩石壁面的吸附力远远大于水和岩石壁面的吸附力的特性，利用阳离子增加吸附能力，采用疏水基团改变润湿性，优化疏水链长度，改变表面活性，研发了有机分子膜增注剂，接触角达到 86°，最大降压幅度可达 40%。对于注水管柱蠕动和测试仪器下入难等问题，采用水力卡瓦和水力锚进行管柱锚定，补偿器有效补偿管柱蠕动，并配套了高压井口测试防喷装置，实现了高压长效注水。

（二）技术指标

①揭示了仿水平井注水开发机理。

②形成了相控非均质地应力预测技术，主应力值吻合程度都在 85% 以上。

③形成了定向长缝压裂控制技术，半缝长达到 200m。

④发明了有机分子膜增注剂，最大降压幅度可达 40%。

三、应用效果与知识产权情况

该技术实现规模化推广应用，截至"十二五"末，胜利油田利用仿水平井注水开发动用 119 个区块，新增动用储量 $1.16 \times 10^8 t$，新建产能 $183 \times 10^4 t$；仿水平井初期平均单井产能为直井常规压裂产量的 2 倍左右，已累计产油 373×10^4t，有效弥补了产能建设阵地的不足，实现储量向产能的转化。

低渗透油藏仿水平井注水开发技术荣获集团公司科技进步奖一等奖，获国内发明专利 1 项，实用新型专利 3 项，出版专著 1 部，发表论文 9 篇。

第七节 聚合物驱后油藏井网调整非均相 复合驱提高采收率技术

聚合物驱是化学驱三次采油技术中最为成熟的技术，我国东部老油田聚合物驱后油藏储量已达 15×10^8t，综合含水高达 97.5%。然而聚合物驱后仍有近一半的原油滞留在地下，与水驱油藏相比这类油藏采出程度更高，动态非均质更加严重，聚驱后油藏大幅度提高采收率国内外尚无先例，是亟待破解的技术难题。经过十年持续攻关，发明了聚合物驱后油藏井网调整非均相复合驱油技术，可大幅度提高聚合物驱后油藏原油采收率，是挑战采收率60%的探索和尝试。

一、研发背景和研发目标

随着聚合物驱程度的不断增强，油藏的采出程度和含水率日渐接近极限，而且非均质性更强、剩余油分布更加零散。实验和实践表明，依靠单一的井网调整和已有的化学驱技术很难满足进一步大幅度提高采收率的需求，聚合物驱后油藏亟须寻找新的更为经济有效的提高采收率方法。

根据储层非均质变化和剩余油分布特征设计变流线优化调控方案；针对油藏非均质突出，体系需要具有更强扩大波及能力的特点，提出由"全交联"转为"部分交联"的思路，研制兼具封堵和运移功能的新型驱油剂 B-PPG，开展聚合物和 B-PPG 改善油藏动态非均质能力及非均相驱油体系以提高扩大波及体积能力；针对剩余油分布零散的油藏特征，对体系提出了更强洗油能力的技术要求，研究表面活性剂配方体系以提高洗油效率。结合数值模拟和室内试验研究，建立针对聚合物驱后油藏的非均相复合驱的开发技术。

二、技术内容及技术指标

(一)技术内容

1. 设计合成出了黏弹性颗粒驱油剂(B-PPG)

创新提出了"部分交联部分支化"分子结构(图 1-7-1),建立了交联反应"动力学调控"方法,研发了黏弹性可控的系列 B-PPG 产品,并实现了工业化稳定生产。在 85℃、矿化度 30000mg/L 条件下,B-PPG 弹性模量高达 12Pa,封堵率比线性聚合物提高了 27.3%,变形能力优于交联聚合物。

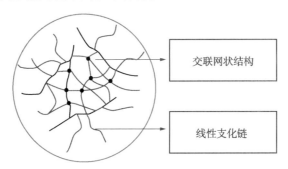

图 1-7-1 B-PPG 结构示意图

2. 设计了"B-PPG+聚合物+表面活性剂"非均相复合驱油体系

发明了适应高黏弹性介质的高效表面活性剂,阐发了驱油剂之间的"加合增效"机制,研发了新型高效非均相复合驱油体系,该体系阻力系数由常规聚合物的 12 提高到 375,残余阻力系数由 1.8 提高到 29.3,界面张力达 2.9×10^{-3}mN/m,物理模拟试验表明,该体系在聚驱后油藏条件下提高采收率高达 13.6%(图 1-7-2)。

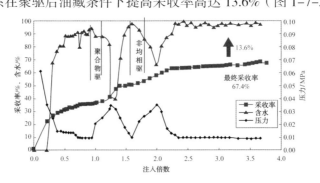

图 1-7-2 聚驱后非均相复合驱提高采收率效果

3. 建立了非均相复合驱体系渗流模拟方法

建立了 B-PPG 示踪与浓度检测方法,揭示了 B-PPG 及其形成的非均相体系在多孔介质中"变形通过、液流转向"的运移特征。创建了 B-PPG 非连续流微观力学模拟方法，发明了基于"通过因子"的非均相复合驱体系宏观数值模拟方法。

4. 配套形成了聚合物驱后油藏提高采收率技术方法

建立了聚合物驱后油藏储层非均质性定量描述方法，揭示了"井网调整变流线引效"机制，发明了聚合物驱后井网调整辅助非均相复合驱方法，形成了配套技术。

（二）技术指标

①非均相复合驱油体系与目的层原油的界面张力达到 10^{-3}mN/m 超低值。

②聚驱后井网调整非均相复合驱油技术在孤岛油田中一区 Ng3 开展先导试验，矿场实施后取得了显著降水增油效果，提高采收率 8% 以上。

三、应用效果与知识产权情况

（一）应用效果

聚驱后井网调整非均相复合驱油技术在孤岛油田中一区 Ng3 开展先导试验，矿场实施后取得了显著降水增油效果，产油能力由 3.3t/d 上升至 79t/d，含水率由 98.2% 下降到 81.3%，提高采收率 8.5%，最终采收率 63.6%。目前该技术已经在孤岛油田、孤东油田及胜坨油田开展了工业化推广应用。

（二）知识产权情况

"十二五"期间，聚合物驱后油藏井网调整非均相复合驱提高采收率技术共获得省部级奖励 3 项；获得发明专利授权 26 项，其中获得国内发明专利授权 25 项，获得美国发明专利授权 1 项；研发软件 2 套；发表论文 68 篇。

第八节　深层边际稠油高效开发技术

一、研发背景和研发目标

胜利油田稠油资源丰富，地质储量 10.79×10^8t，以深层边际油藏为主 (占 93%)，具有以下开发难点：①油藏埋藏深度大 (1200~2000m)；②经济效益差，已动用储量进入高含水阶段 (87.5%)、油汽比低 (0.34)；③未动用储量品位差，原油黏度高 (黏度

>10×10^4mPa·s) 胶质、沥青质含量高、油层厚度薄 (厚度 <6m)、水敏感性强 (渗透率保留率 <30%)。常规蒸汽驱、蒸汽辅助重力泄油 (SAGD) 等开发技术难以应用于该类油藏，需要探索新的开发技术。

针对开发过程中遇到的问题，以室内实验为基础，结合现代油藏工程手段，创建了稠油热采非达西渗流理论，攻克了不同类型稠油油藏开发关键技术，形成了稠油吞吐后期井网加密联合化学辅助蒸汽驱提高采收率、水驱稠油转热采提高采收率、特超稠油油藏 HDCS 开发、强水敏稠油热采开发等技术系列，形成了深层边际稠油高效开发技术。

二、技术内容及技术指标

（一）稠油热采非达西渗流理论

通过多因素渗流实验分析揭示了储层物性和流体性质对稠油渗流的影响及其作用机制，发现黏度和渗透率是启动压力梯度的主控因素，即"黏渗组合控制"。建立了稠油非达西渗流启动压力梯度的描述和求取方法，通过 26 个不同类型稠油油藏实验数据建立了启动压力梯度与流度的相关关系。提出了非达西渗流控制下稠油油藏热采渗流模式（图 1-8-1），根据井间温度和压力梯度的变化，将井间流场划分为三个区域：达西渗流区、非达西渗流区和不流动区。在不流动区，仅水相流动；在非达西渗流区，稠油呈非达西渗流，而与之同流的水相呈达西渗流，即"油水差异渗流"。根据稠油热采非达西渗流理论自主研发了非达西渗流稠油热采数值模拟软件。该理论对热采剩余油分布规律的认识和井网井距的优化具有重要指导作用，为深层边际稠油高效开发提供了理论基础。

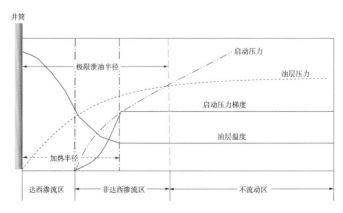

图 1-8-1　中二北热采非达西渗流模式

（二）稠油吞吐后期井网加密联合化学辅助蒸汽驱提高采收率配套开发技术

基于非达西渗流理论，结合物理模拟、油藏数值模拟及钻井资料，揭示了蒸汽吞吐稠油油藏受非达西渗流控制的"整体富集、条带水淹"剩余油分布模式：深层边际稠油热采加热半径小，达西渗流区窄，而不流动区和非达西渗流区的稠油需克服启动压力梯度渗流，具有压力高、温度低、含油饱和度高的特点，形成了蒸汽吞吐油藏剩余油的"整体富集"特征；在压力梯度较低的条件下，只有高渗透条带的油水可以渗流。当压力梯度降低到启动压力梯度以下后，仅水相渗流，在高渗透条带产生爆性水淹，即形成"条带水淹"。

蒸汽吞吐后期剩余油分布模式为进一步提高原油采收率指明了方向。针对原吞吐井网井距大、井间剩余油"整体富集"的特点，实施了井网加密，以增加油藏流动区、加大井间不易流区剩余油的动用，建立了普通稠油、特稠油和超稠油油藏的井网加密技术界限；针对深层稠油蒸汽驱面临的"条带水淹"、汽驱易汽窜、蒸汽驱干度低、热水带宽的开发难点，创新提出了化学辅助蒸汽驱，利用泡沫体系选择性封堵的作用提高蒸汽波及体积，利用驱油剂降低热水带残余油饱和度的作用提高驱油效率。研发了耐温高效起泡剂，发明了高效阴离子型表面活性剂的制备方法，研发了界面张力超低的高效驱油剂。配套了高干度注汽锅炉 (锅炉出口蒸汽干度 ≥ 99%)，开发了长效高效的高真空隔热注汽管柱，井底蒸汽干度达到 50% 以上 (提高了 20%)。形成了以井网加密联合化学辅助蒸汽驱为主体的蒸汽吞吐后期提高采收率配套技术。该技术在胜利油田单家寺、乐安、孤岛等稠油热采老区广泛应用，提高采收率超过 25%，最终采收率达到 40% ～ 50%。

（三）水驱稠油油藏转热采提高采收率开发配套技术

稠油油藏水驱转热采能利用蒸汽超覆作用有效驱替水驱后油层顶部剩余油，但实施热采存在油层埋藏深、水驱后地层压力高等技术难题。由于高压下蒸汽比容小、汽化潜热低，形成了不适合开展高压蒸汽驱的传统认识。借助低压成比例可视化和高压蒸汽驱物理模拟，开展水驱后转热采的蒸汽波及规律和驱油效率研究发现：除了转驱压力，蒸汽干度也是影响汽驱效果的重要因素；在高压 (7MPa) 条件下，通过提高井底干度能增加蒸汽的体积和携带热量，进而取得较好的蒸汽驱效果，高压高干度蒸汽驱是可行的。从而突破了低压 (<5MPa) 蒸汽驱的传统认识。

基于油藏数值模拟和矿场实践，提出了水驱稠油油藏在高压 (7MPa)、高含水 (90%)

条件下转热采的可行性技术条件(油藏埋藏深度小于1800m、有效厚度大于5m、含水低于95%)及技术政策。提出了水驱稠油油藏转热采的优化井网形式,考虑热采井网与原水驱井网的配置关系,在次主流线加密,将水驱井网加密成反九点法或反十三点汽驱井网,通过改变驱动系统和方向提高注入热量利用率。为了实现蒸汽等干度分配,研制了稠油注蒸汽分配、计量、调节一体化装置,使主干线与各支线之间的蒸汽干度值相差小于6%。同时重点攻关配套了水驱后转热采防窜调剖、老井保护等特色工艺技术,形成了水驱稠油油藏转热采提高采收率开发配套技术。

(四)特超稠油油藏 HDCS 开发技术

胜利油田油层温度下脱气原油黏度超过 $10 \times 10^4 mPa \cdot s$ 的特超稠油资源量为 $1.78 \times 10^8 t$。针对该类油藏埋藏深、原油黏度高、吸汽能力差、无法实现工业化开采的难题,攻关形成了以 HDCS 为核心的特超稠油油藏开发配套技术。HDCS 即为水平井(H)、降黏剂(D)、二氧化碳(C)和蒸汽(S)四要素的英文缩写,其各要素作用如图所示 1-8-2。

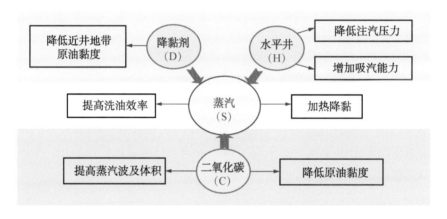

图 1-8-2 HDCS 各要素作用示意图

在特超稠油组分极性、杂原子分布形态、胶束稳定性分析测试的基础上,确定了稠油的胶束结构特征,基于胶束理论揭示了特超稠油致稠的微观机理。在此基础上,借助实验和模拟手段阐释了热力作用下,二氧化碳、油溶性复合降黏剂与稠油作用机制;利用稠油胶粒理论模型分析了二氧化碳同稠油中四组分(烷烃、芳香烃、胶质、沥青质)的相互作用、二氧化碳对胶质沥青质胶束核心的影响,从分子相互作用层面阐释了连续相稀释、降低分散相粒径的二氧化碳降黏机理;借助扫描电镜、原子力电镜成像等手段阐释了油溶性复合降黏剂作用机理,即拆散芳香片聚集体后、降黏剂中的复配成分与其相互作用产生降黏效果。

由于胜利油田特超稠油油藏埋藏深 (>1200m)，SAGD 等成熟技术不适用。矿场实践证明，单纯采用二氧化碳 + 降黏剂辅助直井蒸汽吞吐、水平井蒸汽吞吐等开采方法也不能有效地实现特超稠油的高效开发。因此首创了具有深层特超稠油油藏开发特色的 HDCS 开发方法，采用高效油溶性复合降黏剂和二氧化碳辅助水平井蒸汽吞吐，利用其滚动接替降黏、热动量传递及增能助排作用，降低注汽压力，扩大蒸汽波及范围。不仅充分发挥了热、化学、气体和水平井的自身优势，还产生了"复合增效"作用。

为提高 HDCS 开发技术的应用效果和经济效益，开发了免钻塞分级完井技术、长井段水平井泡沫酸洗压裂防砂一体化技术，配套了亚临界锅炉和超临界高压注汽锅炉，研制了注采一体化泵及管柱，配套形成了特超稠油油藏开发工艺系列技术。HDCS 开发技术实现了深层特超稠油油藏的有效动用，使原油动用界限达到 $50 \times 10^4 mPa \cdot s$。

（五）强水敏稠油油藏开发技术

针对强水敏稠油油藏黏土含量高、遇水膨胀堵塞储层的难题，研究发现蒸汽高温加热能使敏感性黏土矿物转化为非敏感性矿物。水敏矿物蒙脱石在高温作用下失水、晶格间距缩小，转化为非水敏矿物伊利石。临界转化温度点100℃，在300℃时转化率达到78%，且不可逆。高温蒸汽能使水敏转化为非水敏的这一发现为强水敏稠油油藏注汽开发奠定了基础。

根据强水敏储层黏土矿物特性和导致强水敏的主控因素，借助扫描电镜、高倍电镜及冷冻蚀刻、防膨物理模拟实验等技术手段，阐明了有机转换型、无机转换型、复合型防膨剂的防膨机理。在分析分子官能团、结构等对防膨效果影响的基础上，优化设计并开发出以多官能团的小分子有机盐为主要成分的耐温高效黏土膨胀防治体系。

基于黏土矿物热转化及防膨机理，提出了"近热远防"的注蒸汽热采开发策略：近井地带通过改善注汽质量扩大加热范围、提高油藏温度，以高温改善水敏储层；远井地带采用深部防膨技术，抑制储层水敏伤害。为确保"近热"效果，提出了注汽指标界限；采用了油溶性降黏剂预处理油层，降低注汽压力、提高注汽质量；发明了井下蒸汽流量、干度测量方法及测量仪，研制了井下直读式流温流压测试系统。为实现"远防"目标，在注汽前，采用耐高温高效防膨剂防止黏土膨胀，实现深部防膨；在转吞吐周期过程中，推广应用注采一体化管柱，防止储层冷伤害。形成了"近热远防"强水敏稠油油藏开发配套技术，实现了渗透率保留率仅为10% 的强水敏稠油油藏高效开发。

三、应用效果与知识产权情况

"十二五"期间，中国石化东部老油田稠油新增动用储量 $5514×10^8t$，老区调整覆盖地质储量 $3.6×10^8t$，提高采收率 3.9%，东部稠油热采产量稳定在 $480×10^4t$ 以上。研究成果尤其在胜利油田稠油油藏得到了大规模推广，"十二五"末胜利油田稠油热采产量上升到 $425×10^4t$，五年累计生产原油 $2206×10^4t$，为胜利油田产量稳定做出了突出贡献。

深层边际稠油高效开发技术获得国家科技进步二等奖，获得省部级奖励 4 项；获得国内专利授权 13 项，其中发明专利 4 项，实用新型专利 9 项；中国石化专有技术 2 项；研发软件 2 套；发表论文 12 篇。

主要参考文献

［1］张善文. 济阳坳陷第三系隐蔽油气藏勘探理论与实践 [J]. 石油与天然气地质, 2006, 27(6): 731-740.

［2］张善文. 中国东部老区第三系油气勘探思考与实践——以济阳坳陷为例 [J]. 石油学报, 2012, 33(S1): 53-62.

［3］王永诗, 刘惠民, 高永进, 等. 断陷湖盆滩坝砂体成因与成藏：以东营凹陷沙四上亚段为例 [J]. 地学前缘, 2012, 19(01): 100-107.

［4］宋国奇. 哲学与油气勘探——济阳坳陷现阶段地质研究的思维方法探讨 [J]. 油气地质与采收率, 2010, 17(1): 1-5.

［5］隋风贵, 宋国奇, 赵乐强, 等. 济阳坳陷陆相断陷盆地不整合的油气输导方式及性能 [J]. 中国石油大学学报：自然科学版, 2010, 34(4): 44-48.

［6］曹忠祥, 李友强. 济阳坳陷"十一五"期间探井钻探效果及对策分析 [J]. 油气地质与采收率, 2013, 20(6): 1-5.

［7］李振华, 邱隆伟, 齐赞, 等. 蚂蚁追踪技术在辛 34 断块解释中的应用 [J]. 西安石油大学学报：自然科学版, 2013, 28(2): 20-24.

［8］倪金龙, 刘俊来, 林玉祥, 等. 惠民凹陷西部深层断裂样式与古近纪盆地原型的性质 [J]. 中国石油大学学报：自然科学版, 2011, 35(1): 20-27.

［9］张继标, 戴俊生, 赵力彬, 等. 基于蚂蚁算法的断裂自动解释技术在黄珏南地区的应用 [J]. 中国石油大学学学报：自然科学版, 2011, 35(6): 14-20.

［10］张欣. 蚂蚁追踪在断层自动解释中的应用——以平湖油田放鹤亭构造为例 [J]. 石油地球物理勘探，2010, 45(2): 278-281.

［11］王永诗，郝雪峰. 济阳断陷湖盆输导体系研究与实践 [J]. 成都理工大学学报：自然科学版，2007, 34(4): 394-400.

［12］穆星，卢新甫，杨培杰. 基于高阶统计量的高分辨率时频分析方法 [J]. 油气地质与采收率，2009, 16(6): 56-59.

［13］穆星，高秋芬. 高阶谱分析技术识别地层旋回与沉积相带 [J]. 勘探地球物理进展，2010, 33(2): 121-125.

［14］刘百红，李建华，魏小东，等. 随机反演在储层预测中的应用 [J]. 地球物理学进展，2009, 24(2): 581-589.

［15］张绍红. 概率神经网络技术在非均质地层岩性反演中的应用 [J]. 石油学报，2008, 29(4): 549-552.

［16］王延光. 储层地震反演方法以及应用中的关键问题与对策 [J]. 石油物探，2002, 41(3): 299-303.

［17］毕俊凤，杨培杰. 有色反演技术在少井区岩性体预测中的应用 [J]. 物探与化探，2014, 38(3): 558-565.

［18］王长江，杨培杰，罗红梅，等. 基于广义 S 变换的时变分频技术 [J]. 石油物探，2013, 52(5): 489-494.

［19］崔传智，耿正玲，王延忠，等. 水驱油藏高含水期渗透率的动态分布计算模型及应用 [J]. 中国石油大学学报：自然科学版，2012, 36(4):118-122.

［20］谷建伟，姜汉桥，张秀梅，等. 特高含水开发期注采井网评价新指标 [J]. 特种油气藏，2013, 20(4):66-69.

［21］冯其红，王相，王波，等. 非均质水驱油藏开发指标预测方法 [J]. 油气地质与采收率，2014, 21(1):36-39.

［22］崔文富. 油藏非均质条件对单井模拟生产响应的影响研究 [J]. 石油天然气学报，2014, 36(10):173-175.

［23］崔文富，赵红兵，吴伟，等. 胜陀油田特高含水期油藏矢量层系井网产液结构调整研究 [J]. 石油天然气学报，2012, 34(6):127-131.

［24］冯其红，王波，王相，等. 高含水油藏细分注水层段组合优选方法研究 [J]. 西南石油大学学报（自然科学版），2016, 38(2):103-108.

［25］刘志宏，鞠斌山，黄迎松，等. 改变微观水驱液流方向提高剩余油采收率试验研究 [J]. 石油钻探技术，2015(2):90-96.

［26］王端平，杨勇，许坚，等．复杂断块油藏立体开发技术［J］．油气地质与采收率，2011，18(5):54-57.

［27］王端平，杨勇，梁承春，等．复杂断块油藏三级细分技术的研究与应用——以永安镇油田永3-1断块沙二段7—9层系为例［J］．油气地质与采收率，2011，18(2):62-64.

［28］杨勇，王洪宝，牛栓文，等．东辛地区不同类型油藏水平井优化设计［J］．油气地质与采收率，2010，17(2):80-82.

［29］朱红云，徐良．低渗透油藏仿水平井压裂参数优化研究［J］．石油地质与工程，2016(4):119-121.

［30］丁云宏，陈作，曾斌，等．渗透率各向异性的低渗透油藏开发井网研究［J］．石油学报，2002，23(2):64-67.

［31］张晨朔，姜汉桥．低渗透油藏压裂水平井井网优化方法研究［J］．断块油气田，2014，21(1):69-73.

［32］张璋，何顺利，刘广峰．低渗透油藏裂缝方向偏转时井网与水力裂缝适配性研究［J］．油气地质与采收率，2013，20(3):98-101.

［33］蔡星星，唐海，周科，等．低渗透薄互层油藏压裂水平井开发井网优化方法研究［J］．特种油气藏，2010，17(4):72-74.

［34］郭兰磊．聚驱后油藏化学驱提高采收率技术及先导试验［J］．大庆石油地质与开发，2014，33(1):122-126.

［35］曹绪龙．低浓度表面活性剂-聚合物二元复合驱油体系的分子模拟与配方设计［J］．石油学报(石油加工)，2008，24(6):682-688.

［36］侯健，郭兰磊，元福卿，等．胜利油田不同类型油藏聚合物驱生产动态的定量表征［J］．石油学报，2008，29(4):577-581.

［37］孙焕泉．聚合物驱后井网调整与非均相复合驱先导试验方案及矿场应用——以孤岛油田中一区Ng3单元为例［J］．油气地质与采收率，2014，21(2):1-4.

［38］束青林，毛卫荣，张本华．河道砂边际稠油油藏热采开发理论和技术．ISBN 7-5021-5142-7，石油工业出版社，2005.

［39］Li H, Sun J, Shi J. Research and Application on CO_2 and Dissolver Assisted Horizontal Well Steam-injection to Develop Super Heavy Oil[J]. Polymer Engineering & Science, 2010, 53(7):1512-1528.

［40］孙焕泉，曲岩涛．胜利油区砂岩储集层敏感性特征研究［J］．石油勘探与开发，2000，27(5):72-75.

［41］王玉斗，侯健，陈月明，等. 高温状态下表面活性剂在多孔介质中的运移规律研究 [J]. 水动力学研究与进展，2002, 17(2):222-229.

［42］吴光焕，孙建芳，邱国清，等. 胜利稠油流渗流特征及应用研究 [C]// 稠油、超稠油开发技术研讨会论文汇编. 2005.

［43］李伟忠. 王庄油田强水敏稠油油藏储层水敏感性评价方法 [J]. 油气地质与采收率，2005, 12(5):53-55.

［44］周英杰. 胜利油区水驱普通稠油油藏注蒸汽提高采收率研究与实践 [J]. 石油勘探与开发，2006, 33(4):479-483.

［45］侯健，高达，孙建芳，等. 稠油油藏不同热采开发方式经济技术界限 [J]. 中国石油大学学报：自然科学版，2009, 33(6):66-70.

第二章

海相页岩气勘探开发技术

页岩气是指主要以吸附和游离方式赋存于富有机质页岩或泥岩中的天然气，属于非常规天然气。与常规储层相比，泥页岩储层的孔隙微小，渗透率极低，一般需要进行体积压裂才能实现商业开采。美国在 20 世纪末即实现了页岩气商业开发，此后页岩气产量快速增长，使美国天然气进口量大幅减少，2014 年的对外依存度已降至 5%。我国在 21 世纪初即开展美国页岩气产业跟踪研究和国内页岩气地质特征研究评价工作，2011 年，国家将页岩气作为一种独立矿种，并制定了一系列鼓励扶持政策。

中国石化在 2009 年开展了南方海相页岩气地质评价，2010 年实施了第一口页岩气探井——XY1 井。此后陆续在湘鄂西、黔东南、湘中以及彭水等地区对海相页岩气进行了多口井钻探，但勘探效果总体不理想。随着研究和勘探实践的深入，逐渐意识到我国南方海相页岩具有时代老、成因复杂、构造活动强烈、含气性差异大等特点，保存条件至关重要，从而提出了南方复杂构造区高演化海相页岩气"二元富集"理论，建立了页岩气选区评价体系，探索了地球物理综合预测及钻完井、水平井分段压裂等关键技术。应用这些理论与技术，中国石化 2012 年在涪陵地区实施了 JY1HF 井，于 11 月 28 日在五峰组—龙马溪组测试获得日产 $20.3 \times 10^4 m^3$ 高产工业气流，取得了页岩气勘探重大突破；紧接着甩开的 JY2HF 等 3 口探井和 200 余口开发井均获中高产工业气流，在涪陵页岩气田一期开发区探明地质储量 $3805.98 \times 10^8 m^3$，建成产能 $50 \times 10^8 m^3/a$。截至 2015 年 12 月 31 日，涪陵页岩气田累计完井 256 口，投产 180 口，累计生产页岩气 $43.91 \times 10^8 m^3$，销售 $42.13 \times 10^8 m^3$。

涪陵页岩气田是我国第一个投入商业开发的大型页岩气田，2013 年 9 月 3 日，国家能源局批准设立"重庆涪陵国家级页岩气示范区"；2014 年 4 月 21 日，国土资源部批准设立"重庆涪陵页岩气勘查开发示范基地"。2014 年 11 月 5 日，在美国举行的第五届世界页岩油气峰会授予中国石化"页岩油气国际先锋奖"，以表彰北美以外世界首个页岩气重大商业发现。涪陵页岩气田的发现和商业开发，是我国油气勘探开发的又一重大成果，也是中国非常规页岩气勘探理论和实践的巨大进步，同时也推动了页岩气勘探开发成套设备的国产化，形成了页岩气绿色开发的配套技术及规范，为我国页岩气产业的发展起到了良好的示范作用。

"十二五"期间，中国石化在页岩气勘探开发理论与技术攻关成果主要体现在：初步认识到深水陆棚相优质页岩气关键参数具有耦合关系，提出了南方高演化海相页岩气两种赋存机理和南方高演化复杂构造地区海相页岩气"二元"富集理论，建立了南方海相页岩气资源评价方法与选区、目标评价方法，优选了勘探目标，为南方海相页岩气勘探突破提供了科学指导；创新建立了页岩含气量定量评价技术、页岩"四孔隙"模型及测井定量表征方法、页岩气地震综合预测技术，对涪陵等地区页岩气地质特征进行了精细表征；建立了页岩气层综合评价技术和复杂地质条件下页岩气开发方案优化技术，对开发方案进行了优化，为规模商业开发提供了决策依据；创新发展了南方山地特色水平井组优快钻完井技术、页岩气长水平井高效分段压裂及试气技术、页岩气绿色环保开发技术，实现了涪陵页岩气田高效清洁开发。

四川盆地及其周缘已有大量页岩气勘探突破，展现出了良好的勘探开发前景，推广"十二五"形成的页岩气勘探开发理论与技术，并结合各地区各层系实际地质特征和地面条件加以改造与完善，进一步提升工程工艺以及装备能力，将为推进我国页岩气勘探开发提供强有力的技术支撑。

第一节　海相页岩气富集规律与资源评价技术

一、深水陆棚相优质页岩气关键参数耦合规律

（一）研发背景和研发目标

中国石化主要在南方下古生界海相层系开展页岩气勘探工作。南方海相页岩气具有时代老、热演化程度高的特点，并经历多期构造运动的叠加改造，其地质特征不但与北美地区页岩气差异大，而且内部也存在较大变化。加之南方下古生界海相页岩层系勘探工作少，前人采样分析数据和研究成果少，因此对南方海相页岩气地质特征及关键参数认识不清楚。

"十二五"期间研究工作主要是通过南方海相页岩钻井岩心和露头剖面详细观察，开展重点井特别是涪陵地区探井岩心采样分析，在此基础上开展沉积相分析，统

计不同沉积相带页岩气参数指标，并应用交汇等多种手段分析关键参数之间相互关系，寻找有利相带并落实其展布。

（二）技术内容及技术指标

建立了五峰期—龙马溪期相识别标志及沉积模式。通过中上扬子地区古沉积环境、沉积相、地球化学等研究，明确富有机质泥页岩（$TOC \geqslant 1\%$）主要发育于深水陆棚和浅水陆棚相带，建立了优质页岩沉积相识别标志。其中深水陆棚位于滨外陆棚靠大陆坡一侧，为风暴浪基面以下的深水区，属静水环境，偶有特大风暴浪影响；浅水陆棚位于滨岸近滨亚相外侧的正常浪基面之下至风暴浪基面之间，属静水低能环境，常有特大风暴浪影响。深水陆棚主要发育黑色泥页岩、黑色碳质泥页岩、黑色硅质页岩，夹石煤和硅质岩等，见大量原地笔石、硅质放射虫及少量硅质骨针等，富含有机质。黑色泥页岩纹层状层理及黄铁矿晶体或结核十分发育，同时含有磷、钒、钡、镍、钼等数种金属。此外，缺乏底栖生物，但含有低等菌藻类及硅质海绵骨针、放射虫等浮游生物（图 2-1-1）。深水陆棚可根据 U、Th、V 等氧化还原敏感微量元素和岩性、沉积构造、生物类型进行分析判断。

深水陆棚是优质页岩发育的有利相带，具有高 TOC 及高硅质含量特征，且表现出良好正相关耦合规律。JY1 井岩心实验数据分析以及测井解释揭示，深水陆棚优质

(a) 顺层分布硅质笔石页岩，
笔石含量80%，JY2井

(b) 层状藻类体，JY41-5井

(c) 含骨针、放射虫炭质笔石页岩，
JY1井，龙一段，2389.31m（-）

(d) 含骨针放射虫笔石页岩，见硅质骨针，
JY1井，龙一段，2390.02m（-）

图 2-1-1　五峰组－龙马溪组主要生物类型特征

泥页岩主要发育在五峰组 – 龙马溪组一段下部，厚度 38m，该层段 TOC 平均为 3.5%，远大于上部浅水陆棚层段泥页岩（TOC 平均值 1.65%）；该优质泥页岩的脆性矿物（石英、长石、碳酸盐）含量为 50.9% ~ 83.4%，平均 65.4%，其中石英平均含量达到 44.4%，也远比上部泥页岩的脆性矿物和石英平均含量高。图 2-1-2 显示，焦石坝下部深水陆棚优质泥页岩的硅质含量与 TOC 存在明显的正相关性，而上部浅水陆棚硅质含量与 TOC 相关性差，即高 TOC 与高硅质含量的良好耦合关系是深水陆棚优质泥页岩一大特点。

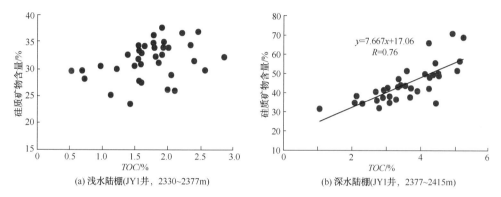

(a) 浅水陆棚（JY1井，2330~2377m） (b) 深水陆棚（JY1井，2377~2415m）

图 2-1-2　JY1 井五峰组−龙马溪组浅水陆棚和深水陆棚 TOC 值与硅质含量相关关系图

提出了深水陆棚高 TOC、高硅质含量良好耦合的成因模式。深水陆棚具有较高 TOC，若陆源石英碎屑较多，将会对有机质进行稀释和破坏，因此，陆源碎屑石英不是造成 TOC 和硅质呈正相关关系的主要原因。焦石坝地区 Fe/Ti、（Fe+Mn）/Ti 及 Al/(Al+Fe+Mn) 比值均不支持硅质来源的热水成因。通过 JY1 井 173 个薄片观察，页岩中发现大量微体生物化石，主要为海绵骨针、放射虫等，证实了页岩中硅质成分的生物成因。深水陆棚浮游生物繁盛，且为强还原沉积环境，有利于有机质聚集和保存，其硅质主要为生物、生物化学成因。

研究认为：五峰组—龙马溪组深水陆棚相主要分布在川中、黔中、雪峰古隆所围限的坳陷中心部位，靠近古隆起主要发育浅水陆棚沉积；牛蹄塘组深水陆棚相主要分布在扬子克拉通边缘盆地。

（三）应用效果与知识产权情况

提出的南方地区五峰组—龙马溪组深水陆棚相优质泥页岩具有高 TOC、高硅质含量良好耦合关系，坚定了中国石化在南方下古生界海相层系进行页岩气勘探的信心，同时这一认识指导了页岩气井水平段穿行层位，为涪陵页岩气勘探突破和商业开发提供了决策依据和技术支持。

二、南方高演化海相页岩气形成及赋存机理

（一）研发背景和研发目标

南方海相富有机质页岩时代老，演化程度高，成藏条件复杂。在高演化程度情况下，南方海相富有机质页岩中天然气是自生自储还是运移而来的？海相富有机质页岩储层特征如何？页岩气赋存机理如何？"十二五"期间，针对上述问题，在收集分析前人资料与成果认识基础上，开展大量的采样实验分析，对比四川盆地及周缘各套富有机质页岩有机地化参数，判断五峰组－龙马溪组天然气来源，分析五峰组—龙马溪组富有机质页岩的物性特征和微观孔隙结构，总结页岩气赋存机理。

（二）技术内容及技术指标

焦石坝页岩气为自生自储连续性气藏。焦石坝地区五峰组—龙马溪组富有机质页岩为缺氧的静水深水陆棚沉积的产物，有机质丰度高（一般在 2% ～ 6% 之间），有机质类型以 I 型为主，为 A 型有机相，生烃能力强，为页岩气的形成提供了良好条件；热演化程度处于过成熟阶段（Ro 为 2.65%），页岩气呈现高 LnC_1/C_2、高 LnC_2/C_3 烃源岩裂解气组成特点，由此可认为五峰组—龙马溪组一段页岩气主要来源于较高热演化阶段的裂解气。下侏罗统源岩热演化程度较低，分布于四川盆地中部，不可能形成大量的油气充注于龙马溪组泥页岩中。焦石坝地区五峰组—龙马溪组一段的天然气组分表现出甲烷含量高（97.774% ～ 98.341%）、干燥系数大、不含 H_2S 的特征，而上二叠统、下三叠统天然气组分典型的特征是含有一定量的 H_2S；龙马溪组天然气 $\delta^{13}C_2$ 介于 $-34.68‰$～ $-34.1‰$，处于油型气的范围内，与龙潭组、须家河组煤型气 $\delta^{13}C_2$ 值不同（明显较小）；而下寒武统烃源岩干酪根的 $\delta^{13}C$ 值一般介于 $-31.5‰$～ $-35‰$ 之间，低于龙马溪组天然气 $\delta^{13}C_1$ 值。碳同位素对比研究表明页岩气来源于五峰组—龙马溪组烃源岩，为自生自储。碳同位素倒转表明页岩气主要为同源不同期混合气（图 2-1-3）。

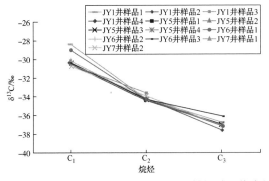

图 2-1-3　涪陵地区五峰组—龙马溪组一段天然气碳同位素组成特征

有机质孔为页岩气赋存的重要空间。五峰组—龙马溪组一段富有机质页岩主要发育有机质孔、黏土矿物孔和脆性矿物孔（晶间孔、次生溶蚀孔等），孔径主要分布在2～300nm之间，以中孔为主，图2-1-4为龙马溪组有机质孔与无机质孔储集气体示意图；深水陆棚优质页岩以有机质孔为主，有机孔与黏土矿物粒间孔对孔隙度贡献大，脆性矿物孔很少（一般不到10%），而浅水陆棚页岩以黏土矿物孔为主；有机质孔具有亲油（气）性，疏水性，表现为与含气量呈明显正向关、与含水饱和度呈明显负相关，

深水陆棚优质页岩含气量高；有机孔的发育与有机质热演化生烃匹配关系好，Ro 达到 0.7% 以上时有机质孔隙开始形成，进入高-过成熟阶段大量的有机质孔发育，为页岩气的自生自储提供了有效的空间；页岩储层表现为中低孔、特低-中渗特征，孔隙度平均 4.87%，水平渗透率平均 $0.5678 \times 10^{-3} \mu m^2$，而垂直渗透率平均 $0.1539 \times 10^{-3} \mu m^2$，水平渗透率远高于垂直渗透率。

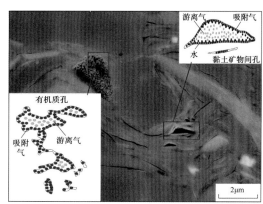

图 2-1-4 龙马溪组有机质孔与无机质孔储集气体示意图（JY1井）

焦石坝地区五峰组—龙马溪组页岩气主要存在吸附态和游离态两种形式，因此其赋存主要有以下两种机理。页岩气吸附主要为物理吸附。一般认为，物理吸附是范德华分子力所引起的，具有吸附时间短、普遍性、无选择性、可逆性等特征。页岩吸附气量影响因素较多，除受自身物理、化学性质的影响外，同时还受到许多外部因素的制约。在等温条件下，吸附气量随压力升高而增大；等压条件下，吸附气量随温度升高而降低；含水量相对较高的样品，其气体吸附能力就较小（图2-1-5）。游离状态页岩气存在于页岩的孔隙或裂隙中，其数量的多少取决于页岩内自由空间。游离气服从一般气体状态方程。由于游离气可在孔隙空间内自由活动，比吸附气更容易产出，因而游离气含量是影响页岩气商业性开发的因素之一。

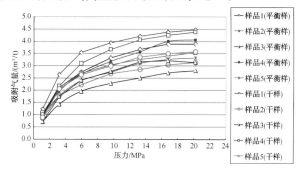

图 2-1-5 JY4 井龙马溪组泥页岩干样、平衡水样等温吸附对比图

（三）应用效果与知识产权情况

明确了中国南方高演化的深水陆棚相页岩仍然能够成为优质页岩气储层，为勘探有利页岩层的优选奠定了基础，同时指出五峰组－龙马溪组页岩气为自生自储连续性气藏，以有机质孔为主，存在吸附态和游离态两种形式，打消了外界对"涪陵页岩气是不是页岩气，或认为是裂缝性气藏"等疑惑，进一步深化了对页岩气生成、储集机理的认识。

三、南方高演化复杂构造地区海相页岩气"二元"富集理论

（一）研发背景和研发目标

中国南方海相富有机质页岩时代老，经历了多次构造运动的改造，构造面貌十分复杂，横向差异性也很大。在此地质背景下，海相页岩气形成富集规律如何，主要的控制因素是什么，如何评价各地区的页岩气资源潜力，勘探有利目标如何评价优选，评价优选指标如何确定，南方复杂地质条件能不能找到大型页岩气田，这些均是勘探家关注的问题。

本成果通过解剖南方海相页岩气典型地区和典型井，并与北美页岩气成藏条件对比分析，进行四川盆地及周缘五峰组－龙马溪组页岩发育条件研究，进而从页岩气形成、成藏及保存等诸多方面开展主控因素研究，总结中国南方高演化、复杂构造区海相页岩气富集规律，建立海相页岩气评价体系，并应用于选区评价与目标优选。

（二）技术内容及技术指标

通过对南方海相页岩气典型地区、典型井的解剖，开展了页岩气形成条件及富集规律研究，提出了南方下古生界海相页岩气"二元"富集理论。

①深水陆棚相优质页岩发育是海相页岩气富集的基础。深水陆棚优质页岩具有高TOC和高硅质含量良好耦合的特征，在有机质富集的同时，具有良好的可压性，形成了良好配置。焦石坝地区五峰组－龙马溪组优质页岩（$TOC > 2.0\%$）厚度$30 \sim 50m$，TOC平均2.65%，发育大量纳米级有机质孔隙，孔隙度平均4.87%，硅质含量平均56.5%，具有高TOC、高孔隙度、高硅质含量良好耦合性特征。

②良好的保存条件、高压或超高压是海相页岩气富集高产的关键。南方地区构造条件相对复杂，统计表明，页岩气井产量与构造样式、断裂发育情况、埋深等保存条件因素存在紧密关系，表现为页岩气井产量与页岩气层压力系数呈正相关关系，如

JY1HF 井、L201–H1 井等典型页岩气高产井均具有良好的保存条件，表现为超压特征（图 2–1–6）。影响页岩气保存条件的地质因素主要是顶底板条件和构造作用，顶底板条件是基础，构造作用是关键。焦石坝地区五峰组—龙马溪组一段页岩气层顶板为龙马溪组二段及以上的大套灰色—深灰色厚层泥岩夹薄层粉砂质泥岩、粉砂岩，底板为临湘组和宝塔组连续沉积的灰色瘤状灰岩、泥灰岩，顶底板岩性致密，地层突破压力高，具有良好的封隔条件。良好的顶底板条件、适中的埋深、远离开启断裂、远离抬升剥蚀区、远离缺失区、构造样式良好、逸散破坏时间短的地区，具有良好的页岩气保存条件。建立了 5 种页岩气逸散破坏模型：底板条件差，页岩气向下逸散（FS1井）；目的层埋藏浅，顶板条件差，页岩气向上逸散（YY1 井）；靠近露头剥蚀区，页岩气侧向扩散或渗流散失（PY1 井）；靠近地层缺失带，页岩气侧向扩散散失（W201井）；靠近通天断层，页岩气渗流散失（Zh101 井）。四川盆地保存条件好，盆外保存条件复杂。从四川盆地向造山带，水矿化度规律性降低；四川盆地为持续保存型保存单元，盆外主要为构造破坏残存型保存单元。四川盆地外构造改造时间长、构造改造强度大、抬升剥蚀强烈、通天断层发育，页岩气保存条件总体较差，众多钻井均钻遇了优质页岩，但仅获低产页岩气流，尚未获得页岩气的商业性发现。

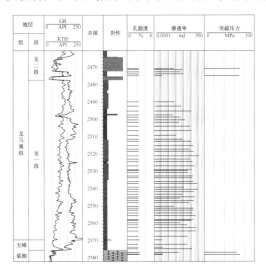

图 2–1–6　JY2 井五峰组—龙马溪组顶底板条件综合评价图

在南方下古生界海相页岩气"二元"富集理论指导下，形成了以页岩品质为基础，以保存条件为关键，以经济性为目的的南方海相页岩气评价体系。其中，评价页岩品质的参数 6 个：泥页岩厚度、有机质丰度、干酪根类型、成熟度、物性、脆性指数；评价保存条件的参数 5 个：断裂发育情况、构造样式、上覆地层、压力系数、顶底板；评价经济性的参数 7 个：产量、资源量、埋藏深度、地表地貌条件、水源、市场管网、道路交通。同时建立了Ⅰ、Ⅱ、Ⅲ类页岩气目标的定量评价指标。该评价体系与标准针对性更强，可操作性好，有效地指导了南方海相页岩气选区评价与目标优选。

（三）应用效果与知识产权情况

在海相页岩气"二元富集理论"的指导下，2012年优选焦石坝部署实施JY1井，测试日产量 $20.3 \times 10^4 m^3$，甩开钻探的焦页2、3、4、8井等探评井均获高产天然气流，实现了涪陵页岩气田主体控制和向南部的扩展。结合开发井评价，已在涪陵页岩气田一期开发区提交探明地质储量 $3805.98 \times 10^8 m^3$。

焦石坝取得战略突破后，形成的勘探理论和技术在川东南地区推广应用，甩开预探丁山构造取得深层海相页岩气突破，DY2HF井测试获日产气 $10.5 \times 10^4 m^3$。此外，还发现了一批有利海相页岩气勘探目标。

四、页岩气资源评价方法与选区、目标评价方法

（一）研发背景和研发目标

中国发育了多套富有机质页岩，蕴藏了较大的页岩气资源。但中国地质构造复杂，海相页岩时代老、热演化程度高而陆相页岩热演化程度低，与北美地区在页岩气地质条件方面存在较大的差异性，难以简单应用北美地区页岩气的勘探评价方法。因此，需要建立适合于中国地质条件的、符合现阶段页岩气勘探现状的页岩气资源评价与选区评价方法。

在对壳牌、艾克森·美孚、雪佛龙、哈丁·希尔顿、斯伦贝谢等公司及相关科研机构页岩气资源评价和选区评价方法调研的基础上，按照页岩气勘探开发工程一体化评价思路，从影响页岩气富集的地质条件和开采的工程技术条件两个方面，优选页岩气选区评价的关键参数，建立页岩气选区评价方法，优选页岩气勘探有利区块。借鉴常规油气圈闭评价的思路，建立基于页岩含气性评价、工程技术条件评价和经济评价的页岩气目标评价方法，优选有利的页岩气勘探目标。

（二）技术内容与技术指标

针对中国页岩气地质特点，建立了不同勘探程度的页岩气资源评价方法。以往页岩气资源评价根据泥质烃源岩的累计厚度及面积来估算资源量、含气量等关键评价参数的获取不规范，得到的资源量偏大，主要分布层段不够明确，对页岩油气勘探指导性不强。本次根据海相、陆相和海陆过渡相富有机质页岩发育特点、构造特征和勘探

程度，建立了适合高勘探程度较高的体积法、适合中勘探程度的含气量类比法和适合低勘探程度的资源丰度类比法体积法等评价方法。提出以含气泥页岩层段作为纵向评价单元对页岩气资源量进行评价，并且明确规定了有效厚度、含气量、可采系数等关键参数获取方法及原则，提高了页岩气资源评价方法的规范性和可操作性，不但可以获得相对客观、可靠的页岩气资源量，明确了页岩气勘探开发的目的层段和有利目标区，而且考虑到了工程工艺的适用性，实现了地质特征与工程技术的结合。开发形成了"中国石化页岩气资源评价系统（SGRE V1.0）"。

建立了页岩气选区原则，在前人对富有机质泥质烃源岩研究的基础上，进行了有利区预测。提出页岩气有利发育带预测遵循的原则是：含气泥页岩厚度大于 50m，含气泥页岩有机碳含量大于 1.0%，含气泥页岩 $Ro = 1.0\% \sim 3.0\%$；生烃中心及其附近地区的含气页岩是页岩气有利发育区，生烃强度越大，越有利于页岩气的形成和富集。在此基础上，对中国南方下寒武统、下志留统、中泥盆统、下石炭统、上二叠统页岩气有利发育区进行了预测。

提出了页岩气"双因素法"选区评价方法，实现了页岩气的区块评价。该方法以区块为评价单元，以页岩气资源可靠程度、页岩气资源潜力系数为主要评价依据，分别作为纵坐标、横坐标进行评价（图 2-1-7）。其中，页岩气资源可靠系数主要反映页岩气资源富集存在的可靠程度，页岩气勘探潜力系数是反映页岩气资源规模、资源丰度、埋藏深度和地表地貌条件。

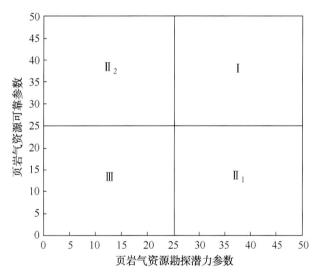

图 2-1-7　页岩气区块双因素评价模型

页岩气资源可靠系数（G）：

$$G = \left[\left(G_1 \times G_2 \times G_3 \times G_4 \right) \times 0.7 + G_5 \times 0.3 \right] \times 50 \qquad (2-1)$$

式中：G 为资源可靠系数；G_1 为含气页岩有机碳含量；G_2 为含气页岩镜煤反射率；G_3 为含气页岩孔隙度及微裂缝；G_4 为含气页岩的保存条件；G_5 为勘探程度及页岩气发现情况。每项参数进行概率赋值，赋值区间值为：$0 \sim 1.0$。

页岩气资源勘探潜力系数（D）

$$D = （D_1 \times 0.3 + D_2 \times 0.3 + D_3 \times 0.2 + D_4 \times 0.2） \times 50 \qquad （2-2）$$

式中：D 为资源勘探潜力系数；D_1 为资源规模；D_2 为资源丰度；D_3 为含气页岩埋藏深度；D_4 为地表地貌条件。

依据资源可靠系数、资源勘探潜力系数可将页岩气区块分为四类。Ⅰ类区块不但页岩气资源可靠程度较高，而且勘探潜力较大，技术经济的实用性较好，为具有较好页岩气勘探开发潜力和勘探前景的区块，是最有利的勘探区块或开发目标；Ⅱ₁类区块页岩气资源勘探潜力较大，技术经济的实用性较好，但是页岩气资源可靠程度较低，为资源潜力有待进一步研究评价认识的区块；Ⅱ₂类含区块勘探程度和资源可靠程度较高，但页岩气资源潜力较小，整体来看勘探前景有限、开采成本较高、效益较差；Ⅲ类区块页岩气的生成和赋存条件较差，为页岩气资源潜力较小和勘探前景不被看好的区块，目前不必登记或部分、全部退出矿权。

建立了基于页岩含气性评价、工程技术条件评价和经济评价的海相页岩气目标评价方法。目标含气性评价包括页岩分布及地化特征、页岩储集空间与物性条件、保存条件、资源量计算及分级评价及目标含气性综合评价等内容，涉及参数 12 项。工程技术条件评价参数包括了可压裂性、埋藏深度、地表条件。经济评价以目标的钻完井投资、气价和相应的产量递减模式等参数为基础，测算税后 IRR（内部收益率）分别达到 16%、12% 和 8% 时所需的初期平均日产量或无阻流量，从而绘制出不同的目标钻完井投资与初期平均日产量的关系图版进行分级评价。可分别按照超压、常压两种类型进行目标的经济评价。常压可采用 Barnett 产量模式进行评价（图 2-1-8）。

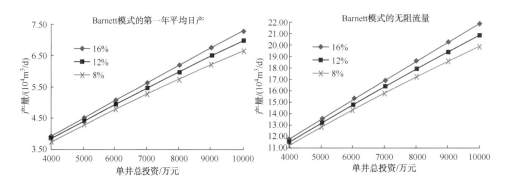

图 2-1-8　Barnett 产量模式评价图版

（三）应用效果与知识产权情况

应用页岩气有利区预测方法及页岩气选区评价方法，开展了中国石化探区页岩气选区评价，2009 年优选了利川—建始（志留系）、石柱—建南（三叠系—侏罗系）等一批重点区块，为全面启动页岩气勘探及页岩气区块登记提供了重要依据。2011～2012年，开展了中国石化探区页岩气资源与选区评价，为页岩气的勘探部署提供了决策依据。应用建立海相页岩气目标评价方法，优选了焦石坝深层、丁山、荣昌—永川区块东南部、威远—荣县区块东部等一批钻探目标，为中国石化股份公司油田部2013年、2014年页岩气探井部署提供了依据。

第二节　页岩气"甜点"综合预测技术

一、页岩含气量定量评价技术

（一）研发背景和研发目标

国内已有研究机构在进行现场测试工作，但采用的质量流量计只适用于成分单一或组成固定的干燥气体，而页岩气组成会因地而异，其含水性也随解吸过程发生变化。采用排水集气法进行现场含气量测定，国内外目前均没有可用仪器设备。

在研制中，首先对质量流量计体积计量中的影响因素进行分析，同时制定排水集气法、PVT（玻玛定律）法、蠕动泵等三种计量方法，通过一系列试验进行筛选，最终选取合适的方法进行仪器设计加工，并通过室内调试和现场应用不断改进完善仪器设备和方法。

（二）技术内容及技术指标

通过对几种方法进行各种条件试验后发现，质量流量计进行体积计量时，若组分变化、温度变化或气体中含有水分，计量值最大偏差达80%以上；蠕动泵法由于气体流动和计量软管随泵的转动速度计量偏差变大；PVT(玻玛定律)法在测试中，环境温度的变化对体积计量有着较大的影响。本次研制工作最终选定排水集气法自动化测量的方案。

由于一阶解吸采用的泥浆循环温度，而一阶解吸的数据又是用来进行损失气恢复计算的，该数据必须精确可靠，因此仪器加热系统采用水浴加热，温度波动小，同时还能检测解吸罐是否漏气。

研究形成了仪器的计量系统的设计原理图（图2-2-1），并根据该原理图加工生产了仪器。经过反复试验修改完善，仪器的体积计量误差小于1%，计量周期最小可达 30s。经过几口井的现场试验，对测试方法做了进一步的优化，使原来的测试周期由 1 周或十几天缩短为 < 24 小时，无需将井场样品带回实验室进行测试。

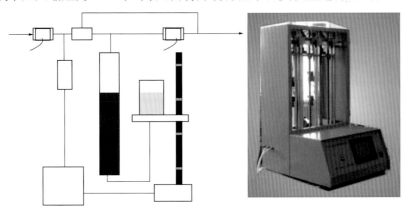

图 2-2-1　手自一体排水集气法现场解吸仪原理图和实物照片

本仪器实现了排水集气法现场含气量测定自动化，开始工作后，数据采集过程全部由仪器自动完成，工作效率大大提高，劳动强度大大降低。本仪器测定数据与斯伦贝谢公司计量设备测定数据具有很好的可比性（图 2-2-2），但斯伦贝谢公司计量设备仍然采用人工读数计量方法，且一次最多只能分析 4 个样品。某井双筒取心，一次取心 18m，则需要同时进行 18 个样品的测定，国外设备根本无法满足这种需求，若进口多套国外设备，既增加成本，又需要 6 ～ 8 人才能较为顺利完成任务，而本设备则只需两人轮流值班就可完成任务。

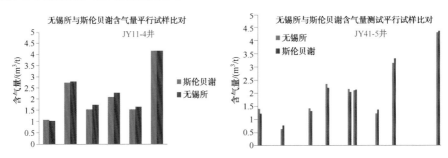

双方取相邻的岩心同时测定，结果互有高低，表明数据具有较好的可比性

图 2-2-2　研发的设备与国外进口设备的数据对比

（三）应用效果与知识产权情况

本仪器先后完成涪陵页岩气田 JY2 井等 14 口井的现场含气量测定工作，为开发目标评价、储量计算和产能建设提供了技术支撑，同时也为勘探分公司、江汉油田分公司培养了一批现场含气量测定人员。完成了 KT1 井的含气量测定工作，为塔里木

盆地页岩气勘探决策提供了重要依据。仪器已对外出售三套。仪器研发期间共申报发明专利8项。

二、页岩气测井评价技术

（一）研发背景和研发目标

页岩储集空间复杂性和页岩气赋存状态的多样性，给页岩气测井参数的解释与评价带来新的挑战，因此建立适合研究区页岩气特征的测井精细处理及评价技术迫在眉睫。

通过总结研究区页岩气的测井响应特征，分析影响因素，确定不同区块页岩储层特征和含气性的测井判别方法和定性–定量评价标准、图板；优选与TOC、含气量等参数较为敏感的测井曲线，建立适合不同区块页岩的地化参数计算模型；常规测井资料与非常规测井资料结合，建立岩石矿物组分与含量计算模型；分析与孔隙度、饱和度相关的测井、地质和岩心实验等资料，建立孔隙度、含水饱和度计算模型。

（二）技术内容及技术指标

海相页岩气层测井资料快速识别模式。在页岩储层"六性"关系研究基础上，明确页岩气层具有"高自然伽玛、高铀、相对高声波时差、相对高电阻率，低密度、相对低中子、低无铀伽马"的"四高三低"的测井响应特征，形成应用多参数"叠合法"快速定性识别优质泥页岩技术，JY1井五峰—龙马溪组测井曲线叠合法快速识别页岩气储集层成果如图2-2-3所示。

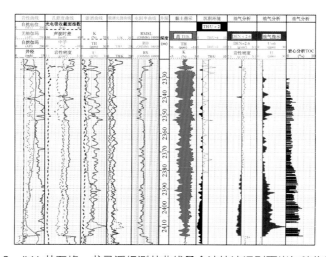

图2-2-3　JY1井五峰–龙马溪组测井曲线叠合法快速识别页岩气储集层成果图

建立了计算 TOC、含气量的岩性密度解释模型。其中 TOC 计算方法包括有改进的 ΔLogR 法、岩性密度法、自然伽玛能谱法、多变量模型等四种方法；含气量计算方法包括"敏感测井信息拟合法""传统计算游离气量"和"等温吸附计算吸附气量"等方法。测井定量评价精度较高，有机碳含量解释精度为 92.0%，含气量解释精度为 93.9%。

形成黏土视骨架密度计算矿物含量的方法。针对页岩气储层矿物组分复杂的特点，在对传统方法研究的基础上，提出了黏土视骨架密度的概念，建立利用黏土视骨架密度法计算页岩黏土含量和脆性矿物含量的方法。测井计算矿物含量精度高，黏土含量相对误差 3.93%，硅质矿物含量相对误差 4.79%。

形成基于元素俘获测井（ECS）和岩性密度测井的混合骨架密度法计算孔隙度模型。针对页岩气层复杂的矿物成分和孔隙结构，研究并首次提出计算孔隙度新方法，孔隙度解释精度高，相对误差介于 –7.6% ～ 1.43%。

建立了页岩"四孔隙"模型及测井定量表征方法。在岩心样品扫描电镜（SEM）、压汞液氮联测、核磁共振等实验分析基础上，将页岩孔隙分为四种微观孔隙组分，即有机质孔隙、黏土孔隙、脆性矿物孔隙和微裂缝孔隙，提出"四孔隙"模型。以"四孔隙"模型为基础，依据不同微观孔隙组分测井响应特征，建立有机质孔隙、黏土孔隙、脆性矿物孔隙和裂缝孔隙度测井计算方法。针对有机质孔隙度的计算，首先利用测井资料准确评价出页岩的有机质含量，然后再根据 SEM 测试技术确定的有机孔隙大小及其分布，估算有机孔的面孔率，进而利用平均面孔率对测井计算的有机质（体积比）进行刻度，获取有机质孔隙度与有机质含量、有机质密度和页岩气储层测井体积密度的定量关系；研究表明，黏土孔隙是页岩气储层中束缚水主要的赋存空间，微细黏土表面表现出强亲水特征，优先吸附和储集水分子，这一点与有机孔截然不同，基于此，利用黏土孔隙和黏土含量的关系计算黏土孔隙度；通过三维有限元法开展双侧向测井正反演研究，确定不同裂缝产状、不同基岩电阻率等条件下测井响应特性，进而建立页岩气储层裂缝孔隙度的计算模型，同时利用成像测井和核磁测井所识别计算出来的裂缝参数对裂缝孔隙度的计算结果进行刻度和检验；在分别确定了储层的总孔隙度、有机孔隙度、黏土孔隙度及微裂缝孔隙度的基础上，利用"四孔隙"模型定义最终确定储层的脆性矿物孔。

（三）应用效果与知识产权情况

本成果在涪陵页岩气田探井测井解释中得到系统应用，描述了页岩气地质特征，为 2014 年提交国内第一块页岩气探明储量——"涪陵页岩气田焦石坝区块 JY1–JY3

井区探明储量"，以及提交 JY4–JY4 井区新增页岩气控制地质储量提供了各种计算参数。其中页岩"四孔隙"模型及测井定量表征方法具有确定的实验及理论依据，普适性好，精度较高，配合其他参数评价技术，定量评价了页岩 TOC、孔隙度组分、含气量等关键参数，为页岩气地质储量和可采资源量核定、页岩气开发方案优化提供了技术支持，取得了良好的应用效果。

另外，该成果还在丁山构造取得深层海相页岩气勘探突破和四川盆地其他层系页岩气评价中应用，同时在西藏伦坡拉盆地新完钻井 W1、2 井有机碳含量的研究中也得到较好的应用。

三、页岩气地震综合预测技术

（一）研发背景和研发目标

中国南方海相页岩气构造改造强烈，成藏条件复杂，亟待深度挖掘地震资料的潜力，发展"甜点"预测与综合评价技术，降低勘探开发风险。国外引进的"甜点"地震预测技术普遍适应性差、精度低；国内的研究刚刚起步，尚未建立起具有针对性的地震预测方法。因此，建立适应南方海相复杂地质条件的页岩气"甜点"地震预测技术具有重要意义。

以长排列宽方位高覆盖三维地震采集的数据为基础，通过页岩岩石物理建模与分析，明确页岩气"甜点"的敏感地球物理参数体系及地球物理响应特征，叠前、叠后反演结合，进而研究页岩气"甜点"地震预测技术。

（二）技术内容及技术指标

① 优质页岩厚度和 *TOC* 地震预测技术。南方海相页岩纵波阻抗与总有机碳的相关性差，综合考虑页岩复杂的矿物组成、储集空间、各向异性等特征，通过岩石物理建模分析发现了页岩密度与 *TOC* 有良好的相关关系，进而建立了基于密度的 *TOC* 地震预测模型，创新发展全方位角道集优化与高精度叠前密度反演技术，形成叠前密度反演 *TOC* 新技术，在焦石坝地区预测相对误差小于 2%。在页岩层段顶底界面解释成果基础上，基于页岩岩石密度及 *TOC* 反演结果，以密度小于 $2.63g/cm^3$、$TOC > 2\%$ 为门槛值，提取优质泥页岩储层厚度，预测厚度误差小于 1m。

② 优质页岩气层可压性地震预测技术。在阐明构造挤压应力对页岩脆性特征影响的基础上，引入剪切模量、拉梅系数，构建新的脆性指数预测模型，构建了杨氏模量、泊松比、剪切模量及拉梅系数与页岩脆性指数间新的表征关系，形成适应复杂构造环

境的多参量页岩脆性指数预测技术，并研发岩相约束下的弹性参数直接反演技术，进而开展页岩脆性指数的地震预测。与 Rickman 方法相比，页岩脆性预测相对误差由13% 降低到 3%。

③页岩裂缝地震预测技术。常规叠后地震裂缝预测技术有相干体、地震方差体、曲率体及蚂蚁追踪等。曲率属性反应的是地震反射体的弯曲程度，对断层、裂缝等反应敏感，往往用来表征微断裂和大尺度裂缝发育特征，曲率值越大，裂缝也越发育。高精度体曲率分析技术在页岩储层大尺度裂缝预测中取得了良好应用效果。体曲率通过计算三维地震数据体中任意点及其周边道和采样点的视倾角值来获取空间方位信息，再拟合出曲面方程得到相应的曲率属性，相比于层面曲率属性，体曲率属性能更精确获得地质构造。开展了焦石坝区块叠前时间偏移地震资料的针对性处理，联合应用构造平滑、振幅包络、一阶求导等技术方法，提高原始地震数据体对裂缝的响应能力，在此基础上应用模拟退火全局寻优的方法计算最大正曲率。五峰组－龙马溪组曲率分析结果与成像测井高角度裂缝匹配关系好，大量水平井分析表明钻井漏失带都位于曲率较大地区，测试产能相对较低。

④海相页岩地层压力系数地震预测技术。不均衡压实及有机质生烃产生高孔隙压力，形成欠压实，地震波波速比正常压实的波速要小，基于 Fillippone 公式的地层压力预测具可行性。针对海相页岩地层对 Fillippone 公式进行了改进，以五峰组－龙马溪组为目的层，将公式中地层最大最小速度优化为单一系数 a、b，同时基于 Gardner 公式，将上覆地层的平均密度优化为平均速度的指数式，系数为 c。改进的 Fillippone 公式如下：

$$Pc = （a-bV_i）*V_{ave}^c \qquad （2-3）$$

式中：V_{ave} 为地层平均速度，V_i 为地层层速度，a、b、c 为经验系数。

依据页岩气实钻井基础数据，通过多元统计及回归的方法，即可拟合得到适用于工区的经验系数值。

基于速度谱资料的地层压力预测精度不够，以 CVI（约束层速度反演）层速度体作为初始模型，再结合构造解释模型及测井速度，采用反射波层析成像算法修改射线节点，反复迭代，建立准确的空间速度场，结合叠前同时反演技术，最终获得较为精确的目的层段的层速度及背景速度，基于改进的 Fillippone 公式，利用地震速度信息求取地层压力系数。预测结果表明焦石坝构造主体部位压力系数较为稳定，约为1.4～1.6，为异常高压带；同时东南断褶复杂带、乌江及马武断裂带、太和背斜东北部，大尺度构造相关裂缝的发育破坏了页岩气保存条件，地层压力系数显著降低。

（三）应用效果与知识产权情况

在涪陵页岩气田，综合考虑地震预测的优质泥页岩 TOC、厚度、脆性指数、压力系数，且以压力系数为重点，落实高产富集带 326km²，探井成功率 100%，其中预测的一类"甜点"区开发井产能基本大于 $20 \times 10^4 m^3/d$，二类甜点区开发井产能（ $5 \sim 20$ ） $\times 10^4 m^3/d$。

在涪陵南部、丁山等探区推广应用本技术，优选井位实施 JY8 井、DY2 井，分别获 $20.9 \times 10^4 m^3/d$、$10.5 \times 10^4 m^3/d$ 中高产页岩气流，实现了外围复杂构造区的战略突破，开辟了新的产能建设阵地，取得了良好的经济和社会效益。

脆性指数的高精度地震预测，有效指导了水平井的轨迹设计及压裂后评估。涪陵页岩气田某井进行了 15 段大型水力压裂，该井前 4 段压裂时泵压、破裂压力较高，主要原因是前 4 段水平段进入龙马溪组一段二亚段黏土含量高、塑性强的粉砂质页岩层，岩石塑性增强，脆性指数降低，过 JY1HF 井轨迹脆性指数剖面如图 2-2-4 所示，预测结果与现场施工情况一致。

通过技术攻关，形成了页岩气地震综合预测关键技术，实现了优质页岩气层的有效预测。获得国内发明专利授权 3 项。

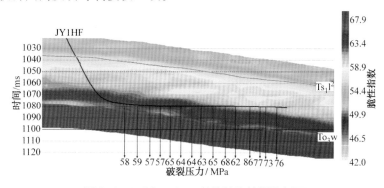

图 2-2-4 过 JY1HF 井轨迹脆性指数剖面

第三节 海相页岩气高效开发关键技术

一、水平井穿行层段确定及开发目标优选技术

（一）研发背景和研发目标

页岩属深水细粒沉积物，储层储集空间类型复杂、尺度差异大，存在纳米孔隙、微米孔隙、微裂隙、裂缝等，页岩品质纵向非均质性较强，含气性差异较大，页岩气开发的最佳层位如何确定，开发目标区如何评价和优选，都需要系统研究加以解决。

以涪陵页岩气田为重点研究区，针对复杂地质条件下、高演化龙马溪组页岩气层，在实验分析测试技术攻关基础上，综合应用钻井、测录井、地震、测试资料，采取生产与科研、理论与实践、地面与地下、室内研究与现场应用相结合的思路，开展涪陵页岩气田综合评价研究，形成水平井穿行层段确定及开发目标优选技术。

（二）技术内容及技术指标

1. 页岩气层非均质性精细描述技术

国内外关于页岩储层的非均质性系统研究较少，页岩储层非均质性的划分与对比方法尚未确立。通过高精度层序地层划分、沉积微相划分、页岩非均质性特征及变化规律、小层划分与对比、非均质性形成机理 5 个方面的研究，提出一种通过多因素分析建立等时地层对比格架中页岩储层非均质性划分与对比的方法，并在层序地层格架内进行页岩宏观、微观非均质性精细描述。宏观非均质性表征主要采用沉积构造、古生物、黄铁矿和页理缝 4 个指标进行描述，评价不同体系域页岩储层沉积时期的陆源供给、古生产力、沉积环境及页岩储层原始渗流能力的差异性；微观非均质性表征借助于薄片分析、岩石热解、氩离子抛光描述电镜、纳米 CT、FIB–SEM 等多种分析化验手段，主要采用脆性矿物、TOC 和孔隙度 3 个指标进行描述。综合宏、微观非均质性及电性特征开展小层划分与对比，将焦石坝页岩气层段细分为 9 个小层；精细刻画了页岩纵向上非均质性，明确① ～ ③小层为最优质的含气页岩开发层段。

以岩石结构构造、有机碳含量和矿物组分为特征指标，细分长英质为自生硅和陆源硅，提出了硅质、黏土质、碳酸盐 + 有机碳的"3+1"岩石命名新方法，指出高–富碳硅质页岩为页岩气开发最佳页岩类型。

2. 页岩气高产层段测井评价标准

对 JY1HF、12-11HF、7-1HF 、8-2HF、6-2HF 井开展了产气剖面测试，以产气剖面测量成果为依据，建立不同产量产气层电性、物性等交会图版，形成高产井和低产井（以单井产量 $4 \times 10^4 m^3$ 为界限）所穿行层段的储层电性、物性等参数测井解释标准，形成有效含气层测井定量评价标准，认为满足孔隙度 ≥ 4%、TOC ≥ 2.5、总含气量 ≥ 5m³/t、石英含量 ≥ 35%、BI ≥ 40 的层段均对应较高产气量（折合单井日产 > $4 \times 10^4 m^3$）。

利用三孔隙度曲线和相关解释参数曲线的相互叠合，可以快速有效定性识别含气性和可压性好的有利层段；测井评价认为上奥陶统五峰—下志留统龙马溪组下部的①～⑤五个小层页岩层段均显示为Ⅱ类，部分达到Ⅰ类，为后期开发的有利层段。结合已压裂施工井效果分析，确定①和③小层为开发评价井水平段穿行的最佳层段。

3. 页岩气综合评价指标体系

综上所述，TOC、脆性系数和保存条件页岩气藏三个关键地质评价参数，TOC 和保存条件为页岩气的富集高产奠定了基础，高脆性系数为页岩气的高产稳产提供了重要保障。根据页岩气富集机理及水平井的"三元控产"认识，以页岩有机碳含量、脆性系数、断层发育情况及断-缝耦合模式，结合一期产建区水平井实际产能分布，提出页岩气开发分区评价标准（表 2-3-1）。

将上述标准结合页岩气开发的经济性，对研究区页岩气选区进行综合评价，建立了以含气性和可压性等指标为核心的海相页岩气开发选区评价的标准与方法，将开发区分为Ⅰ、Ⅱ、Ⅲ类，指出断裂及高角度裂缝不发育、孔隙度 ≥ 3%、地层压力系数 > 1.3、含气量 ≥ 4m³/t、水平应力系数 ≤ 0.15 为有利开发区，与北美相比本次建立的页岩气综合评价指标体系充分考虑了保存条件的差异。

表 2-3-1 涪陵页岩气田一期产建区五峰 - 龙马溪组页岩气开发分区评价参数表

分区		静态地质条件		保存条件		产能
		TOC/%	脆性系数 /%	构造复杂程度		单井无阻流量 / （$10^4 m^3$/d）
				地层产状	断层、裂缝	
Ⅰ 类区		> 2.5	> 40	产状平缓	断层不发育	大于 50
Ⅱ 类区	Ⅱ₁	2.0 ~ 2.5	35 ~ 40	产状变化较大	断层、裂缝较发育	20 ~ 50
	Ⅱ₂		< 35		断层、裂缝发育，断缝联合，沟通上部地层	小于 20
Ⅲ 类区		< 2.0		产状杂乱		

（三）应用效果与知识产权情况

项目成果在涪陵页岩气田一期产建区全面推广应用，有效指导了焦石坝一期开发区优选、开发方案设计、水平井轨迹优化设计和差异化压裂设计，在测井和地震精细解释基础上，完钻开发井实现了水平段穿行在①～⑤小层的长度比例高达85%以上，该项技术为涪陵页岩气田高效开发奠定了基础。

在知识产权方面取得一系列成果，出版专著1部；编制行业标准1项、企业标准16项；申报国内发明专利5项，授权实用新型专利2项。

二、复杂地质条件下页岩气开发方案优化技术

（一）研发背景和研发目标

页岩气藏赋存和渗流机理不同于常规气藏，渗流机理异常复杂，目前国外对页岩气渗流规律认识尚不清楚，缺少成熟的页岩气动态分析方法，而国内页岩气开发方面的研究刚起步。

在广泛调研国外页岩气田开发技术的基础上，针对页岩气藏特点，研发页岩气开发实验装置和方法，以室内实验和数学方法为手段，应用渗流力学理论、气藏工程方法、数值模拟技术，重点开展了页岩气流动机理、气井产能评价、开发方案优化等研究，初步揭示页岩气流动机理，建立页岩气水平井产能评价和预测方法，形成复杂地质地表条件下页岩气开发技术政策优化技术。

（二）技术内容及技术指标

1. 页岩气流动机理研究

研制和改进页岩气开发物理模拟实验装置，建立了储层条件下页岩气藏解吸、扩散等实验评价技术，认识页岩气的流动特征并建立了耦合数学模型。

①改进等温吸附及扩散系数测定实验装置（实验压力70MPa，150℃高温），开展了模拟储层温度压力条件的吸附、解吸、扩散等实验。研究表明：地层条件下测试的等温吸附曲线与常温条件下差异较大（图2-3-1）；开采初期以游离气为主，地层压力低于12MPa左右时，吸附气开始大量解吸；页岩气吸附解吸特征基本满足Langmuir等温吸附方程；温度越高，吸附量越低；随温度升高，兰氏体积降低，兰氏压力增加。扩散系数随孔隙压力增大而减小；随含水饱和度增加而降低；随渗透率、温度的增加而增加。

② 采用降内压的方法，改进实验装置，开展模拟页岩储层开发过程中天然裂缝、压裂剪切缝和不同铺砂裂缝的应力敏感实验（图 2-3-2）。实验结果表明：压裂剪切缝和天然裂缝岩样渗透率应力敏感强，渗透率损害率 78% ~ 83%，铺砂裂缝岩样渗透率损害率 40%。

③ 对比不用流体介质后，采用甲烷气体开展页岩储层气体低速渗流特征研究。实验结果表明，甲烷气体在低速渗流时表现出滑脱效应，页岩储层孔径越小，渗透率越低，压力越低，克努森扩散越明显，对渗透率贡献越大。

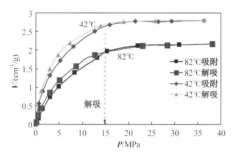

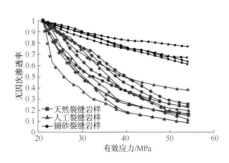

图 2-3-1 全直径岩心吸附实验结果　　图 2-3-2 渗透率随有效应力变化曲线

基于流动机理研究认识，建立了反映页岩气在基质中解吸和非稳态扩散、渗透率应力敏感、基质—裂缝双重介质耦合流动数学模型，为页岩气产能评价和开发方案优化奠定了理论基础。

2. 页岩气藏多段压裂水平井产能评价方法

国内外没有同时考虑吸附气解吸、非稳态扩散、应力敏感、压裂复杂缝网流动特征的页岩气压裂水平井产能评价和预测方法。将多段压裂水平井渗流场划分为主裂缝区、改造区、缝间未压裂区、外围补给区等物性参数不同的五个区（图 2-3-3），建立了综合考虑吸附气解吸、扩散、应力敏感及压裂后多重区域耦合流动的页岩气多段压裂水平井非稳态产能模型，揭示了页岩气井生产过程中主要存在五个流动阶段：裂缝线性流、双线性流、地层线性流、过渡流和边界控制流。考虑特低渗页岩气藏动用边界变化对平均地层压力影响修正拟时间计算，采用压力叠加方法预测变产变压生产下的井底流压，建立了基于生产历史拟合的产能预测方法，研发了页岩气井产能评价及预测软件。针对涪陵页岩气气田，开展近 40 口井产能预测，30 年末累产气（0.8 ~ 3.2）× $10^8 m^3$，预测符合率大于 90%。

在页岩气流动机理研究基础上，优选初期产能评价方法，建立适应焦石坝一期产建区的"一点法"初期无阻流量计算方程。

3. 页岩气开发技术政策优化技术

国内页岩气合理开发技术政策及方案优化研究尚属空白。通过地质评价与产能测试相结合、现场开发试验与产能评价相结合、室内试验与经济评价相结合、国外经验与实际生产相结合，系统开展了储层评价、断裂带影响、水平井长度、方位和300m井距试验等5大类开发评价试验，通过开发试验进行页岩气合理开发技术政策研究，形成我国第一个复杂地表—地质条件下页岩气开发技术政策：优选了有机碳和自生硅含量高、有机孔发育的①～③小层为水平井最佳穿行层段、水平井垂直最大主应力方向（斜交角度小于20°），优化确定出1500m分段压裂水平井井型、山地丛式交叉布井模式（图2-3-4）、400～600m井距的整体水平井开发井网，解决了井间储量损失难题，实现了地面平台最优化、地下资源动用最大化。通过开展放大压差和控压生产两种方式试采，以及数值模拟研究，提出了"控压生产、动态配产"的生产制度。

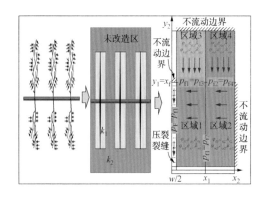

图2-3-3 压裂水平井多重区域
孔缝耦合流动示意图

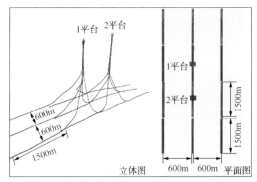

图2-3-4 丛式交叉水平井（6口井）示意图

（三）应用效果与知识产权情况

上述成果全面应用于涪陵页岩气产能建设中，编制完成了我国第一个商业化页岩气田开发方案，开发井成功率100%，平均单井测试产量$25.5 \times 10^4 m^3/d$；开发方案中设计的丛式交叉布井模式相对于北美传统丛式布井储量盲区面积减少85.7%，2015年底SEC评估单井经济可采储量$1.94 \times 10^8 m^3$。成果申报国内发明专利10项，软件著作权2项。

三、南方山地特色的页岩气优快钻完井技术

(一) 研发背景和研发目标

南方海相页岩气钻完井技术面临诸多挑战：①南方地区海相地层地质条件复杂，表层发育溶洞、暗河、裂缝，钻井过程中存在恶性漏失等复杂问题；②下部层段要求三维定向和长水平段钻进，存在摩阻扭矩大、机械钻速低、油基钻井液下螺杆寿命短等难题；③页岩地层层理及微裂缝发育、水敏性强，井壁易失稳，长水平段水平井施工摩阻大，常规钻井液无法满足要求；④长水平段水平井套管下入过程中摩阻大，油基钻井液井筒清洗困难，水平井分段射孔及大型压裂对水泥环损伤严重，给固井技术带来巨大挑战；⑤复杂山地井场建设工程难度大，成本高。

采取引进应用国外先进技术、现有钻井技术集成配套以及关键技术与工具自主研发相结合的思路，以涪陵页岩气田产能建设工程为依托，通过机理研究、数值模拟和试验研究，研制"井工厂"钻机、高效 PDC 钻头等钻井装备与工具，开发国产油基钻井液、弹韧性水泥浆等液体体系，攻关页岩气钻井设计、快速钻井、山地"井工厂"钻井、国产低成本油基钻井液、长水平段水平井固井等关键技术，形成适合南方海相页岩气的优快钻完井技术体系。

(二) 技术内容及技术指标

1. 页岩气水平井钻井工程优化设计技术

提出了考虑地层产状、井眼轨迹影响的页岩气水平井地层坍塌压力计算模型，精细描述了涪陵地区地层压力系统及其分布特征；优化形成了涪陵地区水平井"导眼+三开"的井身结构设计方案；开发了高强度接箍的专用生产套管，建立了套管密封性氮气检测方法，研发了套管密封失效修复技术，制订了套管密封完整性控制技术规范；研发了三维地学模型下的井眼轨道设计方法，提出了交叉式和鱼钩型井眼轨道设计方案，有效缩短了靶前位移，提高了储量动用率。现场应用53口井，鱼钩型三维水平井最小靶前位移245m，较常规三维井靶前位移缩短了36%，形成了丛式水平井三维井眼轨道优化设计技术（图2-3-5、图2-3-6）。

2. 涪陵页岩气田水平井快速钻井技术

研发了 Φ311.2mm 大井眼专用定向 PDC 钻头和用于长水平段的新型 PDC 钻头，研制了降低摩阻、减少托压的国产涡轮式水力振荡器和耐油长寿命螺杆钻具等关键钻井提速工具，实现了关键工具国产化；优化形成了基于常规导向的低成本井眼轨迹控

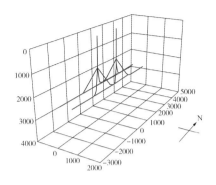

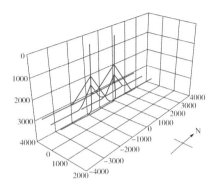

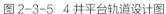

| 图 2-3-5 4 井平台轨道设计图 | 图 2-3-6 6 井平台轨道设计图 |

制技术,开发了三维地质导向软件,形成了远程决策的地质导向技术;建立了适合涪陵页岩气田的钻井提速集成技术系列。

3. 国产低成本油基钻井液技术

自主研发了柴油基钻井液用高效乳化剂,形成了页岩地层水平井油基钻井液体系,具有低滤失、低黏度、低加量、低成本、高切力、高破乳电压、高稳定性——"四低三高"特点,满足了页岩气水平井安全钻井的要求,整体性能达到国外公司同类产品,且该体系外加剂加量较国外同类产品减少 30%,成本降低 40%。建立了油基钻井液重复利用工艺技术。

4. 满足大型压裂要求的长水平段水平井固井技术

研发了适合页岩气水平井固井的弹韧性水泥浆体系,开发了高效冲洗隔离液,冲洗效率可达到 100%,大大提高了油基钻井液条件下的水泥环胶结质量;开发了长水平段下套管技术。自主研制的弹韧性水泥浆、多功能冲洗隔离液等产品全部替代进口产品。

5. 山地特点"井工厂"钻井技术

针对涪陵地形地貌和地质特点,自主研制了国内首台步进式、轮轨式和导轨式快速移动钻机,满足了"井工厂"钻井规模化、高效施工需求;建立了"井工厂"经济性评价模型,优化形成了山地"井工厂"地面布局方案(图 2-3-7),构建了以钻井开次为单元的流水线作业模式,编制了"井工厂"作业流程规范及标准,形成了复杂山地特点"井工厂"高效钻井技术。

(三)应用效果与知识产权情况

该成果在"十二五"期间应用 290 口井,平均机械钻速提高了 182%,钻井周期缩短了 55%,固井质量合格率 100%,优质率 89%,优质储层钻遇率 97% 以上,实

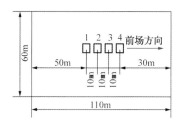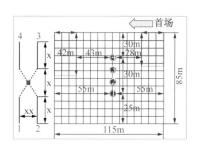

图 2-3-7 4 井式"井工厂"地面布局

现了页岩气储层资源动用可达 100%。国内外首次建立了页岩气"井工厂"技术经济性评价模型。实现了钻机整体井间移动，移动时间小于 3h。钻井投资节约 30% 以上。全面实现了页岩气钻井关键技术、工具、助剂的国产化，降低了页岩气钻井工程成本。获得国内专利授权 1 项，制订行标、企标 2 项。

四、页岩钻井液技术

（一）研发背景和研发目标

页岩储层硬脆型矿物含量高，页理、层理和微裂隙均较发育，钻井施工过程中极易发生水相侵入导致的井壁失稳，页岩气长水平井要求钻井液具有良好的流变性能和井眼清洁能力，确保携岩带砂和井下润滑效果。国内传统的油基钻井液存在流变性能差、井眼清洁效果不佳、防漏堵漏技术缺乏、可选择的处理剂少等突出问题，关键性能指标与国外先进技术水平存在较大的差距，难以有效保障页岩气水平井的钻井施工安全。

由于页岩中含有大量的水敏性黏土矿物和纳—微米尺度裂缝及孔隙，常规水基钻井液对页岩地层的水敏性损害及封堵孔缝能力不足，极易导致长水平段的钻完井施工中地层失稳，需研究使用页岩水平井油基钻井液技术。

基于四川盆地及周缘龙马溪组页岩地层特征，从物理化学、界面化学、胶体化学等方面深入分析国外页岩水平井用油基钻井液体系稳定的机理，剖析体系构建的关键材料，根据分子结构与作用原理关系，自主设计与研发油基钻井液用多活性点高效乳化剂 SMEMUL—1、SMEMUL—2 和流型调节剂 SMHSFA。以此为基础，通过页岩封堵剂、有机土、降滤失剂等其他配套处理剂的优选，研发具有低黏、高切特征的柴油基、白油基钻井液（简称 LVHS OBM）体系。根据 LVHS OBM 体系自身特点，并结合页岩地层的地质特点与水平井施工要求，编制 LVHS OBM 体系现场作业规程。另外针对页岩气储层微裂隙发育、漏失风险高的地层特点，配套研究 LVHS OBM 用防漏堵漏技术，以降低实钻中油基钻井液的消耗，提高堵漏效果，降低钻井液成本。

页岩水基钻井液，通过测试研究龙马溪组页岩地层的理化指标，包括黏土矿物含量、岩样水化特性；测试岩石的力学参数，得到地层的强度特性；测试页岩经水化后的变化规律，得到页岩强度变化的主要影响因素，并确定钻井液的主要研究方向和目标。经测试研究发现，滤液沿层理裂缝快速侵入地层，压力传递导致坍塌压力升高，降低钻井液液柱支撑作用，改变井周应力分布，井壁失稳概率增大；页岩层理微裂缝发育，与水接触后极短时间内导致裂缝扩展、贯通形成宏观裂缝，降低岩石整体强度，对井壁稳定影响极大；黏土富集以及微裂缝区域，遇水后岩石强度显著降低，地层失稳风险更大。

(二) 技术内容及技术指标

1. 页岩水平井油基钻井液技术

研发乳化剂，提高钻井液的乳化稳定性；研发高效封堵材料，提高钻井液滤饼的致密性及封堵纳—微米孔缝的能力；研发润湿剂，提高重晶石在钻井液中分散性和悬浮稳定性。

①钻井液的乳液稳定性。研发粉状乳化剂，具有支化结构，分子内部作用力强，常温下成聚集态结构，长的亲油链段容易在油水界面聚集，胶束浓度高，降低油水界面张力，易于形成油包水界面膜，同时亲水基团对油水界面膜有益的填充，形成致密的界面膜。

②钻井液的悬浮稳定性。优选润湿剂，改变加重材料的表面性质，提高加重材料在油相的分散性，配合粉状乳化剂的提切作用，提高钻井液的悬浮能力。

③钻井液的流变性。优化处理剂加量，考察配伍性，使钻井液具有良好流变性，保证钻井液在低温、低剪切速率下黏度不能过高；在高温、低剪切速率下必须具有一定的黏度，具有良好的携砂能力。

④钻井液的封堵能力。研发凝胶微球封堵剂，该剂粒度分布范围宽，适合微裂缝、层理发育地层的封堵；优选高效封堵材料，与粒径优化的常规封堵剂协同作用，提高钻井液滤饼的致密性，是钻井液的 HTHP 滤失量小于 4mL；纳米材料能够进入地层，封堵页岩地层中的微米级以下的孔缝，阻断了钻井液滤液进入地层深部，大大降低渗透量。

⑤钻井液体系。优选处理剂，优化配方，形成了页岩用油基钻井液体系，抗温能力强，密度可调范围宽，流变性容易控制，并且具有较强的封堵能力。

技术指标如下：① 研制一套满足目的层段长度大于 2000 m 的页岩水平井油基钻井液技术；② 抗温达到 220℃，密度达到 2.5g/cm³；③ 油水比全油 –7:3，破乳电压大于 500V；④ 钻井液静置 24h 上下密度差小于 0.02 g/cm³；⑤钻井液消耗量小于 0.2m³/h；⑥钻井液动塑比 0.2 ～ 0.4。

2. 页岩水基钻井液技术

确定采用聚醚胺基烷基糖苷、阳离子烷基糖苷抑制剂，提高钻井液对黏土水化的抑制能力；采用不同粒度级配（0.03 ～ 100μm）纳米－微米封堵材料，提高钻井液滤饼的致密性及封堵纳米－微米孔缝的能力；采用环保的烷基糖苷润滑剂，提高钻井液在长水平段钻完井的润滑防卡能力。

① 钻井液的抑制性。研发聚醚胺基烷基糖苷、阳离子烷基糖苷抑制剂，两种抑制剂分别为非离子型和小阳离子型强效抑制剂，提供强效抑制环境。

② 钻井液的封堵能力。优化不同粒度级配（0.03 ～ 100μm）纳米－微米封堵材料，满足龙马溪页岩微孔微裂缝（主要缝宽和孔径 0.05 ～ 15.7μm）的封堵需求，可逐级架桥、填充，封堵微孔微裂缝的刚性粒子和球状和片状纳微米可变形柔性封堵材料。

③ 钻井液的润滑防卡能力。优化烷基糖苷 APG 主润滑剂，在钻具、套管表面及井壁岩石上吸附成膜，并可改善泥饼质量。复配使用极压润滑剂，产生物理和化学吸附，形成金属杂化薄膜，降低钻杆扭矩。

④ 钻井液体系。以自主研发的 CAPG、NAPG 等烷基糖苷衍生物为核心主剂，研选了配伍微纳米封堵剂、环保润滑剂、流型调节剂和降滤失剂，形成了 ZY-APD 烷基糖苷衍生物高性能水基钻井液优化配方，具有强抑制、强封堵和高效润滑，抗污染能力强、长期稳定性良好，有效解决了页岩地层极易掉块垮塌、长水平段摩阻大、井眼清洁困难等技术难题，避免因钻井液性能突变导致的井下复杂情况。

技术指标如下：① 研制一套满足页岩气地层的高性能水基钻井液体系，井壁稳定性好，100℃条件下，页岩在钻井液滤液中浸泡 24h 后，ZETA 电位为 –8.91mV，而清水浸泡 ZETA 电位为 –40.48 mV，100℃、90d 长期老化后，钻井液性能稳定，可回收利用；② 密度 2.32g/cm³ 时，钻井液极压润滑系数和滑块摩阻系数均 < 0.1；③ 抗温达 150℃，$FL_{HTHP(100℃)} \leq 5mL$；④ 形成一套 ZY-APD 钻井液现场施工工艺技术方案。

3. 无土相油基钻井液技术

（1）无土相油基钻井液体系设计

无土相油基钻井悬浮稳定性、乳液稳定性、滤失量控制难度大。设计刚性核、柔性壳球形粒子提黏提切剂；设计疏水链末端具有支化结构的粉状乳化剂，保证乳液稳定性，助于提高外相黏度并利于亲水固相的润湿反转；设计出油分散聚合物降滤失剂，其可与提黏提切剂协同作用形成超薄滤膜，降低滤失量；研究提黏提切剂、乳化剂、降滤失剂与其他处理剂的配伍性，形成无土相油基钻井液体系配方。

（2）研发出三种关键处理剂

研发了刚性核、柔性壳聚合物提黏提切剂，分析其结构、微观形态、粒径分布等表征；评价了提黏提切剂在基油及钻井液体系中的提黏切性能、剪切稀释性能；优化工艺参数，形成稳定的产品生产工艺。

研发了异构长链粉状乳化剂，优化出异长链粉状乳化剂的合成工艺；表征其结构和热稳定性；形成了稳定的产品生产工艺。

研发了油膨胀聚合物降滤失剂，优化出降滤失剂的合成工艺；表征其结构和微观形态；形成了稳定的产品生产工艺。

（3）形成了无土相油基钻井液技术

优化确定无土相油基钻井液基础配方；确定了其适用范围，评价了其抗污染能力、润滑性能及高温高压流变性能；制定了无土相油基钻井液配制、维护、复杂情况处理技术规范，以及回收处理、再利用技术规范。

技术指标如下：

① 关键处理剂性能指标。

提黏提切剂：在柴油中动塑比 ≥ 0.5；乳化剂：加量 2% 时，在 8：2 油包水 8：2 时，乳化率 100%；降滤失剂：$HTHP_{150℃} ≤ 5mL$；

② 无土相油基钻井液：抗温达到 150℃；密度 1.0 ~ 2.0g/cm³；动塑比 0.20 ~ 0.40 之间；破乳电压大于 500V；摩阻系数 ≤ 0.05；

③ 提交三种关键处理剂的生产工艺包。

④ 页岩气水平井现场应用 11 口井。

⑤ 钻井液回收利用率 ≥ 90%，综合成本与常规油基钻井液成本相当。

（三）应用效果与知识产权情况

油基钻井液技术在现场应用 200 多口井，取得较好的效果。油基钻井液体系的应用，可大幅减少井下复杂情况，提高机械钻速，降低整体钻井成本。为国内钻高温深井、大斜度定向井、水平井、特殊工艺井提供了有效的技术手段。

低黏高切油基钻井液技术及其核心处理剂 SMEMUL-1、SMEMUL-2 与 SMHSFA，先后在中国石化彭水区块与涪陵区块共 84 口水平井实现了规模化工业应用，解决了国内油基钻井液普遍存在的表观与塑性黏度高、切力较低、流变性能差、井眼净化不佳、处理剂用量大、油水比高的技术难题，保证了现场安全、快速的钻井施工要求，取得良好的应用效果与经济社会效益。

水基钻井液技术在黄金坝 YS108H8-5、YS108H8-3 和长宁 H26-4 井现场应用。润滑性能良好，定向施工中无托压现象，钻井和完井过程中无复杂情况，有利于提高机械钻速。黄金坝 2 口井平均机械钻速为 6.36m/h，同比提高 12.4%；长宁 H26-4 井平均机械钻速为 7.43m/h，同比提高 31.3%。具有强抑制、强封堵特点和优良的润滑能力，有利于防止页岩地层井壁失稳。长宁 H26-4 井井径扩大率为 2.05%，比邻近的长宁 H26-5 井（井径扩大率为 20.09%）降低 89.8%。回收利用率高，YS108H8-5 老浆直接用于 YS108H8-3 井三开，回收利用率大于 80%，钻井液费用同比降低 40.1%。长宁 H26-4 全部老浆直接用于长宁 H26-2 井，避免了老浆处理的环保费用。

无土相油基钻井液在焦石坝现场应用 11 口井，钻井过程中井壁稳定、井径规则，平均井径扩大率小于 2%，具有剪切稀释性好、利于降低循环压耗和提高机械钻速，以及流型可控性强、利用维护处理和重复利用等技术优势，有效减少了非生产时间，提高了生产时效，节约钻井成本，经济效益显著。11 口井三开总进尺 23774m，平均机械钻速由 6.78m/h 提高至 7.87m/h，平均每口井节约生产周期 3 天；原材料种类少流型易控制、现场操作简单，维护成本低；体系黏滞性低、防漏能力强，平均损耗降低 0.015m³/m。

获得国内发明专利授权 11 项，制订行业标准、企业标准 10 项。

五、页岩气泡沫水泥浆固井技术

（一）研发背景和研发目标

我国页岩气区块因地质条件复杂，地层承压低，各开次均存在漏失现象，堵漏难度大，如长兴组、茅口组、栖霞组、梁山组、韩家店组与小河坝组都存在漏失，导致水泥难以返至地面。同时，在长兴组、龙潭组和茅口组浅层气活跃，常规固井水泥浆体系无法保证水泥环密封完整性，增加环空带压风险。

针对页岩气固井中"多层漏失""浅层气窜"并存问题，利用泡沫水泥浆低密度、高强度、弹塑性与防气窜性特点，利用高压氮气混合发泡原理，开发密度 0.8~1.6g/cm³ 低密度泡沫水泥浆体系，自主研发出高压泡沫水泥混合设备，建立泡沫水泥浆固井优化设计方法，形成泡沫水泥浆固井防漏、防窜固井工艺。

（二）技术内容及技术指标

1. 低密度泡沫水泥浆体系

通过优选对水泥浆综合性能影响的发泡剂、稳泡剂，泡沫半衰期可以达到200min以上。将发泡剂、稳泡剂掺入到一定密度的水泥浆中，在搅拌或氮气喷射作用下，密度1.90g/cm³ 水泥浆密度可以降低至密度0.8g/cm³，泡沫水泥石上下密度差小于0.3g/cm³ 抗压强度大于3.4MPa。通过将发泡剂、稳泡剂掺入到低密度水泥浆中，形成漂珠—泡沫复合低密度、粉煤灰—泡沫复合低密度防漏、防窜体系，在降低水泥浆密度的同时，尽可能降低注气量，提高长封固段泡沫水泥密度均匀性与气泡独立性。

2. 高压泡沫水泥浆固井设备及监控系统

目前国内主要是低压混泡方式，存在低压泡沫与高压水泥浆难以混合问题，同时，泡沫水泥浆密度难以控制，因此，如图2-3-8所示，基于高压气体混合发泡方式，利用三相高压泡沫发生器，水泥浆、发泡剂、稳泡剂与高压氮气形成泡沫水泥浆后直接进入井中，通过集成haul设计，形成了高压泡沫混合固井撬。高压泡沫混合固井撬耐压30MPa，最大功率30kW，水泥浆排量0.3～1.6m³/min，泡沫水泥浆密度0.3～1.6g/cm³，控制端为触屏电脑，可以远程控制泡沫水泥浆密度。经中国石化科技部鉴定，该项技术打破了哈里伯顿在泡沫固井装备方面的技术垄断，实现了泡沫固井集成化和自动化控制，在泡沫发生器方面达到了国际先进水平。

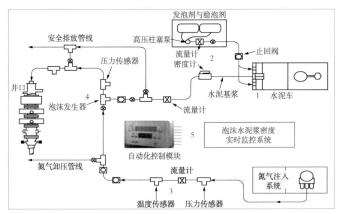

图2-3-8　高压泡沫固井设备混配工艺

3. 泡沫水泥浆固井优化设计

针对泡沫水泥浆中压缩膨胀特性，形成了泡沫水泥浆固井优化设计方法，可以采用地面恒气量注入，井筒水泥浆变密度的方式，也可以采用地面变气量注入，井筒水泥浆恒密度的方法。泡沫流体是可压缩流体，其压力、温度和密度等参数是相互影响的，因此，泡沫水泥固井施工参数计算过程较为复杂，不能采用传统的数学解析方法进行求解，而需要采用相关的数值方法进行求解，如图 2-3-9 所示，即对泡沫水泥封固段进行分段处理，由上而下进行泡沫水泥浆柱密度、压力参数，根据井下泡沫水泥密度，合理确定地面注氮气量与注氮气段数，尽可能保证井下泡沫水泥浆密度均匀。

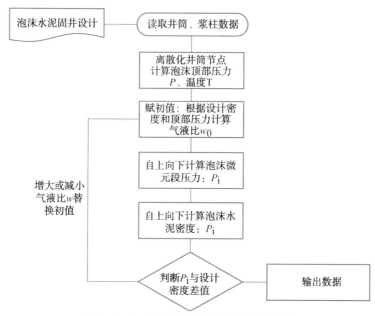

图 2-3-9　泡沫水泥浆分段注气计算流程

4. 泡沫水泥浆固井工艺

泡沫固井工艺采用在地面向含有发泡、稳泡液的水泥浆中进行高压充气的工艺方法，使得泡沫固井施工工艺与其他固井施工方法有很大差异，除了常规固井水泥车，需要液氮泵车提供氮气。针对页岩气井技术套管与油层套管固井现状，形成了正注－反挤泡沫水泥防气窜、环空节流泡沫固井防漏、微泡沫膨胀水泥浆防窜固井工艺。

（三）应用效果与知识产权情况

2016～2017 年，泡沫水泥固井工艺在涪陵、南川页岩气区块应用 10 余井次，形成了防漏、防窜固井工艺，固井优良率 90% 以上，保证了环空密封完整性，降低了环空带压比例。

页岩气泡沫水泥固井技术获得国内发明专利 8 项。

六、页岩气长水平井高效分段压裂试气技术

(一) 研发背景和研发目标

页岩储层埋深差异大，构造复杂度高，地应力差异大，纵向上多层叠置、平面上非均质性强，压裂易出现施工压力高、变化快、裂缝延伸受限、加砂困难、缝网改造体积不足等问题，严重制约了改造效果的提升。涪陵页岩气田地表条件复杂，地下平面与纵向地质条件差异大，研发与地质条件相适应的压裂工艺技术，需解决5个方面的问题：缝网形成机理认识不清、缝网压裂设计方法尚不成熟、高效配套材料不完善、井工厂压裂设计及运行模式未建立、关键设备未实现国产化等。

在开展页岩可压性及裂缝延伸规律研究的基础上，剖析不同页岩层系天然裂缝分布发育情况、三向地应力分布状态、岩石脆性等工程地质特征，揭示主缝与次生缝干扰与沟通作用机制，明确复杂缝网形成主控因素，建立网络压裂优化设计方法及工艺模式。针对五峰组—龙马溪组页岩，以形成复杂缝网为核心、改造体积最大和经济效益最优为目标，通过室内实验评价、现场试验、数值模拟，结合压裂工艺和试气需求，开展水平井分段压裂设计优化、泵送桥塞与多级射孔联作、页岩气压裂关键装备、井工厂高效压裂、页岩气水平井连续油管作业、页岩气高效试气等研究，形成了适用于涪陵页岩气水平井的分段压裂改造和高效试气技术，实现压裂装备、材料、工具全面国产化。

(二) 技术内容及技术指标

1. 可压性及裂缝延伸规律

优选了页岩储层储集性、裂缝传导性及驱动力三大方面泊松比（权重0.1）、杨氏模量（权重0.1）、TOC含量（权重0.13）、脆性指数（权重0.12）、黏土含量（权重0.12）、地应力差异系数（权重0.11）、裂缝发育情况（权重0.12）、孔隙度（权重0.1）、压力系数（权重0.1）等9个工程特征参数，采用权重分析法建立了参数可调的近井地层静态可压性模型。多口井现场应用表明压后效果与可压性指数关联度较强。计算结果可作为页岩水平井分段压裂段簇位置选择的依据。

关于脆性指数的计算，则是依据施工过程中页岩破裂时能量守恒关系，建立了基于施工曲线分析的远井脆性指数计算方法。脆性指数定义为完全的塑性页岩破裂后消耗的能量与完全的脆性页岩破裂后消耗的能量之差再与完全的塑性页岩破裂后消耗的能量之比，水力压裂施工时，上述能量可转变为井底施工压力与排量的乘积，并对

时间进行积分。出现多次破裂的情况时，将各次的脆性覆盖的能量区域面积求和，再与塑性覆盖的能量区域面积之和相除，最终得出的脆性指数就综合反应了施工排量的权重因素。按上述方法求取的页岩脆性指数，综合涵盖了以往方法考虑的页岩硬度、强度及岩石力学特性等参数。因这些参数的综合作用，在宏观上反应的就是压裂中岩石变形及破裂特征。

对现场露头页岩进行不同角度取心，取心角度与层理面的夹角分别为0°、30°、60°、90°，开展了不同取心角度页岩样品的室内岩石力学测试，获得页岩力学特性参数——单轴抗压、抗拉强度、弹性模量、泊松比、黏聚力、内摩擦角、断裂韧性及其随取心角度的变化规律。层理弱面和围压对其破坏形态有很大影响，剪切破裂面与层理弱面相交时，出现裂缝分叉、转向及层理弱面开裂等现象，这与页岩水力压裂形成多个交叉裂缝、网状裂缝的成因有关，对认识其水力压裂缝形成机理具有重要意义。

采用五峰组—龙马溪组页岩露头和人工制备样品开展了真三轴大型水力压裂物理模拟研究。露头页岩岩样经水力切割加工成尺寸 300mm × 300mm × 300mm 试样，采用真三轴物理模型试验机模拟施加三向应力（图 2-3-10），水力压裂伺服泵压系统精确控制压裂液排量，16 通道 Disp 声发射系统监测水力压裂过程中裂缝起裂及扩展规律，选取典型试样试验前后进行工业 CT 断面扫描，并在压裂液中添加示踪剂等多种方式，对真三轴压缩条件下页岩水力压裂裂缝扩展形态进行研究。主要分析了地应力差异系数、泵压排量、射孔相位角等因素对水力裂缝形态的影响。

试验结果表明，较低排量时，主压裂缝在延伸扩展过程中更易沟通天然弱面，形成复杂的网络裂缝。水力压裂首先产生垂直于水平最小主应力的拉张裂缝，在主压裂缝延伸过程中沟通页岩本体弱层理面，与天然层理面张开后形成的裂缝交汇，从而形成网络压裂缝。

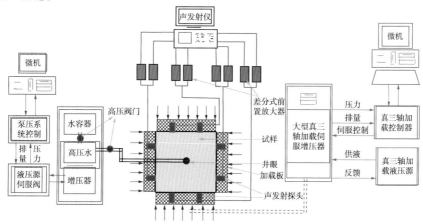

图 2-3-10　室内真三轴水力压裂物理模拟试验路线图

2. 基于裂缝延伸机理的差异化压裂设计技术

基于储层可压性评价结果，从五峰组—龙马溪组复杂缝网形成条件分析入手，评价岩石力学参数、脆性矿物含量、裂缝发育特征等对复杂缝网形成的难易程度及工程参数的影响；结合露头岩心大型物模实验结果，建立了页岩储层的水力裂缝起裂和转向扩展模型，分析了施工排量、天然裂缝等对裂缝形态的影响，研究了人工裂缝在横向波及、裂缝高度和主裂缝方向的扩展规律。在此基础上，建立了涪陵页岩气藏五峰组—龙马溪组的3种裂缝延伸扩展模型，建立了缝网形成条件定量化评价方法（表2-3-2）。

表2-3-2 缝网形成条件各参数定量化评价推荐原则

参数分类	缝网形成评价参数	评价指标
储层参数	①石英含量	＞45%
	②密度	＜2.65g/cm³
	③黏土含量	＜40%
岩石力学及地应力	④泊松比	＜0.25
	⑤杨氏模量	＞36GPa
	⑥水平应力差异系数	＜0.25
	⑦力学脆性	＞50%
结构弱面	⑧层理发育状况	层理密度大、胶结适中
	⑨天然裂缝发育状况	曲率斑点状分布

在国内外非常规储层压裂技术基础上，提出了"控近扩远、混合压裂、分级支撑"的缝网改造新思路。控近扩远是指，综合应用前置酸降压、粉陶降滤、排量优化等多种技术手段，避免早期近井带裂缝过度复杂化，近井单一缝为主，施工中后期以促进裂缝向地层深部延伸为主，等主裂缝达到预计长度后，再大幅度提高远井裂缝复杂性及改造体积。

混合压裂指采用不同类型及黏度的压裂液进行顺序注入或交替注入的方法。低黏度滑溜水易于沟通小微尺度裂缝系统，高黏度胶液易于延伸主裂缝。

针对不同尺度的裂缝系统（主裂缝、支裂缝、微裂缝）形成后，用不同粒径支撑剂对上述不同尺度裂缝进行对应充填，小粒径支撑剂（一般70～140目）用低黏度滑溜水携带进入微裂缝、中粒径支撑剂（一般40～70目）用中黏度滑溜水或胶液携带进入支缝，大粒径支撑剂（一般30～50目）用高黏度胶液携带进入主裂缝。具体实施方法是小粒径支撑剂，中粒径支撑剂，大粒径支撑剂。

针对五峰组—龙马溪组纵向上储层特征和裂缝延伸扩展规律差异，以数值模拟为主要技术手段，通过关键工艺参数的优化设计，形成了针对不同小层的页岩气水平井缝网压裂差异化设计技术。

3. 压裂配套材料优化研究

针对页岩气储层特征和体积压裂工艺对压裂液低摩阻、低黏度、低伤害、高携砂等性能要求，研发出了具有自主知识产权的高效降阻剂（SRFR）、增稠剂（SRFP）、交联剂（SRFC）、黏土稳定剂（SRCS）和助排剂（SRCA）等关键化学产品，并以关键化学品为基础，在前期 I 型滑溜水体系研发与应用的基础上，研发形成了 II 型滑溜水体系，以及低伤害清洁聚合物胶液体系等页岩气用压裂液系列体系。结合工艺需求和室内试验评价，研发满足复杂缝网压裂的减阻水体系和多级裂缝支撑的支撑剂组合模式。研发了一套具有自主知识产权的高效低成本减阻水体系。

4. 泵送桥塞与多级射孔联作水平井大规模压裂工艺技术

① 电缆泵送桥塞与多级射孔联作技术。为满足页岩气水平井长水平段分段及大排量压裂需求，开展复合桥塞设计、桥塞坐封工具与多级起爆装置的研究，开发了易钻复合材料桥塞，桥塞采用的是纤维强化环氧/酚醛混合树脂和硬质陶瓷，桥塞密封压差 70MPa，工作温度 150℃，封隔比达 1.15，并实现了 4″～7″ 规格系列化，采用复合材料大大提高了水平井桥塞钻磨效率，单只桥塞纯钻磨时间需 30～40min（国外 45 min）；而国外复合材料桥塞材料主要为合成树脂和铝合金，主流产品工作压力在 50～70MPa，工作温度为 120～150℃，封隔比为 1.1。开发了多级射孔起爆装置，采用液压控制与电子选发双作用冗余射孔起爆器，开展了专用射孔马笼头、射孔枪点火头、安全压控装置、电缆密封井口装置等工具设备的研制与配套，井下工具工作压力 140MPa，井口配套设备工作压力 105/140MPa。进行了水力泵送、桥塞与多级射孔联作等工艺研究，形成了一整套泵送复合桥塞与多级射孔联作分段封隔技术。

② 水平井分段压裂工艺技术。开展了全球首套 3000 型超大功率密度压裂机组优化控制、大流量高低压集流技术、大规模压裂液连续混配技术、重力自流多规格支撑剂连续输砂技术等方面的研究，经过 6 次地面配套装置的改进升级，完成 30 余口井的现场试验，形成了一套适合于涪陵页岩气特点的水平井分段压裂工艺及关键装备技术，满足了工作压力 105MPa、施工排量 20m³/min 页岩气井大规模分段压裂施工需求。

③ 井工厂压裂施工技术。为提高页岩气井大规模压裂施工效率，进行了井工厂压裂增产机理、井工厂高效压裂作业模式研究，研制了 105MPa 和 140MPa 井工厂压裂地面高压分流系统，完成了井工厂压裂装备系统配套，进行 10 余井次的现场试验，形成了丛式水平井组工厂化压裂模式，实现了页岩气压裂施工的高效运行，降低了作

业成本，缩短了建井周期。通过泵送与压裂独立的流程控制、高效压裂分流管汇应用研究，实现了同平台单井一日多段的"井工厂"压裂施工。压裂分配管汇实现双井流程快速切换，降低现场切换流程次数。

④页岩气水平井连续油管作业技术。涪陵页岩气开发初期，国内连续油管带压射孔、钻塞与打捞等工艺方面存在经验不足、故障处置能力较弱、钻塞效率低等问题。开展了适合山区作业的大容量连续油管作业车配置优化研究，复合桥塞专用钻头、连接器、震击器、打捞工具等井下工具研制及国产化，连续油管射孔、钻塞、打捞工艺研究，通过 5 轮 60 余次的室内功能试验与现场测试，优化了相关施工参数，形成了适合涪陵页岩气田开发需求的连续油管射孔、钻塞、打捞、产出剖面测试等多项核心技术，大大提高了施工效率。

5. 压后评估方法

利用 G 函数曲线对已压裂井的裂缝形态及复杂性程度进行分析和研究，建立了判断裂缝形态和复杂性的 G 函数分析图版。G 函数分析主要依据页岩气井测试压裂停泵或主压裂加砂施工顶替完成后停泵一段时间内压降数据与 G 函数时间的关系，来定性评价地层的滤失性，进而间接反映地层裂缝的复杂性。应用上述模型进行求解，先将现场数据时间 t 转换为 G 函数时间，得到 P～G 曲线，以此为基础，得到 dp/dG～G、ISIP-Gdp/dG～G 曲线。根据曲线形态特征可以确定出滤失是否与压力有关，同时可以解释出天然裂缝发育程度。

为更为接近实际地表述网络裂缝和进行模拟计算，创新性地采用随时间变化的三个参数：体积因子（描述裂缝数量）、滤失因子（描述压裂液滤失）、开度因子（描述裂缝宽度），描述了储层压裂裂缝的数量、滤失及在空间的展布特征。

此外，基于实际压裂施工过程中施工压力曲线变化特征，结合真三轴物理模拟实验结果，分别考虑不同泵注阶段压力变化幅度、变化速度、变化频次等，提出了页岩压裂过程中多破裂点分析方法，与 G 函数诊断方法进行彼此验证，从而对远井裂缝的复杂程度有了半定量化认识。提出了根据压力曲线诊断裂缝形态的新方法：压力波动出现时间反映了复杂裂缝是在近井还是远井；压力曲线的波数（波动频率）反映了形成复杂裂缝的数量；波幅大小反映了复杂裂缝的规模。

6. 页岩气高效试气技术

针对页岩气试气中独有的钻塞排液工序，以及放喷求产期间出口返排液控制排量波动大，人口稠密地区放喷噪音扰民等问题，研制了 70MPa 捕屑装置、消音燃烧器等设备，进行了井工厂开发模式下试气地面流程优化、分流进站求产和试气工作制度优化研究。相对常规试气流程减少了 50% 地面设备，放喷燃烧噪音降低了 20dB，试气周期缩短 40%，采用分流进站测试工艺单井可减少放空燃烧天然气（30～50）×10⁴m³。形成适用山地、满足分段压裂及防砂、求产的高效页岩气试气流程及技术规范。

7. 水平井压裂试气配套装备

为满足了页岩气水平井大排量、大规模、长时间的压裂试气需要，研发了 3000 型成套压裂装备、连续油管作业设备及带压作业装置。

研发的 3000 型成套压裂装备，具有单台压裂泵车输出水功率 3000 HP（国外最大单机功率 2500HP）、最高工作压力 140MPa(3.75″ 柱塞)、混砂车供液流量 20m³/min、可控制终端台数 30 台等特点。相比同类型其他产品，柱塞泵易损件寿命提高 25%，更换间隔时间明显增长；同样施工总功率，机组占地面积更小。研制了大排量连续混配、连续输砂等辅助装置，压裂机组控制系统有效实现了 30 台终端群控，在焦石坝页岩气开发大型压裂施工作业中发挥了重要的作用。

在连续油管作业设备方面，通过大吨位注入头制造技术、连续油管入井力学行为、在线实时检测技术、超长连续油管连接技术等方面研究，提高大容量滚筒移运性能，提高了国产 36t、38t 连续管设备应用水平，减少作业事故。研制 47t 大容量连续管设备，满足深井、长水平井作业需求。2″ 以上油管作业长度 ≥ 5000m 作业压力达到 70MPa。

在带压作业装置方面，通过高压动密封技术、高效举升旋转技术、智能安全控制技术和装备集成配套技术研究，研制适应高压气井作业的 160t 带压作业装备，进行下完井管柱、修井、拖动压裂作业以及长水平段的钻塞作业。

（三）应用效果与知识产权情况

现场施工 230 口井 4300 余段，工艺成功率达 97%；形成以压前评价、参数设计与实施控制、配套材料及压后评估为核心的水平井压裂技术系列。创造了 14 项工程施工纪录，井工厂压裂施工周期比单井施工缩短 30.1%，压裂试气总体周期下降 23%，泵送复合桥塞与多级射孔联作施工成本下降 60%，平均单井无阻流量 38.5×10⁴m³/d，单井产能全面提高，单井投资持续下降。为涪陵页岩气示范区一期 50×10⁸m³ 产能建成提供了强有力的技术支撑。研发的速溶型粉剂减阻水压裂液，降阻率达 78%、溶解时间 ≤ 22s、黏度 2～15mPa·s，满足了水平井大规模高排量连续施工需求。国外未见同类减阻水大规模应用报道。编制行业标准 1 项、企业标准 13 项，申报国内发明专利 5 项，软件著作权 1 项。

七、页岩气绿色开发技术

（一）研发背景和研发目标

涪陵地区地表环境复杂、生态环境敏感、区域人口密集、土地资源紧张，因此，该区域页岩气开发面临诸多环境保护挑战：①上部地层段富存溶洞、暗河、裂缝，钻井过程中恶性漏失的可能性大，而区域居民多以溶洞、裂隙水作为饮用水源，环境风险和影响大；②页岩气田开发钻井岩屑产生量大，国内无成熟可靠的处理技术；③页岩气开发采用水力压裂技术，试气过程中返排废水量大，水质复杂，处理难度高。

在借鉴国外先进环境保护技术经验的基础上，结合实际情况，确立了以国内现有污染防治技术集成配套同自主研发关键技术设备相结合的攻关技术思路，开展页岩气绿色环保开发技术研究与应用研究，创新集成了以网电钻机、清水钻井、钻屑无害化处理、废水循环利用为核心的绿色开发技术。实现了施工全过程清洁生产、零排放，废液重复利用率100%，油基钻屑处理后含油率低于0.3%，油基钻屑100%无害化处理。

（二）技术内容及技术指标

1. 钻井设备网电钻机改造

改造前为钻机提供动力的是3～4台柴油机驱动耦合器，在使用过程中能耗比较高，排出的CO_2等温室气体污染大气环境，产生的噪音比较大，影响居民生活。因此，采用网电钻机替代柴油驱动钻机。机械/复合驱动钻机网电改造只对原钻机的后台动力机组进行电动化改造，原钻机的其他设备不变。改造后采用油区35kV高压电网供电，经35kV/0.6kV移动式高压变配电系统，将35kV电源降压成0.6kV，通过1000kW三相变频大功率电动机驱动减速箱为钻机提供动力，电机采用变频无级变速，电控系统配谐波治理和无功补偿装置，保留两台柴油发电机组，作为应急动力储备。

2. 涪陵页岩气田绿色钻井技术

钻井平台选址时，采用高密度电法勘查法对地下100m内暗河、溶洞分布情况进行水文勘探，避免勘探开发过程污染地下水。

钻井工程绿色设计。钻井设计上，选用"导管+三段式"井身结构，四层套管固井，选用抗压117MPa压力等级的优质套管进行水泥固井，固井水泥返至地面，并进行固井质量检测，确保所钻井眼完全与环境水体、浅层岩体隔离开。

钻井绿色施工技术。钻井施工中，1500m以上的直井段采用清水钻井液工艺，无任何添加剂，避免钻井作业污染浅层地下水系；1500～2500m直井段采用水基钻井液工艺，主要添加药剂成分由天然矿（植）物类等绿色化工药剂；2500～4500m 水平段一律采用油基钻井液工艺，所有钻井液配制均严格按照《钻井液材料规范》等国家和行业标准规范执行。所有钻井液都在密闭循环系统中经回收处理后，循环使用。整个施工过程实施清洁生产，采取废水重复利用和节水减排措施，实现了污水零排放。

3. 油基钻屑无害化规模化处理关键技术与装备研制

针对页岩气工程施工中的含油钻屑、油泥、油污对环境的影响因素，通过开展油基钻屑高温燃烧制砖技术、油基钻屑样预处理技术、油基钻屑热解处理和油基钻井液重复利用技术研究，形成了油基钻屑无害化规模化处理关键技术。

钻屑无害化处理技术。针对含油钻屑处理难、环境排放要求高等难点，基于纯物理方法，研发了油基钻屑热解处理装置，开展了装置空转试验、冷运行、升温运行、负载运行等阶段联机调试，形成了有效的处理工艺流程，实现了含油岩屑无害化、规模化处理，建成年处理量 $3×10^4m^3$ 的含油岩屑处理中心。油基钻屑热馏全过程是在密闭容器中加热处理，热馏产生的气体经冷凝回收柴油、水，回收的柴油继续用于配制油基泥浆，水循环利用于钻井和压裂。实现了无害化处置率 100%，钻屑灰渣含油率小于 0.3%，远优于北美 2%～3% 的标准。

油基钻井液回收利用技术。按照气田开采区域合理建设油基泥浆回收站，回收各平台使用后的油基泥浆，进行泥浆维护、暂存，按就近原则配送到钻井施工现场。结合回收油基钻井液固相特征，开展了油基钻井液回收利用工艺、固相流变性调控等研究，通过调整油水比、补充乳化剂和润湿剂、补充有机土和氧化沥青等有机胶体含量等性能调节措施，实现了油基钻井液 100% 回收循环利用。

4. 废水无害化处理与循环利用技术

以作业污水循环使用、零排放为目标，研制了压裂返排液处理装置，建立了取样、室内实验、配方调整、处理、质检、再利用等施工流程，形成了"絮凝沉降—固液分离—深度氧化"的无害化连续处理工艺技术，处理结果满足重新配制页岩气压裂液的标准要求，实现了钻井污水、压裂返排液、采气废液的 100% 重复利用，工业废水零排放。

（三）应用效果与知识产权情况

上述技术在涪陵页岩气田进行了全面推广应用，在页岩气开发过程中做到了环境有效保护、废水重复利用、废水排放为零，处理后的油基钻屑废渣以碎石粉为主，对环境无明显影响，可用于沥青混凝土路的添加物、水泥混凝土路、制作加气块、普通民用砖等多种用途。全面实现了页岩气环境友好型开发，对我国页岩气勘探开发环境保护工作起到了重要的示范引领作用。成果申报国家发明专利 10 项，其中授权 4 项。

主要参考文献

［1］王社教，王兰生，黄金亮，等．上扬子区志留系页岩气成藏条件［J］．天然气工业，2009,29(5)：45-50.

［2］邹才能，董大忠，王社教，等．中国页岩气形成机理、地质特征与资源潜力［J］．石油勘探与开发,2010,37(6):641-652.

［3］Mavor M. Barnett shale gas-in-place volume including sorbed and free gas volume[C].AAPG Southwest Section Meeting, 2003.

［4］Kinley T J, Cook L W, Breyer J A, et al. Hydrocarbon potential of the Barnett Shale (Mississippian) Delaware Basin, West Texas and Southeastern New Mexico [J]. AAPG Bulletin,2008,92(8): 967-991.

［5］聂海宽，边瑞康，张培先，等．川东南地区下古生界页岩储层微观类型与特征及其对含气量的影响［J］．地学前缘，2014, 21(4): 331-343.

［6］程鹏，肖贤明．很高成熟度富有机质页岩的含气性问题［J］．煤炭学报，2013, 38(5): 737-741.

［7］王玉满，董大忠，杨桦，等．川南下志留统龙马溪组页岩储集空间定量表征［J］．中国科学：地球科学，2014, 44(6): 1348-1356.

［8］Tao G, King M S. Porosity and Pore Structure from Acoustic Well Logging DATA1[J]. Geophysical Prospecting. 1993, 41(4): 435-451.

［9］Berge P A, Berryman J G, Bonner B P. Influence of microstructure on rock elastic properties[J]. Geophysical Research Letters. 1993, 20(23): 2619-2622.

［10］Cheng C H. Crack models for a transversely anisotropic medium[J]. Journal of Geophysics Research. 1993, 98: 675－684.

［11］黄捍东，王彦超，郭飞．基于佐普里兹方程的高精度叠前反演方法［J］．石油地球物理勘探．2013,48(5):740-746.

［12］唐颖，邢云，李乐忠等．页岩储层可压裂性影响因素及评价方法［J］．地学前缘．2012,19(5):357-363.

［13］Rickman R，Mullen M, Petre E. A practical use of shale petrophysics for stimulation design optimization: All shale plays are not clones of the Barnett Shale[C]. SPE Annual Technical Conference and Exhibition. 21-24 September 2008,Denver,Colorado,USA: SPE,2008,SPE115258.

［14］史浩，周东红，吕丁友 . 基于有效应力的地层压力预测在渤海 BZ1 区的应用 [J]. 石油地质与工程 . 2014,28(2): 113-115.

［15］罗蓉，李青 . 页岩气测井评价及地震预测 . 监测技术探讨 [J]. 天然气工业 ,2011,31(4):34-39.

［16］刘双莲，陆黄生 . 页岩气测井评价技术特点及评价方法探讨 [J]. 测井技术 ,2011,35(2):112 116.

［17］Ulery J P，Hyman D M. The modified direct method of gas content determination: Application and results ［C］. / /Proceeding of the Coalbed Methane Symposium. Tuscaloosa，Alabama：［s. n. ］，1991: 489 - 500.

［18］Yee D，Seidle J P，Hanson W B. Gas sorption on coal and measurement of gas content ［J］. AAPG Studies in Geology，1993，38: 208 - 213.

［19］Ogochukwu Azike.Multi-well real-time 3D structural modeling and horizontal well placement: an innovative workflow for shale gas reservoirs[C].SPE148609, 2011.

［20］S.L.Sakmar. Shale gas developments in north America: an overview of the regulatory and environmental challenges facing the industry[C]. SPE 144279，2011.

［21］C.L. Cipolla, Carbo Ceramics, E.P. Lolon. Reservoir Modeling and Production Evaluation in Shale-Gas Reservoirs[C]. IPTC13185,2009.

［22］Hasan A. Al-Ahmadi, Anas M. Almarzooq, R.A. Wattenbarger.Application of Linear Flow Analysis to Shale Gas Wells—Field Cases[C]. SPE 130370,2010.

［23］R.O.Bello, R.A.Wattenbarger. Modelling and Analysis of Shale Gas Production with a Skin Effect[J].CIPC,2009-082.

［24］Roy S, Raju R, Chuang HF, Cruden BA, Meyyappan M. Modeling gas flow through microchannels and nanopores[J]. JOURNAL OF APPLIED PHYSICS,2003,93(8): 4870-4879.

［25］X. Zhang, C. Du, F. Deimbacher et al. Sensitivity Studies of Horizontal Wells with Hydraulic Fractures in Shale Gas Reservoirs[C]. IPTC13338,2009.

［26］Freeman C M, G Moridis, Ilk D, Blasingame T A. A numerical study of performance for tight gas and shale gas reservoir systems[R]. Paper SPE 124961 presented at SPE Annual Technical Conference and Exhibition, 4-7 October 2009, New Orleans, Louisiana.

［27］Ozkan E, Raghavan R. Modeling of fluid transfer from shale matrix to fracture network[R]. Paper SPE 134830 presented at SPE Annual Technical Conference and Exhibition, 19-22 September 2010, Florence, Italy.

［28］Moridis G J, Blasingame T A, Freeman C M. Analysis of mechanisms of flow in

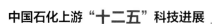
fractured tight gas and shale gas reservoirs[R]. Paper SPE 139250 presented at SPE Latin American and Caribbean Petroleum Engineering Conference, 1-3 December 2010, Lima, Peru.

[29] Curtis J B. Fractured Shale-Gas Systems[J]. AAPG Bulletin, 2002, 86(11):1921-1938.

[30] Mastalerz M, Schimmelmann A, Drobniak A et al. Porosity of Devonian and Mississippian New Albany Shale across a maturation gradient_Insights from organic petrology, gas adsorbtion, and mercury intrusion[J].AAPG Bulletin,2013,97(10):1621-1643.

[31] Loucks R G, Reed R M, Ruppel S C, et al. Spectrum of pore typesand networks in mudrocks and a descriptive classification for matrix-related mudrock pores[J].AAPG Bulletin, 2012, 96 (6) :1071-1098.

第三章
碳酸盐岩缝洞型油藏勘探开发

从世界范围看，碳酸盐岩储层的油气产量约占总产量的 2/3；特别是中东、北美、前苏联的许多大型—特大型油气田都与碳酸盐岩储层密切相关，研究历史由来已久，相关技术及资料积累也很丰富。与国际上典型的碳酸盐岩油气田（藏）相比，我国碳酸盐岩层系的突出特点是地质时代老、演化历史长、埋藏深度大、非均质性强，导致我国碳酸盐岩油气勘探、开发难度大，技术要求高，一些基本的地质理论与适应性技术尚不能满足勘探开发的需求。海相碳酸盐岩作为我国油气资源战略接替的重要领域，在前期攻关研究的基础上，"十二五"期间，中国石化科技部针对我国三大盆地海相碳酸盐岩的特点组织了系统内外一大批科研力量进行攻关，在基础地质理论、勘探开发评价技术等方面取得了显著进展。

在基础地质理论与勘探评价技术方面，通过生烃母质类型识别与地层仿真条件生烃模拟实验，揭示了海相碳酸盐岩层系生烃物质基础和多元生烃转化机制，建立和集成了烃源综合评价技术系列；通过碳酸盐岩储层形成过程的模拟实验研究，进一步揭示了海相碳酸盐岩储层形成与保持机理，形成了海相层系储层宏观分布—微观机理—流体作用—地震预测等评价技术系列；通过盖层封闭性模拟实验与岩石力学实验，深入探讨了盖层封闭性能演化机理，结合动态生烃研究，建立了源—盖动态匹配评价技术；形成地层不整合动态分析技术与地层剥蚀量恢复技术系列，丰富与完善了盆地分析理认与技术；建立了"源—盖控烃、斜坡枢纽控聚"的选区评价思路，优选了有利勘探区带，拓展了勘探领域。在这些认识的指导下，揭示了南方海相碳酸盐岩层系多元生烃转化机制和动态生烃演化模式。确定了塔里木盆地存在满加尔坳陷寒武系—中奥陶统、阿瓦提坳陷寒武系—中奥陶统、塔西南寒武系三大陆棚—盆地相泥质烃源岩发育区。提出古生界碳酸盐岩多成因类型储集体在古隆起、古斜坡部位发育较为广泛，深大断裂是"控储、控藏"的认识。在顺南、顺北、跃参、于奇、塔河南部盐下奥陶系油气勘探取得新发现，取得了塔中北坡顺南地区天然气重大突破，形成了千亿立方米大气田的场面。2011～2015年新增探明储量23883×10^4t、控制储量17064×10^4t。

开发方面，主要围绕塔河油田碳酸盐岩缝洞型油藏开发建设，发展形成了缝洞描述及岩溶相控建模技术、缝洞型油藏数值模拟技术，建立了大溶洞、大裂缝耦合模拟方法，缝洞储集体识别精度从30m提高至15m。形成了"以缝洞单元研究为核心，以全过程评价、层次化开发为基本开发程序，以差异化开发为基本模式，以单井定容溶洞注水替油、多井单元注水开发为主要能量补充方式"的碳酸盐岩缝洞型油藏开发模式。创新形成了超深层缝洞型碳酸盐岩储层预测技术、缝洞储集体空间描述及表征技术、缝洞型油藏数值模拟技术、缝洞单元划分与评价技术、以溶洞为主的储集体储量计算技术、注水驱替油提高采收率技术、超深复杂地层侧钻技术和超深井超稠油开采技术等开发关键技术。攻关研发了耐高温缓速酸液体系、小跨度控缝高酸压技术、深穿透复合酸压技术、水平井分段酸压等配套技术，提高碳酸盐岩油藏采收率6%，新增动用储量2.5×10^8t。实现了塔河碳酸盐岩缝洞型油藏的高效开发。

第一节　碳酸盐岩油气成藏实验测试技术

一、海相烃源岩有效性评价关键技术

（一）海相烃源岩成烃生物识别技术

1. 研发背景和研发目标

成烃生物作为油气原始物质来源，具有鲜明的时代特征和环境特色，对研究烃源岩形成的确切时间、沉积微相、烃源岩有机质类型和生烃潜力评价等具有重要意义。我国海相碳酸盐岩层系中广泛发育的多套烃源岩普遍经历了高热演化过程，使得其中大部分有机质趋于均一化，如何有效识别成烃母质尤其微体—超微体仍属世界级难题。因此，完善成烃生物分析技术，深化优质烃源（岩）层中的可溶有机质、微化石与现代微生物的对比研究，探索具有特殊生源、环境意义的生物标志物，不仅有助于追溯生烃母质的来源和演化规律，而且对进一步揭示海相烃源岩质量的控制因素和形成机理可能是一个重要突破口。

目前国内外针对烃源岩成烃生物的分析方法具有局限性：①有机岩石学只能对形态保存较好的组分进行识别，对无定形体、高演化有机质、藻类体精细研究较困难

（王飞宇，1995）；古生物鉴定主要用于古生物地层学研究中，而与油气地质结合较弱；②傅里叶变换红外分析（FTIR）只能定性对干酪根与煤中组分进行结构分析（刘大锰等，1998）；③激光拉曼光谱分析（LRS）也未涉及到海相成烃生物研究；④地球化学分析（如色谱分析、生物标志物、有机碳同位素等）对烃源岩样品整体分析，结果体现的是烃源岩中有机质的整体混合面貌，对单一种类成烃生物研究甚少；⑤激光微裂解有机质分析技术目前主要涉及煤和固体沥青，激光作用范围较大，且分析分子量范围主要限于轻烃（Greenwood 等，2001），无法满足对单个成烃生物组分及其包括重烃在内更广的分子量和生物标志物范围分析的需要；同时有机质激光微裂解在线单体烃同位素分析技术国内外尚未突破，属于国际攻克难点技术。针对以上科学技术问题，希望能研发一套综合有效的成烃生物分析技术并进行实际的地质应用。

　　针对和围绕上述成烃生物分析技术存在的主要问题与难点，通过广泛的国内外交流调研、自主设计研发仪器、系统采集地质样品及大量方法试验、样品测试，对成烃生物评价技术进行了分步骤、分阶段的研究工作。首先对成烃生物形态识别技术进行完善，综合荧光显微镜、共聚焦荧光显微镜和扫描电镜等，建立超显微成烃生物分析技术；其次探索单个成烃生物原位光谱学结构分析，并自主研发了一套成烃生物激光微裂解色谱质谱分析技术。成烃生物评价技术及应用技术路线见图 3-1-1。

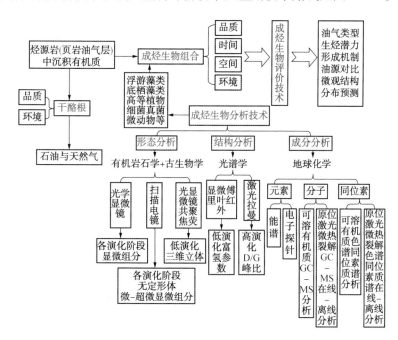

图 3-1-1　成烃生物评价技术及应用技术路线图

2. 技术内容及技术指标

① 建立了超显微组分形态分析技术，实现了烃源岩中超微、高演化有机质的有效鉴定。

② 首次将激光拉曼光谱技术应用于成烃生物识别，为评价生烃潜力提供了新参数。

③ 有机质原位激光微裂解分析技术获突破性进展，首次实现了单个成烃生物原位激光微热裂解同位素在线分析、分子—同位素组成的离线分析。

3. 应用效果与知识产权情况

该技术应用到塔里木和南方下古生界海相碳酸盐岩层高热演化烃源岩、准噶尔盆地二叠系和桦甸古近系油页岩中，获取了不同烃源岩中典型的生物组合特征并划分出不同的生物组合带，精细研究了细菌类超显微成烃生物形态及地球化学特征，对优质烃源岩进行客观评价，并结合宏观地质背景、地球化学参数等，建立了南方三套优质烃源岩形成模式。该技术的建立为解决油气勘探中资源潜力、富有机质层段预测及其有机孔隙演化研究等勘探问题提供更有效的手段和更可靠的地质信息。发表论文 22篇，已授权国内发明专利 5 项，中国石化具自主知识产权，无产权纠纷。成果经由中国石化科技部组织鉴定为整体国际领先水平，获中国石化前瞻性基础性研究科学奖一等奖 1 项。

（二）地层孔隙热压生排烃模拟实验技术

1. 研发背景和研发目标

资源潜力是勘探部署的重要依据，为了认识地下油气生成过程与评价烃源岩生油气潜力与资源量，国内外曾研制了多种热解生烃模拟装置，代表性的有：① 法国石油研究院的 ROCK-EVAL 岩石热解仪，其实验条件为开放的反应空间、粉末样品、无压力等；② 美国地质调查局的高压釜含水热解生烃实验装置，其实验条件为封闭的反应空间、破碎块状样品、高流体压力、无静岩压力等（Carr et al. 2009）。上述方法所设置的实验条件与地下生排油气所具有的上覆静岩压力、地层流体压力、孔隙空间、围压及岩石组成结构等实际地质条件差异明显。应用传统生烃模型计算的资源量往往误差较大，探明储量超过预测资源量时有发生。比如，泌阳凹陷国家一次资评（1985 年）资源量为 $2.59 \times 10^8 t$，到 2012 年累计探明储量已达到 $2.788 \times 10^8 t$。如何在近地质条件下进行生排烃模拟实验是亟需解决的难题。

针对上述问题与挑战，发明了一种具有轴向自紧式动—静密封功能、双向施压的生烃高压釜及与其相连接的由多种类型高压阀、高压泵等部件构成的高温高压流体自动控制排出装置（图 3-1-2）。该装置能够：①在高温条件下对圆柱状岩心样品（20～150g）同时施加与其地质埋藏条件接近的上覆静岩压力（最高 200MPa，相当于地下埋深 8000m）、围压与地层流体压力（最高 150MPa，相当于埋深 10000m），从而首次实现了烃源岩近地质条件下油气生成过程的模拟；②在一定压差作用下间歇性排出或在高地层流体压力作用下连续排出样品孔隙空间中热解生成的油气，从而实现了烃源岩在逐渐埋深压实时油气生成与排出联动过程的模拟。

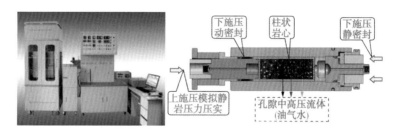

图 3-1-2　地层孔隙热压生排烃模拟实验装置和高压反应釜结构示意图

2. 技术内容及技术指标

该技术方法提供的技术参数优于国外同类技术（表 3-1-1），且与烃源岩油气生成与排出的地质条件更为接近，其所获取的油气产物中几乎不含因高温快速裂解产生的氢气和烯烃，其分子化学组成与自然演化生成油气的相近。该模拟实验能更为真实地再现沉积有机质向油气转化的物理化学与地球化学演变过程，采用本发明评价的烃源岩生油潜力与传统方法相比，可提高 40% 以上，这预示了以往严重低估了含油气盆地的资源量。在此基础上，提出了烃源岩生油气潜力评价新参数，建立了生排油气定量模版，开发了相应的资源评价软件。

表 3-1-1　与国外同类技术参数对比

实验条件	美国地质调查局 *	本发明	对比结论
最高温度 /℃	360	600	优于
最高静岩压力 /MPa	无	200	明显优于
最高流体压力 /MPa	120	150	相当
反应空间	密闭大空间	岩石孔隙空间	明显优于
样品状态	破碎块状	整块柱状岩心	优于
油气生排方式	先生成再排出	生成、排出联动控制	明显优于

注：★Carr A.D.et al.2009.The effect of water pressure on hydrocarbon generation reactions: some inferences from laboratory experiments, Petroleum Geoscience, 15:17-26.

3. 应用效果与知识产权情况

通过该技术方法对东营、东濮和泌阳凹陷等老油区的石油资源潜力重新评价，所获得的生油量比国家三次资评高出 140.5×10^8t，资源量新增 23.3×10^8t，且更加符合勘探实际。按此思路，中国东部老区资源潜力将有很大提高，从而坚定了立足东部老区挖潜的信心，为老油区的可持续发展提供了技术支撑。

此项技术已获授权国家发明专利 11 项，软件著作权 1 件，作为"重建多期油气复杂成藏过程的关键仪器与方法"中的主要技术发明点之一荣获国家技术发明二等奖 1 项。

二、碳酸盐岩储层发育机理模拟实验技术

（一）碳酸盐岩溶解－沉淀模拟实验技术

1. 研发背景和研发目标

"十一五"期间针对二氧化碳、有机酸及硫化氢水溶液等三种流体开展了一系列针对不同类型碳酸盐岩在不同的流体介质、不同的温度、压力条件下的溶蚀能力对比试验，借助恒温水浴、旋转盘实验以及流动法溶蚀模拟实验装置，探讨了溶蚀作用与环境条件的关系。认识到以二氧化碳、有机酸和硫化氢水溶液这三种不同的酸性流体在对碳酸盐岩进行溶蚀时，有着不同的溶蚀速率高峰；当酸性流体对碳酸盐岩产生溶蚀作用时，总是白云岩比灰岩难以溶蚀。温度压力条件同时变化的模拟实验表明，碳酸盐岩在地层条件下的溶蚀作用存在四个区间：$20 \sim 60℃$ 的升温溶蚀区间，$60 \sim 120℃$ 的强溶蚀稳定区（溶蚀窗），$120 \sim 150℃$ 的升温沉淀区，$150℃$ 以上的高温沉淀区。但实验模拟的条件远不能涵盖实际地质条件，包括温压条件、开放或封闭条件等。

"十二五"期间采用了高温高压溶解动力学模拟实验装置以及热力学数值模拟，对高温高压条件下，分别以硫酸、二氧化碳水溶液为酸性流体对不同种类碳酸盐岩的溶蚀行为以及溶蚀规律设计了一系列实验，着重考察高温高压条件以及开放或封闭环境对碳酸盐岩溶蚀的影响程度与规律。

2. 技术内容及技术指标

（1）碳酸盐岩溶蚀模拟实验及认识

利用高温高压溶解动力学模拟实验装置，在温度 $30 \sim 275℃$，地层压力 $3 \sim 50$MPa 的条件下，以一定的流速让不同性质的流体流过碳酸盐岩样品（即流动法，开放体系），

通过对反应过程中的溶液采样进行 Ca^{2+}、Mg^{2+} 的浓度分析，并利用反应前后样品重量差进行溶蚀率的计算。结果表明，高温高压溶蚀实验同样出现了明显的相对强溶蚀区，$100 \sim 250℃$ 是碳酸盐岩在硫酸溶液体系中溶蚀率较高的温度区间。随着温度的升高，微晶灰岩和微晶云质灰岩在 $120 \sim 150℃$ 这一温度范围溶蚀率较高，随温度继续上升，溶蚀率逐渐减弱。鲕粒白云岩和细晶白云岩在温度为 $120℃$ 以上时溶蚀率明显加大，并且在 $200℃$ 时达到了溶蚀率高峰，此时的溶出阳离子浓度约为灰岩溶出阳离子浓度的 1.5 倍。如开放体系硫酸水溶液中不同温压条件下钙离子的浓度变化趋势图所示（图 3-1-3），白云岩在 $150 \sim 250℃$ 的温度区间内，溶蚀率明显大于灰岩，表明岩性差异使得不同的碳酸盐岩出现溶蚀高峰的温度点不同。

为考察开放体系（流动法）与封闭体系对于溶蚀作用的影响差异，设计了封闭体系二氧化碳水溶液在 $20 \sim 200℃$，$0.1 \sim 35MPa$ 条件下进行了实验模拟。实验结果表明，在封闭体系二氧化碳水溶液中，仍然出现"溶蚀窗"特征，出现的温压范围是 $120 \sim 175℃$，在 $150℃$ 时的溶蚀率最高。对比开放体统和封闭体系不同岩性碳酸盐岩的溶蚀率，可以发现，开放系统溶蚀率是封闭体系溶蚀率的 $8 \sim 15$ 倍。

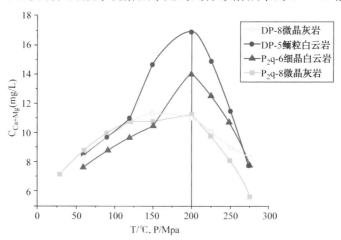

图 3-1-3　开放体系硫酸盐水溶液中不同温压条件下钙离子的浓度变化趋势图

（2）基于平衡体系下的碳酸盐岩溶蚀热力学数值模拟

为了更好的了解和预测碳酸盐岩在不同溶液系统以及温压条件下的溶蚀特征，使用 PHREEQC 水文地球化学软件对方解石（$CaCO_3$）和白云石 $[CaMg(CO_3)_2]$ 在不同浓度二氧化碳水溶液和 pH 为 4 的硫酸溶液、$20 \sim 400℃$ 温度条件下的溶蚀－沉淀过程进行了热力学模拟，这一模拟过程假设体系为理想体系，纯物质并且正反方向的反应都已达到了平衡。此外还对不同盐度、酸度的流体，平衡体系的饱和矿物度等参数进行了热力学模拟，得到以下结论：① 方解石、白云石在二氧化碳和硫酸流体系统中表现不同的溶解特性；② 150～200℃范围内白云石更易溶解；③温度对方解石溶解速率起主导作用，压力影响很小；④二氧化碳浓度越高，越有利于方解石溶解；⑤含盐流体会一定程度提高方解石溶解速率；⑥随着温度和压力的升高，175℃之后（大致对应地层深度 6000m）白云石更倾向于溶解。

3. 应用效果与知识产权情况

利用模拟实验结果，总结了不同地质条件下碳酸盐岩溶解－沉淀的规律。在开放非平衡体系（对应地表长期暴露的环境），溶解－沉淀受到溶解动力学的控制，随温压的变化，始终处于溶蚀状态，存在相对高溶解速率窗，具有规模溶蚀的特点。在间隙性开放体系（对应由断裂活动等因素形成的间歇性外部流体进入），溶蚀－沉淀遵循溶解动力学和热力学规律的共同控制，由于非饱和流体间隙性存在，溶蚀和沉淀共同存在，由具体的体系酸碱度、离子饱和程度决定溶蚀－沉淀反应发生的方向。在完全封闭的体系，溶蚀－沉淀遵循溶解热力学规律，但是由于体系内流体总量极为有限，难以形成规模性的溶蚀与沉淀。因此，开放体系与间歇性开放体系对储集空间的形成具有重要意义，而完全封闭的体系对于储集空间的形成意义不大，但对于储集空间的保持具有重要意义。

（二）白云石化机理及流体示踪技术

1. 研发背景和研发目标

SO_4^{2-} 往往被认为是抑制白云石形成的"有毒"离子 (Wright, 1999; Warren, 2000; Wright and Wacey, 2005)。SO_4^{2-} 抑制白云石沉淀这一命题发端于 Baker 与 Kastner 的高温（200℃）合成白云石实验（Baker and Kastner, 1981）。他们的实验结果显示，SO_4^{2-} 在该温度条件下抑制白云石的形成。进而，他们认为通过石膏沉淀或者硫酸盐还原作用，降低或者移除溶液中的 SO_4^{2-}，以促进白云石沉淀。从此，尽管有一些争论，但是 SO_4^{2-} 抑制白云石形成这一学说风靡一时，即便现今，仍有相当部分学者坚持这一观点。而对于白云化流体性质的研究，也缺乏有效的地球化学定量判识方法与指标。

"十二五"期间，为了对 Mg^{2+} — SO_4^{2-} 的络合作用进行进一步观察与研究，开展了高温条件下 $MgSO_4$ — H_2O 体系相行为、白云石－SiO_2-H_2O 水岩反应等研究，并进行了激光拉曼原位观测。此外，通过稀土元素等分析，开展了白云化流体示踪技术研究，建立了相应的判识方法与指标。

2. 技术内容及技术指标

（1）Mg^{2+} — SO_4^{2-} 的络合作用分析技术及应用

①首次发现 H_2O — $MgSO_4$ 体系液－液相分离现象。

通过 19.36% MgSO₄ 溶液在加热条件下沿气液线的相行为分析发现，当温度升至259.5℃时，原来的溶液相分离为两个相：以液滴（或液珠）形式存在的 F1 相分散在 F2相中。如图 3-1-4 中记录了 19.36% MgSO₄ 溶液沿气液线加热过程中的相变，表明在温度继续升高或者降温的过程中，分散的液滴聚合在一起，形成体积较大的流体相 F1。

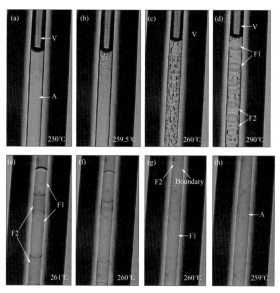

图 3-1-4 19.36% MgSO₄ 溶液沿气液线加热过程中的相变记录

②拉曼光谱研究。

为了进一步研究不混溶相 F1 与 F2 的性质，对 5.67% MgSO₄ 溶液相分离前后的 $\nu_1(SO_4^{2-})$ 光谱进行了分析（图 3-1-5），结果发现 F1 富集 MgSO₄，F2 贫 MgSO₄。根据实验结果认为 SO_4^{2-} 在常温下与 Mg^{2+} 形成接触离子对的能力有限，其抑制白云石沉淀的作用可能被误解或者夸大。

（2）白云石 -SiO₂-H₂O 水岩反应与白云岩储集空间形成新机制

以熔融毛细硅管（内径 300μm，外径 600μm）为反应腔体，将白云岩和水装入反应腔，然后焊封，并置于新型冷热台中加热。利用激光拉曼光谱，对气相和固相组分进行实时监测，以确定反应过程。此外，原位观测结束以后，将反应腔体打开，利用场发射扫描电镜和能谱分析仪，进一步分析固相组分的形态和成分，以检验原位观测结果的有效性。实验发现，白云石与富硅流体在较低的温度即可反应形成滑石、方解石和二氧化碳。白云岩层系中滑石等富镁硅酸盐的存在可以作为富硅流体迁移和改造碳酸盐岩储层的证据。

（3）白云岩成岩流体稀土元素示踪技术

前期研究表明，白云岩稀土元素含量及配分曲线特征可以用来示踪白云岩形成

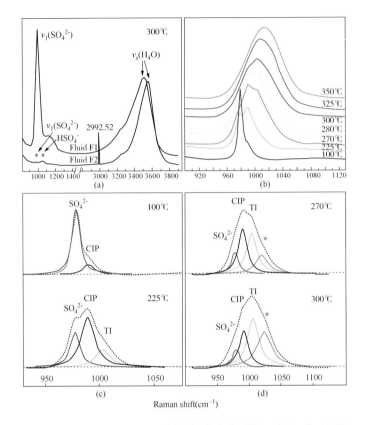

图 3-1-5 5.67% MgSO₄ 溶液相分离前后的 V₄(SO4²⁻) 光谱

（a）5.67%MgSO₄ 溶液发生相分离后流体相 F1 与 F2 的拉曼光谱，可以看出 F1 相富集 MgSO₄ 而 F2 相贫 MgSO₄；（b）100 ～ 350℃时 5.67%MgSO₄ 溶液的 V₁(SO₄²⁻) 光谱；（c）5.67%MgSO₄ 溶液均 - 溶液相 V₁(SO₄²⁻) 光谱拟合结果；（d）液 - 液相分离后流体相 F1 的 V₁(SO₄²⁻) 光谱拟合结果

以及成岩过程中的流体信息（Wang et al., 2009；胡文瑄等 , 2010；陈琪等 , 2011）。为完善并建立成岩流体性质判识方法，选取宜兴葛山三叠系周冲村组灰岩—白云岩剖面进行系统取样并做 REE 全岩分析。该剖面岩性序列齐全，从下向上依次为深灰色灰岩与浅灰色白云岩互层、不均匀的白云岩化段、纯白云岩段。对所获稀土元素的测试数据用现代表层海水 REE 含量进行标准化，得标准化之后的 REE 配分模式。通过分析，建立了稀土元素配分模式判识流体类型方法，即从碳酸盐岩稀土元素的总含量 ∑REE、Ce 或 Eu 异常、稀土元素配分曲线形态三个方面，建立了典型成岩流体模式图，来判识不同性质（正常海水、地层流体、热液流体、大气降水）的成岩流体。

3. 应用效果与知识产权情况

该项成果纠正了 SO₄²⁻ 抑制白云岩形成的传统观点，初步揭示了白云岩溶解—蚀变机理，为深层白云岩储层发育提供了新启发，完善和创新流体地球化学判识体系，逐步形成白云岩化流体和溶蚀作用流体的判识技术体系。

三、碳酸盐岩油气多期成藏过程重建关键技术

（一）单体油气包裹体成分实验分析技术

1. 研发背景和研发目标

在油气成藏过程中，矿物重结晶会捕获运移途中的含油气流体，形成直径一般小于 $30\mu m$ 的封闭个体即油气包裹体。其封闭性能够避免油气藏改造的影响，因此多期油气藏物质来源的"DNA"分别蕴藏于共存的单体包裹体分子组成中。

从 20 世纪 70 年代起，国内外研究机构开始研发包裹体分析技术，并逐渐将群体包裹体技术等引入油气勘探中，但仅适用于简单成藏过程（George，1997a,b；Parnell，1998）。而复杂油气成藏过程的重建只能依赖于单体油气包裹体分析技术，由于单体包裹体所含油气量甚微（0.1~50ng）且共存于同一样品中，现有微区分析通常采用 1064nm 红外或者 532nm 可见激光进行剥蚀（Volk et al.，2010），其热效应会引起油气分子的热裂解，导致无法实现单体油气包裹体分子组成的保真、大信息量获取，因此必须寻求新的仪器和方法上的突破。

针对上述面临的问题与挑战，选择 193nm 准分子激光用于单体油气包裹体剥蚀，发明了样品池和高效传输线，形成了单体油气包裹体激光剥蚀在线分析仪器（图 3-1-6）。该仪器避免了痕量油气热裂解，实现了保真释放。样品池采用铝质传热基座和精细抛光不锈钢内腔，可实现快速升温和精确控温（ $\pm 0.1℃$ ），避免组分残留和包裹体高温爆裂，上下通孔和石英玻璃密封实现了反、透射光同时观察，满足单体包裹体定位和激光剥蚀效率要求。传输线材质为玻璃衬里不锈钢，其光滑内壁减少了传输损失；在仅 45cm 的传输线上既设置了液氮直接冷却的富集冷阱，又可加载 40A 直流电发热，实现了 1 分钟内从 $-160 \sim 300℃$ 的急速升温，确保了痕量物质分析的灵敏度和分辨率；去除了常规仪器的六通阀并与毛细色谱柱直接连接，减少了中间环节，满足了高分子量生物标志物的有效传输要求。

图 3-1-6　单体油气包裹体激光剥蚀在线分析装置

创建的在线分析流程同时满足了痕量物质的富集、传输以及精密仪器的检测要求,具体为包裹体荧光定位,准分子激光剥蚀,释放的痕量油气被高速载气(>600mL/min)吹扫进入冷阱富集,再通过瞬间切换的低速(1mL/min)载气带入仪器分析。

2. 技术内容及技术指标

该技术方法首次实现了直径 $10\mu m$ 以上单体包裹体痕量油气中 $C_4 \sim C_{30}$ 正构和异构烷烃、单环、双环、三环芳烃化合物等生物标志物的大信息量检测,获取了指示油气源及其形成环境的"DNA"信息,克服了缺少大于 $50\mu m$ 单体油气包裹体样品的局限性,检测指标优于国外同类研究的代表性机构(表 3-1-2),相关论文被多国同行引用和评价。

表 3-1-2 单体油气包裹体分析技术指标对比

对比项目	澳大利亚联邦科学与工业研究机构 *	本发明	对比结论
包裹体尺寸要求	$>50\ \mu m$	$>10\ \mu m$	明显优于
保真度	低	高	明显优于
信息量	$C_4 \sim C_{18}$	$C_4 \sim C_{30}$	明显优于
多期分辨	不能分辨	可以分辨	优于

注:★Volk, H. et al. 2010. First on-line analysis of petroleum from single inclusion using ultrafast laser ablation, Organic Geochemistry 41: 74~77.

3. 应用效果与知识产权情况

该技术方法首次获取了我国古生界海相碳酸盐岩大油田——塔河油田共存于同一储集体中的两期单体包裹体中 C_4-C_{30} 烃类分子组成,显示出明显的烃源、运移和成熟度差异。揭示出塔河油田具有多套烃源岩供烃和两期成藏特征,其中一期包裹体组分高分子量烃类含量高且呈双峰分布,多环芳烃含量高,与寒武系泥质烃源岩特征相对应;另一期包裹体高分子量烃类含量低且呈单峰分布,多环芳烃含量低,与中上奥陶统碳酸盐烃源岩特征相吻合。本成果揭示早期原油来源于寒武系泥质烃源岩,轻质油气来源于碳酸盐烃源岩,解决了塔里木盆地主力烃源岩是寒武系还是奥陶系长期争论的难题,指出了塔中、塔北为油气来源背景统一的油气富集区,重建了塔里木盆地的多期油气成藏过程,为复杂含油气盆地油源对比、成藏示踪提供了直接证据,在勘探实践中发挥关键作用,将为我国复杂含油气盆地的油气勘探和大油气田的发现提供技术支撑。

此项技术已获授权国家发明专利 6 项(其中 1 项为国际发明专利),中国石化专有技术 3 项,作为"重建多期油气复杂成藏过程的关键仪器与方法"中的主要技术发明点之一荣获国家技术发明二等奖 1 项。

（二）油气中稀有气体组分及同位素实验分析技术

1. 研发背景和研发目标

稀有气体的丰度和同位素组成主要受放射性衰变（时间效应）和吸附、溶解等物理过程的影响，具有年代效应；基于稀有气体在油气藏中的聚散机制，成藏时代越老，稀有气体 ^4He 和 ^{40}Ar 累积越多，因此稀有气体分析技术是对复杂油气成藏过程进行定年与示踪研究的最有效手段之一（沈平和徐永昌，1982；徐永昌，1995；Prinzhofer and Huc，1995；刘文汇等，2009）。常见稀有气体分析主要针对无机矿物定年和温泉气水流体，国内外缺乏油气中稀有气体全组分分析相应的仪器及方法（Kendrick et al.，2013），主要原因是：①油气中稀有气体以外的烃类等活性组分含量在 99.99% 以上，高效去除难度大；②痕量稀有气体的纯化富集与超低温下才能进行氦、氖、氩、氪、氙的组分有效分离。

针对上述问题，发明了超高真空稀有气体纯化、超低温富集分离装置（图 3-1-7）。使系统动态真空达到 $10 \sim 10$ mbar，降低了本底干扰；遴选新型锆钒铁吸气材料，高效去除烃类、二氧化碳等活性气体组分，实现了油气中微痕量稀有气体的高度纯化（>99.9%）；研发了超低温（-258℃）冷阱富集和精密控温分离装置，实现了氦、氖、氩、氪、氙各组分逐次释放、有效分离和定量。

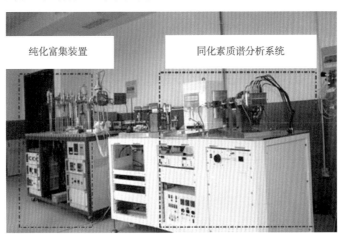

图 3-1-7　超高真空稀有气体纯化、超低温富集分离装置

2. 技术内容及技术指标

将稀有气体纯化富集定量装置与多接收同位素质谱仪联机，创建了油气中稀有气体组分及其同位素分析技术。实现了一次进样便可获得氦、氖、氩、氪、氙的丰度和18个同位素组成数据，相关检测技术指标优于国外同类研究的代表性机构（表 3-1-3）。

表 3-1-3　稀有气体分析技术指标对比表

对比项目	澳大利亚国立大学 *	本发明	对比结论
样品类型	定年矿物、温泉气、火山岩	天然气、原油、地层水、沉积岩、温泉气	明显优于
去除活性气体类型	非烃气体	烃类气体为主，液体	明显优于
纯化系统真空度 /mbar	10^{-9} mbar	10^{-10} mbar	优于
稀有气体组分定量	未见报道	He、Ne、Ar、Kr、Xe 含量测定	明显优于

注：*Kendrick M A, et al. Subduction zone fluxes of halogens and noble gases in seafloor and forearc serpentinites, Earth and Planetary Sciences Letters, 2013, 365(1):86—96.

　　根据稀有气体年代效应和油气成藏保存机制，建立了油气藏中氦、氩年代积累效应的数学模型，建立了油气氦、氩成藏年龄数学表达式，有效约束了油气源岩和成藏定型的地质时间，形成了确定源岩形成—油气生成—运移充注—调整改造—成藏定型的成藏关键节点的定年技术序列，为油气成藏定年和成藏过程再现提供了有效的技术手段。

3. 应用效果与知识产权情况

　　基于稀有气体定年模型建立的定年技术序列，重建了多期油气成藏过程，明确了四川盆地海相碳酸盐岩大气田—普光、元坝气田的主力气源是上二叠统海相优质烃源岩，形成时间约为 260Ma，普光气田成藏定型年龄为 36Ma±6Ma，元坝气田成藏定型年龄为 9Ma±1.5Ma，揭示了川东北成藏过程由东向西变晚的规律，为川东北万亿方大气区勘探做出重要贡献，为我国的天然气勘探和大气田的发现提供关键技术支撑。

第二节　缝洞单元地球物理识别与描述技术

一、研发背景和研发目标

　　中国石化针对碳酸盐岩缝洞油藏开发存在的问题与需求，创新性地提出了缝洞油藏开发理论，并有效指导了塔河油田的高效开发。但随着缝洞型碳酸盐岩油藏开发工作的不断深入，缝洞型油藏的高效开发迫切需要对缝洞单元进行更精确的预测和准确的描述、对缝洞单元充填流体的性质能够有效判识，以帮助优化部署方案、提高钻探成功率、达到高效开发的目的。这要求地球物理工作从宏观识别缝洞单元空间分布向识别缝洞单元表征和缝洞体充填转变；而缝洞单元受岩溶、裂缝控制，横向非均质强、充填复杂、空间上突变，对其进行表征、预测与描述困难。

针对碳酸盐岩缝洞型油藏缝洞单元表征存在的问题，"十二五"攻关以岩石物理和地球物理响应特征为理论依据，以发展成像技术、改善缝洞单元成像精度，以发展地震反演技术和缝洞单元体地震属性综合识别技术等为手段、进行缝洞单元的表征和缝洞体充填识别；将基础理论研究与应用研究相结合，通过综合研究、实现碳酸盐岩缝洞型油藏缝洞单元识别与表征，为碳酸盐岩缝洞型油藏开发提供强有力的技术支撑。

二、技术内容及技术指标

（一）技术内容

针对碳酸盐岩缝洞单元的地质与地球物理特征，研究相关的地球物理理论与方法和实用的地球物理技术，刻画并表征碳酸盐岩缝洞单元特征，形成了四大方法技术系列。

1. 缝洞储层岩石物理建模与缝洞参数表征方法

（1）利用岩样获得了碳酸盐岩岩石物理弹性特征，建立了孔隙类型对弹性参数的影响模型，发展了复杂孔隙结构的 Gassmann 缝洞型岩石物理模型。

相比于碎屑岩相对规则的孔隙系统，碳酸盐岩中的孔隙系统非常复杂，铸模孔、晶孔及粒内溶孔趋近于圆形，对孔隙介质的弹性模量有增强效果，粒间孔相对以椭圆形为主，而裂缝、微裂隙等的形状近于扁平，该类孔隙极大地降低了孔隙介质岩石的刚性。实验结果表明，相同孔隙度情况下，孔隙形状的变化可以引起 P 波速度将近40% 的变化，在碳酸盐岩岩石物理中孔隙形状被认为是主控因素，基于此，研究给出了考虑不同孔隙类型情况下的碳酸盐岩岩石物理建模流程（图 3-2-1），具体分为四个步骤：

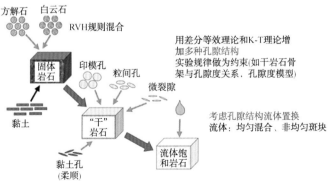

图 3-2-1　碳酸盐岩储层岩石物理建模流程

① 固体基质。

Voigt 上限给出了各构成组分假设有相等应变时平均应力与平均应变的比，因此有时也被称为等应变平均，N 个成分的等效弹性模量的 Voigt 上限 M_V 是

$$M_V = \sum_{i=1}^{N} f_i M_i \tag{3-1}$$

式中：f_i 为第 i 个介质的体积分量，M_i 为第 i 个介质的弹性模量。

Reuss 下限给出了当各构成组分假设有相等应力时平均应力与平均应变的比，因此有时也称为等应力平均，N 个成分的等效弹性模量的 Reuss 下限 M_R 是

$$\frac{1}{M_R} = \sum_{i=1}^{N} \frac{f_i}{M_i} \tag{3-2}$$

Voigt–Reuss–Hill 平均 M_{VRH} 非常简单，即为 M_V 和 M_R 的算术平均

$$M_{VRH} = \frac{M_V + M_R}{2} \tag{3-3}$$

②考虑含束缚水微孔隙作用下的固体基质。

考虑以 M_{VRH} 为固体基质，利用微分等效介质（DEM）理论将含束缚水的微孔隙加入固体基质中，得到最终的固体基质的岩石模量

$$(1-y)\frac{\mathrm{d}}{\mathrm{d}y}[K^*(y)] = (K_2 - K^*)P^{*2}(y)$$
$$(1-y)\frac{\mathrm{d}}{\mathrm{d}y}[\mu^*(y)] = (\mu_2 - \mu^*)Q^{*2}(y) \tag{3-4}$$

③考虑不同类型的孔隙的相互作用。

等效模量的 Kuster–Toksoz 模型

$$\left(K_{KT}^* - K_m\right)\frac{K_m + \frac{4}{3}\mu_m}{K_{KT}^* + \frac{4}{3}\mu_m} = \sum_{i=1}^{N} f_i\left(K_i - K_m\right)P^{mi}$$

$$\left(\mu_{KT}^* - \mu_m\right)\frac{\mu_m + \varsigma_m}{\mu_{KT}^* + \varsigma_m} = \sum_{i=1}^{N} f_i\left(\mu_i - \mu_m\right)Q^{mi} \tag{3-5}$$

$$\varsigma = \frac{\mu}{6}\frac{9K + 8\mu}{K + 2\mu}$$

④流体饱和充填时的碳酸盐岩岩石性质。

$$K_{sat} = K_{dry} + \alpha^2 M$$

$$\mu_{sat} = \mu_{dry}$$
（3-6）

式中：$\alpha = 1 - \dfrac{K_{dry}}{K_0}$，$M = 1 \bigg/ \dfrac{\psi}{K_f} + \dfrac{1-\psi}{K_0} - \dfrac{K_{dry}}{K_0^2}$。

采用上述方法进行岩石物理建模，计算结果与实际数据具有较高吻合度，新建立的岩石物理模型适用于缝洞型碳酸盐岩储层，奠定了利用地球物理进行缝洞储层研究的理论基础。

（2）利用缝洞型岩石物理模型，基于统计岩石物理反演，形成了碳酸盐岩缝洞单元内部物性参数量化表征方法。

针对缝洞型碳酸盐岩储层，研发基于贝叶斯分类的储层物性参数联合反演技术，通过统计岩石物理模型建立储层物性参数与弹性参数的先验关系，采用蒙特卡罗仿真模拟技术获取先验关系的全区分布，利用复合贝叶斯公式求取储层物性参数后验概率分布，建立储层物性参数与弹性参数、地震数据之间的关系，并基于贝叶斯分类器实现储层物性参数联合反演。

该方法基于概率分布理论，能更好的表征确定的、不确定的误差因素的影响，对储层物性参数反演结果进行分析，能够更为准确、有效的区分优劣储层，为实现精细油藏描述提供可靠的资料。

用 m 代表地震属性，包括纵横波速度、密度、阻抗等等，以纵横波阻抗为例（$m=[Ip,Is]^T$），R 代表储层物性参数，以有效孔隙度、泥质含量和含流体饱和度为例（$R=[\Phi,Sw,C]^T$）。该方法基于贝叶斯理论框架，反演结果为储层物性参数的后验概率分布：

$$P(R\,|\,m) = \frac{P(m\,|\,R) \times P(R)}{P(m)}$$
（3-7）

该方法融合了概率统计理论、贝叶斯理论、蒙特卡罗仿真模拟和贝叶斯分类器算法，分为四步，如图 3-2-2 所示。

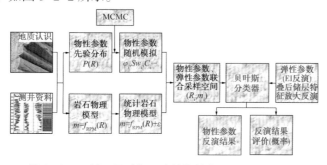

图 3-2-2　基于贝叶斯理论的物性参数反演方法流程

①基于测井资料建立统计岩石物理模型;

②基于蒙特卡罗仿真模拟技术对统计岩石物理模型进行的随机采样,得到储层物性条件的全局分布;

③基于弹性参数叠前地震反演得到储层岩石弹性参数的空间分布;

④应用贝叶斯分类器算法计算储层物性参数的后验概率分布。

2. 缝洞型储层绕射波地震成像技术

（1）绕射波与反射波特征差异

2D 情况下镜面反射层的地震响应表现为平面波,而绕射波为双曲形式,因此,在平面波震源炮记录上,比较容易将绕射波和反射波分离。3D 情况下和 2D 类似,绕射波以双曲面的形式存在,反射波以线性二维面存在。因此可以利用平面波分解滤波器对绕射波进行分离。

（2）绕射波与反射波分离流程

基于上述的绕射波与反射波特征差异,可以在平面波域实现两种波场的分离,流程如图 3-2-3 所示,主要包括三步:

①将共炮道集抽（CSG）取为共射线参数域道集（CPG）;

②使用 PWD 分解方法进行倾角估计,并滤掉反射波;

③CPG 道集抽取为 CSG 道集。

基于分离后的绕射波数据采用逆时偏移成像方法,可实现绕射波的单独成像。

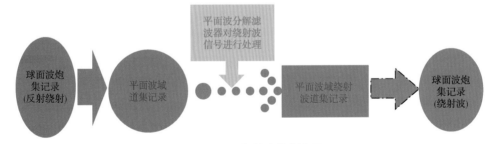

图 3-2-3　绕射波分离流程

3. 面向缝洞储集体的属性识别与综合描述技术

（1）基于变分偏微分方程（PDE）的多尺度缝洞边缘检测技术

基于偏微分方程（PDE）多尺度边缘检测基本思想是在图像的连续数学模型上,令图像遵循某一指定的 PDE 而变化,而 PDE 的解则是希望的结果,图 3-2-4 为变分PDE 的多尺度边缘检测的实现流程示意图。

在地震中有许多方法计算地下构造的方向,例如梯度 Δu 垂直于地层,因此包含了地下介质局部方向信息。结构导向平滑滤波器及边缘检测滤波器需要地震图像中相

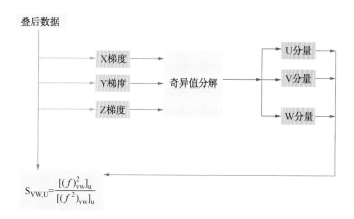

图 3-2-4　变分 PDE 的多尺度边缘检测实现流程

干结构体的方位信息。这些方位信息可利用倾角扫描的方法获得，并且倾角扫描方法可同时提供相似体和方位信息。但是，最优方位扫描非常耗机时，因此我们引入结构张量。利用地震张量场判断地震同相轴的走向，并沿走向方向对地震信息进行加强，对噪声进行剔除。

　　结构导向平滑滤波器：利用结构张量场的特征向量可以设计平滑滤波器，这种平滑滤波器可以沿着线性特征或平面特征对地震数据进行平滑，避免了平滑算子破坏地质体的边缘特征。

　　结构导向边缘检测滤波：由于结构张量具有平面特征和垂直特征，因此可以做多次优化方向平滑。

　　结构导向相干滤波器：利用加权相似系数相应的概念，定义结构导向相干系数计算公式为

$$s_{2,1} = \frac{\left\langle \left\langle f \right\rangle_2^2 \right\rangle_1}{\left\langle \left\langle f^2 \right\rangle_2 \right\rangle_1}$$

（3-8）

式中：$\langle \cdot \rangle_1$ 表示沿第一坐标轴平滑；$\langle \cdot \rangle_2$ 表示沿第二坐标轴平滑。$\langle \cdot \rangle_1$ 有助于稳定计算，而 $\langle \cdot \rangle_2$ 对微小值进行加权叠加。从结构导向意义上讲，两次平滑分别沿两个正交方向对地震数据进行平滑。对于三维地震数据而言，如果沿特征向量 V 和 W 所在平面进行平滑，则定义的相似计算公式为

$$s_{vw,u} = \frac{\left\langle \left\langle f \right\rangle_{vw}^2 \right\rangle_u}{\left\langle \left\langle f^2 \right\rangle_{vw} \right\rangle_u}$$

（3-9）

　　该公式定义的是一种平面相干属性体，提高了缝洞边缘检测的精度。

（2）基于地震反射结构提取的大型溶洞技术

物理模型揭示，地层中的溶洞一方面会吸收地震波的能量，另一方面大型溶洞边界呈不规则形态，会产生绕射波，这些绕射波不仅相互干涉，而且还与反射同相轴干涉。在地震剖面上溶洞会引起反射振幅异常和反射结构的变化，这些变化可帮助识别大型、特大型的目标地质体——溶洞。通过反射特征提取技术，根据地震反射结构的变化，可以实现大型孔洞联合体的检测。

地震剖面的特征化处理。通过处理消除对表征目标贡献率差或无效应，相关性小或关联度弱的信号成分，突出目标特征。如三瞬振幅、平均振幅、门槛值振幅、比例放大缩小、波形箱化、分频滤波、调幅载波等数学运算所生成的结果能够突出溶洞反射特征。

地震反射结构特征的综合。通过塔河主体区内大型溶洞网络系统地震反射剖面的研究结果表明，大型孔洞网络系统叠合有三种反射结构成分，即奥陶系顶部反射弱，中间反射缺失（或串珠联合），下部出现下凹不连续强反射，而孔洞网络系统不发育区上部为地震反射结构相对稳定的强振幅区。因此我们通过上、中、下空间特征的叠合及模式提取，实现大型孔洞网络体系的检测。

图 3-2-5 是过塔河油田 TK609、TK652 井的主测线地震剖面及经过溶洞反射特征提取处理后的剖面，其异常特征基本反映岩溶发育特征。

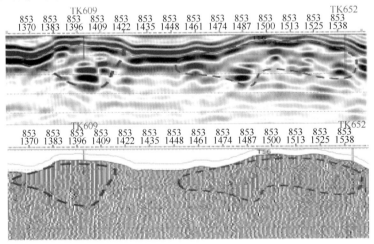

图 3-2-5　TK609、TK652 井主测线地震剖面及反射结果特征提取剖面

基于强振幅聚类溶洞检测技术。强振幅聚类的主导思想就是由强短反射振幅向相对较弱点的振幅延拓并将其连接起来，而满足检测条件但不具备与较强振幅连接的这部分振幅将被排除在聚合结果之外，也就是说可以给定比较小的振幅门槛值，只有与强短反射连接的这部分振幅才被保留下来，而松散及零星的这部分振幅虽然在拾取门

槛值范围之内但也将被剔除。在塔河实际资料的处理中我们是通过约束聚类样本数的多寡（10～20倍大于平均类的超级大类被认为是层面强反射）和平面展布面积的大小（非条带状），达到消除可能与串珠状反射特征不同的区域性的反射能量，此外检测体在成图阶段对出现的大面积块状强振幅进行人工抽取剖面的逐一验证及编号剔除处理，从而实现从空间透过低弱振幅窥视这些具有连接性的强短反射的分布，保证预测溶洞的相对可靠性及平面展布的相对合理性。

利用像素的面块聚合实现空间不连续形体的聚类表征的，具体实现步骤包括：

① 装载数据体（振幅、相干、波阻抗反演数据体等），进行特征值量化截取；

② 沿目标反射层截取合适范围时窗内特征的空变立方体；

③ 依据测井响应关系确定门槛值，截取与储层、油气相关联的特征数据；

④ 利用空间特征点追踪/面块聚合（面面或点点相连）连接有一定关联及规模（大小、延伸性）的异常体；

⑤ 提取各异常块体顶底反射时间、厚度及体积；

⑥ 进行平剖面投影及叠合显示；

⑦ 清除与地质目标毫无关联的特征聚合体，验证其有效性，如强振幅中呈大面积分布的块状异常，大断层处断棱引起绕射归位后的强振幅条带，相干中聚类方向控制只沿着垂向扩展，从而消除水平方向计算时窗的截断效应带来的横向非目标异常等。

从强振幅聚类检测结果（图3-2-6）可以看出溶洞的分布特征，碳酸盐岩内幕的强振幅异常强短反射多呈点状、小长条状分布；可在风化面的高部位出现，也可能在斜坡或低部位上出现；强振幅异常主要分布在风化面下100ms以内，但在100ms下方仍然有异常分布；强振幅异常多数以"串珠状"出现，2～3个彼此能够分开的强异常由弱异常串在一起，而且深部也有串珠状异常出现；较强的"串珠状"强振幅异常宽度至少有4～6个CDP（100～150m），有的可达10个CDP（250m）以上；"串珠状"强振幅异常还具有一定程度的分层性。

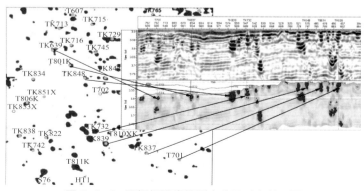

图3-2-6 强振幅聚类检测串珠及对应剖面图

（3）基于高精度不连续性缝洞检测技术

不连续性检测就是针对部分复杂孔缝、溶蚀通道可能形成的弱反射吸收—杂乱反射带的一类检测技术。应用多道数据协方差矩阵本征结构的主组分特征来突出地震道间的差异性，对不连续异常进行分析，根据不连续性检测异常所呈现的形体模式，结合古地形、古地貌，残丘、溶沟、水系等地貌特征研究成果，进行不同孔洞单元体的划分。

基于本征算法的最大优点：

① 不完全受选择道数多寡的影响，只与参与计算的线性无关的道有关，尤其不会像基于互相关的相干算法那样，随计算道的增加而降低空间分辨力。

② 互相关只考虑与中心道的关系，而协方差矩阵分析的是所有参与计算道之间的相互关系，因而有较高的可信度及信噪比。

③ 解决多道互相关中空间权平均的人为因素，更加适用于低信噪比的资料。

④ 在碳酸盐岩内幕为突出反射垂向小错断，约束异常数据沿垂向变化，最重要的措施就是对异常样点进行面体聚类，滤除水平或低角度的数据，连接约束一定垂向体积块后即可生成不连续检测体。

⑤ 加强异常在纵向上的连接性，剔除局部极其微小的、与周围无连接性的、零散的点状异常数据，搜索异常在纵横向上的延展（尤其是高角度纵深方向上的空间展布），对突出奥陶系残丘内幕叠置的网状、条带状、枝条状、块状分布的异常起到良好的作用。有效地抑制了与表述对象不关联或关联较小的干扰及无地质目标的异常成份，因此提高了不连续体、线异常及高强振幅检测的精度。

从研究区不连续性检测局部放大图（图3-2-7）进一步看出，研究区内的不连续性基本上为树枝状间夹小短条强不连续分布，枝条状异常延伸相对较长，强弱相间展布，推测为不同岩溶通道所连接起来的岩溶单元特征，不同程度相互连通的大型岩溶缝洞保存较好，垮塌较少或充填较弱是形成枝条状异常相间分布且具有一定延续度的最大原因。大部分枝条带整体从北向南延伸，岩溶斜坡地下暗河广泛发育的位置，储层相对不发育或被严重充填，异常反映的缝洞体的展布与区域性的岩溶格局、古地貌走向完全一致。

（4）小波多尺度溶蚀通道检测

相邻地震道的地震反射，由于缝洞的存在使不同反射部位的波阻抗特征有较大的差异，致使相邻地震道的地震反射出现较大差异。多尺度溶蚀通道检测方法就是将三维地震数据当作地下介质的三维图像，利用缝洞体边界产生相邻地震道间反射的无序性（既地震道的相异性），通过三维图像上的差别，从高尺度到低尺度跟踪

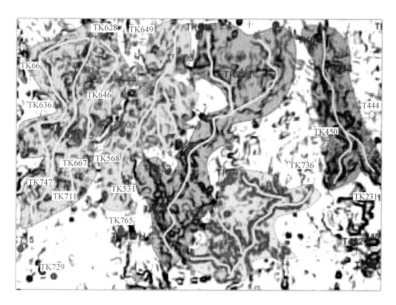

图 3-2-7　中下奥陶统顶面不连续性所反映的岩溶单元

边缘而定性研究溶蚀通道的发育程度。

碳酸盐岩储层顶界面的地震反射一般较强，连续性较好，信噪比相对较高。缝洞的存在，只能在一定程度上减弱地震反射，肉眼在地震剖面上一般看不到缝洞对连续性的影响。也就是说缝洞只能对地震反射产生微弱的影响，因而用于缝洞检测的图像边缘检测需要突出三维地震图像上细微的局部变化（缝洞信息），对较小的缝洞进行预测（普通的图像边缘检测需要去掉图像中细微的局部变化，突出图像的整体轮廓）。反映在三维地震图像上，就是图像的屋顶状边缘。所以我们认为碳酸盐岩储层顶界面的缝洞检测时，利用屋顶边缘的检测技术有其独特的优越性，作为反映目标骨架信息多尺度的屋顶边缘则可避开这些棘手的问题，所以能得到良好的结果。

碳酸盐岩储层内幕的地震反射很弱，在大的背景上，只能看到一片噪声。缝洞产生的绕射、散射一般对其周围的地震反射影响较大，其产生的波场在相对较大的局部会产生一个很短的同相轴（相对于缝洞本身来说，规模已经极大地夸大了）。这个同相轴的反射相对较强，反映在三维地震图像上，这个同相轴与周围的地震反射（几乎无反射，以噪声为主）之间就形成一个很好的阶跃平台；在进行碳酸盐岩储层内幕的缝洞检测时，利用阶跃边缘的多尺度检测技术划定边界，确定阶跃平台位置，就能取得较好的效果。

粗略的区分边缘种类可以有两种，其一是阶跃状边缘，它两边的像素灰度有明显的不同，由 Canny 边缘检测算子；其二是屋顶状边缘，它位于灰度值从增加到减少或由减少到增加的变化转折点：即一阶方向导数的零交叉点。从以上分析我们已经看到了碳酸盐岩储层缝洞检测的复杂性，在顶界面，地震反射为相对弱振幅，进行边缘检测时要使用屋顶边缘的多尺度检测技术。在内幕地震反射为相对强振幅，低频率，进行边缘检测时要使用阶跃边缘的多尺度检测技术，并要确定阶跃平台的位置、大小。利用数据融合技术的这一特性，我们可以将两种三维多尺度边缘检测方法得到的缝洞检测数据进行数据融合，得到一个统一的三维的碳酸盐岩储层缝洞发育检测图像。

（5）基于测井解释储层特征放大的缝洞体表征技术

①测井曲线的储层特征重构技术。

针对碳酸盐岩缝洞型储层，岩电分析结果表明声波测井资料存在着：对部分储层的识别能力较弱，比如高角度裂缝型储层；在溶洞发育段测井质量较差或者缺乏测井资料。而缝洞型碳酸盐岩储层又对阻抗属性较为敏感，因此需要由其他测井曲线对声波测井进行处理，便于更好地突出储层特征。曲线重构技术是以岩石物理特征为基础，针对具体的地震地质难题，在对测井曲线进行标准化处理的基础上，在众多的测井曲线中合理选取储层特征表现明显的一条或几条曲线，重构一条储层地球物理特征曲线，并以测井约束反演为基础进行重构，可以提高测井约束反演对储集层的描述能力，增强储层的识别能力。因此，声波曲线重构时，需要遵循两条原则：一是多学科综合，针对研究区储层的地质特点，以岩石物理学为指导，充分利用岩性、电性、放射性等测井信息与声学性质的关系，进行声波曲线重构；二是保证重构储层特征曲线构制的合成记录与井旁道更加的匹配，保证反演后得到的数据体在纵向上具有较高的分辨率。

储层特征重构技术的实现方法可分为理论计算和统计回归：

（a）理论计算。根据物理量间的显性关系式进行曲线重构。主要的公式包括利用阿尔奇（Archie）和维利（Wyllie）方程联立求解，由电阻率计算声波时差：

$$\Delta t = \Delta t_{ma} + \left(\Delta t_f - \Delta t_{ma}\right) c_p \left(\frac{R}{aR_w}\right)^{-1/m} \qquad (3-10)$$

或者利用 Faust 公式由电阻率计算声波时差：

$$\Delta t = c_0 + c_1 \cdot Z^{-1/6} R^{-1/6} \qquad (3-11)$$

（b）非线性映射。通过测井数据间的交互统计，确定最优的转换参数，实现测井物理量间隐性关系的显式表达。

②叠后地震反演。

其出发点为假定地下的强反射系数界面不是连续分布而是稀疏分布的。其目标函数为：

$$F = L_p(r) + \lambda L_q(s-d) \qquad (3-12)$$

并给出硬趋势约束条件 $Z_i(lower) < Z_i < Z_i(upper)$，式中：$r$ 为反射系数；s 为合成记录；d 为地震数据；λ 为数据残差权重因子；Z_i 为波阻抗；L_q 为反射系数残差模；L_q 为地震数据残差模。

主要包括以下步骤：

（a）井资料的精细标定及子波提取。在处理过程中，通过调整时深关系及子波形态来改善合成记录与地震道的相关程度，并且保持空间上子波形态的相对稳定，最后选择与地震吻合最好的子波，对井资料进行精细标定，以得到各自的最佳匹配结果。

（b）低频模型建立。首先将地震剖面中构造及层位解释结果作为横向控制，从而利用测井曲线、沉积模式建立起初始阻抗模型，并通过初步反演方法获得波阻抗中低频成份，在初步反演结果的基础上进行低通滤波建立更加合理的低频模型，在多次迭代反演的基础上所建立的低频模型融合地震、地质和测井的信息。

（c）约束稀疏脉冲反演通过调整反射系数序列的稀疏性来拓宽输入地震数据的有效频带宽度，最终得到反演波阻抗体。该算法中的一个关键参数是 λ，λ 用于控制反射系数序列的稀疏程度并同时用于衡量合成地震记录和实际输入地震数据之间的吻合程度。为了保证通过稀疏脉冲反演得到的波阻抗在地质和地球物理意义上合理，并且尽量避免将随机噪声引入反演，在设置 λ 参数时进行多种方式的质量控制。通过比较井点处得到的纵波阻抗和测量的纵波阻抗，选择的 λ 值越低越好，同时兼顾具有高的信噪比、高的测井曲线相关性、模型输出的结果和测量的曲线具有很好的一致性。由约束稀疏脉冲反演所获得的高质量中低频带波阻抗体能够刻画大型洞穴及缝洞联合体的展布轮廓。

（6）多属性综合缝洞体空间描述

利用不同地震属性信息解释复杂地质问题时，由于观测条件和测量精度等限制因素的影响，使用单一地震属性信息参数解决地质现象往往存在多解性，而使用多种地震属性信息参数按各自的方法原理和特征变化进行解释，有可能产生相互矛盾的结果。多属性综合分析针对上述问题，其基本原理是利用地震资料中的多种单一属性，用相应的、适合目标区地震地质条件的数学关系将它们组合起来，形成能反映储层特征及油气信息的综合属性。这些参与数学运算的多种属性在单独用于储层及流体描述时也许没有明显的效果，但由于它们运算形成的综合信息却能够反映出目标区的岩石物理关系及油藏特征。多属性信息的优化组合通过综合各种特征场，导出更多的有效信息，减少预测的多解性，利用多信息共同或联合的优势来提高整个系统的有效性。

①地震属性预处理。

多信息储层预测可用的地震属性数据量大，属性之间量纲不一，数值量级差别大，局部异常往往淹没在区域背景上，以及存在一些奇异值等问题，因此在数据体融合之前尚须对地震属性体进行预处理。

(a) 奇异值剔除。首先是考察地震数据体中是否存在奇异值，通常的方法就是在目的层附近开一个大一点的时窗（40ms），求取其平均属性或最大最小属性。若地震属性平面图上横向上出现斑点状、铁板状（整体几乎表现为一种色调）等，这样的地震属性数据就不能被直接使用，必须对异常数据进行剔除或截断取代。

(b) 无量纲化。首先进行初值化处理，即对一个序列的所有数据均用其第一个数据去除，得到的新序列中各值是原始序列第一个数据值的倍数；然后进行均值化处理，即对一个序列所有数据用该序列的平均值去除，得到的新序列中各值是平均值的倍数。

(c) 数据标准化。不同属性具有不同的变化范围，且不同属性体的数值量级差别大，为避免造成非等权情况，能够在后续的处理中进行很好的对比，必须对各类地震属性数据标准化。

针对地震属性参数的特点，本次研究采用标准差标准化对地震属性参数进行归一化处理。标准差标准化的定义为：

$$x_{ij}^{'} = \frac{x_{ij} - \overline{x_i}}{S_i}$$

（3-13）

式中：$i=1, 2, \cdots\cdots, m$，$j=1, 2, \cdots\cdots, n$

$$s_i = \left[\frac{1}{n-1} \sum_{j=1}^{n} \left(x_{ij} - \overline{x_i} \right)^2 \right]^{\frac{1}{2}}$$

$$\overline{x_i} = \frac{1}{n} \sum_{j=1}^{n} x_{ij}$$

由上式可知，n 是数据长度，x_{ij} 若为矩阵，则标准差化后的数据矩阵为 $x_{ij}^{'}$。

② 多属性优选。

地震属性优选是指利用专家的先验知识或数学方法，优选出对所求解问题最敏感的、属性个数最少的地震属性或地震属性组合，以提高储层参数预测精度。通常，属性优化过程包括属性的敏感性分析和多属性的优化。

我们采用的是基于最小二乘法的储层期望优化技术，利用井点处有效属性的线性组合与钻遇储层的期望，构制大型超定方程求其最小二乘解，并分析计算的权重系数的客观赋值对地震属性进行敏感性分析（此过程也可以利用主组分分析来实现），建立属性与目标预测参数的关联，达到属性优选的目的。

基于最小二乘解的属性权重系数最优化方法：

对于目标区域的不同属性体，如强振幅聚类、频谱衰减、反演体、不连续性、多尺度检测、曲率、倾角及蚂蚁追踪等，通过线性组合得到一个输出，即组合方程组的右边为根据测井或开发等资料得到的储集体的数学期望。由此可以简化为更一般的数学问题，已知函数 $y = f(x)$ 在 m 个点 x_i 处的值 $y_i (i = 1, 2, L, m)$ ，要求近似函数：

$$p(x) = c_0 \varphi_0(x) + c_1 \varphi_1(x) + \cdots + c_n \varphi_n(x) \tag{3-14}$$

式中：$c_0, c_1, \ldots, c_n$ 为待定常数，$\varphi_0(x), \varphi_1(x), \cdots \varphi_n(x)$ 为已知的函数，很显然，这些函数是线性无关的，如果要求取 $c_0, c_1, \ldots, c_n$ 使得 $S = \sum_{i=1}^{n} \left[p(x_i - y_i) \right]^2$ 最小，此时得到的 $c_0, c_1, \ldots, c_n$ 即为各个权重系数的最小二乘解。很显然，此时，因为方程组中方程的个数多于未知量的个数，此方程组为超定方程组。这时需要寻找方程组的一个"最近似"的解，即最小二乘解。

求解属性系数权重的方法步骤：

（a）首先求出目标区域的各个属性值（如强振幅聚类、频谱衰减、反演、不连续性、多尺度检测、曲率、倾角及蚂蚁追踪等）；

（b）抽出该目标区域的每个属性以井点为中心的一个有效半径区域的各中心道，然后抽取该地震道在溶洞或裂缝雕刻的纵向分层段边界内各数值并求其平均（多道平均）；

（c）对属于该中心道的每个边界的属性值进行归一化；

（d）当方程右边的 b 为缝洞体预测的期望值时，此时的方程为超定方程组，对得到的归一化方程组进行求解，即求出该方程的最小二乘解 x；

（e）求的最小二乘解 x 即为每个属性值所对应的系数权重。

从缝洞体的预测有效性、符合率以及相关性等方面对地震属性进行综合评价，同时对井旁储层段的参数统计按照加权平均的思想来进行。在统计完成之后对储层参数进行分布状况研究，从中选择一些相关性大的属性，然后结合储层的精细标定成果来剔除一些相关性低或绩效近于相等的属性，从而最终确定优选的属性。

③多属性融合方法。

其原理是利用地震资料中的多种单一属性，用相应的、适合目标区地震地质条件的数学关系将它们组合起来，形成能反映储层特征及油气信息的综合属性，减少预测的多解性，利用多信息共同或联合的优势来提高整个系统的有效性，其具体流程见图3-2-8。

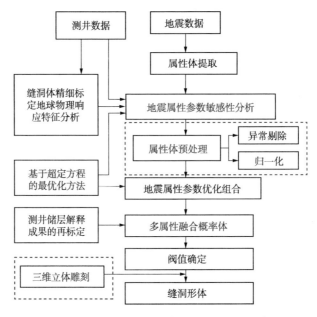

图 3-2-8 多属性融合及缝洞几何形体刻画流程

概率神经网络（PNN）是一种径向基函数（RBF）网络的重要变形，是基于贝叶斯最小风险准则发展而来的一种并行算法，其能够将贝叶斯估计放置于一个前馈神经网络中，并根据概率密度函数的无参估计进行贝叶斯决策而得到分类结果。它与多层前馈神经网络技术输入的数据相同，都包含一系列培训样本。

设有 3 个地震属性，在分析时窗内有 n 个测井采样值：

$$\begin{bmatrix} A_{11} & A_{21} & A_{31} & L_1 \\ A_{12} & A_{22} & A_{32} & L_2 \\ A_{13} & A_{23} & A_{33} & L_3 \\ \vdots & \vdots & \vdots & \vdots \\ A_{1n} & A_{2n} & A_{3n} & L_n \end{bmatrix}$$

L_i 为目标测井曲线上第 i 个采样点的值，A_{ij} 为第 i 个地震属性的第 j 个采样点的值。

对给定的训练数据，该网络假设新的输出测井值是地震属性的非线性组合，新数据样本：

$$X = \left\{ A_{1j}, A_{2j}, A_{3j} \right\}$$

新的输出测井值估算为：

$$\hat{L}(x) = \frac{\sum\limits_{i=1}^{n} L_i \exp(-D(x, x_i))}{\sum\limits_{i=1}^{n} \exp(-D(x, x_i))} \tag{3-15}$$

其中：

$$D(x, x_i) = \sum_{j=1}^{3} \left(\frac{x_j - x_{ij}}{\sigma_j} \right)^2$$

对于第 m 个目标采样点，新的预测值为：

$$\hat{L}_m(X_m) = \frac{\sum\limits_{i \neq m}^{n} L_i \exp(-D(x_m, x_i))}{\sum\limits_{i \neq m}^{n} \exp(-D(x_m, x_i))} \tag{3-16}$$

由此可以计算每一个采样点的实际的目标测井值与预测的目标值之间的误差。对每一个采样点处理后的总的累积误差为：

$$E_v(\sigma_1, \sigma_2, \sigma_3) = \sum_{i=1}^{n} \left(L_i - \hat{L}_i \right)^2 \tag{3-17}$$

其中，误差的大小取决于平滑参数。

图 3-2-9 为概率神经网络多属性融合方法实现的示意图。

综合上述优选的地震反演、强振幅聚类、频谱衰减、不连续性、多尺度通道检测、反射结构提取及蚂蚁追踪裂缝属性体做为输入参数，通过基于概率神经网络技术的多地震属性非线性融合来综合预测缝洞型储集体概率分布，以实现缝洞型储集体预测精度的提高。

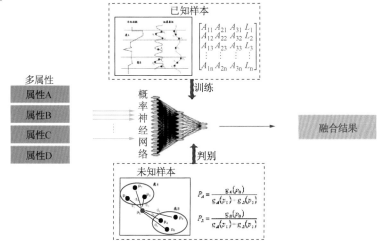

图 3-2-9　概率神经网络多属性融合方法的示意图

由概率神经网络多属性融合所建立的缝洞型储集体概率分布，不仅继承了高精度不连续性、多尺度检测的岩溶通道轮廓，同时继承了其纵向划分储层段的能力；同时又容纳了强振幅聚类、频谱衰减对强短反射的敏感成分及整体轮廓特性，以及反映微小断裂、裂缝系统的蚂蚁追踪裂缝检测。

当多属性融合概率值大于 0.5 时，表明缝洞型储集体发育较好。

4. 缝洞单元充填程度表征

基于贝叶斯分类的储层物性参数联合反演技术，通过统计岩石物理模型建立储层物性参数与弹性参数的先验关系，采用蒙特卡罗仿真模拟技术获取先验关系的全区分布，利用复合贝叶斯公式求取储层物性参数后验概率分布，建立储层物性参数与弹性参数、地震数据之间的关系，并基于贝叶斯分类器实现储层物性参数联合反演。

该方法基于概率分布理论，能更好的表征确定的、不确定的误差因素的影响，对储层物性参数反演结果进行分析，能够更为准确、有效的区分优劣储层，为实现精细油藏描述提供可靠的资料。

为了描述方便，下面 m 代表地震属性，包括纵横波速度、密度、阻抗等等，以纵横波阻抗为例（$m = [Ip, Is]^T$），R 代表储层物性参数，以有效孔隙度、泥质含量和含流体饱和度为例（$R = [\Phi, Sw, C]^T$）。该方法基于贝叶斯理论框架，反演结果为储层物性参数的后验概率分布：

$$P(R \mid m) = \frac{P(m \mid R) \times P(R)}{P(m)} \qquad （3-18）$$

该方法融合概率统计理论、贝叶斯理论、蒙特卡罗仿真模拟和贝叶斯分类器算法，方法原理比较复杂。该方法可以分为四大步：

① 基于测井资料建立统计岩石物理模型；

② 基于蒙特卡罗仿真模拟技术对统计岩石物理模型进行的随机采样，得到储层物性条件的全局分布；

③ 基于弹性参数叠前地震反演得到储层岩石弹性参数的空间分布。

④ 应用贝叶斯分类器算法计算储层物性参数的后验概率分布。图 3-2-10 为过 TK671 井基于贝叶斯分类的储层物性参数联合反演的孔隙度与含水饱和度。这两个参数的反演结果与井的实际情况吻合的较好。

（二）技术指标

"十二五"期间，通过攻关研究，发展了缝洞单元的岩石物理分析方法，形成缝洞单元参数表征关键技术；发展了缝洞单元的地球物理识别方法，形成缝洞单元高精度成像技术；研发形成了面向缝洞储集体的属性识别与综合描述技术；初步形成缝洞单元空间描述及充填特征识别综合技术等四大技术系列，研究成果达到国际领先水平。

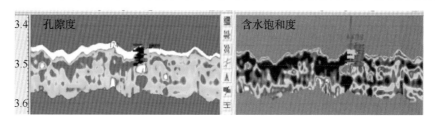

图 3-2-10　过 TK671 井反演的孔隙度与含水饱和度剖面

三、 应用效果与知识产权情况

（一）应用效果

1. 绕射波缝洞成像技术应用

全波场的成像结果中由于能量较强的反射界面的掩盖，小尺度的碳酸盐岩缝洞储集体成像较为模糊，很难清晰分辨出储层空间分布，而绕射波成像结果能够较为清晰的成像出地下孔洞储集体的空间分布，绕射波单独成像结果出现了较为明显的串珠状构造，其成像结果要优于全波场成像结果（图 3-2-11）。

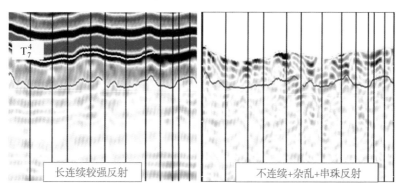

图 3-2-11　绕射波（右）与反射波（左）缝洞成像对比

2. 缝洞单元识别与多属性综合描述应用效果

在塔河 6-7 区典型缝洞储集体预测和空间描述应用中，述优选地震反演、强振幅聚类、频谱衰减、不连续性、多尺度通道检测、反射结构提取及蚂蚁追踪裂缝属性体做为输入参数，通过基于概率神经网络技术的多地震属性非线性融合综合预测了缝洞储集体概率分布。由概率神经网络多属性融合所建立的缝洞单元概率，不仅继承了高精度不连续性、多尺度检测的岩溶通道轮廓，同时继承了其纵向划分储层段的能力；

同时又容纳了强振幅聚类、频谱衰减对强短反射的敏感成分及整体轮廓特性，以及反映微小断裂、裂缝系统的蚂蚁追踪裂缝检测。图 3-2-12 为缝洞单元概率体沿奥陶系岩溶古地貌的分布特征，所预测缝洞储集体单元受岩溶古地貌的控制比较明显，在岩溶高地、岩溶斜坡位置发育着大规模的大型溶蚀缝洞单元，而在中上奥陶统覆盖的南部区域，属于岩溶斜坡及地貌相对平坦的岩溶盆地，主要为沿断裂带发育的溶蚀孔洞单元，在研究区的北西部岩溶盆地区域，由于古地貌属于地表岩溶河流、沟谷和残丘相间发育区，所以缝洞有效储层常位于河道的边缘高部位。

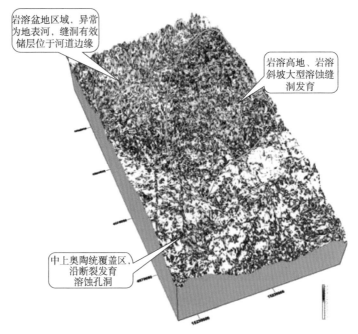

图 3-2-12　多属性融合缝洞发育概率

结合三维可视化立体雕刻手段，根据储集体预测及古地貌特征，结合动态生产数据，刻画出塔河 6-7 区典型缝洞单元三维空间形态（图 3-2-13）。

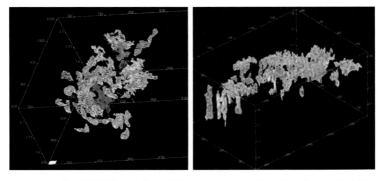

图 3-2-13　典型缝洞单元三维空间形态（左：T615 单元；右：T607 单元）

对比研究区内缝洞储层地震预测与测井解释结果，共 136 口井表明，多属性融合缝洞检测：吻合 62 口、基本吻合 66 口、不吻合 8 口，各占 49.76%、47.79%、6.62%，总体吻合率（吻合＋基本吻合）达到 93.38%。

3. 缝洞单元充填程度表征

基于贝叶斯分类的缝洞储层物性参数反演技术，选择塔河油田一口典型溶蚀孔洞发育井 (S67) 为测试井，图 3-2-14 为 S67 井储层物性参数反演结果，对比测井资料所计算结果，反演所得到的描述岩石骨架性质的孔隙度、泥质含量参数比较准确，而基质矿物体积含量等参数相对误差稍大。

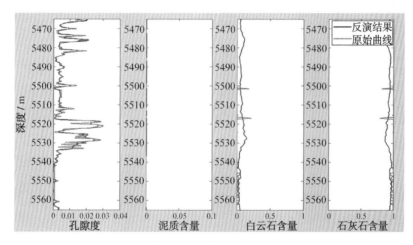

图 3-2-14　S67（溶蚀孔洞）储层物性参数同时反演结果

基于井旁道岩石物理参数反演，优选能够识别有利储层的关键岩石物理参数，在这里，选择相对总孔隙度和泥质含量参数作为描述储层的有利参数。岩石物理模拟过程中，考虑的不同类型的孔隙，总孔隙度是裂缝孔隙度、常规孔隙和溶蚀孔洞综合作用的效果，相对总孔隙度是描述储层的关键岩石物理参数。泥质一部分作为基质组分，另一部分作为孔隙充填物的形式存在，泥质含量在一定程度也能表征有利储层的发育。选择几口具有代表性的井，从孔隙度、泥质含量切片和剖面以及叠后地震剖面上进行分析。

图 3-2-15 为 T601 井基于贝叶斯分类的储层物性参数联合反演的孔隙度与泥质含量。这两个参数的反演结果与井的实际情况吻合得较好。

图 3-2-16 为选取示范区一试验区块反演所得到的泥质含量和孔隙度平面图，异常分布与叠前叠后综合缝洞储层预测结果相一致，该反演结果突出表征了试验区的有利储层的发育位置，与实际钻井结果揭示的结果相符。

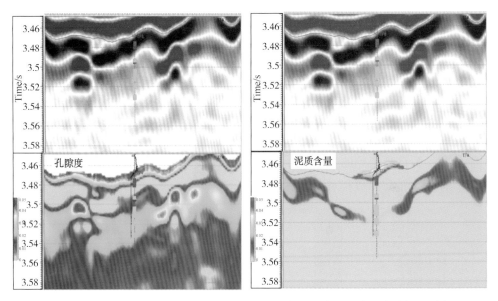

图 3-2-15　T601 井基于贝叶斯分类的储层物性参数联合反演的孔隙度与泥质含量

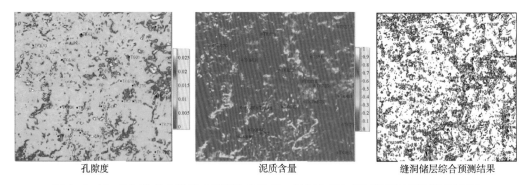

孔隙度　　　　　　　　　　泥质含量　　　　　　缝洞储层综合预测结果

图 3-2-16　储层物性参数联合反演的孔隙度、泥质含量与缝洞预测结果对比平面图

（二）知识产权情况

"十二五"期间申请发明专利 3 项，获国内发明专利授权 4 项（表 3-2-1）。

表 3-2-1　授权专利表

序号	专利名称	类别	专利号
1	一种地震储层预测中叠前裂缝的检测方法	国内发明	ZL201010521377.3
2	一种基于叠前相干的裂缝检测方法	国内发明	ZL201110328403.5
3	一种基于弹性阻抗梯度的油气检测技术	国内发明	ZL201110330445.2
4	一种深层倾斜裂缝储层地震振幅预测方法	国内发明	ZL201110330445.2

第三节　缝洞型油藏三维地质建模及数值模拟技术

塔河油田碳酸盐岩缝洞型油藏储集空间类型多，孔、洞、缝共存，由于这种空间分布的不规则性和缝洞本身的多尺度性，以及勘探开发技术的限制，该类油气藏的开发遇到了很多困难。建立缝洞型油藏三维地质模型，开展数值模拟，是编制开发方案和提高采收率的基础。储层建模技术在我国碎屑岩储层描述，特别是老油田碎屑岩储层描述中已趋于成熟，裂缝性碳酸盐岩储层建模技术也已经有了长足的发展。但由于缝洞型碳酸岩储集体空间展布的复杂性，传统的碎屑岩油藏描述理论和建模方法并不适用；而缝洞型油藏由于缝洞尺度差异性和流动形态的多样性，传统砂岩油藏数值模拟方法已经不再适用。通过攻关，形成了缝洞型油藏三维地质建模技术和数值模拟技术。

一、缝洞型油藏三维地质建模技术

（一）研发背景和研发目标

缝洞储集体受古地貌、构造及岩溶作用控制，空间分布规律复杂，具有不连续性，传统连续性建模方法难以简单应用。通过"十一五"攻关，对缝洞储集体规模及几何形态进行了表征，形成了"平面分区，纵向分带，岩溶相控缝洞型油藏三维地质建模方法"，但仍然存在以下问题与挑战：

①溶洞储集体充填物类型、充填程度及缝洞组合关系等内部结构不清；

②缝洞储集体属性参数表征未考虑溶洞的充填特征；

③地质模型中未体现溶洞储集体内部结构，需进一步研究溶洞型储集体内部结构建模方法。

通过静动态信息，开展了不同古地貌单元储集体定量描述，揭示溶洞型储集体内部结构模式及分布规律，表征不同类型缝洞储集体属性参数分布规律，形成了多元约束多尺度缝洞型油藏三维地质建模技术，刻画缝洞体三维空间展布及油气储量分布（图3-3-1）。

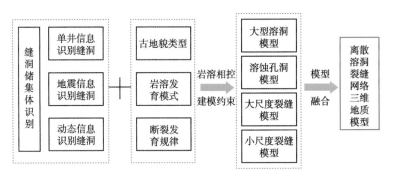

图 3-3-1 缝洞型油藏三维地质建模技术研究思路

（二）技术内容及技术指标

1. 技术内容

（1）不同类型缝洞储集体定量描述方法

根据野外露头特征及溶洞的成因和形态规模，将大型溶洞细分为地下河型溶洞、孤立型溶洞、廊道型溶洞和竖井型溶洞四种类型。以露头观察得到的地质模式作为指导，整合多类信息，采用点—线—面的描述流程进行"单井—剖面—平面"互动解剖，对缝洞储集体进行描述。在单井上，依据钻井、录井、测井等资料识别储集体发育层段，判断其储集体类型。若为大型溶洞，则依据地震资料判别其成因类型（地下河、孤立洞等），通过多种地震属性过井剖面（如波阻抗）分析大型溶洞井间分布特征，结合地震属性切片在平面上刻画大型溶洞几何形态，进而判别其类型。

（2）溶洞型储集体内部结构模式及分布规律

依据野外露头和岩心观察，刻画了溶洞储集体内部充填特征，将充填物类型划分为砂泥充填物、垮塌充填物和化学充填物三种类型，将充填程度分为全充填、部分充填和未充填三种类型。塔北露头硫磺沟古溶洞充填可分为三个期次：第一期为块状古钙华胶结的混合充填，第二期为纹层状古钙华充填，第三期为古钙华砾岩充填。不同类型储集体充填物类型不同，地下河和竖井以砂泥充填物为主，孤立洞以垮塌角砾充填为主，偶见砂泥沉积物。基于野外露头，建立了古地下河管道系统发育模式、层状缝洞系统模式、厅堂型岩溶发育模式、垂直串珠状缝洞组合模式、表层岩溶裂缝发育模式五种实体地质模型，提出了裂缝沟通地下河、裂缝沟通竖井、裂缝沟通孤立溶洞、竖井沟通地下河、廊道沟通地下河五种地下缝洞的空间配置组合模式。

表层岩溶带古水系控制缝洞发育及充填特征，渗流岩溶带断层、裂缝、瀑布控制孤立洞和竖井的发育，径流岩溶带断层、岩性、古地貌、古水量控制地下河规模和走向，地下河系统沉积、垮塌控制充填物分布，揭示了不同岩溶带缝洞发育规律。缝洞结构和充填特征的两个主要控制因素为断层和潜水面，断层活动控制溶洞发育及垮塌充填，潜水面升降控制径流带及潜流带交替发育，潜水面升降是侵蚀及沉积基准面的反映。

（3）不同类型溶洞型储集体属性参数定量表征方法

综合考虑溶洞的充填物、充填程度及储层连续性特征尺度，将一个溶洞段按未充填、部分充填和全充填分解为若干个部分，通过赋值与测井解释结合的方法对缝洞储集体进行了参数解释。

未充填溶洞：由于无测井资料，孔隙度按照地区经验公式赋值，通常放空段赋值为100%。

部分充填型溶洞：无测井曲线部分，与油田实测物性参数及生产状况结合综合标定其孔隙度。

全充填溶洞：一般有测井曲线，据此制定充填物识别模板及识别标准，判别溶洞内充填物是机械沉积充填物还是垮塌角砾充填物；在溶洞识别及充填物判别的基础上，将所有单井大型溶洞发育段按充填物类型分别进行储层参数解释。沉积充填大型溶洞孔隙度计算公式为：$\Phi = 0.624 * \Delta t - 0.086 * Vsh$。垮塌角砾充填大型溶洞孔隙度计算公式为：$\Phi = 51.263 * \rho b + 2.3057 * \Delta t - 264.56$。化学充填大型溶洞孔隙度计算公式为：$\Phi = 46.332 * \rho b + 1.863 * \Delta t - 176.34$。

（4）溶洞型储集体内部结构及属性参数三维地质建模方法

针对不同的相控模式，形成了岩溶成因控制的大型溶洞建模方法；以溶蚀孔洞地震预测体作为约束条件，采用协同序贯指示模拟算法，建立溶蚀孔洞分布模型，形成了地震多属性溶蚀孔洞的建模方法；针对裂缝采用分级建模方法，基于地震信息及人工解释与蚂蚁追踪相结合建立了大尺度裂缝模型，结合井震信息随机建立小尺度离散裂缝网络；并采用"同位条件赋值法"实现不同缝洞储集体模型的融合，从而建立了缝洞型油藏三维地质建模方法（图3-3-2）。

（5）完善了缝洞型油藏开发动用石油地质储量计算方法

采用动、静态结合研究方法，对塔河7区进行了井间连通性分析；利用缝洞单元内单井见水时间—产液深度交会法，确定了缝洞型油藏油水界面；以三维地质模型为基础，在三维网格数据体上求取有效储集体体积，计算了不同储集类型的地质储量；该方法充分考虑了缝洞型油藏储集体类型多、储层非均质性强的特点，对连通网格进行了含油体积的累加，提高了储量计算的精度。

2. 技术指标

① 所建立的试验区缝洞型油藏三维地质模型能够刻画不同类型溶洞储集体内部

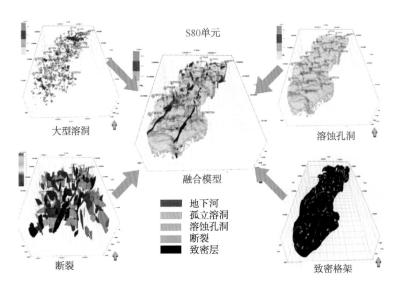

图 3-3-2　缝洞单元模型融合结果

结构及属性参数分布，是数值模拟、开发方案编制和开发动态管理的基础。

②利用该模型进行的数值模拟开发指标预测结果与油田实际符合率达 85% 以上。

（三）应用效果与知识产权情况

1. 应用效果

研究成果在塔河油田试验区得到了规模应用，为剩余油挖潜、调整加密井、老井侧钻等挖潜措施的实施，奠定了可靠的地质基础，4 区、6 区、7 区实施了 14 口调整加密与侧钻井，累积增油 21.3×10^4。研究成果不仅为塔河碳酸盐岩缝洞型油藏的开发提供了坚实的技术支撑，同时也为类似油田的开发提供了重要参考，具有重要的意义。

2. 知识产权情况

"十二五"期间，"缝洞型油藏表征及开发关键技术"获 2013 年中国石化科技进步一等奖；获得国内发明专利授权 2 件；发表论文 19 篇（其中 SCI/EI 检索 9 篇）。

二、缝洞型油藏数值模拟技术

（一）研发背景和研发目标

砂岩油藏已经形成了成熟的数值模拟技术和软件，对于储集体介质复杂、尺度变化大、流动类型多样的碳酸盐岩缝洞型油藏，目前的数值模拟理论、技术与软件还无法模拟以"大型缝洞"为主的缝洞型油藏。

在缝洞型油藏介质描述与数学抽象的基础上，开展缝洞型油藏复杂介质表征单元体物理实验，确定表征单元体特征，分别基于多重介质理论方法、洞穴流与渗流耦合方法、裂缝网络方法开展油藏数值模拟研究，利用有限体积法或者有限单元法研究数学模型的数值解法，进一步编写和完善油藏数值模拟软件。通过典型油田的数值模拟应用研究，指导缝洞型碳酸盐岩油田科学开发（图3-3-3）。

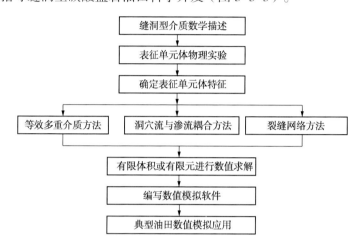

图3-3-3　缝洞型油藏数值模拟技术研究思路

（二）技术内容及技术指标

1. 技术内容

（1）等效多重介质数值模拟理论方法

首先，基于溶洞内压力瞬时平衡、油水两相重力分异的特征，开展了大型溶洞数值模拟研究，通过设置洞内特殊的传导系数和两相流曲线，建立了考虑重力分异特征的大型溶洞数值模拟方法，准确模拟钻遇大型溶洞的油井暴性水淹特征。其次，针对大尺度裂缝等效误差较大的问题，采用嵌入式离散裂缝网络模型，准确体现裂缝的属性特征，精确描述流体沿裂缝延展方向的流动，准确模拟水沿裂缝窜进特征。针对不同区域小尺度孔、缝介质种类差异大的问题，采用分区分介质等效，对于溶孔、裂缝区域采用双重介质，孔、基质、缝存在的区域采用三重介质，利用裂缝控制全局流动，实现溶洞和基质向裂缝拟稳态窜流，实现了小尺度孔缝介质的模拟，形成多重介质与大型缝洞耦合的缝洞型油藏数值模拟器。

（2）提高数值计算的收敛性和计算速度方法

针对缝洞型油藏强非均质性特征，每个时间步下饱和度剧烈变化的网格采用全隐式算法，其他采用IMPES方法，构建雅克比矩阵；采用稀疏矩阵的分块结构存储中的对角优化技术、非线性方程组自适应隐式求解方法，全过程并行技术，提高了模拟器的收敛性和计算速度。

（3）缝洞型油藏数值模拟软件平台

基于缝洞型油藏等效处理模拟器研发了缝洞型油藏数值模拟软件平台，如图3-3-4所示。主要功能包括：油藏动静态原始数据、历史拟合数据、方案预测数据三类数据的相互继承、相互区别的多方案管理功能；模拟过程实时监控功能和多窗口联动的注采变化规律研究功能；不同历史拟合方案、不同预测方案的对比、分析功能；缝洞型油藏不同储集体类型地质储量、剩余地质储量的统计功能。

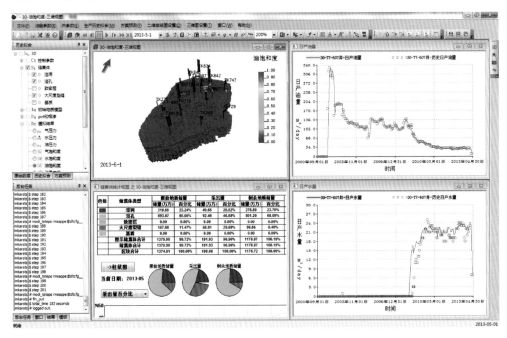

图 3-3-4 缝洞型油藏数值模拟软件平台界面

（4）缝洞油藏注水驱油机理

在溶洞充填情况研究的基础上，模拟了同层溶洞充填洞注未充填洞采、未充填洞低注高采、部分充填溶洞，未充填部分驱油、多层溶洞，未充填洞驱油现象，进一步揭示了缝洞型油藏注水驱油机理：油水密度差导致重力分异、纵向驱油作用强；注入水沿缝洞横向驱油；注入水易沿裂缝突进，造成油井水窜；注入水能够抑制底水锥进。

2. 技术指标

①缝洞组合体数值模拟计算结果与物理实验结果符合率91.15%。

②缝洞型油藏典型单元生产历史拟合符合率单元86.2%、单井81.3%。

（三）应用效果与知识产权情况

1. 应用效果

研究成果解决了缝洞型油藏数值模拟技术问题，并能够应用于油田生产实践。在运行过程中，紧密结合塔河油田生产，为塔河油田开发生产发挥了积极的作用。应用区域覆盖塔河4区、6区、7区、8区共计7个单元，揭示了不同缝洞单元注水开发机理及剩余油分布特征，针对不同类型剩余油提出了开发调整对策；并开展了井间连通性研究，确定了典型缝洞单元的井间连通关系。形成了缝洞型油藏注采参数优化技术，配合西北油田分公司优化了注水开发方案，提出的技术政策及注水调整方案通过现场实施，有效减缓了含水上升，提高了油井产量，累积增油 40.5×10^4 t。

2. 知识产权情况

"十二五"期间，"缝洞型碳酸盐岩油藏开发核心技术研究与应用"获 2011 年北京市科学技术奖二等奖，获得国内发明专利授权 3 件，发表论文 30 篇。

第四节　缝洞型油藏提高开发效果技术

缝洞型油藏开发属于世界级难题。随着油藏开采程度加深，控水增油的难度加大，提高开发效果面临更艰巨的挑战。对油藏剩余油的认识，形成针对剩余油分布特征的补充能量技术与工艺，已成为矿场迫切需要解决的技术问题。因此，创新了物理模拟、数值模拟及油藏工程分析方法，形成了油藏剩余油评价、注水开发模式、注气优化技术及主体提高开发效果工艺技术系列。

一、缝洞型油藏剩余油评价技术

（一）研发背景和研发目标

缝洞型油藏原始地质储量受缝洞储集体发育的非均质程度控制，分布极不均匀，经过天然能量与注水开发后，剩余油更是高度离散，常规砂岩油藏饱和度等值线方法已完全不适用于此类油藏剩余油描述与评价；利用常规单井面积权衡法很难进行单井控制储量的劈分和剩余可采储量的计算。

在现有地质认识条件下，从剩余油形成机理实验研究入手，突破砂岩油藏剩余油描述方法，采取分区、分类描述剩余油的技术思路，综合单井的生产动态、测井、钻井、录井及地震解释结果等信息，类比物理模拟实验结果，分析单井可能钻遇的储集空间类型与可能产生剩余油的形态；采用聚类分析方法将生产井分类，建立有利于描述不同类型剩余油的缝洞单元细分类方法；结合水淹规律、动态油水界面及水窜通道分析，建立主要类型剩余油优势区分析方法；综合试井与生产动态建立单井井控动态储量计算方法，形成可采储量分类评价技术。

（二）技术内容及技术指标

1. 技术内容

（1）缝洞型油藏剩余油物理模拟实验分析技术

突破了砂岩油藏多孔介质渗流物理模拟实验方法，剩余油物理模拟实验方法的技术关键是代表性物理模型的制作。其难点是物理模型即能反映缝洞型油藏缝、洞多种储集空间的特征，又能体现多种流动共存。为此，基于流体流动相似理论，以岩心与露头观察为基础，结合成像测井及地质建模对缝洞组合关系及缝洞体发育规律的认识，针对研究问题的侧重点不同，自主研发了系列物理模型，包括概念模型、细观仿真模型、二维剖面模型、三维立体仿真模型等，进行水驱实验分析，认识了油水流动规律，而且明确了缝洞型油藏剩余油赋存方式及分布特征。

（2）剩余油优势区分析技术

物理模拟实验认识剩余油的日的是为了实际油藏剩余油的分析。实验是在已知缝洞分布、接触关系及充填类型的前提下，得出油水流动规律及剩余油类型，然而目前技术条件下，对实体油藏的缝洞内部充填、缝洞接触关系及水体大小分布等的描述精度尚较低。为了更好地描述缝洞型油藏剩余油的分布特征及存在形式，以井间连通性分析为基础，根据油井静动态指标反推单井钻遇的储集空间类型，并依据单井分类，细化缝洞单元，在剩余油实验研究的指导下，形成井控洞顶阁楼剩余油、高导流通道屏蔽剩余油优势区分析技术。

（3）剩余可采储量分类评价方法

缝洞型油藏以缝洞单元为基础，整体计算单元剩余可采储量的方法已不能满足精细化开发的需求。为此，尝试通过缝洞型油藏地质建模与数值模拟技术，在剩余油实验研究与剩余油优势区分析基础上，基于油井的动态数据，从单井井控动态储量计算入手，通过单井储集体划分、井控储量分类计算、采收率类比，建立剩余油可采储量分类评价方法（图3-4-1）。

2. 技术指标

剩余油分类评价方法实施后，15口新井、侧钻井钻井符合率86.9%，38口洞顶驱符合率97.3%。

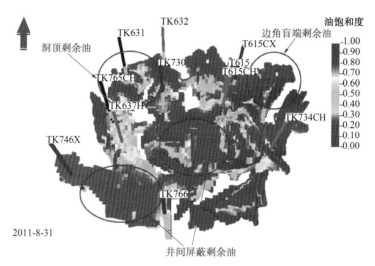

图 3-4-1 基于油藏数值模拟的缝洞型油藏剩余油分布

（三）应用效果与知识产权情况

1. 应用效果

建立实体油藏剩余油潜力评价技术，明确了缝洞型油藏四种基本剩余油分布模式，包括：洞顶油（阁楼油）、高导流通道屏蔽剩余油、充填物孔隙中残余油、盲端能量不足剩余油及无井控剩余油，确定溶洞发育区、缝洞发育区剩余可采储量约 305×10^4t，其中洞顶油有利区 34 个，水窜通道屏蔽剩余油有利区 17 个，明确提出洞顶剩余油、水窜通道屏蔽剩余油为今后挖潜的重点。5 口新井、侧钻井钻井符合率 86.9%，38 口洞顶驱符合率 97.3%。

2. 知识产权情况

"十二五"期间，"塔河四区剩余油分布研究与挖潜技术"获 2011 年国家能源局科技进步奖三等奖，发表论文 6 篇。

二、缝洞型油藏注水开发技术

（一）研发背景和研发目标

缝洞型油藏储集介质特征、流体流动特征等通碎屑岩油藏有明显差别（表 3-4-1），导致常规方法难以适用。

根据塔河缝洞油藏实际特点，以岩溶背景为基础，重新确定了指标及分类评价指标范围，发展了结合缝洞结构，静态指标及动态指标的综合分类评价方法。

表 3-4-1　缝洞型油藏与碎屑岩油藏注水开发的主要差异

油藏类型	砂岩油藏	缝洞型油藏
研究基本单元不同	油藏→流动单元	缝洞单元→局部缝洞组合体
布井关注重点不同	面积注采井网的完善性	注采井与缝洞储集体空间结构匹配
注水主要作用不同	补充能量与驱油	补充能量与重力分异替油
注入水波及方式不同	尽可能扩大注入水波及体积	尽可能大的注采联动间接作用体积

（二）技术内容及技术指标

1. 技术内容

（1）缝洞型油藏注水开采机理及主控因素

缝洞型油藏介质多样、尺度变化大、高度离散，基于连续介质的砂岩油藏开发物理实验方法不适用。建立了缝洞型油藏物理模拟相似准则及缝洞模型制作技术，形成了缝洞型油藏水驱油物理实验系统，揭示了缝洞型油藏注水开采机理。确定了缝洞型油藏注水开采主控因素。一是井位布置：采用合适的注采井位置，能有效地动用封闭缝洞单元内存在剩余油。二是生产部位：在水驱开发中，生产部位位于洞顶上是有效控制储量及提高单个溶洞采出程度的有效方法；生产部位位于未充填溶洞储集体顶部，几乎可以采出全部油储量；位于储集体下部时，容易形成大量的阁楼油。三是注采井的配置关系：低注高采、缝注洞采、同层注采，有利于驱替溶洞内原油。四是注采方式：周期注水有利于油水重力分异，扩大了波及面积，提高波及系数。换向驱油改变出口端位置，改变液流方向，提高波及系数。五是各方向注采压差：通过调整各方向注采压差（产量比例），使均衡驱替准数接近 1，可实现均衡驱替，提高波及系数和采出程度。

碳酸盐岩缝洞型油藏开采机理研究实现了物模结果的定性和定量分析，形成了缝洞尺寸可控的物理模拟方法，未见其他报道。

（2）基于不同缝洞结构的缝洞单元综合分类评价方法

根据塔河油藏实际特点，以岩溶背景为基础，重新确定了指标及分类评价指标范围，发展了结合缝洞结构，静态指标及动态指标的综合分类评价方法。根据缝洞型油藏生产规律受多因素控制的特点，提出了用主因子分析法来解决缝洞型油藏频繁措施产量波动大等情况下的产水及产量递减预测模型，克服了常规水驱、Arps 等方法对缝洞型油藏波动较大的缺点。

（3）双目标控制注水优化方法

缝洞型油藏不同地质背景储集体发育特征不同，需建立差异化的注水开发技术政策。应用均衡驱替与系统优化理论，建立了经济与采收率双控的缝洞型油藏注水优化数学模型，实时优化注入水流向与注水强度，建立了不同地质背景下的注水技术政策（图3-4-2）：风化壳岩溶，初期连续注水，中期对称周期注水，后期非对称不稳定注水；暗河岩溶，初期中期连续注水，后期换向注水、脉冲注水与间歇注水；断控岩溶，初期对称周期注水，中后期周期注水。优化注水降低了水窜，注水利用率由11.6%提高到35.9%。

| 表层岩溶型：以不整合面孔洞储集体为主，井网设计为多向受效的空间结构井图 | 古河道型：以河道储集体为主，井网设计为同层河道采、边部注的结构井网 | 断溶带：沿断裂发育洞孔储集体，井网设计为沿断裂带布注采井的空间结构井网 |

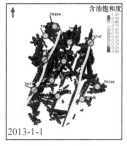

| 风化壳(T607单元) | 古河道(T615单元) | 断溶带(S80单元) |

图3-4-2　不同岩溶背景注采井网方式

（4）缝洞型油藏注水开发效果评价指标及方法

目前，常规油藏注水开发效果评价方面已经形成一套完整的体系，从指标体系建立、单指标界限及综合评价方面都有成熟的方法；而缝洞型油藏仅是从产量递减、水驱曲线、含水率、压力保持等方面开展单指标评价方法。针对碳酸盐岩缝洞型油藏这一特殊类型的油藏，提出并建立了注水效果评价指标及方法，采用了井网完善、注采平衡，受效特征及综合效果4个方面7个指标（表3-4-2）。通过对现场82个单元4个方面，7个指标的计算分析，划分了各个单指标评价界限。利用聚类分析、灰色关联和模糊评判方法进行单元注水效果综合评价。不同地质背景的单元其指标间相关性存在差异，根据各个单元效果指标参数之间的相似特征，利用聚类分析方法初步对各单元进行划分。利用灰色理论，分析各类单元各指标与采收率指标的灰色关联度。根据灰色关联度，求取各指标对应的权重系数。科学评价注水开发效果，明确注水开发过程中存在的问题，并形成了不同地质背景下注水开发技术政策。

2. 技术指标

缝洞型油藏注水开发技术目标区实施后，水驱控制程度由35.0%提高至72.1%。

表 3-4-2　缝洞型油藏不同地质背景下注水开发技术政策

技术政策		表层岩溶带		暗河		断熔体	
注采井网	井网类型	多向受效、以洞为采油中心空间结构井网		沿河道布井主河道采、边部注的空间结构井网		沿断裂带布井的空间结构井网	
	注采井数比	（1:1.6）～（1:2.5）		（1:1.6）～（1:2.0）		（1:1.0）～（1:2.0）	
注水时机	最佳含水阶段	40%～50%		60%～80%		30%～40%	
注采关系	注采储集体类型	缝注洞采、缝注孔洞采		缝注洞采、缝注孔洞采		缝注洞、采缝注孔洞采	
	注采井高低部位	低注高采		同层注采、分层注水		低注高采	
注采比		缝注洞采	缝注孔洞采	缝注洞采	缝注孔洞采	缝注洞采	缝注孔洞采
	中低含水阶段	0.4～0.6	0.6～0.8	0.4～0.6	0.6～0.8	0.4～0.6	0.6～0.8
	中高含水阶段	0.6～0.8	0.8～1.0	0.6～0.8	0.8～1.0	0.6～0.8	0.8～1.0
	高含水阶段	0.8～1.0	1.0～1.2	0.8～1.0	1.0～1.2	0.8～1.0	1.0～1.2
注采周期	早期	试注（明确连通关系）		试注（明确连通关系）		试注（明确连通关系）	
	中期	缓慢注、周期注		缓慢注、周期注		周期注	
	后期	换向注水、交互注采		换向注水、交互注采		换向注水、交互注采	

（三）应用效果与知识产权情况

1. 应用效果

针对不同岩溶地质背景的剩余油分布，提出注采空间结构井网，形成了注水开发模式，有效指导了塔河油田六区典型单元的注水开发和调整，水驱控制程度由 35.0% 提高至 72.1%，实现累计增油 29.9×10^4t。

2. 知识产权情况

"十二五"期间，"缝洞型碳酸盐岩油藏单元注水开发技术"获 2011 年国家能源局科技进步奖二等奖，获得国内发明专利授权 1 项，发表论文 16 篇。

三、缝洞型油藏注气开发技术

（一）研发背景和研发目标

经过天然底水、人工水驱后，缝洞型油藏中仍然存在着大量的剩余油，并且根据缝洞组合模式和生产制度的不同，其剩余油的分布特征也不相同。其中主要的剩余油类型为洞顶阁楼剩余油、水窜通道屏蔽剩余油。因此，控水增油的难度加大，提高采收率面临更艰巨的挑战。如何有效实施提高注气采收率技术，已经成为缝洞型油藏提高采收率的主要瓶颈问题。

以碳酸盐岩缝洞型油藏主要剩余油类型为前提，结合物理模拟实验、理论计算、数值模拟计算，建立了缝洞型油藏注气开发技术，指导了缝洞型油藏提高采收率技术的发展。

（二）技术内容及技术指标

1．技术内容

（1）注气提高采收率的机理

经过室内物理模拟实验，确定了洞顶剩余油和高导流通道屏蔽剩余油为缝洞型油藏主要的剩余油类型。深入分析这两种剩余油的特点，确定了针对两种主要类型剩余油注入剂的筛选原则。在对比分析了氮气和二氧化碳的基本性质、与原油的相互作用、最小混相压力等方面物性。选择氮气作为开采洞顶剩余油的注入剂，并重点研究了氮气提高洞顶剩余油采收率的机理。

在高部位注气，由于气体密度低于油水项密度，利用油气密度差注入气体在构造高部位可以形成次生气顶，从而驱替顶部的"洞顶油"。注入水主要驱扫油层中下部，而氮气则会由于重力分异作用向上超覆前进，驱扫油层上部，进一步提高波及体积。

氮气渗流能力比水强，在压力作用下气体可以进入水难以进入的部分低渗透含油裂缝，而滞留的部分气占据了原来被油占据的裂缝空间，使低渗裂缝油流入高渗透率的洞中，而且使油藏中油、气、水重新分布。同时，氮气注入到地层后，可在油层中形成束缚气饱和度，从而使含水饱和度及水相相对渗透率降低，这样可在一定程度上有效提高波及体积。

补充地层能量。从物理模型实验结果可以看出，注入氮气之后，地层压力会有所增加，注入氮气能够有效补充地层能量，从而有效提高驱油效率。

（2）单井注气效果综合评价、预测方法

利用综合模糊评判方法，建立了缝洞型油藏综合考虑经济与技术多因素的注气效果评价方法。综合模糊评价的四个步骤为：选择评价指标、确定权重及隶属度函数、计算模糊综合评价值、评价等级的确定。结合采油厂给出的注气成本和油价，确定注气经济增油门槛极限。结合综合评判分析综合值 SK，建立综合评语等级。注气效果综合评价方法分析的结果，与现场注气实际效果一致，验证了该方法的正确性和稳定性。

借鉴已注气井的地质与生产特征，通过 BP 神经网络方法，建立了单井注气效果

预测方法。并创新发明了 K 折双循环神经网络算法，解决了目前缝洞型油藏单井注气样本数少的问题，能够充分利用现有的注气井样本数据，提高传统 BP 神经网络非线性规律拟合的能力，达到高准确度预测结果的效果，从而为缝洞型油藏注气选井提供更加准确的依据。

（3）单井注气、气驱井组筛选原则

综合数值模拟计算和生产动态数据分析，确定了单井注气及井组注气的筛选原则。其中单井注气选井原则优选未充填、部分充填溶洞型储集空间发育的储集体，其次选择裂缝–孔洞型储集体，优选井控洞顶剩余油储量大的生产井，注气层位在储集体的中下部，底水能量选择中、强，未饱和油藏，避免选择过通源大断裂的生产井；井组注气选井原则单元构造具有局部高点，优选表层岩溶带的井组，未充填溶洞发育、井间连通性好、前期开采效果好、剩余油富集的井组。

编制了注气效果评价与选井软件，该软件包括注气效果评价、注气效果预测、注气选井三个模块，数据管理功能强大，数据输入输出便捷，具有良好的稳定性和安全性。经西北局现场工作人员半年多的使用，认为该软件运行良好，运行环境要求简单，易于用户操作，方便矿场技术人员直接应用，提高了注气提高采收率的选井效率。软件用于辅助矿场近 100 口注气井的优选，被西北油田分公司研究院称为"智能化注气选井平台"（图 3-4-3）。

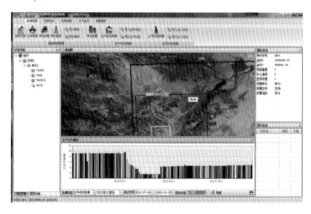

图 3-4-3　注气效果评价与选井软件主界面

（4）单井及多井单元注气参数优化方法

通过注气数值模拟研究，明确注气增油效果的影响因素。分析了储集体类型、井控储量、注采参数（周期注气量、注气速度、焖井时间、采液强度）对注气效果的影响，结果表明（图 3-4-4）：周期注气量和采液强度是对储量敏感的注气参数；溶洞型储层，注气速度和焖井时间对注气效果影响很小；裂缝–孔洞型储层，注气速度越慢，焖井时间越长注气效果越好。建立了注气参数优化方法，优化了单井和多井单元的注气参数，并获得了注气参数优化图版。

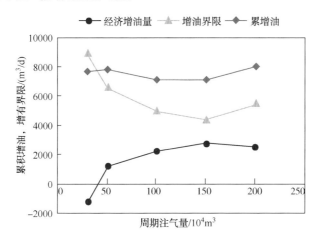

图3-4-4　不同周期注气量累增油、增油界限、经济增油量对比图

2. 技术指标

试验区实施后，单井注氮气试验有效率93.6%。

（三）应用效果与知识产权情况

1. 应用效果

针对洞顶阁楼剩余油，形成的注氮气选井及优化技术，提出了不同油价单井注氮气经济增油界限，实现了智能化选井，优化了注气参数，为降低注气成本、有效指导注气开发奠定了基础，试验区实验47井次，有效率93.6%，实现累计增油15.57×10^4t。

2. 知识产权情况

"十二五"期间，"复杂缝洞型油藏提高采收率关键技术及应用"获2015年中国石油与化学工业联合会三等奖，发表论文4篇。

第五节　缝洞型油藏深抽及降黏工艺技术

塔河油田主力区块为具有底水的奥陶系碳酸盐岩岩溶缝洞型油藏，具有极强的非均质性，油藏埋深均5300～6600m，流体性质复杂。随着油藏的不断开发，地层能量逐步衰减，油井供液能力逐年下降，动液面逐渐下降，泵挂呈逐年加深的趋势，同时稠油区块的原油(50℃时黏度达10×104mPa·s以上)在3000m深度以上的井筒内不具有流动性，严重影响了油井的正常生产，深井超深井举升工艺技术成为制约油田高效开发的关键技术之一。针对缝洞型油藏能量不足剩余油，突破了超深井工艺技术瓶颈，形成了高效举升工艺技术系列；塔河油田稠油和超稠油降黏开采技术是提高稠油区块的储量动用程度，维护油井正常生产和提高产量，推动塔河油田增储上产和高效开发的关键工艺技术之一。通过协同创新了化学降黏开采技术，攻克了塔河超稠油开采面临的致黏机理、高效化学降黏剂的研发、化学降黏增效和安全高效集输处理等四大难题，实现了超深井超稠油高效开采。

一、缝洞型油藏深抽配套工艺技术

（一）研发背景和研发目标

塔河油田原油物性存在差异，中质、重质、超重质原油均有分布，油井能量、产能差异性大，目前采收率仅为17.2%，相对较低，具有较大幅度深抽提高采收率的潜力。但目前深抽存在以下问题：工艺设计适应性差、有杆泵泵挂深度与泵排量矛盾、深抽对井筒及储层影响严重、深抽技术指标低，尚未形成综合评价方法等。

针对塔河深抽系列技术难题，总结目前的生产情况，深入开展塔河油田深抽工艺技术研究，以优化设计方法为技术基础，高效举升为攻关核心，深抽配套为技术完善，提高深抽井系统效率为技术目标，形成了碳酸盐岩油藏深抽技术系列。

（二）技术内容及技术指标

1. 技术内容

（1）塔河油田特有的深抽工艺优化设计方法

有杆泵以管式泵、抽稠泵为主，掺稀井有杆泵以抽稠泵为主，推荐泵深 $2500 \sim 4500m$，以三级 H 级抽油杆为主，以 14 型抽油机为主；电泵 $80 \sim 200m^3$，推荐泵深 $2500 \sim 3500m$。

（2）高效深抽工艺技术系列

研制的大排量有杆泵通过侧油阀进液，泵间隙从 2.5 级增大到 5 级，降低稠油进泵的阻力，在 70/32mm 泵的基础上改进了 83/44mm 泵，排量可达 $136.8m^3$，优化泵材质满足更高承压能力（图3-5-1）。现场累计应用 70/32mm 泵 46 井次，83/44mm 泵 1 井，共计 47 井，增油 6.29×10^4t。在超稠油区块推广应用 70/32mm 泵 79 井次，平均泵挂2340m，累计增油 14.3×10^4t。基本解决了 $100m^3$ 液量下 2800m 油井有杆泵有效举升难题。针对普通电泵对塔河油田的不适应进行优化改进：采用大直径、耐高温（$150 \sim 204℃$）电机，增加保护器轴强度、改善保护器的呼吸性能和密封性能，采用旋转式分离分离器，增宽叶轮通道、优化叶轮水利角度、大泵轴设计、耐磨涂层设计，最终形成一套适合塔河油田的抗稠油电潜泵深抽技术（图3-5-2），现场推广应用37井次，平均检泵周期由440天延长至613天，躺井率由9.48%降低至4.93%。

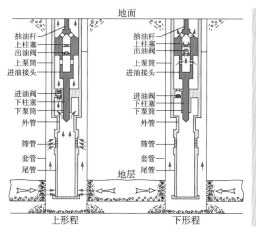

图 3-5-1 大排量有杆泵示意图

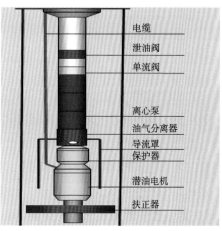

图 3-5-2 抗稠油电潜泵示意图

（3）深抽对套管与储层影响

针对目前塔河油田套损井壁坍塌现状，开展了地应力特征分析，并针对造成套损现象的地质因素、工程因素相应的提出了治理及套管保护方案。同时根据理论基础编制出塔河油田套损及储层损害预测软件。

（4）深抽配套技术

针对目前深抽井存在的套管损坏、冲程损失大、泵效低、地面载荷高以及机采系统指标低等问题，优化研制了有杆泵配套封隔器、流线型助抽器、抽油机减载器、高转差电机、抽油机变频节能柜等配套工艺技术，在一定程度上缓解了目前深抽的一些难题。

（5）建立了深抽井系统效率计算方法及评价模型

计算方法与评价模型涉及非掺稀井和掺稀井。

2. 技术指标

项目研究成果与国内外同类技术相比具有显著的创新性与先进性，见表3-5-1。

表 3-5-1 项目技术成果与国内外技术指标对比

序号	核心技术	国内外技术指标	本项目技术指标	创新与先进性评价
1	大排量有杆泵	排量最大 83.8m³	排量最大达 136.8m³	国内领先
2	抗稠油电泵举升系统	耐温 150℃	耐温可达 204℃	国内领先
3	掺稀井系统效率计算方法及评价模型	国内外无相关技术报道	/	国内外首创

（三）应用效果与知识产权情况

1. 应用效果

项目成果指导了超深层稠油深抽 156 井次，累计增油 6.99×10^4t，工艺成功率 100%，累计增油 34.2×10^4t。

2. 知识产权情况

"十二五"期间，获得国内发明专利授权 3 项，发表论文 3 篇。

二、深层稠油降黏开发技术

（一）研发背景和研发目标

塔河油田拥有目前世界上埋藏最深（7000m）、储量最大（7.54×10^8t）、黏度最高（1.0×10^7mPa·s/50℃）的超深井超稠油油藏。生产过程中随着温度降低，稠油在井下 3000m 左右就失去流动性，同时高含盐（2.2×10^5mg/L）、高含 H_2S（$> 1.0 \times 10^4$mg/m³），国内外无成熟技术可借鉴，被公认为世界级技术难题。

针对系列技术难题，中国石化联合国内科研院校组成"产、学、研"技术攻关团队，以超深井超稠油致黏机理为研究基础，井筒化学降黏开采技术为攻关核心，高含 H_2S 超稠油高效安全开采为目标，协同创新形成了超稠油化学降黏开采技术系列，形成的系列高效化学降黏技术整体达到国际领先水平，为同类油藏高效化学降黏开采提供了新方法。

（二）技术内容及技术指标

1. 技术内容

（1）超稠油致黏机理

塔河超稠油中含量异常超高的 Ni、V、N、O、S 等极性元素导致沥青质分子间作用力强，聚集形成片层间距呈纳米级的沥青质胶核，加之胶质、芳烃等分散介质含量低，沥青质含量高，使胶核进一步聚集、缠绕，形成具有空间网状结构的强黏弹性胶体体系，导致稠油黏度急剧升高。该成果为新型降黏剂的研发奠定了理论基础。

（2）超深井超稠油高效化学降黏技术系列

针对低含水超稠油，发明了由聚合物和烷基芳基磺酸化合物组成的新型油溶性降黏剂，该剂通过破坏沥青质空间网状结构，大幅度降低了稠油黏度（图 3-5-3）。与同类技术相比，降黏率提升了 5 倍以上，达到国际领先水平。针对高含水超稠油，发明了含有极性亲油基团和阴离子抗盐亲水基团的水溶性乳化降黏剂，在含盐量 $2.2 \times 10^5 mg/L$ 时，超稠油黏度由 $6.0 \times 10^5 mPa \cdot s$ 降至 $500 mPa \cdot s$ 以下，解决了常规水溶性降黏剂对高盐超稠油无法乳化降黏的难题，达到国际领先水平（图3-5-4）。针对特高黏度超稠油，发明了含有高碳数亲油基团和强乳化亲水基团的高效复合降黏剂，该剂对超稠油具有高分散、强乳化作用，攻克了黏度达数百万毫帕·秒超稠油的化学降黏技术难题，属国内外首创，根据降黏剂体系性能特点，编制了黏度、含水和浓度三参数化学降黏剂科学加注图版，配套研发了闭式热流体循环、井下叶轮自动旋转器、高效举升等化学降黏工艺技术，实现了超深井超稠油化学降黏高效开采。

图3-5-3　油溶性降黏剂作用前后沥青质甲苯溶液 SEM（左加剂前，右加剂后）

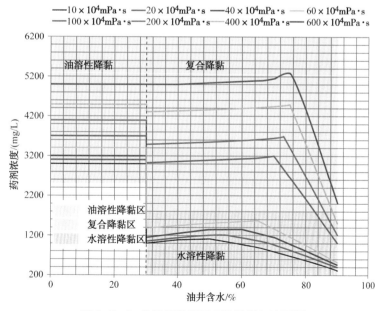

图3-5-4　化学降黏剂三参数科学加注图版

（3）百万吨级超稠油集输处理技术

创建了高含 H2S、高含盐超稠油全密闭集输系统，确保了原油安全集输处理。开发了负压气提、化学脱硫等多级 H2S 脱除和自循环回收技术，实现了 H2S 零排放全回收，避免了塔里木河胡杨林生态脆弱地区环境污染。研发了高含盐原油高效破乳技术，外输油含水小于 0.5%，满足了石油炼制要求。

2. 技术指标

项目研究成果与国内外同类技术相比具有显著的创新性与先进性，具体见表 3-5-2。

表 3-5-2 项目技术成果与国内外技术指标对比

序号	核心技术	国内外技术指标	本项目技术指标	创新与先进性评价
1	油溶性化学降黏技术	适用于高含蜡原油，对塔河超稠油降黏率 10% 左右	适用高含沥青质超稠油，降黏率提高至 50% 以上	国际领先
2	水溶性化学降黏技术	适用于黏度 $< 5.0 \times 10^4 mPa \cdot s$ 稠油，抗盐能力最高 $1.0 \times 10^5 mg/L$ 以下	适用于黏度 $< 6.0 \times 10^5 mPa \cdot s /50℃$ 超稠油，抗盐能力 $2.2 \times 10^5 m \cdot g/L$	国际领先
3	复合型化学降黏技术	国内外无相关技术报道	使黏度数百万毫帕·秒超稠油降低至数百毫帕·秒	国内外首创
4	稠油脱硫化氢技术	用于气体脱硫化氢	用于超稠油脱硫化氢	国内首创

（三）应用效果与知识产权情况

1. 应用效果

项目成果累计应用 236 井次，增产超稠油 $157.51 \times 10^4 t$。研究成果，开创了化学工程技术在超深井超稠油开发领域成功应用的先例，项目成果成功应用，有力支持了下游炼化企业的发展，为疆内多个炼化企业提供了 $500 \times 10^4 t$ 原油，确保了西油西用，促进了当地企业发展，以稠油为原料生产的 A 级沥青为西部交通建设提供了有力支撑，大力支持了当地社会经济发展，增加油田市场服务队伍 100 余支，为边疆累计提供就业岗位 3 万余个，扶持残疾人就业安置企业，支援油区新农村建设，各族群众生活水平显著提高，项目配套技术成果的应用，实现了油田硫化氢气体安全回收、高盐污水零排放，促进了绿色低碳油田的发展，保护了生态环境。为塔里木盆地数十亿吨储量乃至国内外同类油藏的开采提供了技术支撑与借鉴，对拉动新疆地区经济发展、促进西部资源战略接替、保障国家能源安全具有重大意义。

2. 知识产权情况

"十二五"期间，研究成果"超深井超稠油高效化学降黏技术研发与工业应用"获 2014 年国家科技进步一等奖，"塔河超深层稠油降黏开采关键技术"获 2012 年中国石化科技进步一等奖；"超稠油水溶性化学降黏工艺研究与应用"获 2011 年新疆自治区科技进步一等奖，获得国内发明专利授权 7 项、实用新型专利 13 项，专著 2 部，发表科技论文 45 篇。

主要参考文献

[1] Baker P. A., Kastner M, 1981. Constraints on the formation of sedimentary dolomite. Science 213 (4504), 214-216.

[2] Carr A.D.et al.The effect of water pressure on hydrocarbon generation reactions: some inferences from laboratory experiments, Petroleum Geoscience, 2009, 15:17-26.

[3] George S C et al. Fluid inclusion record of early oil preserved at Jabiru Field, Vulcan sub-basin. Exploration Geophysics, 1997a, 18: 66-71.

[4] George S C et al. Geochemical comparison of oil-bearing fluid inclusions and produced oil from the Toro sandstone, Papua New Guinea. Organic Geochemistry, 1997b, 26: 155-173.

[5] Greenwood F P et al. In situ analysis of coal macerals and solid bitumens by laser micropyrolysis GC-MS. Journal of Analytical and Applied Pyrolysis, 2001, 58-59: 237-253.

[6] Kendrick M A, et al. Subduction zone fluxes of halogens and noble gases in seafloor and forearc serpentinites. Earth and Planetary Sciences Letters, 2013, 365(1):86-96.

[7] Parnell J. The use of integrated fluid inclusion studies in constraining oil charge history and reservoir compartmentation: examples from the Jeanned Arc basin, offshore Newfoundland. Marine and Petroleum Geology, 1998, 18: 535-549.

[8] Prinzhofer A A and Huc A Y. Genetic and post-genetic molecular and isotopic fractionations in natural gases. Chemical Geology, 1995, 126(2): 281-290.

[9] Volk, H et al. First on-line analysis of petroleum from single inclusion using ultrafast laser ablation, Organic Geochemistry, 2010, 41: 74-77.

[10] Warren, J., 2000. Dolomite: occurrence, evolution and economically important associations. Earth-Sci. Rev. 52, 1-81.

[11] Wang, X.L., Jin, Z.J., Hu, W.X., Zhang, J.T., Qian, Y.X., Zhu, J.Q., Li, Q., 2009. Using in situ REE analysis to study the origin and diagenesis of dolomite of Lower Paleozoic, Tarim Basin. Science in China Series D: Earth Sciences 52, 681-693.

[12] Wright D.T., 1999. The role of sulphate-reducing bacteria and cyanobacteria in

dolomite formation in distal ephemeral lakes of the Coorong region, South Australia. Sedimentary Geology 126(1-4), 147-157.

[13] Wright D.T., Wacey D., 2005. Precipitation of dolomite using sulphate-reducing bacteria from the Coorong Region, South Australia: significance and implications. Sedimentology 52, 987-1008.

[14] 陈琪, 胡文瑄, 王小林, 李庆, 胡广, 朱井泉, 姚素平, 曹剑, 2011. 川东北盘龙洞长兴组—飞仙关组白云岩稀土元素配分特征及成因. 石油实验地质 33 (6), 624-633+638.

[15] 胡文瑄, 陈琪, 王小林, 曹剑, 2010. 白云岩储层形成演化过程中不同流体作用的稀土元素判别模式. 石油与天然气地质 31 (6), 810-818.

[16] 刘大锰等. 烃源岩显微组分的显微傅立叶红外光谱研究, 岩石学报, 1998, 14 (2): 222-231.

[17] 刘文汇等, 2009. 天然气成烃、成藏三元地球化学示踪体系及实践. 北京: 科学出版社.89-119.

[18] 沈平和徐永昌. 天然气同位素组成及气源对比. 石油勘探与开发, 1982, 6: 34-38.

[19] 王飞宇. 超微层次有机岩石学及其在烃源岩评价中的应用. 石油大学学报 (自然科学版), 1995,19(增):112-117.

[20] 徐永昌, 1995. 天然气成因理论及应用. 北京: 科学出版社. 1-150.

[21] 康玉柱. 海相成油新理论与塔河大油田的发现 [J]. 地质力学学报, 2002, 8 (3): 201-206.

[22] 鲁新便, 蔡忠贤. 缝洞型碳酸盐岩油藏古溶洞系统与油气开发——以塔河碳酸盐岩溶洞型油藏为例 [J]. 石油与天然气地质, 2010, 31 (1): 22-17.

[23] Loucks R G.Paleocave carbonate reservoirs: origins,burial-depth modifications,spatial complexity,and reservoir implications[C]. AAPG Bulletin,1999,83(11):1795-1834.

[24] 漆立新, 云露. 塔河油田奥陶系碳酸盐岩岩溶发育特征与主控因素 [J]. 石油与天然气地质, 2010, 31 (1): 1-12.

[25] 李剑峰, 赵群, 郝守玲, 等. 塔河油田碳酸盐岩储层缝洞系统的物理模拟研究 [J]. 石油物探, 2005, 44 (5): 428-432.

[26] 杨辉廷, 江同文, 颜其彬, 等. 缝洞型碳酸盐岩储层三维地质建模方法初探 [J]. 大庆石油地质与开发, 2004, 23 (4): 11-16.

[27] 王根久, 王桂宏, 余国义, 等. 塔河碳酸盐岩油藏地质模型 [J]. 石油勘探与开发, 2002, 29 (1): 109-111.

[28] 刘立峰, 孙赞东, 杨海军. 塔中地区碳酸盐岩储集相控建模技术及应用 [J]. 石油学报, 2010, 31 (6): 952-958.

［29］韩大匡，陈钦雷，闫存章. 油藏数值模拟基础 [M]. 北京：石油工业出版社，1999.

［30］葛家理. 现代油藏渗流力学原理 [M]. 北京：石油工业出版社，2003

［31］Z. Kang, Y.S. Wu, J. Li et al. Modeling multiphase flow in naturally fractured vuggy petroleum reservoirs. the 2006 SPE Annual Technical Conference and Exhibition[C]. Texas, U.S.A: SPE 102356, 2006.

［32］Yu-Shu Wu, Guan Qin, Richard E. Ewing et al. A Multiple-Continuum Approach for Modeling Multiphase Flow in Naturally Fractured Vuggy Petroleum Reservoirs. the 2006 SPE International Oil & Gas Conference and Exhibition[C]. Beijing, China: SPE 104173, 2006.

［33］刘学利，焦方正，翟晓先，等. 塔河油田奥陶系缝洞型油藏储量计算方法 [J]. 特种油气藏，2005，12（6）：22-23.

［34］Wu Y S, Ge J L. 1983. The transient flow in naturally fractured reservoirs with three-porosity systems[J]. Acta Mechanica Sinica, 15(1): 81 ~ 85.

［35］Wu Y S, Liu H H, Bodvarsson G S. 2004. A triple-continuum approach for modeling flow and transport processes in fractured rock[J]. Journal of Contaminant Hydrology ,(73)：145 ~ 179.

［36］胡蓉蓉，姚军. 塔河油田缝洞型碳酸盐岩油藏注气驱油提高采收率机理研究 [J]. 西安石油大学学报：自然科学版，2015，（2）：49-53，59，8-9.

［37］胡蓉蓉，姚军. 缝洞型碳酸盐岩油藏非混相气驱采收率影响因素 [J]. 新疆石油地质，2015，36（4）：470-474.

［38］吕爱民，李刚柱，谢昊君，等. 缝洞单元水驱油注采机理实验研究 [J]. 科学技术与工程，2015，（18）：50-55.

［39］姚军，胡蓉蓉，王晨晨等. 缝洞型介质结构对非混相气驱油采收率的影响 [J]. 中国石油大学学报：自然科学版，2015，39（2）：80-85.

［40］谭聪，彭小龙，李扬等. 塔河油田奥陶系断控岩溶油藏注水方式优化 [J]. 新疆石油地质，2014，35（6）：703-707.

［41］李隆新，吴锋. 缝洞型底水油藏开发动态数值模拟方法研究 [J]. 特种油气藏，2013，20（3）：104-107.

［42］张学磊，胡永乐，樊茹，等. 塔里木油田缝洞型碳酸盐岩油藏开发对策研究 [J]. 西南石油大学学报：自然科学版，2010，32（6）：107-112.

［43］肖阳，江同文，冯积累，等. 缝洞型碳酸盐岩油藏开发动态分析方法研究 [J]. 油气地质与采收率，2012，19（5）：97-99.

［44］杨敏，孙鹏，李占坤. 塔河油田碳酸盐岩油藏试井曲线分类及生产特征分析 [J]. 油气井测试，2004，13（1）：19-21.

［45］郭春华，杨宇，莫振敏，等. 缝洞型碳酸盐岩油藏流动单元概念和研究方法探讨 [J]. 石油地质与工程，2006，20（6）：34-37.

［46］罗娟，陈小凡，涂兴万，等. 塔河缝洞型油藏单井注水替油机理研究 [J]. 石油地质与工程，2007，02：52-54.

［47］陈志海，马旭杰，黄广涛. 缝洞型碳酸盐岩油藏缝洞单元划分方法研究——以塔河油田奥陶系油藏主力开发区为例 [J]. 石油与天然气地质，2007，06：847-855.

［48］修乃岭，熊伟，高树生，等. 缝洞型碳酸盐岩油藏流动机理初探 [J]. 钻采工艺，2008，31（1）：63-65.

［49］刘学利，郭平，靳佩，等. 塔河油田碳酸盐岩缝洞型油藏注二氧化碳可行性研究 [J]. 钻采工艺，2011，34（4）：41.

［50］李小波，荣元帅，刘学利，等. 塔河油田缝洞型油藏注水替油井失效特征及其影响因素 [J]. 油气地质与采收率，2014，21（1）：59.

［51］Rao D N, Ayirala S C, Kulkarni M M, et al. Development of Gas Assisted Gravity Drainage (GAGD) Process for Improved Light Oil Recovery[C]. SPE89357, Symposium on Improved Oil Recovery. 2004.

［52］郭平，苑志旺，廖广志. 注气驱油技术发展现状与启示 [J]. 天然气工业，2009，29（8）：92-96.

［53］宫畅，金佩强. 美国碳酸盐岩油藏提高采收率历史与现状 [J]. 国外油田工程，2010，26（4）：5-8.

［54］Clark P. D., Hyne J. B., Tyrer J. D. Chemistry of organosuljur compound type occurring in heavy oil sands.2. Influence of pH on the high temperature hydrolysis of tetraothiophene and thiophene[J]. Fule, 1984, 63: 125-128.

［55］张继红，刘珂君，张楠，等. 侧流减载深抽泵抽油系统悬点载荷计算 [J]. 石油钻采工艺，2010，32（3）：55-59.

［56］刘峰，王博，姚淑影，等. 一种碳酸盐岩油藏油井产能评价方法及其影响因素研究 [J]. 重庆科技学院学报：自然科学版，2011，13（2）：34-36.

［57］Iwere F O, Moreno J E, Apaydin O G, Ventura R L, Garcia J L. Vug characterization and pore volume compressibility for numerical simulation of vuggy and fractured carbonate reservoirs [C]. SPE 74341, 2002.

［58］鲁新便，赵敏，胡向阳，等. 碳酸盐岩缝洞型油藏三维建模方法技术研究—以塔河奥陶系缝洞型油藏为例 [J]. 石油实验地质，2012，34（2）：193-198.

［59］郑小敏，孙雷，王雷，等. 缝洞型碳酸盐岩油藏水驱油机理物理模拟研究 [J]. 西南石油大学学报（自然科学版），2010，32（2）：89-92.

［60］Peng, X. L., Du, Z. M., Liang, B. S., and Qi, Z. L. Darcy-Stokes Streamline Simulation for the Tahe-Fractured Reservoir With Cavities[J]. 2009, SPE Journal, 14(03): 543-552.

［61］刘小强，康纪勇，舒超. 深抽技术在塔河油田的研究及应用[J]. 中国石油和化工标准与质量，2014(10):69-70.

［62］陈灿，李勇，施硕，陈凤，等. 塔河油田深抽工艺技术及应用[J]. 油气藏评价与开发，2012，（1）.

［63］薄启炜，邓洪军，张建军，等. 塔河油田深抽工艺与井筒储层优化技术[J]. 油气田地面工程，2010，（2）.

［64］孙洪国. 稠油深抽与井筒降粘工艺技术研究[D]. 中国石油大学：中国石油大学，2010.

［65］鄢宇杰，李永寿，邱小庆. 塔河油田掺稀降黏技术研究及应用[J]. 石油地质与工程，2012，26（6）：108-110.

［66］邢富林. 塔河油田超稠油降黏与脱水试验[J]. 油气田地面工程，2012，31（5）:24-25.

第四章
复杂天然气藏高效开发技术

进入 20 世纪 80 年代，中国石化响应国家号召，加大对天然气勘探开发的投入，一批致密低渗砂岩、高含硫碳酸盐岩、火山岩等特殊复杂天然气藏不断发现和开发。特别是"十二五"以来，普光主体、大湾区块、松南气田和水平井技术的大规模推广应用，产量增长进入了快速发展阶段，2010 年中国石化天然气产量首次超过百亿立方米。但是，低渗、致密、高含水、复杂岩性、异常高压、低压气藏，储层性质复杂，渗流机理复杂等瓶颈依然是中国石化实现大规模天然气开发的关键问题。因此，近年来科技部重点围绕礁滩相碳酸盐岩气藏开发建设、陆相致密砂岩气藏水平井整体开发建设，组织了多轮天然气技术攻关，在气藏精细描述、开发选区评价、产能评价与预测、开发技术政策制定、开发部署与设计优化等方面取得多项技术进步，从而有效支撑了中国石化天然气持续增长的技术需求。

在"十二五"期间，紧密围绕元坝海相和陆相、大牛地、川西雷口坡、东北龙凤山、东海 GZZ 气田等特殊天然气藏开发和产能建设，重点开展了储层及含气性预测技术、储层精细描述、分段压裂水平井开采规律等研究，取得了一系列研究成果，推进了中国石化天然气开发技术发展，为元坝、大牛地和川西中浅层等地区产能建设提供了有力支撑。在高含硫碳酸盐岩气藏开发技术方面，围绕普光、大湾、元坝等高含硫碳酸盐岩气藏开发开展科技攻关，形成礁滩相储层多参数优化反演技术、高含硫气藏开发实验及渗流机理研究、高含硫气藏硫沉积预测技术方法、高含硫碳酸盐岩气藏开发优化等技术，在气藏精细描述、气藏工程技术方面取得多项成果，有效支撑了川东北地区天然气产能建设。在致密低渗气藏开发技术方面，围绕大牛地气田、川西中浅层新马滚动区产能建设，科技攻关和生产应用紧密结合，使致密低渗气藏开发技术在气藏精细描述、渗流机理、气藏工程研究以及开发技术政策优化等方面形成致密砂砾岩储层裂缝识别及预测技术、致密砂岩气藏定量选区评价技术（水平井）、致密砂岩气田气藏工程方法（水平井）等一系列技术成果，有力支撑了大牛地气田和新马滚动区的水平井开发建设。在特殊天然气藏储层改造技术方面，紧紧围绕科技创新和服务生产的研究工作目标，发挥地质＋气藏＋压裂一体化优势，在致密碎屑岩储层压裂优化设计、新型压裂液和支撑剂产品研发等方面进行重点攻关。通过"十一五"和"十二五"攻关，研究团队获得多项科技成果，其中：国家特等奖1项、部级奖11项，获得国内发明专利授权9项、实用新型3项、专有技术3项。核心期刊发表论文70余篇。随着普光气田、大湾区块、松南、元坝等气田的投产，以及大牛地气田的持续建产，2015年底中国石化天然气产量达到$215 \times 10^8 m^3$，突破$200 \times 10^8 m^3$大关，实现了天然气产量的跨越式增长。

第一节　致密碎屑岩储层评价预测技术

一、致密碎屑岩储层评价与预测技术

（一）研发背景和研发目标

中西部碎屑岩储层时代分布的长期性、空间分布的广泛性，油气资源丰富，中国石化在中西部四大盆地（塔里木、准噶尔、鄂尔多斯、四川）碎屑岩领域均发现了大型油气田和规模储量，近年来储量增长速度很快，已经成为贡献油气储量的主要领域之一。中国石化中西部致密碎屑岩领域探明率仅为11%，勘探程度低、剩余资源潜力大，一个重要原因就是储层普遍致密、物性差，导致油气勘探效益差。如何寻找相对优质的储层发育区（即甜点储层），成为降低勘探风险、提高勘探效益的关键。致密碎屑岩甜点储层的发育与分布不仅受沉积微相的控制，还明显受成岩作用的控制，常规手段难以精确预测。唯有通过致密碎屑岩甜点储层成因机制的研究，并形成相适应的致密碎屑岩储层评价与预测技术，才能更好地优选富集高产区，提高该领域的勘探效果。

致密碎屑岩储层成因机理研究是基于沉积（建造）作用和成岩（改造）作用两个方面的综合结果。以建设性作用控制"甜点"储层为主线，其中沉积作用控制原生孔隙型"甜点"形成与分布、溶蚀作用控制次生孔隙型"甜点"形成与分布，破裂作用控制裂缝型甜点形成与分布，甜点储层形成后的油气侵位作用有利于储层孔隙的保持；以破坏性作用为支线，通过压实作用、胶结作用及其综合效应分析碎屑岩储层的致密化史与成因机制，搞清楚碎屑岩储层的致密化背景。以致密化背景上不同类型甜点储层的成因机制为依据，突出孔隙型甜点储层和裂缝型甜点储层的孔隙结构差异、对油气勘探与开发的作用为评价依据，在孔隙型"甜点"储层和裂缝型甜点储层的主控因素分析的基础上，建立了中西部碎屑岩甜点储层预测地质模型，并形成针对不同类型甜点储层的地质预测、地质—地球物理综合预测技术方法，预测中西部致密碎屑岩"甜点"储层的分布，为寻找勘探目标、确定开发水平井位等提供支撑。

（二）技术内容及技术指标

1. 技术内容

致密碎屑岩储层评价与预测技术将储层沉积作用、成岩作用结合了起来，以"甜点"储层成因机制的认识为基础，逐步形成了评价与预测技术。主要的技术成果包括如下两个方面：

（1）中国石化探区碎屑岩储层致密化因素与"甜点"储层形成机理

早期压实背景下的中晚期胶结致密模式。早古生代晚期塔里木盆地和川东南地区开始发育海相发育滨岸相、面状分布的碎屑岩，晚古生代鄂尔多斯和准噶尔盆地发育海陆过渡大型三角洲相、带状分布的碎屑岩，中生代以来中西部四大盆地均发育陆相河流——三角洲相、条状分布碎屑岩。抵御压实与胶结作用能力差是中西部碎屑岩易于致密化的内因，存在着"早成岩期压实作用造成原生孔隙大幅减少、中晚成岩期碳酸盐岩胶结导致储层致密"的储层致密化模式。

沉积——成岩相共同控制着"甜点"储层的形成与分布。在较老时代、较大埋深条件下，这些储层中普遍发育具有工业价值油气产能的有效储层，是沉积环境和物源控制的物质组、埋藏过程中的成岩作用共同决定的，亦即沉积——成岩相双重控储模式。其中：

① 沉积相控制了原生孔隙型"甜点"储层的分布。中西部四大盆地以河流—三角洲—湖泊体系和随着海面变化不断迁移的部分滨岸体系为主，高能沉积相带沉积环境的控制有序分布，不仅控制了有利砂体的发育，还控制着原生孔隙型"甜点"储层垂直于岸线呈条带状展布的特征。

② 溶蚀、破裂作用是形成次生孔隙型"甜点"的关键因素。建设性成岩作用主要受多种地质因素的影响，盆地物理化学环境、构造环境和埋藏过程是主要因素，大致上存在围绕盆地沉积——沉降中心环状分布的特点，对次生孔隙型"甜点"储层的发育起到了较强的控制作用。

③ 沉积相与成岩相共同决定了"甜点"储层展布样式。沉积相带与成岩相带的叠置决定了"甜点"储层的发育和分布特征，油气侵位有利于"甜点"储层的孔隙保持，使"甜点"储层在区域上呈"切甘蔗捆"特征、局部呈"棋盘格式"的空间展布样式。

（2）中国石化探区致密碎屑岩"甜点"储层预测思路与方法

"甜点"储层预测的出发点是"沉积——成岩相"双重控储模式，其中，沉积相与溶蚀成岩相是预测孔隙型"甜点"储层的出发点、沉积相与裂缝发育带是预测裂缝型"甜点"储层预测思路的出发点。主要的思路是在现场分析和测试资料的支持下，把沉积相、成岩相研究成果结合起来，研究"甜点"储层的分布规律，按照分级、分类的方式，对未钻探区域进行的"甜点"储层的分布进行预测，并结合地球物理资料和技术对"甜点"储层区进行描述，进一步提高预测的精度。

① 有效储层地质—测井关键参数分级评价：通过测井资料"四性"关系分析和多层段统计图版法，确定有效储层关键参数下限，在平面上刻画出有效储层分布范围，构建储层地质—测井关键参数下限预测模型。

② 有利"甜点"储层区地质预测。基于"沉积—成岩相"双重控储模式，结合现场测试和分析资料，分别研究高沉积能量相带、建设性成岩相带的分布特征，集合有效储层关键判别参数，叠合确定有利"甜点"储层的发育规律，判别未钻区域储层的发育状态和性质。

③ "甜点"储层地质—地球物理定量预测。分别形成了针对性的地质—地震储层综合定量预测技术，即孔隙型"甜点"储层主要利用地震能量属性参数和反演技术刻画有利储层分布、裂缝型"甜点"储层主要采用地震几何属性（相干和曲率）参数和多波多分量预测技术来描述，对"甜点"储层发育区进行更为精细的描述，确定"甜点"储层的具体发育状态。

2. 技术指标

①砂岩预测精度 10m。

②储层与裂缝带预测结果与钻井吻合率达 86%。

（三）应用效果与知识产权情况

致密碎屑岩储层评价与预测技术在华北分公司、西南油气分公司等探区进行了推广应用，为鄂南石油增储上产、川西多个天然气田储量的扩大发挥了重要作用。2012 ~ 2013 年鄂南石油会战期间，以该项技术为主提交探井井位建议 39 口，水平井井位建议 428 口、采纳 150 口，钻后统计预测结果与钻井吻合率达到了 86%，取得了很好的经济效益和社会效益。

2013 年获批中国石化《致密碎屑岩储层"甜点"沉积–成岩相预测评价》专有技术，项目研究期间，发表 SCI 论文 1 篇，核心期刊 10 篇。

二、碎屑岩储层成岩－成藏关系与地质评价技术

（一）研发背景和研发目标

中西部盆地致密—低渗碎屑岩油气在国家油气资源构成中占据着重要地位，也是中国石化油气勘探的重要对象，部分地区已实现了规模开发。但中西部盆地中国石化探区油气普遍低产、低丰度，评价难度大，制约了勘探工作的有效开展。多数地质评价工作基于盆地或区带含油气地质条件分析资料和现场钻测井、地球物理、实验室分析资料，在静态层次上开展，这带来了评价思路和方法的局限性。一方面，由于成藏后地质演化仍在长期、持续进行，目前钻遇的状态很难代表油气成藏的真实情况，地质评价的误差将会被放大；另一方面，由于储集岩普遍致密、低渗，孔隙及流体对地层整体属性的影响远小于其骨架，相关油气藏与围岩的电性、波阻等差异不明显，直接识别和评价油气成藏区的技术难度仍会在相当长的时期内成为油气勘探的制约因素。

因此，在要继续发展静态地质评价技术、以及测井和地震等勘探评价技术的基础上，更需要从油气成藏的过程中寻求答案、获得助力。从这一角度出发，需要克服两个方面的关键问题：一是储集岩致密化与油气成藏的动态关系，也就是储集与成藏两个油气地质过程关键节点上的油气地质作用及其结果。这种结果既是致密—低渗碎屑岩油气研究的重要预期，也直接决定了油气聚集和保存的方式与位置、影响了油气藏预测和评价的基点和具体技术路线；二是实践方面实现油气成藏过程评价的参数和方法，也就是将储层致密化与油气成藏动态关系研究的成果落实到具体的思路和方法中。这需要追溯储层致密化与油气成藏的时间关系、理顺关键地质因素和相互作用，沿着油气聚集的关键节点开展评价工作。

为了更好地认识碎屑岩致密化与油气成藏的关系、发展评价技术，选择了鄂尔多斯盆地南部的延长组油藏、四川盆地川西拗陷中部的须家河组天然气藏作为研究对象。这两个研究对象具有斜坡—拗陷构造背景和源—储紧邻叠覆的共性特点、主要成储和成藏期相近、都发现了一定数量的油气储量，也具有盆地类型、油气地质条件和成油、成气的差异性，有利于开展工作。具体的思路是，将研究对象作为源—储协同演化、相对独立的成藏系统，基于地质历史和成藏条件分析、典型油气藏解剖与对比，将先进实验技术与地震、地质分析手段有机结合起来，研究储集岩致密化、有机质演化和油气成藏的时间过程，探讨关键节点上成岩—成藏相互制约或协同演变的机制，完善致密—低渗碎屑岩油气成藏模式，并通过成藏期关键地质要素的恢复建立油气有利成藏区评价的思路与方法。

（二）技术内容及技术指标

1. 技术内容

通过研究，以时间为主线索认识了储层成岩、石油成藏过程和相互作用关系，探讨了石油差异成藏富集的动力机制、储层孔隙保持机制和"甜点"发育模式，发展了基于成岩—成藏关系的有利区地质评价技术。具体成果如下：

（1）储层成岩–油气成藏关系与成藏机制

在剥蚀量等关键地质参数准确恢复的基础上，以包裹体均一温度、自生伊利石K–Ar法、AFT分析、埋藏历史和生排烃历史模拟等多种资料，确定了储集岩致密化和油气成藏的时间关系，分析了成藏期主要地质因素及其相互关系，深化认识了成藏机制。

① 岩石成分、源岩类型等是储层致密化与油气成藏时间关系主要控制因素。通过成岩、成藏关键事件时间的界定和比对，鄂南镇泾—彬长地区延长组石油成藏窗口早于储集岩致密化窗口（储层孔隙度小于15%时认为进入致密化窗口）、大规模成藏时间早于储层关键致密事件发生的时间；川西孝新合地区须家河组四段天然气成藏与致密化大体同步，须二段石油成藏略早、天然气成藏略晚于储层致密化。影响成岩—成藏时间关系的原因有岩石物质成分、烃源岩类型、埋藏和构造活动历史等，其中，烃源岩类型是主要原因。鄂南镇泾—彬长探区延长组主要源岩为长7段I—II型优质源岩（张家滩页岩），川西拗陷须家河组源岩以II—III型为主，在生排烃时间和效率上存在差别，影响着成岩—成藏时间关系，也决定了油气成藏时的地质环境条件。

② 油气藏是源—储压差、早期充注和优势通道等多种机制共同作用的结果。两个研究区都具有近源成藏的特点，源—储压差、源岩和储层质量、源—储关系以及断–缝系统与高渗储层段构成的优势通道、多期次继承性油气充注等，是油气成藏的主要因素。两个研究区地质条件存在差异，成藏主要控制因素的实际作用也不尽相同：鄂南延长组具有低动力背景下石油沿断—缝系统和高渗透带构成的优势路径多期次继承性充注、浸染式扩展的特点，沉积—成岩作用导致的结构性储层非均质、断—缝沟通关系等影响了储层不同位置的含油性；川西须家河组天然气成藏以致密背景下高压驱动为主，多期裂缝、结构性非均质性不同程度影响了成藏过程以及气—水关系。

③ 结构性非均质下油气选择性充注是"甜点"储层保持的重要因素。成岩作用在储层沉积结构约束下差异发生，使得非均质性呈现出"结构性"特点，控制着储层中不同流体单元的形成，其中，保持较高孔渗性质的部分成为"甜点"储层。这些流体单元的孔隙保持有三种主要方式：一是早期油气成藏过程中的选择性油气侵位，不

同程度地抑制胶结作用、保护孔隙；二是边缘封闭导致孔隙保持；三是持续成岩改造或其他地质因素。研究发现，早期油气充注常常形成环孔隙油膜，不仅降低了成藏阻力，更重要的是抑制了胶结作用，成为鄂南延长组"甜点"储层保持的主要机制。

（2）基于过程的油气成藏地质评价技术

成岩—成藏关系研究表明，中生代晚期油气成藏后，探区又经历了复杂的地质演化过程，成藏期地质要素发育状态与现今有着较大差别，仅采用油气田现场资料的变化趋势预测油气成藏和分布状态存在着较多误差。油气成藏过程评价是现今静态地质资料统计性评价这一类方法的重要补充，需要在成岩—成藏时间关系的基础上研究关键地质要素的发育和相互作用关系，选定评价参数与指标。基于鄂南镇泾—彬长探区延长组长8油组开展了技术研究和实践应用：

① 评价思路与方法。主要是根据油气成藏的关键节点，依据油气成藏机制和过程的认识，优选关键要素及参数，评价关键参数的相互作用关系，判断该时期油气成藏的可能范围。在鄂南镇泾—彬长探区延长组，主要按照成藏早期、主成藏期、成藏后期三个主要时期，考虑埋藏史和生烃史、古储集岩物性、古地层压力、源—储关系、断—缝发育状态等油气成藏关键要素，按照但要素分级评价和多要素加权评价的方式开展。

② 主要成藏期关键地质要素的恢复。地质要素恢复的准确性关系到评价结果的可靠性，采用了多种方法相互补充的方式，来获取更加精确的结果。其中：剥蚀量计算是参考了ATF和包裹体古热史信息，采用声波时差法、地层趋势法；古孔隙度恢复采用压实模拟和 $\Phi-H$ 关系等效替代法、面孔率统计法，考虑转换和校正；古压力计算采用去有机质的泥岩压实法、包裹体压力约束的盆地模拟法；古断—缝系统和源—储关系采用三维地震和钻井资料评价结果。

③ 评价结果的可靠性。通过对对镇泾探区长8、长6油组油组的实际技术应用，评价了I、II类有利区，其范围与勘探认识、勘探成果有可比性，与三维盆地模拟得出的油气运移活跃区评价结果有相似性，表明基于石油成藏过程的地质评价思路与方法可以预测研究区的油气成藏区。

（三）应用效果与知识产权情况

技术发展过程中，研究工作与油气勘探生产密切结合，有效地指导了鄂南中国石化区块延长组的石油的勘探开发，为2015年提交探明储量5062.01×10^4t、2014年提交控制储量7625.6×10^4t 和预测储量5011.86×10^4t 做出了贡献。

认定中国石化专有技术2件、授权实用新型专利1件、申请国内发明专利3件，发表论文4篇。

第二节　致密碎屑岩油气地球物理预测评价技术

一、碎屑岩储层精细预测技术

(一) 研发背景和研发目标

目前勘探开发实践中面临的碎屑岩储层多数具有非均质性强，横向变化大，厚度薄（一般小于 10m），低孔、低渗的特点，大部分探区地震分辨率不高，视主频一般小于 30Hz，利用常规方法对其进行精确储层预测比较困难，多解性问题严重。针对储层特点、面临问题和对地球物理技术的需求，提高油藏地球物理描述技术的精度，必须从成像与反演一体化思路出发，对照信噪比、分辨率、反演误差、储层参数与流体敏感要素存在的问题，进行关键技术方法创新，需要从三个方面着手进行攻关研究：一是搞清储层参数与岩石物理参数之间的物理本质关系，探索建立新的复杂碎屑岩储层岩石物理模型，提高横波预测和岩石物理分析精度，为地球物理参数反演和储层参数预测奠定可靠的基础；二是提高地震资料的品质和保真性，去除薄层干涉效应和强反射屏蔽效应，对叠前地震道集进行优化等；三是提高地球物理反演算法的精度，研究高精度、高效率的反问题数学框架和求解算法，确保科学计算的准确性。在理论方法研究的基础上，紧密结合勘探开发实践，最终形成了包括岩石物理模型、地震储层成像技术、储层及流体定性定量预测技术、水平井轨迹预测技术等致密碎屑岩储层精细预测关键技术，并进行了大范围的推广应用。

(二) 技术内容与技术指标

1. 技术内容

（1）改进 Gassmann 方程的致密碎屑岩储层岩石物理建模方法

Gassmann 方程是在假设储层孔隙完全连通等条件下成立的。在储层孔渗性差的条件不再成立，进行流体替换的精度受到一定影响。为解决这一问题，加入微裂缝和大纵横比孔隙，在 Gassmann 方程中引入孔隙结构参数，该参数为表征孔隙扁度的参数，提出了适应于致密储层的改进的 Gassmann 方程，建立岩石物理模型。其中，表征致密砂岩孔隙扁度的参数，可以利用显微镜下的岩石薄片观察孔隙的几何形态，用人工方法统计或者用 CT 扫描再利用软件分析孔隙形态、统计孔隙的分布。通过岩石物理建模，计算得到合理的横波测井数据。

（2）面向储层目标的地震保幅成像技术

① 适应不同地表速度变化特征的静校正技术。主要包括层析静校正和连续速度介质静校正，旨在有效解决由地表引起的长、短波长静校正问题。其中的连续介质速度静校正方法用时距曲线拟合法，利用初至时间来反演近地表速度模型。该方法首先利用时距曲线拟合的结果，对远道拟合直线的斜率进行光滑处理，得到滑行波速度；再对各道地震记录初至时间按滑行波依据炮检距进行校正，求出各道交叉时（截距时间），把交叉时最佳的分离到激发点与接收点延迟时上，通过反复迭代优化即可高精度地分离交叉时为激发点和检波点延迟时，同时也能得到更准确的滑行波速度。

② 基于叠前道集规则化的去噪与保幅预处理技术。针对地表等因素引起的地震振幅差异，形成了地表一致性振幅补偿与多域组合去噪循坏迭代的振幅一致性处理技术；针对区块接边处的 CDP 道集能量的异常畸变现象，开发研制了基于趋势分析方法的振幅异常均衡处理技术与矢量法压噪技术；针对叠前资料信噪比低、背景噪声大的问题，采用串联反褶积技术有效实现了波组一致性，提高了分辨率，改善了波组特征，保持了较高的信噪比；针对三维地震束状观测系统、CMP 道集偏移距分布不均匀、叠前时间偏移道集画弧现象严重的问题，形成了基于匹配追踪傅里叶插值（MPFI）的叠前道集规则化处理技术。

③ 炮检距向量片（OVT）技术的发展与复杂地下构造各向异性成像。OVT 是十字排列道集的自然延伸，是十字排列道集内的一个数据子集。因为每个 OVT 都是沿炮线有限范围内的炮点和沿检波线有限范围内的检波点构成，这两个范围把 OVT 的取值限制在一个小的区域，也就是说 OVT 具有限定范围的炮检距和方位角。提取所有十字排列道集中相应的 OVT，就组成 OVT 道集，这个道集由具有大致相同的炮检距和方位角的地震道组成，而且延伸到整个工区，是覆盖整个工区的单次覆盖数据体，因而它可以独立偏移，结合共炮检距域各向异性叠前时间偏移处理，这样偏移后就能保存方位角和炮检距信息用于方位角分析，实现各向异性成像。

④ 叠前去调谐与去强反射干扰处理技术的集成优化。围绕振幅调谐问题，研发了自适应时频分解算法，采用短时模糊函数和随时间变化的自适应核函数，在时频分布中区分出多分量信号的细节部分，在广义自适应时频分解算法研究的基础上，对地震信号进行尺度分解，将大尺度低频能量压制，其他尺度能量保持，再进行信号重构，从而实现薄层调谐效应的去除；针对煤层强反射，通过匹配追踪算法，在有限维的 Hilbert 空间中优选具有平移不变性的一维非抽样小波变换字典作为信号原子库，采用匹配追踪自适应优选出合适的基函数来分解信号，避免了单一子波重构的局限性，对地震道进行重构去除煤层强反射后，残余的为储层段反射信息，从而为储层预测提供了可靠依据。

（3）基于重构岩性、含油气性参数的地震随机反演

通过在测井岩石物理分析基础上重构岩性指示曲线，不仅保留了伽马曲线对岩性的分异度，能够有效地区分砂岩、泥岩和煤层，而且与波阻抗具有良好的相关性，提高了利用随机模拟反演技术进行岩性精细预测的可行性和可靠性。通过含气指示曲线重构，可以提高模拟反演结果的抗噪性，直接预测含气砂岩。

（4）基于岩石物理建模的流体因子反演

基于 Zoeppritz 方程的 Russell 线性近似公式，推导出适于致密储层的以 Gassmann 流体项和剪切模量形式表示的流体弹性阻抗公式（FEI），利用该公式可以直接提取 Gassmann 流体项以及剪切模量等参数，使流体识别更加直观和方便。通过对不同角度道集进行流体弹性阻抗反演，进而提取流体因子预测成果，可有效定量化识别并预测 5～10m 气层，为 AVO 含气性检测进一步拓展指明方向。

（5）水平井轨迹设计与动态跟踪调整技术

研究中建立了深度域地层格架的动态调整、深度域随机模拟反演、水平井轨迹预测及动态调整技术流程。通过不断实践，形成了"初步预测、导眼跟踪、动态调整"三步法水平井轨迹优化技术，为水平井顺利实施提供保障。

2. 技术指标

①综合预测砂体能力由 20m 提高到 5m。

②流体预测符合率 80% 左右。

③深度域水平井轨迹预测平均误差小于 2m。

（三）应用效果与知识产权情况

在大牛地气田 2012 年产能建设中，通过前述技术应用，砂体钻遇率达 96%，较准确识别 5m 左右砂体，水平井单砂体顶部预测—实钻误差在 3m 左右，动用地质储量 $425.5 \times 10^8 m^3$，建成天然气产能 $10.02 \times 10^8 m^3$，产能达标率大于 100%，矿场应用成效显著。在鄂南致密油勘探开发中，建议开发及开发评价井 220 口，预测的砂岩水平井平均钻遇率在 89.7% 以上，油层平均钻遇率在 80.9% 以上。为川西什邡气田评价了水平井 41 口，建议井位 8 口，取得了良好的地质效果，砂体预测符合率达 85% 以上，含气性预测吻合度在 80% 左右，为新马—什邡滚动开发区产能建设的开发井部署提供了重要的基础资料。

研究成果获得软件著作权 2 项，认定中国石化专有技术 2 项，受理国内发明专利 10 项，发表论文 12 篇。

二、碎屑岩储层流体地震识别技术

（一）研发背景和研发目标

随着地震方法与技术进步，地震勘探不仅解决储层预测，而且要进行储层物性与流体特征研究。现有流体识别方法有基于振幅的，如亮点技术，基于频率的各种吸收技术以及叠前反演等，但在实际应用中存在诸多问题。如何排除非油气的影响因素，有效进行油气识别，提高勘探开发成功率，必须对流体识别技术的理论基础及方法实现进行深入的研究，为充分应用地震信息，发挥地震新技术在油气田勘探开发中的作用，从而提高勘探精度、降低成本，为油田的增储上产提供可靠的技术保证。由此，在地震波动理论指导下，以岩石物理理论和实验为基础，构建描述流体性质的有效模型，研究不同性质岩石中流体分布及流体替换对含流体岩石弹性性质的影响，定量研究地层物性及流体改变对地震参数变化的贡献大小，分析流体地震衰减正演模拟及预测方法。通过叠前弹性阻抗反演等技术的研究，进行储层参数反演，提取含流体参数等信息，进而实现储层流体地震识别。

（二）技术内容及技术指标

1. 技术内容

（1）双相介质地震特性参数计算分析

在双相介质中的波动理论基础上，详细研究了地震波在双相介质界面的反射和透射，建立起了含流体控制参数的波动方程。开展了求解广义 Zoeppritz 方程的高效算法研究，完成了广义的 Zoeppritz 方程推导，并给出了含饱和流体双相介质中弹性、质量、振幅等属性参数的描述与计算方法以及双相介质频率特性分析算法。完成了含饱和流体双相介质中波传播正演模拟，开发了双相介质频率特性分析计算模块。

（2）叠前弹性参数直接反演油气识别技术

从 Zoeppritz 方程的近似公式推导得出以剪切模量和拉梅常数形式表示的新弹性阻抗公式，从而实现直接从反演得到纵横波阻抗、泊松比和拉梅常数数据体。应用弹性参数反演取得到的纵、横波模量、泊松比和其他参数信息，进行了流体识别方法的研究，结果表明弹性阻抗反演和提取的不同参数可以有效地反映地下储层的特征，泊松阻抗方法和基于 Gassmann 方法的流体识别方法以及高灵敏度流体因子能够有效的识别岩性和区分不同流体，其中高灵敏度流体因子的适应性更强，敏感度更高。

（3）高灵敏度流体因子的构建方法

在理论和实践中证明已有的流体识别因子只能在某一方面有较强的识别能力，而不能全面有效的识别不同的砂岩类型的流体赋存状况。因此就要寻找出一个更加灵敏的流体识别因子来对砂岩进行流体识别。为了将含水和含气砂岩明显的分开，需要选择一个流体识别因子对不同含流体的砂岩表现出明显的差异。波阻抗形式的组合存在各种次数量纲的形式，高次量纲能够将差异放大，而低次量纲将差异缩小，将两者结合，让高次幂将差异大的地方突出，低次幂将噪声减小，从而能较灵敏地实现流体识别。根据上述分析，利用不同量纲组合的形式，提出了一个高灵敏度流体识别因子 $Fw=(I_p4-CI_s4)I_p/I_s$（I_p 为纵波阻抗，I_s 为横波阻抗，C 为调节参数）。高灵敏度流体因子在储层识别油气是要比其他流体因子更敏感。

（4）基于叠前道集的地层吸收参数提取方法

建立了衰减介质单程波波场延拓算子，实现了衰减介质单程波法非零偏移距数值模拟技术，分析了衰减介质中地震波传播特征及衰减规律，实现了胜利油田实际地质模型正演模拟，得到多次覆盖的炮集采集数据，建立不同流体组合模型，定性的分析相应的地震反射特征。通过对比地层吸收参数提取的多种方法，对传统的地层吸收参数提取方法进行了改进，提高了方法的适用性。提出基于叠前地震资料利用 S 变换时频谱分解技术进行地层吸收参数提取的方法，通过归零处理得到零偏移距处地层 Q 值，提高了储层预测精度。

（5）特征属性重构识别流体技术

根据流体的吸收特性，基于大地吸收效应的低通滤波公式，通过重构函数的研究，利用振幅类、频率类和衰减属性进行重构，构建了具有明确物理意义的地震属性，放大了储层流体的地震特性，从而更有利于研究储层流体的空间展布。

（6）基于 AVO 属性体的含气特征重构反演检测含气性

在叠前道集上分析井旁目的层段振幅随偏移距变化特征，并与正演分析相结合，优选敏感属性，建立目的层段含气检测的 AVO 模式，开展 AVO 属性反演，在此基础上，利用中子—声波曲线重构一条含气特征曲线，以含气特征曲线为约束，以 AVO 属性体 P*G 作为数据输入进行稀疏脉冲反演，突出含气层的 AVO 异常，可以进行含气性检测。

（7）动态多信息相关法含气性检测

常规含气性检测主要针对目的层时窗计算属性参数。理论分析表明，目的层段附近时窗间属性变化有可能更好地指示地层含气情况。该方法有助于充分提取与含气性有关的地震信息，提高含气检测的可靠性。在上述属性计算基础上，通过把各属性与已钻井含油气层厚度进行相关分析优选与含气有关的属性，选择含气检测优势属性，提高有助于提高含气检测方法和属性选择的效率和合理性，提高含气检测准确性。

（三）应用效果与知识产权情况

应用储层流体地震识别技术对桩孤地区新近系河流相砂岩储层进行含油气检测，取得了较大突破和进展，根据技术应用成果部署井位 76 口，钻探成功率达 78%，新增探明石油地质储量 3365.37×10^4t、控制储量 2161.17×10^4t。其中，应用该技术对车排子地区沙湾组的滩坝砂岩性体进行了流体识别，完成了 8 个滩坝砂体含油性检测，取得良好效果，在 P2 井西三维区发现了 P2 — 80 井与 P22 井两个有利含油条带，预测含油面积 $5.77km^2$，石油地质储量 577×10^4t，所钻 3 个目标获得了成功；在普光北部、南部工区应用相关流体识别技术，为 PL1 — 2H 井轨迹调整提供有力依据，经过压裂试气证实了结果具有较强的预测性，预测符合率可达到 75%，在超致密碎屑岩储层含气性预测中取得了良好的应用效果。

第三节　致密－低渗碎屑岩天然气藏有效开发技术

一、多层叠合致密岩性气藏有效开发技术

（一）研发背景和研发目标

大牛地气田是一个大型低渗致密气田，主要含气层位自下而上为石炭系太原组、二叠系山西组和下石盒子组，纵向上七个大型岩性圈闭叠合，横向上复合连片，储集层主要为海相的潮坪—砂坝、海陆过渡相的三角洲平原分流河道及陆相辫状河河道成因砂岩，孔隙度主要分布在 4%～10%，渗透率主要分布在（0.1 ～ 1.2）× $10^{-3}\mu m^2$，具有沉积类型多、储层致密和非均质性强、低丰度、低产的特点。2005 年大牛地气田在西南部盒 2+3 段建成 $10 \times 10^8 m^3$ 产能后，气田开发建设面临新的挑战，未动用储量区具有多套气层，单一气层厚度薄（单层 2 ～ 5m），单层产能低（单层无阻流量小于 $5 \times 10^4 m^3/d$），气层平面非均质性强、横向变化大，单层开采效益差，气田效益开发面临诸多技术难题。

针对大牛地多层叠合岩性气藏地质特征，在气藏精细描述的基础上，研究气藏渗流特征和气井生产动态特征研究成果，应用气藏工程理论方法、数值模拟技术和经济

评价技术，开展大牛地气田开发技术政策研究，形成适合于大牛地致密低渗气藏有效开发技术政策优化方法，确定出适合于致密低渗岩性气田开发的合理技术政策指标，为气田有效开发提供保证。

（二）技术内容及技术指标

1. 技术内容

（1）多层叠合定量选区评价技术

提出了集储层预测、地质建模、产能预测和经济评价于一体、动静结合的定量选区评价思路和程序，地质、气藏工程、工艺参数的有机结合，以无阻流量为主要指标评价优选多层合采动用区域，实现了多层致密岩性气藏有利目标区带的定量评价问题。应用单因素相关分析研究气层无阻流量与储层参数、工艺参数的关系，通过多元线性回归分析建立无阻流量的计算模型；在储层测井识别及地质研究的基础上，应用地震、沉积相、动—静态统计数据等研究成果，采用了地震约束的沉积相建模和井震联合约束的属性建模方法，形成井间"井—震—沉积相"多信息联合约束的储层建模技术，定量刻画出储层、隔夹层（泥岩隔层、煤层）的空间展布，实现了储层的立体定量描述；应用气藏工程、经济评价等方法，建立多层叠合无阻流量模型和单井技术经济界限；综合储层评价、气井产能、经济评价界限和工程工艺技术，以无阻流量为主要指标优选了多层合采动用区域，满足了大牛地气田开发部署的需要。图 4-3-1 为多层叠合定量选区评价技术路线图。

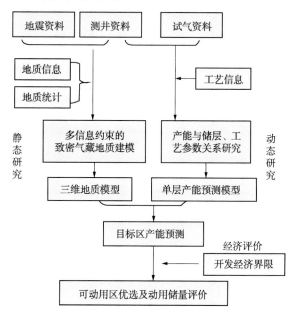

图 4-3-1 多层叠合定量选区评价技术路线图

（2）多层合采井产能评价方法

①针对修正等时试井产能评价中出现二项式曲线反转的问题，提出改进的修正等时试井产能评价方法。

②建立考虑启动压力及裂缝高速非达西的压裂气井产能方程，气井压裂后，气井泄气范围内的气体流动模式为径向流和线性流，其中压裂裂缝两边的气体先由储层基质线性渗流到裂缝，再由裂缝流向井底；裂缝两端气体先由储层基质流向裂缝，再由裂缝流向井底，储层渗流过程中考虑了启动压力的影响。结果表明：低渗压裂气井产能不仅要受到启动压力梯度的影响，还要受到压裂裂缝的宽度和长度的影响。

③建立了综合考虑启动压力梯度和高速非达西效应影响的多层合采气井产能方程。启动压力梯度对气井的产能有不利的影响；理论模型计算结果表明，多层合采中层间干扰小，气井产量近似等于各小层单独开采条件下气层产量之和，实际测试资料与此存在矛盾主要是储层污染发生变化的缘故。

（3）致密岩性气藏开发动态分析方法

①针对致密气藏流体短时间内难以达到稳定，地层压力测试困难，研究得出采用多流压—多产量的线性拟合法和流动物质平衡外推法计算致密岩性气藏地层压力。

②优选出确定致密岩性气藏的单井动态储量的方法是油藏影响函数法、流动物质平衡法和采气曲线法，计算区块的动态储量方法是补给气藏物质平衡法和隔板型气藏物质平衡法。

③针对多层合采气井生产特征，开展气井产量、压力、稳产期及动态储量研究，形成了渗流特征法、不稳定流动分析法和数值模拟等多方法联合的气井动态分析技术。

（4）多层叠合致密岩性气藏开发技术政策优化

①开发层系优化。针对低渗致密气藏地质和开发特征，采用单一因素法对多层合采的影响因素（如储层物性、地层压力等）进行了机理性研究，确定出气井多层合采的技术界限和适用条件，实现了大牛地气田开发层系优化的定量评价。

②井网优化部署。在不同井型适应性研究的基础上，评价出不同井型的开发效果；综合考虑到气田的地质特征、开发经济效益及市场需求，采用地质综合研究、泄气半径法、经济评价法、数值模拟等方法确定出合理井距；为保证建产区储量控制程度和单井产能，综合储层展布、物性变化和储量叠合程度等因素，集地质研究、储层预测、气藏工程、经济评价于一体，形成地质研究、储层预测、产能评价"三统一"的优化布井技术。

③气井合理产量优化。针对致密低渗气藏渗流机理复杂、生产过程中产量波动大、

地层压力测试资料少的问题，提出渗流特征法、不稳定流动分析、数值模拟法以及经验统计法等多方法综合确定气井合理产量。

④合理采气速度确定。考虑到致密气藏渗流的复杂性，采用渗流方程和气藏物质平衡方程综合计算出不同采气速度下的稳产期。在大牛地气田的渗流特征研究的基础上，利用上述方法确定出大牛地气田在三年稳产期条件下的合理采气速度。考虑到气田的地质条件、气藏稳定供气和提高采收率的要求，综合确定大牛地气田的采气速度应在 1.5% 左右。

2. 技术指标

气井产能预测符合率大于 80%。

(三) 应用效果与知识产权情况

针对大牛地气田地质开发特点，通过科技攻关，形成了一套多层叠和致密岩性气藏储层立体刻画、产能评价、开发动态分析、开发技术政策优化等技术，解决了大牛地气田有效开发面临的关键技术难题，研究成果应用于大牛地气田 2011 ~ 2015 年新区产能建设开发方案设计和优化部署中，截至 2015 年底，大牛地气田产量快速增长，由 2011 年 $23.3 \times 10^8 m^3$ 增长到 $44 \times 10^8 m^3$。

二、致密砂岩气藏水平井开发关键技术

(一) 研发背景和研发目标

致密砂岩气藏是中国石化的主要气藏类型，是中国石化"十二五"天然气发展和产能建设的主阵地，但由于其储层薄、非均质性强、低孔、低渗、直井产量低、经济效益差，而分段压裂水平井是提高致密气产量及储量动用率的有效手段，而针对致密气藏水平井开发气藏精细描述、高产区优选和开发优化等方面存在较大问题，因此必须开展水平井开发关键技术攻关。

针对致密砂岩气藏水平井整体开发中存在的技术难题，利用气藏精细描述技术实现对致密砂岩储层定量表征，结合气藏工程及压裂机理研究，实现致密气藏压裂水平井地质、开发和工艺相结合的整体优化设计目标。首先开展致密砂岩气藏流体识别技术、地应力场分布特征及储层三维定量表征等研究，定量刻画储层及属性参数在三维空间的分布；其次在研究低渗储层微观渗流机理及压裂水平井近井地带气体渗流特征的基础上，建立气藏压裂水平井渗流模型，分析单井产量变化规律，优化水平井设计，确定开发合理参数，形成一套致密气藏压裂水平井气藏工程研究方法；第三通过开展

物理模拟实验和数值模拟研究，完善致密气藏水平井分段压裂的理论模型和设计理念，开展致密气藏水平井穿层和井组压裂优化设计研究，为致密气藏水平井分段压裂优化设计提供技术支持，最后研发具有自主知识产权的致密气藏水平井优化设计软件。

（二）技术内容及技术指标

1. 技术内容

（1）水平井测井评价技术

针对井眼条件和地层界面因素对水平井测井解释和流体识别精度的影响，建立了消除围岩干扰的电阻率校正水平井测井流体识别方法，研制出高精度双侧向曲线校正图版，提高了水平井储层参数计算和流体识别的精度。

（2）基于储层构型的三维地质建模

以储层构型为指导，采用多点地质统计学方法建立储层岩相模型和物性参数及饱和度模型，精细描述储层、隔层的空间分布特征，为水平井轨迹设计提供依据。新钻井与模型预测对比，模型总体误差在7%之内。同时进行了燕山期三维古地应力场建模；确定了相应井点处现今地应力值大小，构建了目的层段三维现今地应力场模型，模拟结果与井点地应力对比，总体吻合率达85%以上。

（3）压裂水平井产能预测技术

首先致密气藏储层应力敏感较强，储层物性随着气藏压力的下降物性发生变化，渗透率等参数成为生产时间的函数；其次实际压裂水平井的裂缝间距、裂缝半长和裂缝导流能力各不相同；再考虑非稳态流动过程，模型的建立与求解都是难点，综合考虑以上因素的产能预测模型还没有。本项目通过在模型控制方程的渗透率项引入应力敏感和启动压力梯度函数，再定义新的物质平衡拟时间和拟压力，把由于物性变化造成的非齐次方程进行线性化处理，从而求解任意裂缝半长、导流能力的单一裂缝在任意点位置的压力，再根据势的叠加原理，求取地层中任意一点的多裂缝叠加压力，在裂缝与水平井的交汇处建立产量方程组，采用高斯消元法求解，得到单裂缝和整个压裂井的产量，由此建立压裂水平井产能预测模型。该模型能够分析不同因素对产能的影响，成为致密气多段压裂水平井产能预测重要依据，为致密气的有效开发提供技术支持。

（4）水平井穿层压裂设计方法

明确了影响水平井穿层压裂的关键因素，开展了穿层压裂评价与优化。根据砂泥岩及界面处岩石力学性质，结合力学作用理论，建立界面穿层判断准则；建立基于岩石力学属性的穿层模型，明确影响裂缝穿层的关键因素；建立基于砂泥界面裂缝扩展模型的水平井穿层压裂设计方法。

（5）水平井组人工裂缝参数优化技术

建立水平井单井及井组压裂应力场动态变化的有限差分模拟方法；对比分析不同井组的布缝方式和压裂方式的应力变化特征（图4-3-2），结果表明，对于微裂缝发育程度较低的储层，采用交错布缝和顺序压裂的方式会增加储层的剪切应力（图4-3-3），获得有效裂缝；建立动态应力场变化的离散裂缝网络模型，优化裂缝参数。

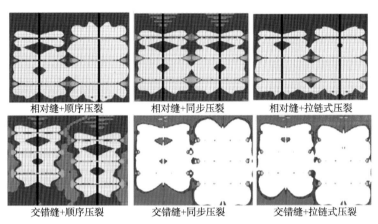

图4-3-2 水平井组压裂不同模式下的应力反转图

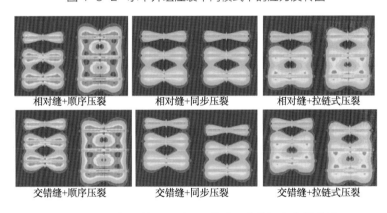

图4-3-3 水平井组压裂不同模式下的剪切应力增量图

（6）自主研发了"地质设计－压裂设计－产能预测－经济评价"一体化的致密气藏压裂水平井优化设计软件

软件具备数据管理、有利区优选、井轨迹设计、压裂设计、产能评价和经济评价六大功能模块可以实现单井、井组从"地质有利区筛选、地质设计、气藏工程设计、压裂施工参数设计到经济指标评价"的一体化设计，同时可以实现了以产能和经济效益为目标约束函数下单井、井组地质及压裂自动化设计，大大提高了压裂水平井设计的智能化程度。该软件包括数据管理、有利区筛选、单井和井组地质优化设计、压裂优化设计、产能预测以及经济评价等六个主要模块，可以实现数据管理及三维显示、有利区筛选、产能预测、经济评价以及水平井优化设计等五大功能，图 4-3-4 为软件主要模块及架构图。

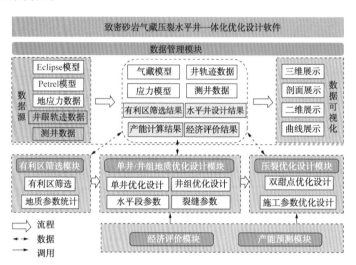

图 4-3-4　致密气藏压裂水平井优化设计软件架构图

2. 技术指标

①水平井测井解释符合率大于 85%。

②分段压裂水平井产能预测符合率达到 85% 以上。

③形成穿层压裂、井组压裂工艺的水平井压裂设计优化方法。

④编制自主知识产权的致密砂岩气藏水平井优化设计软件。

（三）应用效果与知识产权情况

上述技术成果已应用于鄂北大牛地气田及杭锦旗区块产能建设，编制了大牛地气田 2012 ~ 2015 年及杭锦旗 J58 井区开发方案，新建产能 $38 \times 10^8 m^3$，方案符合率 100%。

研究中申请国内专利 7 项、中国石化专有技术 1 项，获得软件著作权 2 项。

三、多层致密气藏稳产关键技术

（一）研发背景和研发目标

川西坳陷天然气多为低渗致密砂岩气藏，具有"低、小、散、差"的地质特点，即储量品质低，单砂体控制储量规模小，储量空间分布零散，砂体连片性差。

这些气藏分布广、类型多、地质特征复杂、开发难度大，其中最为典型的就是新场沙溪庙组气藏。新场气田沙溪庙组 (JS) 气藏发现于 1990 年，为多层叠置的大型中低孔致密超高压砂岩气藏，累计提交探明储量 $595.02 \times 10^8 m^3$，目前生产规模达到 $12 \times 10^8 m^3/a$，产量占西南油气分公司 40% 左右，是分公司主要的开发生产气藏。沙溪庙组 (JS) 气藏在先后经历了试采及工艺探索阶段，规模建产阶段，高速开发阶段，到 2006 ~ 2008 年实施的初步调整的开发历程中，抓住低渗致密气藏开发的特点和难点以及各阶段出现的问题，不断的深化气藏认识和推进工艺技术的进步，及时调整，实现了规模开发，取得了较好的开发效果。但随着气藏开发进入中后期，出现了老井井口压力低，递减加快，压力下降与采出程度不匹配；储量平面及纵向动用不均衡，总体动用程度低；非主产层大量难动用储量提高单井产能工艺技术不配套，有效动用难度大；主力气层平面非均衡开采严重，采收率低等突出问题，严重影响了气藏的持续稳产和开发效果的提高。如何深挖已动用主产层潜力和提高难采层储量动用程度，进一步完善配套工艺技术，实现持续稳产是当前气藏开发面临的巨大挑战。

针对沙溪庙组 (JS) 气藏开发中存在"三低、一快、一短"（难采层产能低、储量动用程度低、采出程度低、压力低、压力下降快、稳产期短）以及低效储量储层改造工艺不配套等制约气藏稳产的难题，以致密气藏储层精细描述和渗流机理研究为基础，以气藏工程优化设计、水平井分段压裂工艺技术攻关为关键，以开发地质、气藏工程及储层地质建模理论和方法为指导，进一步深化气藏认识，搞清剩余储量的分布和开发潜力，借助提高单井产能、储量动用程度为核心的分层压裂多层合采和水平井技术试验及推广应用的基础上，通过层系、井网井距、采气速度的优化调整并形成稳产综合调整技术，提高气藏储量动用程度和采收率，并在以新场沙溪庙组气藏为代表的致密砂岩气藏中推广应用。

（二）技术内容及技术指标

1. 技术内容

通过攻关研究，在低渗致密砂岩气藏有效储层预测、提高单井产能的分层（多层）压裂多层合采和水平井分段压裂工艺技术、难采储量动用以及气藏综合调整等方面取得了大量成果，形成了以下技术：

（1）致密砂岩气藏精细描述技术

运用基于云变换和孔隙体积权衡的储层参数建模方法改进和完善了低渗致密气藏开发早期和中后期有效储层预测方法技术，精细刻画出气藏各气层井间储层参数的空间分布和变化特征，搞清了新场 JS 气藏的有效储层展布，通过储量精细评价、分类动用，促进了气藏储量有效动用，为开发部署提供了有力技术支撑。

（2）异常高压致密气藏精细数值模拟技术

针对异常高压致密气藏地质特征、渗流机理和气藏井网井型等开采特征，充分考虑储层应力敏感性、气井产水和分段压裂水平井等复杂情况的影响，充分应用生产和测试资料，对生产压差、井筒压损等关键指标开展精细历史拟合，特别是对气井定压生产特征和水平井近井与井底流动的精细模拟，对于气藏模型的修正更加精确。

（3）致密气藏开发技术

室内实验与矿场实际相结合，完善了致密渗流机理对开发的影响研究，研究表明致密气藏由于其复杂地质特征导致其存在较高的启动压力梯度、较强的储层应力敏感性和较强的地层水锁伤害，流体渗流形态复杂，对于加砂压裂和气井产能均有较大影响，同时影响气藏的整体稳产能力；在低渗致密气藏渗流理论基础上，改进并提出了适合致密气藏动态分析的非稳态产能分析法，该方法考虑了气藏存在的启动压力梯度、应力敏感以及多层合采的特征，解决了气藏长期动态分析中缺乏地层压力资料的缺点，充分利用了大量不关井条件下的产量和井口压力资料，为气藏动态分析提供了一种实用、有效、快捷的方法；形成了致密气藏生产优化调控技术，利用气藏工程和数值模拟方法对地层压力和储层物性参数方面进行大量的计算分析，结合现场实际应用总结出了一种可快速、准确地判断多层气藏是否可以合层开采的技术界限新方法，并制定了多层合采技术界限图版；并在此基础上提出了单井调转层原则和调转层时机优化方法；完善了致密气藏井网加密和多层合采技术，综合气藏工程、钻井工艺和经济效益等方面因素，总结提出了多层气藏的井型（包括直井、定向井、水平井等）优选方法，制定了井型优选准则，提出了井型优选思路，设计了井型优选技术流程；形成了水平井优化设计与产能预测技术，地质、地震、气藏工程、采气工艺等多学科结合，总结形成了针对水平段方位、井网井距、水平段长度、靶点位置等关键参数的水平井单井优化设计技术；并在非稳态渗流理论基础上，优化设计了分段压裂水平井裂缝几何布局优化设计，结合水平井优化部署技术，指导现场实施取得增产显著效果。

（4）水平井多级多缝加砂压裂工艺

针对川西致密砂岩气藏地质特征，在不改变常规分段压裂的工艺实施过程的前提下，与限流压裂技术相结合，通过对储层段破裂压力及延伸压力的精确计算，利用可控的射孔孔眼参数设计、液体摩阻计算，达到一级改造形成多条人工裂缝，形成水平井多级多缝加砂压裂工艺。该新工艺改善了分段压裂水平井的渗流方式，扩大了渗流面积，提高了单井产能，同时大幅度降低了施工成本，经济效益显著，具有较好的现场推广价值。

（5）致密气藏稳产调整技术

以致密气藏复杂渗流机理为核心，以致密气藏储层改造技术为手段，以气藏工程优化设计为关键技术的稳产调整技术体系，采用纵向上"以优带差"，平面上"分区、分类"的老井利用、直井多层合采结合水平井井发动用难采储量，井网完善结合井网局部加密，分区地层压力控制和增压开采结合的致密砂岩气藏稳产开发模式，实现了气藏的持续高产与稳产。

2. 技术指标

①气藏综合递减控制在 8% ～ 10%、采收率提高 12% 左右。

②储层改造成功率 100%。

（三）应用效果与知识产权情况

上述关键技术和成果已在川西致密砂岩气藏开发中得到工业化应用及推广。2011 ～ 2015 年，川西中浅层产量稳中有升；保持产气量在 $20 \times 10^8 m^3$ 以上。

上述技术已在分段压裂水平井封隔器、管柱等方面取得了国内授权专利 7 项。

四、川西中浅层致密砂岩气藏高效开发水平井技术

（一）研发背景和研发目标

川西陆相侏罗系天然气资源丰富，总资源量达 $14368 \times 10^8 m^3$，随着川西中浅层致密砂岩气藏深入开发，水平井技术是川西致密砂岩气藏高效开发的核心技术，具有不可替代的作用。但由于地层地质条件的复杂性，钻遇地层岩石物理性质差异大、纵向具多压力系统、且具异常高压特性、地层裂缝发育、非均质性强、气水分布的不确定性等，使得区内水平井钻进施工作业存在诸多难点，易发生井下复杂事故，影响工程作业效率。另外，川西中浅层主力气藏开发逐渐进入中后期，未动用储量储层品质差，常规直井开采经济效益差，难动用储层的高效开发成为提高开发效果、实现中浅层稳产的主要途径。

针对川西中浅层致密气藏水平井钻进过程中的轨迹控制难度大、钻进效率低、井壁失稳等技术难点，开展了井身结构优化、井眼轨迹控制、钻井液新技术、提速提效工具与工艺等方面的研究，形成一套适用于川西致密砂岩气藏长裸眼水平井钻井提速配套技术，达到提高机械钻速和钻完井效率、缩短周期、降低成本的技术目标。同时，在川西致密气藏前期水平井开发工艺技术的基础上，通过一系列技术攻关，完善目前的水平井分段压裂工艺及配套技术，最终形成适合于川西致密气藏的水平井分段压裂工艺技术体系，实现水平井高效开发难动用储量、提高气藏采收率。

（二）技术内容及技术指标

1. 技术内容

（1）长裸眼水平井井身结构设计技术

将二开井段直井段、造斜段与水平段设计于同一裸眼段，优化三开制水平井井身结构为二开制；针对二开制水平井中油层套管难以下放到位问题，进一步优化加长一开井段长度，二开采用加重钻杆送放 $\varPhi$139.7 mm 尾管技术，保证尾管下放到位。

（2）长裸眼水平井高效轨迹控制技术

采用"多增式"井眼轨迹优化技术，将"双增"剖面优化为"多增"剖面，有效解决初期造斜能力不足问题；缩短造斜段长，减小大井斜段岩屑堆积带来的风险，利于实现储层探项目的。

研发配套 1.5° 短轴高造斜单弯螺杆和定向井单弯螺杆钻具组合力学分析及结构优化软件，形成川西中浅层致密砂岩气藏水平井轨迹高效精细控制技术。现场实践表明该技术满足长裸眼水平井定向施工要求，降低造斜段滑动钻进井段比例 7.4%，提高水平段复合钻进段长比例 11% 以上。

（3）高润滑性聚胺仿油基、强抑制钾石灰钻井液体系

针对马井—新场—孝泉长裸眼水平井摩阻大、井壁失稳等技术难题，研制了胺基抑制剂 NH—1，研发出高润滑性聚胺仿油基钻井液体系。该体系抑制性强，润滑性能明显优于常规聚磺和聚磺混油钻井液体系，突破传统仿油基抗温限制，体系抗温达 150℃，滤液接触角接近于机油 54°。有效解决了马井—新场—孝泉构造中浅层长裸眼水平井井壁失稳技术难题；同时，针对中江—高庙区块沙溪庙组易井壁失稳的特点，形成了适用于中江—高庙区块沙溪庙组快速钻进的钾石灰钻井液体系，该体系具有低粘高切、强抑制、强封堵、低滤失的特点。有效解决了中江—高庙构造蓬莱镇—遂宁组井壁易失稳，以及沙溪庙组水平段扭矩摩阻大、易卡钻卡套管等技术难题。

（4）长裸眼水平井提速工具配套技术

结合区块地质特性及实钻效能分析，优选配套个性化 PDC 钻头、7LZ 大扭矩螺杆高效动力钻具和水力振荡器，形成了长裸眼水平井提速工具配套技术，现场应用表明滑动钻进摩阻平均降低 80～100kN，造斜段提速 35%，水平段提速 51%，平均减少起下钻 3 次。

（5）长裸眼水平井高效测井工艺技术

对川西致密砂岩气藏长裸眼水平井测井状况进行分析，优化泵出式测井和钻具输送湿接头测井工艺，形成长裸眼水平井高效测井工艺技术，降低测井阻卡风险，显著提高了测井一次成功率。

（6）致密气藏水平井压裂工艺技术

在室内实验和研究的基础上，进行了水力喷射施工参数的优化，建立了油管与环空内流体沿程压耗的计算模型和不同喷嘴直径条件下喷嘴压降与排量关系计算方法，研究形成了水力喷射压裂施工压力预测和施工参数设计方法，以及"过交联"压裂液技术。同时将常规水力喷射压裂技术和多级滑套压裂方法相结合，形成的高压气井不动管柱水力喷射分段压裂工艺技术，克服了常规水力喷射需要压井作业和施工不连续的局限，该技术适用于裸眼井、衬管井和套管井。

开展以封隔器等为主的机械分段压裂井下工具优化选型研究、配套分段压裂管柱结构研究，封隔器管柱顺利下入以及提高施工工艺成功率等配套关键技术的研究，并开展封隔器分段压裂的施工工艺研究，形成封隔器分段压裂工艺技术。

（7）水平井压裂配套工艺技术研究

为提高水平井压裂成功率和有效率，研究形成了包括水平井压裂施工风险防控措施、施工材料优化、快速返排防砂技术在内的水平井分段压裂配套工艺技术。针对水平井压裂施工多裂缝易砂堵、长水平段支撑剂传输沉降等风险，优化形成了包括测试压裂、段塞技术等在内的系列风险防控措施；针对水平井压裂特点，优化形成了以"高黏低伤害、多级分段破胶、过交联"为特色的水平井压裂液配方技术；研究形成了优化压裂液助排性能、液氮伴注、采用大油嘴快速放喷排液、强制闭合、捕球配套技术的集成返排工艺，形成了定向射孔防砂技术、尾追纤维防砂技术。

2. 技术指标

① "多增式"井眼轨迹优化技术缩短定向段钻井周期 5% 以上

② 1.5° 短轴高造斜率单弯螺杆能够实现最大造斜率 53° /100m，国内外同类技术最大造斜率为 42° /100m。

③ 定向井单弯螺杆钻具组合力学分析及结构优化设计软件计算误差度 15%，国内外同类技术计算误差度 30%。

④ 聚胺仿油基钻井液体系抗温最高达 150°，应用密度 1.10 ～ 2.20g/cm³，同类技术国内外未见相关报道。

（三）应用效果与知识产权情况

攻关形成的川西中浅层致密砂岩气藏水平井高效开发钻井工艺技术在川西先导试验 10 余口井，现场推广应用 280 余井次，效果显著。刷新川西钻井周期、机械钻速、台月效率、最大水平位移等 17 项纪录。其中，什邡 115-1HF 井创川西水平井钻井周期最短、机械钻速和台月效率最高、位垂比最大纪录；XS1-1H 井创川西地区浅层水平段最长 1514.19m 的水平井新纪录；江沙 33–21 井创同区块钻井周期最短、台月效率最高、平均机械钻速最高纪录。

通过技术的推广应用，单井平均节约套管 900m，共计节约套管 25.2×10⁴m，单井平均节约钻头、泥浆材料、燃动费及其他钻井材料约 65 万元，"定向周期比例和斜井段长比例"由 1.72 下降至 1.28，平均机械钻速较前期施工井提高 30.07%，钻完井周期平均缩短 16.93 天，解决了川西中浅层致密砂岩气藏开发水平井过程中的井壁失稳、井下托压等技术难题，大大缩短了钻井周期，降低了井下复杂事故发生率。

水平井压裂技术现场试验 29 口井，成功率 100%，平均分 6 段，平均加砂规模 171.2m³，改造后平均单井产量是直井的 7.0 倍，平均单井输气产量 3.7×10⁴m³/d（之前不到 0.5×10⁴m³/d）。水平井技术的应用新增动用储量 52.5×10⁸m³、新增可采储量 24.8×10⁸m³，已实施水平井新增产能 3.5×10⁸m³/a，新增产值 4.55 亿元，新增利润 2860 万元。

申报国内专利 12 项，授权 6 项，获得软件著作权 1 项。

第四节　高含硫天然气藏高效开发技术

一、超深层缓坡型礁滩相气藏精细刻画技术

（一）研发背景和研发目标

元坝长兴组气藏超深层（深度超过 7200m），而国内外已开发的气藏最大深度为 6000m 左右；礁滩体小，而且分散，纵向上有多个礁滩体叠置，礁滩间连通性差；储层薄，与非储层形成互层组合；储层物性差，以 Ⅲ 类储层为主，非均质性强，与非储层在纵向上和横向上的区分均较困难；气水关系复杂；气藏高含 H_2S、中含 CO_2。加之地震主频低，储层预测困难；含气面积大，钻井控制程度低；储量丰度低，单井控制储量低；测试时间短，测试产能低。所有这些因素，导致对气藏地质特征认识程度低，对气井产能评价不准，开发技术政策制定十分困难。国内外对超深层高含硫化氢低渗礁滩相储层岩性气藏研究很少，公开文献中没有相关方面介绍。国外仅土库曼斯坦的阿姆河右岸区块与元坝气田长兴组气藏地质特征比较相似。但其礁滩体较大，H_2S、CO_2 含量较少，加之埋深比元坝小得多，开发难度上远较元坝气田长兴组气藏小。另

外，元坝气田在储层发育环境、储层展布、储层物性、气水关系、埋深等方面与普光气田存在较大差别，国内外开发经验难以满足元坝长兴组超深层高含硫化氢低渗礁滩相储层岩性气藏开发需要。

以地质资料为基础、测井信息为桥梁、地震信息为主要手段，在沉积相研究、测井精细解释、储层及含气性预测的基础上，精细刻画礁、滩体空间展布及内部结构；综合利用岩心、录井、分析化验及测试等资料，优选评价方法及参数，对储层进行综合评价，明确有利储层分布状况；利用多种资料，动静结合，落实气藏气水分布；以地质统计学为工具，采用随机建模方法，建立长兴组礁、滩相三维地质模型，并确定可动用储量规模；应用气藏工程理论方法、数值模拟技术和经济评价技术，研究井网、井型和合理井距、合理产量、废弃压力等开发技术政策，为元坝气田开发方案编制提供依据。

（二）技术内容及技术指标

1. 技术内容

（1）地层与沉积微相研究

在气田周缘寻找相似相带的露头，开展了地层层序划分、岩性特征及组合描述、沉积微相及其演化研究；同时开展澳大利亚大堡礁现代沉积研究，建立了缓坡型礁滩体发育规律和展布特征概念模型。

针对所有钻遇长兴组气藏的井，收集了所有的录井、测井资料，观察了岩心和部分岩屑，开展了每口井综合研究，根据单井岩性、电性的旋回性来划分地层层序和沉积微相，明确了沉积环境演化及不同环境岩性组合、可能发育的储层岩性及物性特征，编制了各井的单井相图。

以区域沉积模式为指导，开展了不同方向井间层序与沉积微相对比，同时开展了与地震剖面的反复对比、反复修正，直到井震一致；分析了井间沉积变化及生物礁相、生屑滩相纵横向分布规律。

分早期（滩相沉积期）和晚期（礁滩相沉积期），利用地震资料开展了地震相研究、古地理恢复和属性分析；结合单井相及连井相研究成果，研究了沉积相平面展布，分析了礁、滩体空间分布规律，建立了沉积模式。

（2）测井精细解释

针对所有钻遇长兴组气藏的井，利用地质、常规测井、FMI、岩心分析、测试等资料，适当补充采取岩心样品以分析储层岩性、物性和含气性，开展了长兴组"四性"关系研究，建立了礁滩相储层测井解释模型，开展了储层流体性质判别方法研究，制订了气、水层解释标准，开展了测井精细解释，并对储层进行了综合评价。

（3）储层预测及礁、滩精细刻画

以近期新处理地震数据体为基础，分上下两段开展了储层预测及礁、滩体精细刻画工作。以沉积模式为指导，建立了初始地质模型，利用聚类分析、神经网络等技术，利用重构储层指示曲线开展了沉积模式约束下的储层预测；利用古地貌分析，结合常规地震数据体、波阻抗反演数据体，多手段精细刻画了礁、滩相储层分布特征。

以沉积模式为指导，根据元坝气田长兴组储层岩性复杂、物性较差等特点，提取了能够反映储层特征的地震属性，以模型正演结果为依据，优选有效属性，根据地震属性异常特征，定性预测了储层展布范围。

针对元坝气田礁、滩相储层较薄、岩性复杂、非均质性强、物性较差、不同类型储层交错分布，储层预测难度大的问题，开展重构储层指示曲线研究。

通过储层地震相研究，确定了礁、滩相空间展布，以礁、滩相沉积模式为指导，建立了初始地质模型，结合储层正演分析结果，利用分形等技术，开展了沉积模式约束下的储层指示曲线反演和孔隙度反演，预测了储层厚度。由于部分地层泥质含量较高，故对泥质的测井响应特征进行分析，重构测井曲线，开展拟声波反演去除泥质岩性对储层预测的影响。

由于局部储层发育裂缝，故本次研究中，选取西部一定区域，开展了叠前裂缝预测，探索了裂缝预测方法，分析了裂缝分布特征。

针对规模较大的礁体和滩体，利用古地貌分析，结合常规地震数据体、波阻抗反演数据体，采用三维可视化等多手段精细刻画了礁、滩体的形态、内部结构，有利储层的分布特征。

（4）礁、滩相储层含气性预测

利用叠前、叠后资料，对含气性预测方法进行研究，优选了对含气性敏感的属性来预测含气性，并应用沉积模式进行指导，去除岩性等因素造成的干扰，确定了目的层有利含气区带。

（5）开发政策研究

充分利用元坝区块测试资料，应用测试分析理论与技术、气藏工程方法和经济评价技术，开展了气藏区内所有测试井的不稳定试井分析和产能评价，评价元坝区块长兴组储层参数和气井产能，分析产能分布状况；同时钻取岩心开展了相渗、毛管压力和应力敏感实验，研究高含硫低渗透超深层气藏开发技术政策和界限；从储层组合类型和不同井型储量动用情况分析出发，研究不同目标的使用井型，并按照最优化要求，依据经济极限井距、动用半径、定产条件下不同目标井距等确定合理井距；根据水体大小、气层厚度、储层物性、采速与采收率关系研究，以及不同采速下水体推进情况模拟、不同地质条件下无水采气期、稳产期采出程度等模拟，研究确定含水气藏开发对策；对废弃压力等分析细化到每一口井；对气藏产能的确定也细化到每一口井。

2. 技术指标

①形成复杂礁滩相储层内部结构精细刻画技术。

②形成基于地质、工程、经济的有利目标区综合评价及优选技术。

③建立一套适用于元坝气田礁滩相储层及含气性预测的技术方法，储层预测符合率达 80%。

④提出适合元坝礁滩相气藏安全有效开发政策。

（三）应用效果与知识产权情况

经过 7 年多持续技术攻关和开发实践，形成了缓坡型台缘礁滩沉积相精细描述技术，建立了储层发育模式；形成了礁滩相储层预测技术和礁滩体内部三维可视化精细雕刻技术，建立了三种礁滩储层结构模型和一种滩相储层结构模型；建立了测井、地震多参数及信息融合的礁滩相储层含气性预测技术，明确了含气富集区带；提出了最优化理论指导下的超深层礁滩相气藏开发技术政策，解决了超深层礁滩相高含硫含水气藏开发面临的关键技术难题。项目研究取得的成果在元坝气田开发中得到全面应用，有效指导了元坝气田开发生产、产能建设。

① 编制完成了元坝长兴组气藏试采区及滚动区 $34 \times 10^8 m^3/a$ 净化气开发方案，顺利通过中国石化总部审定。已投产 21 口井，单井日产量（$30 \sim 60$）$\times 10^4 m^3/d$，达到方案设计。

② 钻井实施效果良好。部署设计新井 25 口，目前已完钻 15 口，测试 11 口，均获高产工业气流：产气量（31.6 ~ 104.7）$\times 10^4 m^3/d$，计算无阻流量（134 ~ 619）$\times 10^4 m^3/d$。利用失利的勘探（评价）井侧钻并优化井轨迹 2 口，均获得了工业气流。

③ 申报国内发明专利 3 项。

二、大湾高含硫气田水平井高效开发关键技术

（一）研发背景和研发目标

大湾气田包括大湾、毛坝两个断块，共探明飞仙关组、长兴组天然气地质储量 $1267.84 \times 10^8 m^3$，含气面积 $42.15 km^2$。与已成功开发的普光高含硫气田相比，构造较为复杂，主力含气层段厚度薄（$30 \sim 50m$），平面变化大，丰度低，储量品位相对较差。气田开发主要存在以下难题：

一是大湾气田储层为超深礁滩相薄互层云、灰岩，空间展布连续性差，优质储层受孔隙和裂缝双重因素控制，微裂缝识别难度大，必须攻克礁滩相双重介质薄层中优质储层精细刻画的难题；二是针对大湾高含硫气藏具有明显的裂缝—孔隙双重介质特点，必须研究硫沉积影响的气—水与气—液硫渗流规律，建立双重介质渗流模型，准确预测开发指标，攻克该类气藏开发经济技术政策优化的难题；三是礁滩相薄层开发井提高单井控制储量和产能，必须研究超深层长井段水平井安全钻完井技术，攻克井眼轨迹控制难度大、钻井摩阻扭矩大、固井气窜风险高的技术难题；四是长井段水平井射孔起爆点多，现有传爆技术能量衰减大，射孔枪起爆、传爆风险高，射孔弹碎屑易掉入套管造成卡枪事故，必须攻克高含硫长井段水平井安全射孔难题；五是高含硫长井段裸眼水平井分段酸压国内外尚无先例，硫化氢上窜风险大，段内均匀布酸难度大，酸液返排时间长，必须攻克分段酸压（化）技术和井控难题。

研究以气藏静态资料、动态资料为基础，以高效开发气藏为核心，采用室内研究与现场应用、地质与工程相结合的研究思路，通过"认识—实践—再认识"，研究形成了一套适合大湾气田超深层、非均质、高含硫碳酸盐岩薄层的水平井开发技术。一是开展气藏精细描述，从岩相识别、裂缝识别、优质储层空间预测和双重介质储层建模等方面精细刻画礁滩相薄层；二是开展开发技术经济政策等方面的研究，论证大湾气田采用水平井开发的可行性，对大湾气田的井位部署进行优化，确保少井高产，同时，围绕"钻遇优质储层、培育高产气井"思路，开展优化水平开发井设计，重点解决储层深度的准确定位，开展靶点位置、水平井段长度等参数优化，确保气井钻遇较厚优质储层；三是研究基质与裂缝间窜流、硫析出及储层应力敏感性，建立高含硫双重介质气藏气—水和气—液硫综合渗流数学模型，耦合离散裂缝模型与基质模型，开展高含硫双重介质气藏数值模拟技术研究，确定气井投产井段、射孔参数、储层改造措施等，优化投产设计，以最大限度提高单井产能；四是针对大湾高含硫气田超深水平井水平段长，井眼轨迹控制难度大、钻井摩阻扭矩大、长水平段固井气窜风险高，开展高含硫气藏超深水平井安全钻完井技术研究；五是针对长井段水平井射孔起爆点多，现有传爆技术能量衰减大，射孔枪起爆、传爆风险高，射孔弹碎屑易掉入套管造成卡枪事故等难题，通过研制大破片射孔弹、研究抗冲击安全起爆技术和隔板增能传爆技术，开展超深高含硫水平井防卡枪安全射孔技术研究；六是针对大湾高含硫水平井均匀布酸、残酸返排、施工井控等技术难题，设计防窜防喷分段酸压—生产一体化管柱，优化酸压裂缝参数及布酸剖面，研制快速返排、低滤失的水平井分段酸压酸液体系，研究高含硫水平井分段酸压工艺。通过高含硫超长井段水平井的投产新技术的应用，确保了气田的高效开发。

（二）技术内容及技术指标

1. 技术内容

通过开展气藏精细描述、开发技术经济政策、井位部署、井位设计、投产设计、钻固井技术、射孔技术、投产工艺技术等方面的研究，取得以下主要成果：

① 针对大湾区块气藏埋藏深、储层非均性强、气水关系复杂等地质特点，通过开展气藏构造解释、沉积相特征研究、储层特征表征及储层跟踪预测、气水层识别等方面研究，形成了礁滩相云、灰岩薄互层气藏精细描述技术，建立了裂缝—孔隙型双重介质模型，实现了开发井钻遇气层厚度符合率 89.3%，优质储层厚度占总储层厚度的 73%。

② 针对大湾裂缝—孔隙性高含硫气藏具有硫沉积伤害、窜流等特殊渗流特征，建立气—水和气—液硫综合渗流数学模型，解决了高含硫双重介质气藏数值模拟的技术难题，创新形成了高含硫双重介质气藏开发指标优化技术。

③ 针对大湾气田地质特点，按照"整体部署，分批实施，跟踪分析，优化调整"井位优化设计思路，建立一套适合大湾气田"一精二优三跟踪"水平井井位优化设计方法。综合考虑井距、储层展布、井控储量、经济指标等，优选水平井井位；建立单井数值模型，优化水平井设计参数（井斜角、水平段长、靶点位置）；实时跟踪分析，及时优化调整井眼轨迹，多钻优质储层。

④ 针对大湾气田水平井深度大、优质储层薄、高含 H_2S 和 CO_2、井底高温高压、穿越地层复杂，研发降摩减阻工具和降摩阻钻井液体系，确定川东北地区 MWD 选配方案，开展长斜井段轨迹控制攻关，设计抗高温耐腐蚀防窜水泥浆体系。

⑤ 针对大湾气田开发井具体情况，优化投产设计。考虑井型、储层发育及连通状况、气水关系、试气情况、固井质量等，建立单井地质模型，模拟优化气井投产层段；分析射孔完井对产能影响因素，模拟优化射孔参数；建立大湾气田水平井产能预测经验公式，指导合理配产。

⑥ 针对大湾裸眼水平井水泥塞厚度大且处于造斜段，钻塞易发生开窗事故的风险，研究裸眼水平井井井筒处理技术。应用单弯螺杆 MWD 随钻技术，结合岩屑、钻时、悬重录井，消除裸眼造斜段钻塞开窗、套管磨损、卡钻风险，确保裸眼钻塞轨迹沿着原井眼钻进；采用预通井、单铣柱通井和双铣柱模拟通井等综合处理措施，解决裸眼井井壁不规则、碎块脱落、泥饼粘卡等问题，同时采用钻杆下入分段管柱和油管"二次回接"的完井施工工艺，确保分段完井管柱顺利下入；集成应用防喷器组、内防喷组合、"隔断球座＋封隔器"三层次关井管柱、屏蔽暂堵技术，结合气测录井、作业泥浆循环脱气等工艺，保证高含硫气井长时间起下钻作业的井控安全。

⑦针对水平井超长井段射孔易发生传爆失败、射孔后起枪卡钻等风险，优化长井段水平井射孔工艺。研制隔板增能器、大破片射孔弹等装置，优化双路高精度延时装置的性能，提高射孔枪串传爆的可靠性，降低射孔卡枪的风险。

⑧针对大湾水平井储层埋藏深、井段长、非均质性严重造成的酸岩反应速度快，笼统注酸难以实现目的层均匀布酸的技术难点，在机械卡封分段的基础上，通过数值模拟和室内实验，优选缓速性能好的胶凝酸体系作为改造的主体酸液，通过添加配伍性好的高效起泡剂、助排剂，提高酸液返排性能及返排率；研制温控型酸溶暂堵剂，在段内实现酸液分流转向；优化"胶凝酸多级注入 + 闭合裂缝酸化"的技术模式；设计防窜防喷分段酸压、生产一体化管柱，达到井下关井、环空关井和井下安全阀关井和有效分段的目的；实现高含硫气藏长水平段水平井的分段均匀改造，最大限度地释放单井产能。

2. 技术指标

①储层预测符合率达 89.3%。

②钻井成功率 100%。

③井轨迹符合率 90%，固井合格率 100%。

④水平井长井段一次性射孔段跨度最长达 1215.5m，发射率 100%。

⑤完井管柱一次性下井到位成功率 100%，水平井分段改造工艺成功率 100%。

（三）应用效果与知识产权情况

成果直接应用于大湾礁滩相薄层高含硫气田产能建设，产能达到 $30 \times 10^8 m^3/a$，建成了我国第一个水平井整体开发高含硫气田；方案优化后，开发井数由原方案设计的 25 口优化到 13 口，新钻井全部采用水平井，单井配产由 $36 \times 10^4 m^3/d$ 提高到 $70 \times 10^4 m^3/d$，节约土地 80 亩，节约投资 16 亿元，内部收益率由 12.6% 提高到 17.9%，开发效益大幅提高。

项目成果还有效指导了元坝气田产能建设，通过气藏水平井优化设计，钻遇气层厚度达到或超过方案设计；8 口水平井实钻气层厚度在 222.4 ～ 1010.5m 之间，单井平均 597.2m，均达到或超过方案设计；钻遇气层品质较好，Ⅰ + Ⅱ类储层厚度占总厚度的 73%，Ⅲ类储层占总厚度的 27%；水平井实测产能均超过方案设计指标，预测符合率 91.1%，确保了大湾气田建成 $30 \times 10^8 m^3/a$ 产能。

申请国内专利 15 项，软件著作权 2 项。

主要参考文献

［1］郑和荣.中国中西部四大盆地碎屑岩油气地质与勘探技术新进展 [J]. 石油与天然气地质，2012.8.

［2］李剑，魏国齐，谢增业，等.中国致密砂岩大气田成藏机理与主控因素—以鄂尔多斯盆地和四川盆地为例 [J]. 石油学报,2013,34(1):14-28.

［3］胡宗全，等.中国中西部四大盆地碎屑岩油气成藏体系及其分布规律 [J]. 石油与天然气地质，2012.8.

［4］王芙蓉，何生，何治亮，等.准噶尔盆地腹部永进地区深埋侏罗系砂岩内绿泥石包膜对储层物性的影响 [J]. 大庆石油学院学报,2007.31(2):24-27.

［5］廖建波，刘化清，林卫东.鄂尔多斯盆地山城一演武地区三叠系延长组长 6 一长 8 低渗储层特征及成岩作用研究 [J]. 天然气地球科学,2006,17(5):682-02.

［6］张哨楠.致密天然气砂岩储层：成因和讨论 [J]. 石油与天然气地质,2008,29(1): 1-10.

［7］尹 伟，等.鄂南镇泾地区延长组油气富集主控因素及勘探方向 [J]. 石油与天然气地质，2012,4.

［8］董臣强，洪太元，王军.准噶尔盆地腹部地区中生界低孔渗储层成因分析 [J]. 油气地球物理，2007,5(3):58-61.

［9］李嵘，吕正祥，叶素娟.川西坳陷须家河组致密砂岩成岩作用特征及其对储层的影响 [J]. 成都理工大学学报,2011,38(2): 147-155.

［10］杨晓萍，赵文智，邹才能，等.低渗透储层成因机理及优质储层形成与分布 [J]. 石油学报,2007,28(4):57-61.

［11］赵澄林，刘孟慧.碎屑岩储层砂体微相和成岩作用研究 [J]. 石油大学学报 (自然科学版) [J].1993,17:1-7.

［12］尹伟.鄂南地区中生界油气成藏体系划分与富集区预测 [J]. 石油与天然气地质，2012.8.

［13］田景春，郑和荣.济阳坳陷馆陶组河流相砂体储集性及控制因素研究 [J]. 矿物岩石.1999,19(4)：35-39.

［14］黄思静，黄培培，王庆东，等.胶结作用在深埋藏砂岩孔隙保存中的意义 [J]. 岩性油气藏,2007,19(3):7-13.

［15］王新民，郭彦如，付金华.鄂尔多斯盆地延长组长 8 段相对高孔渗砂岩储集层的控制因素分析 [J]. 石油勘探与开发.2005,32(2):35-38.

［16］刘春燕, 等. 碎屑岩中的碳酸盐胶结特征—以鄂南富县地区长 6 砂体为例. 中国科学, 2012.10.

［17］崔景伟, 朱如凯, 吴松涛, 等. 致密砂岩层内非均质性及含油下限－以鄂尔多斯盆地三叠系延长组长 7 段为例 [J]. 石油学报, 2013,34(5): 877-882.

［18］尹 伟, 等, 2011.12. 鄂尔多斯盆地南部镇泾地区典型油藏动态解剖及成藏过程恢复. 石油实验地质.

［19］王少依, 张惠良, 寿建峰, 等. 塔中隆起北斜坡志留系储层特征及控制因素 [J]. 成都理工大学学报, 2004,31(2): 148-152.

［20］刘春燕, 等. 鄂尔多斯盆地富县地区上三叠统长 8 砂岩储层物性的主要控制因素. 地质科学, 2011.10.

［21］李易隆, 贾爱林, 何东博. 致密砂岩有效储层形成的控制因素 [J]. 石油学报, 2013,34(1):71-82.

［22］崔景伟, 朱如凯, 吴松涛, 等. 致密砂岩层内非均质性及含油下限 [J]. 石油学报, 2013,34(5):877-882.

［23］包友书. 构造抬升剥蚀与异常压力形成 [J]. 石油与天然气地质, 2009,30（6）, 684-689.

［24］陈占坤, 吴亚生, 罗晓容, 等. 鄂尔多斯盆地陇东地区长 8 段古输导格架恢复 [J]. 地质学报, 2006, 80(5): 718-724.

［25］邓宏文, 钱凯. 深湖相泥岩的成因类型和组合演化 [J]. 沉积学报, 1990, 8(3): 1-21.

［26］丁晓琪, 张哨楠, 易超, 等. 鄂尔多斯盆地镇泾地区中生界油气二次运移动力研究. 天然气地球科学, 2011c, 22(1): 66-72.

［27］郝石生, 贺志勇, 高耀斌, 等. 恢复地层剥蚀厚度的最优化方法 [J]. 沉积学报, 1988, 6（4）, 93-99.

［28］纪友亮, 张世奇, 李红南, 等. 固态沥青对储层储集性能的影响 [J]. 石油勘探与开发, 1995, 22(4): 87-92.

［29］金之钧, 张金川. 深盆气成藏的关键地质问题. 地质论评, 2003, 49(4): 400-406.

［30］李书兵, 川西坳陷中段上三叠统成藏年代学及流体演化特征研究, 成都理工大学博士论文, 2007.

［31］刘金库, 彭军, 刘建军, 等. 绿泥石环边胶结物对致密砂岩孔隙的保存机制—以川中—川南过渡带包界地区须家河组储层为例 [J]. 石油与天然气地质, 2009, 30(1): 53-58.

［32］刘明洁, 刘震, 刘静静, 等. 鄂尔多斯盆地上三叠统延长组机械压实作用与砂岩致密过程及对致密化影响程度 [J]. 地质论评, 2014, 60(3): 655-665.

［33］罗静兰, 刘小洪, 林潼, 等. 成岩作用与油气侵位对鄂尔多斯盆地延长组砂岩储层物性的影响 [J]. 地质学报, 2006, 80(5): 664-673.

［34］罗晓容，雷裕红，张立宽，等．油气运移输导层研究及量化表征方法．石油学报，2012，33(3)：428-436．

［35］潘高峰，刘震，赵舒，等．砂岩孔隙度演化定量模拟方法—以鄂尔多斯盆地镇泾地区延长组为例．石油学报，2011，32(2)：249-256．

［36］王瑞飞，孙卫．储层沉积—成岩过程中物性演化的主控因素[J]．矿物学报，2009，29(3)：399-404．

［37］武文慧，黄思静，陈洪德，等．鄂尔多斯盆地上古生界碎屑岩硅质胶结物形成机制及其对储集层的影响[J]．古地理学报，2011，13(2)：193-200．

［38］刘向君，夏宏泉，赵正文，1999，砂泥岩地层渗透率预测通用计算模型．西南石油学报，21(1)：10-20．

［39］施行觉，夏从俊，吴永刚，1998，储层条件下波速的变化规律及其影响因素的实验研究．地球物理学报，41(2)：231～241．

［40］张璐，印兴耀，孙成禹．双相介质的 AVO 正演模拟．地球物理学进展，2005，20(2)：319-322．

［41］施行觉，徐果明，靳平，卢振刚，刘文忠，1995，岩石的含水饱和度对纵、横波速度及衰减影响的实验研究．地球物理学报，38 Supp 1：281-287．

［42］雍世和，张超谟．测井数据处理与综合解释．山东东营：石油大学出版社，1996．

［43］殷八斤，曾灏，杨在岩．AVO 技术的理论与实践．北京：石油工业出版社，1995．

［44］Aki K and Richard P．著，李钦祖与邹起嘉译．定量地震学—理论和方法（第一卷）．北京：地震出版社，1986．

［45］汪恩华，贺振华，李庆忠．薄储层厚度计算新方法探索，物探化探计算技术，2001，23(1)：22-25．

［46］汪恩华，贺振华，李庆忠．基于薄层的反射系数谱理论与模型正演，成都理工学院学报，2001，28(1)：70-74．

［47］刘亚茹．储层流体特征及 AVO 地震响应分析．中国西部油气地质，2007，3(1)：85-89．

［48］张钋，刘洪，李幼铭．射线追踪方法的发展现状．地球物理学进展，2000；15（1）：36-45．

［49］赵国敏等，层状弹性介质中地震波运动学问题研究，长春地质学院学报，1995，第25卷，第3期．

［50］张玉芬等．多参数约束反演及其应用．地球科学，1997，22(2)：219-222．

［51］刘书会，张繁昌，印兴耀，张广智．砂砾岩储集层的地震反演方法．石油勘探与开发．2003：124-128．

［52］奚先，姚姚．二维粘弹性随机介质中的波场特征分析．地球物理学进展，2004，9.

［53］陈树民等．松辽盆地地层吸收特性和地震波衰减规律研究．地球物理学进展，2001，12.

［54］陈建江，印兴耀．基于贝叶斯理论的 AVO 三参数波形反演．地球物理学报，2007，50 (4)：1251-1260.

［55］王永刚，乐友喜，刘伟等．地震属性与储层特征的相关性研究，2004，28(1)，26 ~ 30 .

［56］准噶尔盆地东部侏罗纪含煤岩系沉积环境及基准面旋回划分．沉积学报．2006,24(3).378-386.

［57］松辽盆地杏山地区火山岩储层分布地震地质综合预测研究．特种油气藏．2003,10(1).95-98.

［58］郑荣才，文华国．鄂尔多斯盆地上古生界高分辨率层序地层分析．矿物岩石，2002,22(4).66-74.

［59］朱宏权，徐宏节．鄂尔多斯盆地北部上古生界储层物性影响因素．成都理工大学学报（自然科学版）．2005,32(2).133-137.

［60］宋子齐，王静，路向伟等．特低渗透油气藏成岩储集相的定量评价方法．油气地质与采收率．2006,13(2).21-23.

［61］袁志祥，陈洪德，陈英毅．鄂尔多斯盆地塔巴庙地区上古生界天然气富集高产特征．成都理工大学学报（自然科学版），2005(6).

［62］孙明，李治平，樊中海．流固耦合渗流数学模型及物性参数模型研究 [J]．石油天然气学报，2007,12,:29(6),115-119.

［63］俞绍诚．陶粒支撑剂和兰州压裂砂长期裂缝导流能力的评价 [J]．石油钻采工艺．1987，7(5).

［64］王鸿勋，张士诚．水力压裂设计数值计算方法 [M]．北京：石油工业出版社，1998.

［65］宁正福等．低渗透油气藏压裂水平井产能计算方法 [J]．石油学报，Vol(23),No(2) Mar.2002.

［66］韩树刚等．气藏压裂水平井产能预测新方法 [J]．石油大学学报．2002，26(4).

第五章
地球物理技术

地球物理技术是推动我国石油工业持续发展的核心力量之一，地球物理技术进步是攻克复杂探区油气勘探的关键所在，油藏地球物理技术在提高油气采收率中发挥了重要效用。中国石化地球物理技术的不断创新为塔河、普光、大牛地等一批新油气田的发现与开发发挥了不可替代的作用，为老油田的持续稳产发挥了坚实的保障作用。随着油气勘探开发的不断深入，面临的地质问题越来越复杂，对地球物理技术的要求也越来越高，促进了中国石化地球物理技术的不断进步。需求牵引创新驱动，地球物理技术在不断满足特殊复杂地质条件下油气勘探开发的需求中经历了由弱到强的逐步发展过程，从跟随创新到自主创新，形成了完全自主知识产权的技术体系，打破了国外公司的垄断，还逐步走进国际市场。目前中国石化拥有包括基础研究、设备制造、技术研发、软件研制等完整的地球物理技术发展体系，获中国石化科技进步一等奖6项，获中国石化基础前瞻一等奖1项，获国内发明授权专利23项。

经过长期持续发展，形成了岩石物理、物理模拟、数值模拟等基础研究平台，支撑了中国石化地球物理技术发展与应用；形成了包括煤层气吸附测试分析的岩石物理技术系列，建成了大规模高精度的物理模拟观测系统，形成了先进的物模材料研制技术、制模工艺及复杂波场特征分析技术；建成了对外开放、可远程应用的重点地球物理实验平台。

经过长期持续攻关研究，高精度三维地震采集技术、可控震源高效采集技术，叠前深度偏移成像技术不断成熟，资料品质和成像质量均得到大幅提高。针对复杂地表的近地表建模及校正技术、复杂介质地震波场正演、复杂地表及复杂地质条件的叠前偏移成像技术方面已形成比较系统的研究成果。在陆上多波多分量地震、三维VSP、微地震监测等前沿技术领域取得了多项核心技术积累。成功研发推广了NEWS油藏综合解释系统、iCLUSTER叠前偏移成像系统、野外地震资料质量监控系统等多套具有自主知识产权的地球物理专业软件，π-FRAME地震软件平台已成功搭建，产生了较好的经济和社会效益。针对页岩油气等非常规油藏的"甜点"预测、水平井设计、裂缝检测等地球物理勘探技术有了长足的进步。

第一节　地震物理模拟技术

一、研发背景和研发目标

随着油气勘探开发的不断深入，中国石化油气勘探面临的复杂地表、复杂构造、复杂储层问题，"三个复杂"给地球物理勘探技术带来的主要问题包括：难以获得有效的地震资料，或地震资料信噪比低甚至极低；常规地震数据处理技术难以获得有效的地震成像结果，或成像不清晰、不准确，无法应用于地质构造的解释；地震资料的信噪比、分辨率、保真度以及成像精度不高，难以用于储层预测和精细描述、流体识别等。解决以上问题需要大力发展地球物理勘探技术，而正是一系列基础理论与机理性问题没有解决或认识不清制约了技术的进步与突破，从而对地球物理实验技术有着更加迫切的需求，实验技术的作用越来越大，重要性越来越明显。地球物理实验技术是研究复杂地表和复杂储层的波场特征，认识地下孔缝洞介质的结构形态、非均质性、各向异性等问题的重要基础性研究之一，对于促进地球物理方法技术进步，提高油气勘探开发能力，有着至关重要的作用。"十二五"期间，针对"三复杂"的地质问题的认识和解决，需要发展更为先进的实验和分析手段，并通过"三复杂"物理模拟实验认识地震波传播规律，为中国石化西北和南方的油气勘探开发提供有价值的成果和认识。

"十二五"期间，地震物理模拟技术的发展目标是建设国际一流的多尺度超声地震物理模拟实验系统和配套的"三复杂"物理模型制作技术，重点发展起伏地表模拟、复杂储层模拟、复杂介质模拟以及物理模型实验数据处理与波场分析等。在完善物理模型实验设备和开放实验平台的基础上加强复杂条件下的地震物理模拟实验技术研究和实验数据的处理分析，在复杂地表、复杂储层条件的地震波场传播规律及其应用技术研究方面形成特色和优势，为复杂地表、复杂构造、复杂储层条件下的地球物理技术进步提供理论基础和发展思路。面向复杂山前带起伏地表问题，开展起伏地表地震物理模拟技术研究，探索非接触激发接收技术研究，探索光纤光栅传感的宽频数据采集技术，并根据山前带面临的问题开展攻关研究；面向山前带复杂构造问题，开展大尺度复杂逆掩推覆构造等物理模型的研究，结合复杂地表问题，为山前带攻关提供基础实验资料；面向复杂储层问题，开展小尺度缝洞物理模拟、非均质介质物理模拟、双相介质物理模拟、流体充填等复杂储层物理模型实验研究，分析复杂储层条件下的地震波场特征和复杂储层地震响应模式。通过"十二五"的发展，地震物理模拟技术达到国际领先水平，实验能力更上一层楼，能够完成复杂地表、复杂构造以及复杂储层的物理模型实验研究，在复杂地表、复杂构造和复杂储层模拟等方面形成一系列配套技术和波场分析手段，形成中国石化基础研究的特色创新平台。

二、技术内容及技术指标

（一）技术内容

1．高精度超声地震物理模拟实验系统

超声地震物理模拟实验系统是中国石化在"十二五"期间自主设计开发的一套大型高精度三维坐标仪及物理模拟实验系统，并针对复杂山前带、复杂储层模拟需求研发了配套的设备和技术，各项指标均达到了国际领先水平。

（1）大型高精度三维坐标仪系统

中国石化大型高精度地震物理模拟实验系统主要由下列部分组成：微机（或工控机）、超声波脉冲发射器、超声波信号接收器、高速数据采集器、数据处理和分析软件包以及传感器、探头运动双三维坐标轴自动定位控制系统和物理模型等。高精度地震物理模拟实验系统工作原理如图5-1-1所示。其测量范围：2.5m×5m×1.5m。定位精度：0.01mm。测试精度：0.2mm。测试速度：＞1000道/分。可适应多种观测系统采集的三维坐标定位和数据采集系统，是全球精度最高、尺度最大、模拟采集速度最快的具有自主知识产权的地震物理模拟实验系统（图5-1-2）；各项指标都达到了物理模拟行业内的国际领先。

高精度三维坐标仪提供了准确的模拟定位，数据采集实验系统则以计算机为核心、采用高速实时采集和存储及数字成像等技术，构成了实时实验测试体系。数据采集根据设计的观测系统，开发了全自动连续采样程序，极大地提高了模拟效率，达到快速高效数据采集，模拟采集数据超过每分钟1000道，能适应全方位各种观测系统的地震物理模拟。

（2）多尺度地震物理模拟实验技术

中国石化的油气勘探开发面临的地质对象异常复杂，物理模拟的尺度也是多种多样的，大尺度的如复杂山前构造带，小的尺度如碳酸盐岩缝洞体等，地震物理模拟实

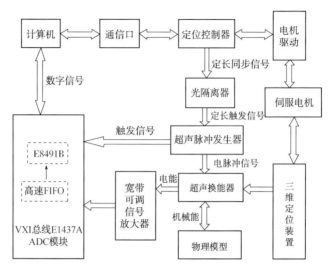

图 5-1-1　地震物理模拟实验系统工作原理图

图 5-1-2　高精度三维定位仪及物理模拟采集系统

验技术需要满足多尺度模拟的需要。"十二五"期间研发了复合材料物理模型制作技术和含孔隙储层材料物理模型制作技术，能制作各种复杂地表、复杂构造、复杂缝洞储层地震物理模型，形成了多种物理模型制作新工艺、新技术；建设的物理模拟技术可满足比例尺为（1：2000～1：30000）的模型制作与实验。

大尺度物理模型制作工艺取得突破性进展。在国内外率先开展工程材料应用地震物理模拟实验探索研究，并获得初步的成功。新研发出含孔隙储层地震物理模拟材料研究，借助于来岩土工程地质力学模型试验相似材料的研究技术，结合地震物理模型实验相似材料特点，研究地震物理模型地质岩土相似材料，通过复合材料及工程材料配比合成制作模型。通过模型材料、制模工艺和模具加工三个模块的优化改进，解决了大模型开裂问题，实现了连续注胶，测试了不同配比的速度和工艺控制参数，模型的制作速度提高了近 2 倍，模型尺寸由原来的 60cm×30cm×12cm 提高到 120cm×100cm×50cm，大模型制作技术更加完善。

基于高分子和多种聚合物制成的含孔隙储层材料物理模型实现了小尺度缝洞的物理模拟。对带裂缝溶洞等复杂的小尺度缝洞进行结构模拟，常规的模型材料和制作技术远远不能够表现复杂的缝洞体，必须另找合适的材料和模型制备方法。"十二五"期间，经过反复试验，反复调试比较，并将制作出的样品，在显微镜下与真实的缝洞型岩样进行对比，并从环境温度、散热条件、辅助材料三个方面，研究了在化学反应中高速复合材料对温度敏感性，最终实现了高分子材料，与多种聚合物混合，制成的含孔隙储层材料物理模型，可以模拟小尺度缝洞（图 5-1-3）；实现和形成了微型溶洞制备材料工艺，并在此基础上研发出孔渗储层材料、流体吸附储层材料、聚氨酯增韧复合材料等多种缝洞模型制作新材料，以及注射溶洞及充填、孔隙度、切割裂缝、压裂裂缝、天然裂缝等缝洞模型制作新方法，将缝洞物理模型模拟精度从最小 1mm 提高到 0.1mm，从而为研究复杂储层非均质体地震反射特征提供更精确的地震物理模型制作方法与途径。实现了模拟技术可以从小到微缝洞大到复杂山前构造带，简单水平地表到复杂起伏地表，构造模拟到储层含裂隙缝洞系统等方面的突破，形成了模型制作新工艺、新技术。为研究复杂储层非均质体地震反射特征提供更精确的地震物理模型制作方法与途径。

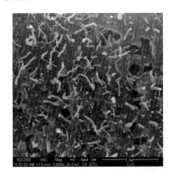 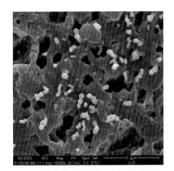

(a) 经分散的坡缕石原样/天然橡胶　　(b) 改性分散的坡缕石/天然橡胶

图 5-1-3　复合材料横截面的 ESEM 图（10000×）

2. 水力压裂模拟和微地震监测实验系统

"十二五"期间，中国石化的页岩气开采取得了重大的进展，为了深化页岩开采中水平井压裂时的压裂事件产生、裂缝产生机理、压裂事件定位等研究，中国石化在消化、吸收国内外现有水压裂装置和微地震检测技术的基础上，自行设计研制了实验室岩石水力压裂模拟和微地震监测系统（图 5-1-4）。该系统是一个微地震模拟检测的实验平台，系统包括压裂形成和控制装置、多道微震信号检测系统、高速采集系统、传感器组等。可模拟深部地层中压裂岩石的受压环境、人工水压裂环境及野外微地震信号检测，可对 800mm × 600mm × 600mm 的大型实验模型同时施加 20MPa 真三轴围压和 65MPa 水压力。它还有多种采集方式和方法，与国内外同类装置相比，具有检测点多、检测方法多、可检测位置多等特点，可同时模拟井中微地震和地面微地震采集。图 5-1-4 为水力压裂模拟和微地震监测实验系统的实物照片。图 5-1-5 为压裂的岩石样品和压裂采集到的微震信号。

图 5-1-4　水力压裂模拟和微地震监测实验系统

　　水力压裂是油气井增产的一项重要技术措施。它不仅广泛应用于低渗透油气藏，而且在中高渗油气藏的增产改造中也有很好效果。技术人员通过模拟压裂实验和微压裂地震信号监测，可对裂缝扩展的实际物理过程进行监测，对形成的裂缝进行直接观察（图 5-1-5）。这对于正确认识特定层位水力裂缝扩展机理，并在此基础上建立更贴近实际的数值模型具有重要意义。

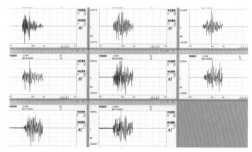

图 5-1-5　压裂的岩石样品和压裂采集到的微震信号

3．超声振动探测技术

（1）非接触激光超声测振系统

　　常规的地震物理模型测试手段使用压电式超声波探头来接收，这是一种接触式测量，其测量效率低，真实性和重复性差，在起伏地表模型检测时耦合效果不好或者根本无法耦合。基于多普勒原理的激光非接触测振技术，是国际上近十年来成熟起来的新型非接触测量手段，也是目前最先进的非接触振动测量技术，该技术通过探测从振动目标反射回的激光的多普勒频移，获得目标振动的实时速度信号（图 5-1-6）。其测量精度高，效率高，重复性好可方便地应用于起伏地表超声波固体地质模型检测；基于引进的德国 POLYTEC 公司生产的激光多普勒测振仪成功地进行了固体地质模型超声波连续采集实验，取得了比较好的效果。

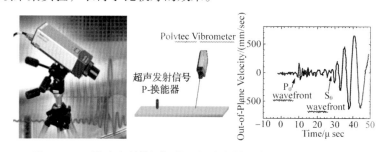

图 5-1-6　激光多普勒测振仪及超声发射 - 激光接收实验示意图

图 5-1-7 所示表层为利用激光多普勒测振仪测试的模型和不同激发点与相应接收（激光接收）布置及道集记录。激光非接触式测试可以方便的研究起伏面横向不均匀（分为四层）情况下的波场传播问题。

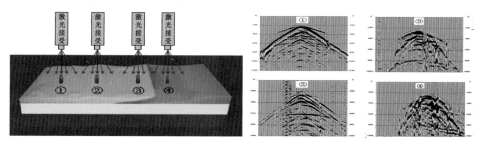

图 5-1-7　起伏面横向不均匀物理模型及激光探测记录

（2）光纤光栅传感超声测试技术

随着光纤传感技术的发展，为了利用其抗干扰能力强、传输距离远、灵敏度高等优点，光学式振动测量方面的研究越来越多，光纤光栅传感器出现以后，振动传感测试领域发生了很大的变革，光纤光栅传感器由于体积小、抗干扰能力强、集传感和传输为一体等优点，已经成为目前振动测试领域的研究热点。

2013 年将光纤光栅传感引入到超声测试领域，开展了光纤光栅振动探测系统的研发，实现了基于相移光纤光栅传感的超声波测量系统，并根据物理模型实验的特点，突破了光纤光栅传感器常用振动测量方法，研制成功反射式 PS-FBG 探针传感系统，形成了基于光纤光栅传感技术的地震物理模拟技术。在国内外率先应用于超声物理模型实验的全自动数据采集，获得了较好的应用效果。图 5-1-8 为该实验室研制的基于光纤光栅传感的地震物理模拟系统及得到的共偏移距道集地震记录。

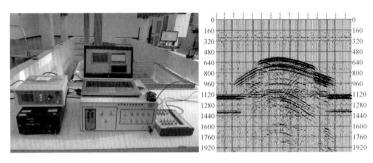

图 5-1-8 基于光纤光栅传感的地震物理模拟系统及得到的地震记录

（二）技术指标

"十二五"期间，中国石化地球物理重点实验室在地球物理实验和基础研究方面形成了自己的研究特色和优势，整体达到国内领先水平，在地震物理模拟技术方面具有国际领先水平。建成了国际一流的多尺度超声地震物理模拟三维定位及数据采集系统，研发了非接触式激光接收系统，实现了基于光纤光栅传感的超声物理模拟实验技术，在山前带起伏地表物理模拟、大尺度复杂构造物理模拟、小尺度缝洞物理模拟、非均质介质物理模拟、双相介质物理模拟、流体充填的储层物理模型探索等方面取得了一系列技术进展；在新疆玉北、顺北等地区、塔河缝洞区与川东北地区的储层预测、复杂山前带攻关等方面应用发挥了基础实验的重要指导作用。

三、应用效果与知识产权情况

（一）应用效果

"十二五"期间通过大量的地震物理模拟实验和分析，探索了各种复杂地表和复杂缝洞储层的地震波传播规律，取得了很多认识和规律，使复杂地区的地震勘探工作建立在切实可靠的地震波传播理论基础之上，为野外地震数据采集提供指导，为地震数据处理提供理论依据，为 RTM、高斯束偏移等新方法新技术研发及应用提供模型数据和适用性验证，指导地震资料解释，验证解释结果。通过对复杂探区的模型正演和分析，及时将研究成果应用于中石化南方和西部的油气勘探开发，对准确认识和预测地下地质构造起到了很好的推动作用。

1. 复杂山前带地震物理模拟

复杂山前带勘探是目前中国石化油气勘探面临的一大难题，针对复杂山前带油气勘探的复杂地质情况，开展了不同复杂程度的复杂地表及复杂构造地震物理模型实验研究，取得了大量的基础研究成果，发挥了基础实验的指导作用。

通过复杂地表地震物理模型实验，揭示了地震波在复杂地表中传播特点和传播规律，为速度分析、起伏地表直接偏移成像技术研究供试验数据。如图5-1-9为地表横向速度变化对地层信号影响的物理模型实验。

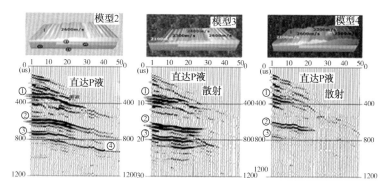

图5-1-9　复杂地表地震波传播规律地震物理模拟图

针对南方复杂地表复杂构造地区，系统地开展了不同地表起伏度地震响应特征物理模拟研究，制作了一系列地表结构物理模型，深入研究了复杂地表及灰岩裸露反射特征的波场传播机制，建立了复杂地表模型与地震波场及地震响应的关系，分析了地表及地下构造特征对地震采集设计的参数要求，提出了如何提高地震勘探的分辨率，如何进一步提高海相内部的信噪比及成像质量的可行方法，在应用中取得了明显的地质效果。为南方油气田扩大发现，提高勘探效果起到了积极的推动作用。图5-1-10为镇巴地区物理模型及波场叠加剖面。

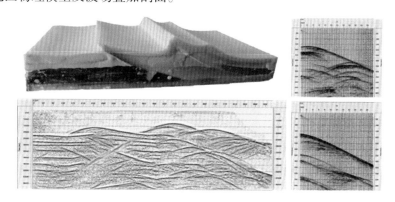

图5-1-10　镇巴山前带大模型及地震记录

2．碳酸盐岩缝洞型储层物理模拟

针对西部碳酸盐岩储层特点，开展了系统的储层地震响应特征物理模拟研究，制作了一系列缝洞储集体物理模型，深入研究了"串珠状"反射特征的波场传播机制，量化解释了反射强度与溶洞大小、充填物性质之间的关系，分析了精细描述缝洞特征对地震采集设计的参数要求，提出了利用现有资料开展储层预测的可行方法，在应用中取得了明显的效果，为塔河油田地区勘探开发起到了积极的推动作用。

不同尺度溶洞成像大小关系定量分析，确定了溶洞成像大小与溶洞实际大小的关系。溶洞的成像直径并不等于溶洞的实际直径，溶洞成像的直径约为溶洞实际直径的2～5倍（图5-1-11），激发能量增大一倍，溶洞成像大小的增加不明显。

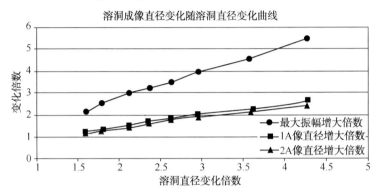

图5-1-11　溶洞成像直径变化随溶洞直径变化的关系

叠前时间偏移中的溶洞成像对偏移速度非常敏感，1%的速度差异就可能使溶洞的成像特征产生较大变化（图5-1-12）。随着迭代次数的增加，叠前时间偏移对串珠的成像更好，对串珠边界断点的成像更清晰。

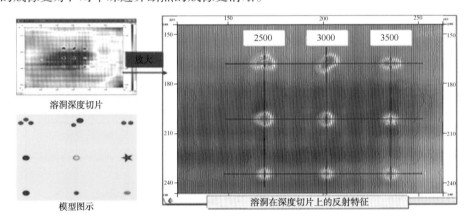

图5-1-12　三维空间上刻画的溶洞深度偏移结果

通过古河道及缝洞体三维综合物理模型实验及地震描述，利用地震时间切片、地震方差体、蚂蚁追踪数据体及多属性融合技术等各种手段对缝洞和河道进行地震描述与刻画，获得了复杂缝洞体综合地震响应和属性特征（图5-1-13）。综合应用各种地震属性分析技术可有效刻画河道及缝洞综合体，利用三维可视化旋转放大技术及属性透视技术，将二者相互参考、验证，可使河道及缝洞体解释更合理。

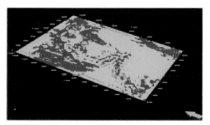
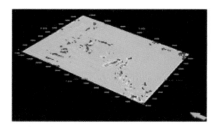

沿古河道顶面解释层向下20ms均方根振幅属性 　沿古河道顶面解释层向下30ms均方根振幅属性

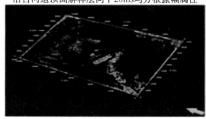
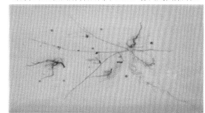

古河道及断裂预测可视化图 　古河道及缝洞综合模型实物照片

图 5-1-13　多属性联合应用刻画的缝洞体

（二）知识产权情况

"十二五"期间，地震物理模拟技术申请发明专利20项，获得国内发明专利授权14项（表5-1-1），申请但尚未授权专利6项；专有技术申请11项，通过认定10项。

表 5-1-1　"十二五"期间物理模拟技术研究授权专利表

序列	专利名称	类别	专利号
1	一种激光超声波检测系统及其检测方法	国内发明	ZL200910236779.6
2	一种地震检波器精密测量系统和方法	国内发明	ZL201010520152.6
3	一种地震物理模型及其制备方法和应用	国内发明	ZL201010503831.2
4	一种非接触聚焦型探头	国内发明	ZL201110153530.6
5	一种非接触固定地质模型超声波自动检测系统	国内发明	ZL201110153785.2
6	一种地震物理储层模型及其制备方法和应用	国内发明	ZL201110247344.9
7	一种非接触超声波检测方法	国内发明	ZL201110153725.0
8	一种利用CT图像灰度值计算岩心声波速度的方法	国内发明	ZL201110338084.6
9	一种高温高压工业CT扫描系统	国内发明	ZL201110123864.9
10	一种煤系强地震反射特征掩盖下弱反射储层识别方法	国内发明	ZL201110158056.6
11	一种定量接触压力超声波检测系统及其检测方法	国内发明	ZL201210370175.2
12	一种环氧树脂复合聚氨酯合成的地震物理模型材料及制备方法	国内发明	ZL201210216239.3
12	一种地震物理储层模型及其制备方法和应用	国内发明	ZL201210201218.4
14	模拟储层环境的应力应变测试系统及其测试方法	国内发明	ZL201210392667.1

第二节 高精度地震采集技术

"十二五"期间，在前期高精度地震推广应用的基础上，继续发展完善了基于地质目标的观测系统设计，精细近地表探测与建模，高能宽频定向激发，复杂地表灵活变观，采集因素量化评价等高精度地震采集技术系列，为中国石化开发目标优选和滚动目标评价提供有力支撑。

一、研发背景和研发目标

中国石化高精度地震的整个发展历程，可划分为三个阶段："十二五"之前经历了探索阶段和发展阶段，"十二五"是成熟阶段。

探索阶段（1998～2000年）：仪器道数480～960道，缩小采集面元、增加覆盖次数。如中国石化第一块高精度三维——1998年田家三维，960道接收，面元由25m×50m减小到25m×25m，覆盖次数由20次提高到48次。

发展阶段（2001～2009年）：仪器道数1000～5000道，进一步增加接收线数，提高覆盖次数。如2007年罗家高精度三维，采用16线接收，面元25m×25m，覆盖次数160次。

成熟阶段（2010年至今）：仪器道数5000～10000道，进一步缩小采集面元和增加接收线数，保证小面元的覆盖次数。如2014年盘河金三角地区高精度三维，采用24线接收，面元12.5m×12.5m，覆盖次数168次。"十二五"要研究在覆盖次数增加、保证资料信噪比的前提下，通过缩小检波器组合，保护高频有效信息，拓宽地震资料有效频带；在检波器类型上，追求更高的灵敏度和更宽的动态范围；为中国石化老区油藏描术和老区"三新"及新区高效勘探提供技术支撑。

针对中国石化油气勘探开发需求，完善集成观测系统设计、近地表结构调查和检波器接收等高精度采集技术系列，为高精度成像提供基础资料，提高地震资料识别地质目标精度。

二、技术内容及技术指标

（一）技术内容

1．观测系统设计技术

根据地震资料成像的理论需求，提出了对称、均匀、空间无假频采样的观测系统设计理念；形成了基于双聚焦的观测系统设计与评价技术、基于地质目标照明强度的观测系统设计技术和实际资料处理与正演模拟相结合的观测系统设计技术。

（1）基于双聚焦的观测系统设计与评价技术

该技术是利用双聚焦成像理论，针对目标地质体，结合三维观测系统和地下速度模型，进行双聚焦叠前偏移的数值模拟，通过检波点记录和炮点记录分别向目标成像点聚焦，分析聚焦成像效果，定量预测地震成像的空间分辨率、振幅精度等特性，据此来研究观测系统各参数对叠前偏移成像效果的影响（图5-2-1）。它是克希霍夫积分偏移对炮点和检波点进行聚焦的两个过程，通过聚焦的主瓣分辨率、主旁瓣能量比、成像位置三个指标分析评价叠前偏移成像的理论效果，从而优选观测系统参数。要满足以上理论，地震采集需达到充分、均匀、对称、连续四个要求；充分性要求道间距、炮间距、接收线距和炮线距都满足空间采样定理，均匀性要求炮检距、方位角均匀，这对叠前偏移成像效果影响较大，属性均匀的观测系统有利于叠前偏移成像；对称性好的观测系统，聚焦响应较好，所不同的是成像能量有变化；连续性要求波场具有很好的空间连续性，尽量没有空道，且网格均匀。按此要求分析道间距、炮间距、接收线距、炮线距、单线滚动距离等参数，以此来设计观测系统，减少采集痕迹。

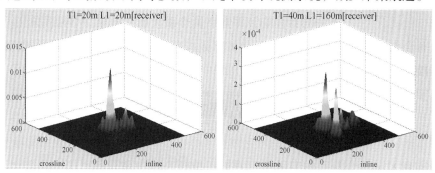

图 5-2-1 观测系统不同参数对聚焦成像的影响

（2）基于地质目标照明强度的观测系统设计技术

在双复杂地区，地震波的传播会变得异常复杂。基于水平层状模型的CMP面元属性往往与地质目标共反射点的面元属性实际相差甚远。在三维模型的基础上，通过射线追踪或者波动方程照明来分析和评价观测系统才更有意义。根据复杂构造条件下地震波传播规律以及地质目标体的照明能量分布，能够很好地指导观测系统设计及优化，比如调查阴影区的范围和分布、确定观测方向、确定检波点接收范围以及加密炮位置等。

（3）实际资料处理与正演模拟相结合的观测系统设计技术

实际资料处理的分析结论往往最能直观的反应观测系统参数变化对地震资料成像的影响。在原始观测系统的基础上，通过抽线、抽道的方式进行退化，形成一系列单个参数变化，其它参数固定的观测系统方案，根据地震成像的效果，优选观测系统参数。图 5-2-2 是塔河 6-7 井区实际资料处理的结果，根据不同面元的奥陶系内幕的成像效果以及不同覆盖次数条件下的叠加信噪比，确定了塔河地区面元的大小（15m×15m）以及覆盖次数（168 次），对该地区的地震采集提供了重要的依据。

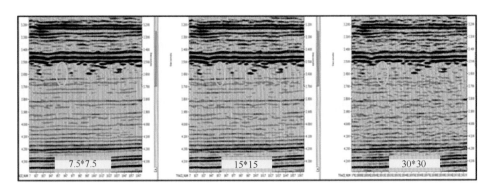

图 5-2-2　塔河地区不同面元尺寸缝洞体的成像效果

但对于勘探程度不高或者没有做过高精度三维的区域，由于观测系统的先天不足，比如面元尺寸大、排列长度短、方位窄、覆盖次数低，实际资料的处理往往只能起参考性作用。这时候就需要借助于数字模拟和物理模拟来确定观测系统参数 (图 5-2-3 和图 5-2-4)。

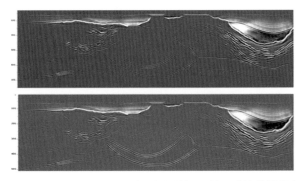

图 5-2-3　不同观测系统参数处理剖面（数值模拟）

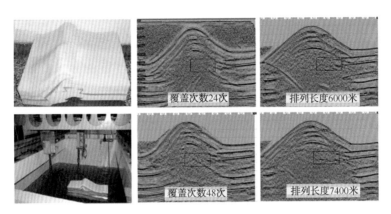

图 5-2-4　不同观测系统参数处理剖面（物理模拟）

2．近地表结构调查技术

地震波激发和接收都在近地表进行，对近地表结构了解的多少对做好地震记录有很大帮助。根据近地表情况，可以选取最合适的激发和接收参数，最大限度地保护地震波中的有效频率，减少近地表层对地震信号的改造。以往，近地表结构调查方法只能用来简单划分低降速层的速度、厚度结构，这与高精度勘探的需求已然不相符。以提高精度为目的的地震勘探需要考虑的近地表影响因素越来越多。近几年，针对东部地区冲积平原覆盖区近地表的特点，结合近地表不同的速度、吸收衰减因子、流体指数、塑性指数等参数，对济阳坳陷第四系沉积层结构与地震波吸收衰减规律进行了理论研究，探讨了岩土岩性分类与近地表调查数据之间的统计关系，研究了多种表层参数精细描述近地表结构的方法。形成了近地表探测技术系列，包括岩性探测、速度分层、潜水面探测、岩土参数测试、衰减吸收 Q 值测定、虚反射界面测定及模型构建等。岩性探测分层技术是近地表结构探测进展最明显的技术，该技术包含岩性动力探测和岩性静力探测。岩性动力探测采用新研制的半合管薄壁连续取心器对近地表 30m 深度范围内的岩土层进行低压缩、低扰动的连续取心，用于精细划分纵向上的岩性分布，其纵向分层误差一般不超过 0.5m。岩性动力探测由于价格高、取心速度慢，只能在施工工区进行大网格布设，用于标定岩性，约束岩性静力探测及小折射、微测井结果，这些方法的联合可以实现东部地区第四系沉积结构和岩性结构的精细探测，建立多参数近地表结构模型，开展由点到线、由线到面的三维井深动态设计，优选岩性提高激发质量，精细构建三维近地表参数模型提高静校正精度。

依据精细的近地表结构探测技术，完善了激发井深选择的原则，在潜水面以下优选激发岩性来动态设计激发井深，提高地震资料的频率和能量，取得了明显的资料效果。

3．检波器接收技术

"十二五"期间，随着装备的飞速发展，高精度地震的覆盖次数逐渐增加，这为资料的信噪比提供了保证，也为弱化检波器组合带来了基础。高精度勘探中的检波器接收主要考虑健全波场采样，采用常规速度检波器小面积组合保护高频有效信息，或新型检波器的单点接收追求更高的灵敏度和更宽的动态范围，从而拓宽地震资料的有效频带。

（1）常规检波器组合接收

检波器组合是一种有效的空间滤波，是一种简单和有效的改善地震资料品质的方法，组合的目的都是通过利用线性干扰波在空间的传播时差和相位差实现对特定视波长的线性干扰波的压制，提高地震资料信噪比。同时，组合能有效压制地震数据中的随机噪音。理论上，当组合内检波器不存在高差时，简单的线性组合的响应特性为：

$$\Phi(k) = \frac{\sin(n\pi ek)}{n\sin(n\pi ek)}$$

其中，n 为检波器组合个数，e 为组内距，E 为组合基距。检波器组合响应如图5-2-5所示，检波器组合个数越多，组合基距越大，越容易对高频信号起到压制作用，不利于高分辨率勘探。正因为如此，"十二五"期间，中国石化开始弱化检波器组合，进一步缩小组合基距、减小组合个数、优化组合图形，高精度地震资料的纵向分辨率有了明显提高（图5-2-6）。

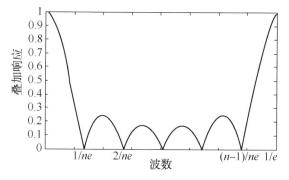

图 5-2-5　检波器线性组合响应曲线

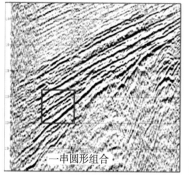

一串圆形组合

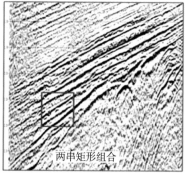

两串矩形组合

图 5-2-6　春光西南部高精度三维检波器组合试验

（2）数字检波器单点接收

与模拟检波器相比，数字检波器具有动态范围大、失真度小、频率响应宽与等效输入噪声小一级最大输入信号强的优点，利用弱小信号的接收，提高采集精度，更适合于高分辨率勘探。

常规的模拟检波器是以电磁感应方式将地震信号转换为模拟电信号输出，而数字检波器是以重力平衡方式将地震信号直接转换为高精度的数字信号输出。目前，数字检波器有 MEMS 和压电两种类型。"十二五"期间，中国石化自主研发了 LHKJ–1A 型陆用压电检波器，达到了与 MEMS 检波器基本相当的性能指标，并应用在东风港高精度三维地震，有效拓宽了资料频带（图 5-2-7）。

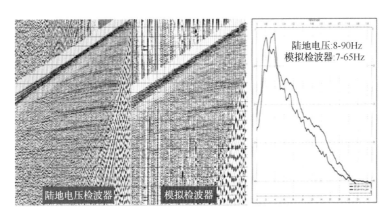

图 5-2-7　东风港地区检波器类型试验对比图

（二）技术指标

发展形成了观测系统设计、近地表结构调查和检波器接收三大技术系列，整体上达到国际先进水平，为中国石化东部老区和西部塔河油田开发提供了有效支撑。

三、应用效果与知识产权情况

（一）应用效果

高精度地震采集技术在东部老区的东营洼陷、济阳洼陷以及西部探区的塔河油田都得到实践应用，取得了良好的资料效果和地质效果。

在东部老区的永新地区，针对低序级断层和砂砾岩体复杂储层，采用 48 线 75 炮面元细分观测系统进行宽方位角、高密度三维地震资料采集，每炮接收道数 6144 道，面元网格细分为 15m×15m，覆盖次数达 216 次，道密度 96 万道 /km²。新采集地震剖面资料无论信噪比还是分辨率都较以往有了明显提高，复杂断块构造等地质现象更加清楚、可靠（图5-2-8）。在获得高品质地震资料的基础上，通过各种后续处理手段以及井约束反演等解释手段，进一步提高了资料的分辨能力，新的构造图更加精细，断裂系统组合更加合理。根据永新高精度三维地震资料调整开发方案，共部署了12口滚动开发井位，新增可采储量192×10^4t，提高采收率6.1%，取得了很好的开发效果。

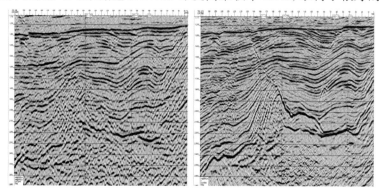

图5-2-8　永新地区常规三维（左）与高精度三维（右）处理剖面

西部塔河油田的十区东高精度三维，针对奥陶系碳酸盐岩缝洞型储层，采用24线8炮的三维观测系统，8064道接收，面元网格大小为15m×15m，覆盖次数168次。通过高精度三维的实施，整体剖面品质得到明显的改善，奥陶系内幕反射清晰，串珠现象明显（图5-2-9）。

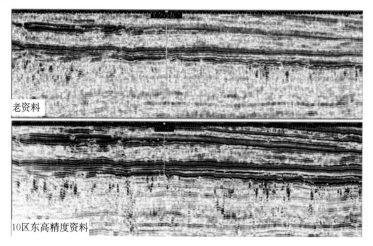

图5-2-9　塔河油田十区东常规三维（上）与高精度三维（下）处理剖面

根据高精度三维资料处理解释成果，在8、10、12区共计部署了194口井，完钻152口，建产129口，新增可采储量408.3×10^4t，累计产油86.1×10^4t，在主建产区发挥了重要的作用。

（二）知识产权情况

"十二五"期间，高精度地震采集技术申请发明专利 5 项，获得国内发明专利授权 3 项（表 5-2-1），专有技术申请 2 项。

表 5-2-1 "十二五"高精度采集授权专利表

序号	专利名称	类别	专利号
1	一种微机电数字地震检波器通讯系统	国内发明	ZL201020572279.8
2	一种微机电数字地震检波器通讯系统和方法	国内发明	ZL201010520337.7
3	一种基于岩石微结构及介质弹性参数的地震激发模拟方法	国内发明	ZL201310142832.2

第三节 可控震源高效采集技术

一、研发背景和研发目标

可控震源高效采集可以大幅度提高生产效率，有效降低勘探成本，并且是一种绿色、环保、安全勘探的有效方法；能大幅降低宽方位高密度地震采集成本。为充分发挥可控震源优质高效地震勘探潜力、提高中国石化可控震源地震勘探技术水平和在国内外勘探市场的竞争能力，"十二五"开始，以地震勘探项目为依托，以理论研究为基础，采集与处理结合，生产与科研结合，系统的探索、研究可控震源高效采集及与之配套的处理技术，实现高空间采样密度采集，提高成像效果。

"十二五"研发目标是形成中国石化可控震源高效、高品质地震勘探技术系列，为中国石化油气勘探和国外采集市场拓展提供技术支撑。

二、技术内容及技术指标

（一）技术内容

1. 基于地质目标的可控震源扫描信号设计技术

根据勘探地震剖面、测井或是典型单炮进行目的层频谱分析提取目的层频谱设计非线性扫描信号，设计出的扫描信号在优势频带内具有较强的能量，并可对特定工区不同区域目的层不同埋深进行扫描信号的设计，从而提高可控震源地震资料品质。例如，将 VSP 测井资料提取浅、中、深各目的层频谱包络曲线，并将其曲线进行综合得出信号设计的频谱曲线（图 5-3-1），根据综合频谱曲线拟合求取频谱函数，利用该函数得到扫描信号，基于目的层扫描信号设计的单炮质量好于比线性扫描（图 5-3-2）。

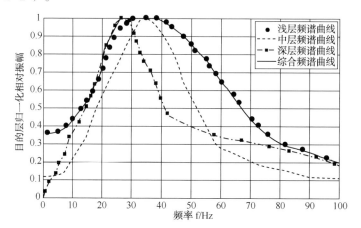

图 5-3-1　浅、中、深目的层的频谱包络曲线及综合频谱曲线

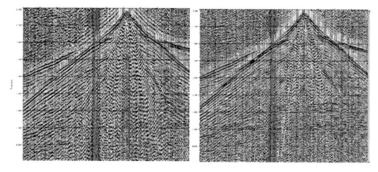

图 5-3-2　线性扫描（左）和基于目的层频率特征扫描（右）单炮对比

2. 可控震源时变滑动扫描技术

可控震源时变滑动扫描也称动态滑动扫描（Dynamic slip-time）。普通滑动扫描的滑动时间的选择主要根据勘探区域谐波等噪声干扰的强度和目的层反射时间决定，不考虑可控震源之间的距离，整个施工过程中所采用的滑动时间基本是固定不变的。实际上谐波等噪声干扰的强度与可控震源间的距离有关。时变滑动扫描方法就是在此基础上提出的一种新的可控震源施工模式。该方法根据可控震源之间的距离匹配相应的滑动时间。震源之间距离近、干扰强，滑动时间长，距离远、干扰小，滑动时间短，以此保证干扰不影响主要目的层，确保资料品质，又提高施工效率。因此，可控震源时变滑动扫描可依据观测系统和地表条件，结合目的层反射资料质量、可控震源间噪声干扰水平与压噪能力，投入足够数量的可控震源和采集设备以及相关配套软硬件，

合理设计可控震源施工面上的分布与工作方式，通过"仪器—震源—排列"等工序之间协调一致、密切配合，实现可控震源高效施工。

施工过程中，参与高效施工的可控震源按照"动态配对管理规则"自动选择同步扫描、滑动扫描、交替扫描或同步滑动扫描等施工模式。每台可控震源移动到激发点且准备就绪后，向地震仪器发出落板信号，地震仪器实时检测所有可控震源准备状态，准备就绪后，即纳入"可控震源任务序列"，并根据可控震源反馈至地震仪器的GNSS信息，计算可控震源之间的距离，优先权最高的可控震源优先启动同步扫描，每组震源之间按可控震源间距匹配相应的滑动时间进行滑动扫描，依据"滑动时间越小，优先级别越高"的原则，对"扫描序列"中所有可控震源按滑动时间大小进行配对排序，即滑动时间越短优先级别越高，优先触发扫描，即根据震源间距离与震源滑动时间的关系，灵活采用交替扫描、滑动扫描、DSSS、同步激发等技术，满足了复杂地表条件下高效采集的需求。

优选时变滑动扫描施工参数，需要通过理论计算结合试验结果分析建立滑动扫描时间与震源间距关系。图 5-3-3 为同步激发可控震源最小间距对比试验固定增益单炮记录，当可控震源距离达到 12km 以上，基本不影响主要目的层反射，因素可控震源同步距离选择在 12km 以上比较合适。

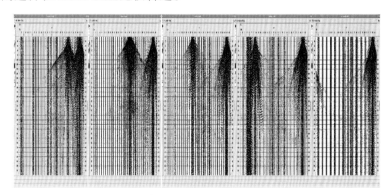

图 5-3-3　同步激发可控震源最小间距对比试验

3. 基于低频补偿的宽频扫描信号设计

低频信号在解决这些复杂问题时的技术优势体现在：提高垂向分辨率、改善地震采集数据的信噪比、改善深部地质目标的成像质量，以及有利于实现全波场反演、高速/高阻/高吸收特征地层下的成像研究、近地表反演及复杂地区的速度建模、非烃类盆地研究等。目前有两种方法可以降低扫描信号最低频率，一种是利用现有的可控震源设备，通过数学手段设计现有可控震源能够承受的低频信号，实现降低扫描信号最低频率的目的；第二种方法是改进现有的可控震源机械以及液压系统，使之能够激发低频信号，目前的低频震源能够直接用线性扫描加 500ms 的斜坡长度实现 1.5Hz 起扫。

中国石化结合可控震源装备现状，一方面开展了可控震源地震波产生机理研究、影响 Nomad65 型可控震源低频激发的机械限制分析、可控震源低频激发技术研究，进行了可控震源低频信号设计方法研究，优化低频扫描信号，并在海外、新疆、东北等多个工区进行了应用，形成了一套基于 Nomad65 型可控震源的低频信号设计技术，将 Nomad65 型可控震源激发频率向低频拓宽到 3Hz；另一方面，对新引进的低频性能更好的 Nomad65 Neo 可控震源进行了性能分析和现场试验，使之在生产中充分发挥了作用。图 5-3-4 为 Nomad65 和 Nomad65 Neo 可控震源低频性能差异。

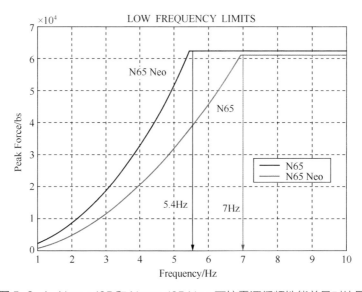

图 5-3-4　Nomad65 和 Nomad65 Neo 可控震源低频性能差异对比图

4. 可控震源特征干扰压制技术

谐波和混叠波场是可控震源采集资料区别于炸药震源采集资料的特征噪音干扰，具有能量强、影响范围广、去除难度大的特点（图 5-3-5）。准确、有效地压制这两种可控震源特征干扰对可控震源的推广应用具有极其重要的意义。

在对谐波干扰产生机理、规律以及特点分析的基础上，开发了相配套的处理压制技术，包括基于分频处理的谐波干扰压制技术（图 5-3-6）、自适应匹配预测滤波谐波干扰压制技术（图 5-3-7）等，取得了较好的压噪效果。同时对多震源地震混叠数据分离技术、基于地表一致性原理的同步交涉干扰压制技术以及基于编码方式的混叠数据分离技术等进行了较深入的研究。

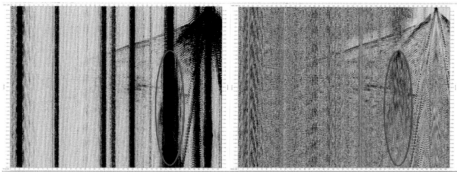

固定增益显示　　　　　　　　　　　　　　　　　　　　　　　AGC显示

图 5-3-5　滑动扫描采集单炮中存在的谐波干扰

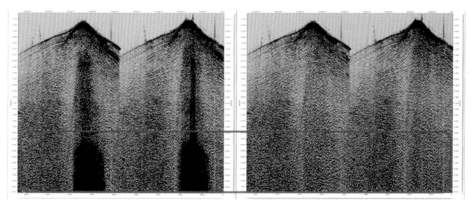

图 5-3-6　分频压制谐波前（左）后（右）的单炮

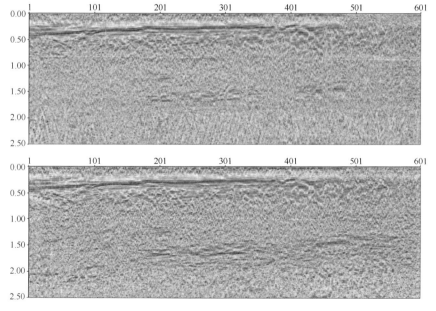

图 5-3-7　谐波压制前（上）后（下）剖面对比

5. 高效采集质量监控方法

可控震源时变滑动扫描资料采集由于其施工效率高，常规质量监控方法无法满足高效施工需要。因此，根据可控震源时变滑动扫描资料采集方法特点，开发、整合出一套野外施工现场实时质量监控方法和海量数据现场处理技术，实时质量监控内容包括：

① 可控震源工作状态实时监控。监控可控震源工作性能，如每台可控震源的每个震次的桩号、坐标、相位、畸变、出力等重要信息，指导下步可控震源的维修或是更换，或是对不合格单炮进行及时补炮，以此来保障可控震源的正常工作及单炮质量。

② 海量数据现场处理。实现单炮记录的快速叠加进行现场质量监控，在放炮的同时动态显示初叠监控剖面，实时了解资料品质，控制野外采集质量。

③ 单炮记录实时质量分析与评价。对单炮记录实时量化分析监控。可以对每炮、每道进行监控，及时、快速进行定性、定量分析，并采用计算机可视化技术直观显示分析结果。

（二）技术指标

"十二五"期间，研发形成了基于地质目标的可控震源扫描信号、可控震源时变滑动扫描、基于低频补偿的宽频扫描信号设计、可控震源特征干扰压制和高效采集质量监控等方法技术系列，整体达到国际领先水平，在西部探区和国外勘探市场地震采集全面推广应用。

三、应用效果与知识产权情况

（一）塔里木盆地西南大沙漠区麦盖提区块

采用表 5-3-1 的观测系统参数、3 台 ×1 次激发、交替扫描的施工方式生产。图 5-3-8（左）显示的是获得的可控震源 544 次叠加的 PSTM 剖面（时间深度范围 3.1～5.0s），图 5-3-8（右）显示的是相邻区块爆炸震源 180 次叠加的 PSTM 剖面（时间深度范围 2.7～4.6s）。对比可见，虽然由于震源类型不同导致波组特征有所差异，但从成像质量看，勘探目的层在 4s 左右的高叠加的可控震源剖面全面优于勘探目的层在 3.5s 左右的爆炸震源剖面。

表 5-3-1　麦盖提区块高效采集观测系统参数

观测系统类型	34L6S256T544F（正交）
面元尺寸	25 m×25 m
纵向排列方式	6375－25－50－25－6375
叠加次数	32(inline)×17(crossline)=544 次
道距/接收线距	50 m/300 m
炮点距/炮线距	50 m/200 m
最大炮检距	8148 m
最大非纵距	5075 m
横纵比	0.8
滚动线数	1 条线（300 m）

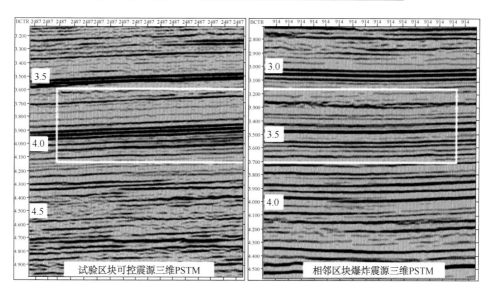

图 5-3-8　可控震源（左）和邻区爆炸震源（右）PSTM 剖面对比

（二）准噶尔盆地哈山东地区复杂构造带

该地区运用基于模型正演的可控震源时变滑动扫描采集技术、提高炮点密度三维资料采集与成像技术、谐波与交涉干扰压制技术等，设计了高覆盖、小面元、高炮密度的观测系统（表 5-3-2）。应用时变滑动扫描采集技术，施工效率大幅度提高，最高日产 13007 炮，平均日产达 6610 炮，平均每天完成满次 22.4 km²，较常规采集提高了 4 倍。通过可控震源地震勘探技术在该地区的大范围应用，取得了满意地质效果（图 5-3-9）。

表 5-3-2　常规与高效采集参数对比

地区	哈山东常规	哈山东高效
观测系统	24L9S（正交）	40L6S（之字形）
纵向观测方式	6275-50-25-50-6275	6275-50-25-50-6275
面元	25m×25m	25m×25m
覆盖次数	42×6=252 次	42×40=1680 次
道距 / 接收线距	50m/150m	50m/150m
炮点距 / 炮线距	100m/ 150m	25m/ 150m
震源台次	5 台 4 次	1 台 1 次
横纵比	0.34	0.48
炮点密度	133 炮 /km²	266 炮 /km²

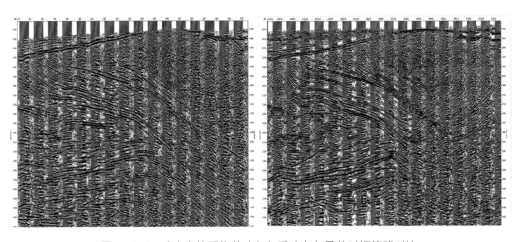

图 5-3-9　哈山高效采集前（左）后（右）叠前时间偏移对比

（三）东北十家户

2015 年在东北十家户三维地震采集项目中，应用交替扫描和低频信号补偿设计技术，完成满次面积 172km²、61359 炮，其采集参数见表 5-3-3。图 5-3-10 为相邻区块爆炸震源常规采集（左）与本次采集（右）重叠部分剖面对比。可以看出高叠加低频补偿的可控震源资料效果更好。

（四）知识产权情况

申报国内专利 6 项，其中发明专利 5 项、实用新型专利 1 项；中国石化专有技术5 项；登记软件著作权 6 项。

表 5-3-3　十家户三维地震采集主要参数

激发台次	3 台 1 次	道距	50 m
扫描长度	18S	接收线距	250 m
扫描频率	3~96Hz	炮点距	50 m
扫描方式	非线性	炮线距	125 m
驱动幅度	70%	面元	12.5m×25m
观测方式	28L5S200R	覆盖次数（横 × 纵）	14×20=280 次

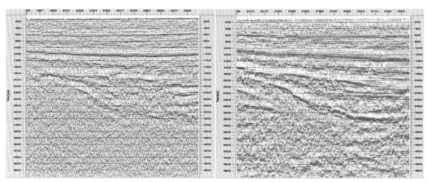

图 5-3-10　爆炸震源常规采集（左）与本次采集剖面（右）对比

第四节　叠前深度域偏移技术

"十二五"期间，中国石化研发形成了单程波动方程偏移、高斯束叠前深度偏移和逆时偏移等先进的叠前深度域偏移地震成像技术系列。

一、单程波动方程偏移技术

（一）研发背景和研发目标

油气勘探工区地质情况日益变得复杂，逆掩断层、溶洞岩盐等复杂地下构造分布广泛，地表、地下速度纵横向变化剧烈，常规的叠前时间偏移难以对此复杂构造实现精确成像，迫切需要采用叠前深度偏移处理。单程波叠前深度偏移是起源于 20 世纪 70 年代至 21 世纪初发展成型的一项深度域成像技术，主要包括如相移法、相移加内插法（PSPI）、分裂步傅里叶法（SSF）、傅里叶有限差分法（FFD）、广义屏法（GSP）等方法。单程波波动方程叠前深度偏移成像要分别对炮点波场和检波点波场进行下行波和上行波外推，利用激励时间成像条件提取每一外推层的成像值。单程波叠前深度偏移作为一种波动方程类的偏移成像方法，与 Kirchhoff 积分偏移相比，单程波偏移无高频近似假设，能够处理多值走时和焦散问题，在复杂介质成像方面具有较好的精度。与逆时偏移相比，单程波偏移存在陡倾角限制，不能处理回转波，但其成像频率范围宽，波组特征保持得好，计算效率高，不存在逆时偏移那类的低频噪音。对于我国大部分陆上探区资料而言，特别是西部缝洞探区和东部小断裂探区，高陡构造并不非常发育，单程波偏移基本能够满足构造成像的需求。

近些年随着三维高精度地震技术的快速发展和推广应用，地震采集数据量和处理工作量越来越大，对单程波叠前深度偏移计算效率提出了新的要求。为了提升叠前深度偏移计算效率，并且能适应我国陆上探区起伏地表情况，有必要发展基于GPU 技术的起伏地表单程波波动方程叠前深度偏移技术。国内研究人员基于 CUDA语言实现了 2DSSF 单程波叠前深度偏移，GPU 处理效率是 CPU（单核）的 10 倍左右，结合 2DSSF、FFS、GSP 等不同单程波偏移的特点设计了相应的 GPU 算法，利用 Marmousi 数据综合比较了不同方法 GPU 加速比。单程波起伏地表偏移主要思路有 "逐步外推，逐步叠加"法、高程静校正加"零速层"偏移法和利用波动方程基准面校正数据进行叠前偏移的"波场上延"法。国内外多名学者利用逐步累加波场的思想实现了不同单程波算子的 2D 起伏地表偏移技术。为了加快叠前深度偏移生产实用化的进程，更好地解决中国石化西部缝洞成像、东部小断块成像等问题，有必要研究 3D 起伏地表 GPU 单程波叠前深度偏移技术。

"十二五"研发目标是开发一套基于 GPU 的起伏地表炮域单程波叠前深度偏移算法，显著提高 3D 叠前深度偏移的计算效率，形成适应我国陆上探区地表起伏、构造相对简单特征的高效深度域偏移成像技术，为更好地解决中国石化西部缝洞成像、东部小断块成像等问题提供支撑。

（二）技术内容及技术指标

1. 技术内容

三维炮域单程波波动方程叠前深度偏移就是在层速度模型三维半空间中，分别同时将各个单炮记录波场和它对应的震源波场反、正向延拓相同的深度（图 5-4-1）。每延拓一个深度步长，两者进行一次互相关运算，提取该深度的像，直至延拓到速度模型的最大深度，最后按成像点将各炮的像（成像道集）叠加起来，得到共集炮叠前偏移的叠加剖面。在频率空间域实现时，先对有效波频带范围内每个频率的波场进行波场延拓与成像，再对所有单频像进行叠加得到单炮偏移的像。

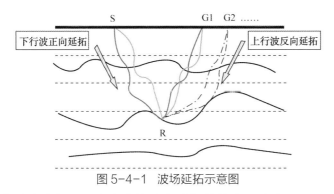

图 5-4-1 波场延拓示意图

根据声波介质波动方程，炮点或检波点波场外推表达式为：

$$\frac{\partial U(x,y,z,t)}{\partial z} = \pm \sqrt{\left(\frac{1}{v(x,y,z)}\right)^2 - \left(\frac{\partial t}{\partial x}\right)^2 - \left(\frac{\partial t}{\partial y}\right)^2}\; \frac{\partial U(x,y,z,t)}{\partial t} \tag{5-1}$$

式（5-1）右端项中，"-"号表示检波点波场向下外推，"+"号表示炮点波场向上外推。下面仅讨论检波点波场向下外推的情况，炮点波场向上外推类似。

对式 (5-1) 中的慢度场（速度场的倒数）进行分解，即将每一外推层中的慢度分解为背景慢度和慢度摄动量。在一个外推层内，背景慢度是常数，取其为该层慢度的平均值。

$$S(x,y,z) = S_0(z) + \Delta S(x\ y\ z) \tag{5-2}$$

式中：$S_0(z)$ 为背景慢度，$\Delta S(x\ y\ z)$ 为慢度摄动量。

将定义的慢度分解式 (5-2) 代入外推关系式 (5-1) 中，并舍弃慢度摄动的二阶项(要求慢度扰动量比较小），有：

$$\frac{\partial U(x,y,z,t)}{\partial z} = -\sqrt{\left(\frac{1}{v(z)}\right)^2 - \left(\frac{\partial t}{\partial x}\right)^2 - \left(\frac{\partial t}{\partial y}\right)^2} \cdot \sqrt{1 + \frac{2S_0(z)\Delta S(x,y,z)}{\left(\frac{1}{v(z)}\right)^2 - \left(\frac{\partial t}{\partial x}\right)^2 - \left(\frac{\partial t}{\partial y}\right)^2}}\; \frac{\partial U(x,y,z,t)}{\partial t} \tag{5-3}$$

对式（5-3）中的第二个根式项作 Taylor 展开，并整理得：

$$\frac{\partial U(x,y,z,t)}{\partial z} = -\sqrt{\left(\frac{1}{v(z)}\right)^2 - \left(\frac{\partial t}{\partial x}\right)^2 - \left(\frac{\partial t}{\partial y}\right)^2}\; \frac{\partial U(x,y,z,t)}{\partial t} \tag{5-4}$$

$$- \frac{S_0(z)}{\sqrt{\left(\frac{1}{v(z)}\right)^2 - \left(\frac{\partial t}{\partial x}\right)^2 - \left(\frac{\partial t}{\partial y}\right)^2}}\; \frac{\partial\left[\Delta S(x,y,z)U(x,y,z,t)\right]}{\partial t}$$

通过傅里叶变换，转换到频率 – 波数域得：

$$\frac{\partial \tilde{U}(\omega,k_x,k_y,z)}{\partial z} = ik_0 k_z \tilde{U}(\omega,k_x,k_y;z) + \frac{i}{k_z} FT_{x,y}\left[\omega\Delta S(x,y,z)U(\omega,x,y,z)\right]$$

$$k_0 = \frac{\omega}{v(z)}, k_z = \sqrt{1-\left(\frac{k_T}{k_0}\right)^2}, k_T = \sqrt{k_x^2 + k_y^2} \qquad (5\text{-}5)$$

对式 (5–5) 进行分裂，得到：

$$\frac{\partial \tilde{U}(\omega,k_x,k_y,z)}{\partial z} = ik_0 k_z \tilde{U}(\omega,k_x,k_y,z) \qquad (5\text{-}6)$$

和

$$\frac{\partial \tilde{U}(\omega,k_x,k_y,z)}{\partial z} = \frac{i}{k_z} FT_{x,y}\left[\omega\Delta S(x,y,z)U(\omega,x,y,z)\right] \qquad (5\text{-}7)$$

式中：$FT_{x,y}$ 表示二维傅里叶变换。公式（5）指出每一外推层的波场由两部分组成：一是在背景速度场中传播的波场，二是由二次震源引起的散射波场。波场在背景介质中的传播由相移公式（5–6）描述，二次震源引起的散射场由公式（5–7）描述。当垂直波数趋于零时，方程（5–7）有一个奇点。为了避免出现这个问题，将 $1/k_z$ 展开为 Taylor 级数：

$$\frac{1}{\sqrt{1-\left(\frac{k_T}{k_0}\right)^2}} \approx 1 + \frac{1}{2}\left(\frac{k_T}{k_0}\right)^2 + \frac{1\cdot 3}{2\cdot 4}\left(\frac{k_T}{k_0}\right)^4 + \frac{1\cdot 3\cdot 5}{2\cdot 4\cdot 6}\left(\frac{k_T}{k_0}\right)^6 \qquad (5\text{-}8)$$

$$+ \frac{1\cdot 3\cdot 5\cdot 7}{2\cdot 4\cdot 6\cdot 8}\left(\frac{k_T}{k_0}\right)^8 + \cdots$$

$$= 1 + g\left[n,\left(\frac{k_T}{k_0}\right)^2\right]$$

将式 (5–8) 代入式 (5–7)，有：

$$\frac{\partial \tilde{U}(\omega,k_x,k_y,z)}{\partial z} = \left(1 + g\left[n,\left(\frac{k_T}{k_0}\right)^2\right]\right)FT_{x,y}\left[i\omega\Delta S(x,y,z)U(\omega,x,y,z)\right] \qquad (5\text{-}9)$$

$$= FT_{x,y}\left[i\omega\Delta S(x,y,z)U(\omega,x,y,z)\right]$$

$$+ g\left[n,\left(\frac{k_T}{k_0}\right)^2\right]FT_{x,v}\left[\omega\Delta S(x,y,z)U(\omega,x,y,z)\right]$$

（5-9）式可进一步分裂为：

$$\frac{\partial \tilde{U}(\omega,k_x,k_y,z)}{\partial z} = FT_{x,y}\left[i\omega\Delta S(x,y,z)U(\omega,x,y,z)\right] \tag{5-10}$$

$$\frac{\partial \tilde{U}(\omega,k_x,k_y,z)}{\partial z} = g\left[n,\left(\frac{k_T}{k_0}\right)^2\right]FT_{x,y}\left[i\omega\Delta S(x,y,z)U(\omega,x,y,z)\right] \tag{5-11}$$

在窄传播角的情况下，$1/kz \approx$ 成立，可以由式 (5-6) 和式 (5-10) 组成裂步傅里叶偏移方法。在宽传播角情况下，可以由式 (5-6)、式 (5-10) 和式 (5-11) 组成广义屏偏移方法。由于傅里叶变换没有局部性，而速度摄动是横向变化的，具有很强的局部性，因此必须将式 (5-10) 变换回频率 – 空间域：

$$\frac{\partial U(\omega,x,y,z)}{\partial z} = i\omega\Delta S(x,y,z)U(\omega,x,y,z) \tag{5-12}$$

在仅考虑窄传播角的情况下，由式 (5-6) 和式 (5-12) 组成裂步傅里叶偏移方法，即在频率—波数域和频率—空间域中交替进行以下计算：①在频率—波数域中进行相移偏移，收敛绕射波；②在频率—空间域中校正由于横向变速引起的时差。

2. 技术指标

"十二五"期间，研发形成的 3DGPU 起伏地表单程波偏移技术实现了 GPU 加速计算、起伏地表偏移、偏移距共成像点道集提取，形成了具有实用性的大规模数据处理能力，处于国际领先水平；偏移成像效果优于国外主流 Kirchhoff，与国内外主流 RTM 效果相当。

（三）应用效果

1. 西北探区推广应用

对于西北缝洞探区而言，整体构造较为简单，目的层横向变速较为强烈，对地震成像频带和分辨率要求较高，单程波偏移具有很好的适应性。图 5-4-2 是深层碳酸盐岩不同成像方法效果对比图；可以看出，单程波偏移效果好于 kirchhoff 叠前深度偏移，与 RTM 相当。

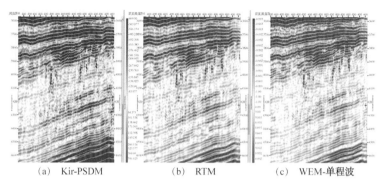

(a) Kir-PSDM　　　　　　(b) RTM　　　　　　(c) WEM-单程波

图 5-4-2　深层碳酸盐岩缝洞不同成像方法效果对比图

2. 西南探区推广应用

针对川西龙门山前构造带目的层埋藏深（>5000m），深层地震资料品质较差，碳酸盐岩非均质性强，内幕反射弱，地震反射异常体及断裂反射不清晰等也严重影响成像的质量；并且工区内钻井少，深度偏移低幅构造落实困难等诸多问题，利用单程波偏移完成该区叠前深度偏移成像处理，与克希霍夫深度偏移相比，提高了目的层信噪比和稳定性，断裂刻画更加清晰，尤其是雷口坡组内幕弱反射轴的信噪比和连续性得到大幅提高，增强雷口坡组底界面可追踪性（图 5-4-3）。

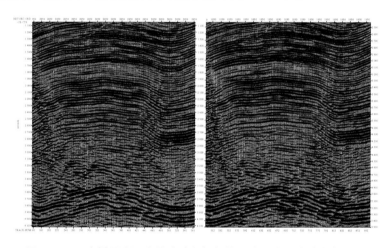

图 5-4-3　克希霍夫深度偏移（左）与单程波深度偏移（右）对比

二、高斯束叠前深度偏移技术

（一）研发背景和研发目标

Hill 于 1990 年首先提出高斯束叠后深度偏移方法，并于 2001 年将该方法推广到叠前深度偏移。Hill 利用共偏移距道集和共方位角道集中的某种对称性解决了高斯束叠前深度偏移中的执行效率问题，非常适合处理海上拖缆地震数据的成像处理。地表高程变化及地表速度的横向变化对于高斯束方法中的局部平面波分解是很大的挑战。Gray 于 2005 年提出快速精确的、适合于陆地起伏地表数据的炮道集高斯束叠前深度偏移方法。

常规射线追踪在笛卡尔坐标系中的数值计算方法不是很完善，特别是振幅的求取存在焦散问题。Cerveny 提出的高斯束动力学射线追踪方法是一种较好的改进。高斯束动力学射线追踪方法基本思想是在射线中心坐标系中表达波动方程，进行高频近似，得到不同于笛卡尔坐标系中的动力学射线追踪方程。在射线中心坐标系中，波场的估计按抛物波动方程方法进行。射线中心坐标系中的抛物波动方程沿着射线给出笛卡尔坐标系中的双曲波动方程的解。射线中心坐标系中的解对应于高斯束。介质空间中任意一点的波场由这点附近的不同的高斯束叠加而成。该方程形式简单，易于计算，可以克服焦散区、阴影区和临界区域的振幅计算问题。Ross Hill，Dave Hale 以及Popov 等将高斯束方法应用到偏移处理中并取得了较好的成像效果。由于高斯束偏移利用初值射线追踪技术进行中心射线追踪，保持了常规射线追踪的高效灵活且没有倾角限制的优点。相对于水平地表，起伏地表情况下只需引进高程管理来限制每根射线的运行轨迹，使其不超出地表高程面即可实现起伏地表情况下的高斯束传播，因此容易将其推广到起伏地表偏移中。

"十二五"研发目标是形成了一套能够比较快速、准确地适应复杂地表复杂构造低信噪比资料的成像技术系列，发展、完善具有自主知识产权、技术先进、独具特色的高斯束偏移软件；为中国石化复杂山前带资料的成像处理提供强有力的技术支撑，促进更深层次的勘探开发，从而为中国石化的增储上产、落实国家能源战略提供了有力保障；打破国外公司对地球物理前沿尖端技术的垄断和我们对国外软件的依赖，促进中国石化石油物探技术的发展。

（二）技术内容及技术指标

1. 技术内容

高斯束偏移最早由 Hill（1990）提出，其基本思想是在地表选定离散的射线束中心后，将相邻的输入道进行局部 tau-p 变换为局部平面波，然后通过高斯束将局部平面波分量反传至地下局部的成像区域进行成像。高斯束的本质是傍轴近似方程在射线中心坐标系中描述波传播。高斯束偏移在实现上包括单个高斯束的求解及所有高斯束叠加成像两步骤。单个独立的高斯束分两步求得，即通过运动学射线追踪求取中心射线的路径及走时，通过动力学射线追踪获取中心射线附近的高频能量分布。

（1）高斯束基本理论

在射线中心坐标系下（图 5-4-4），高斯束是波动方程在中心射线邻域内的高频渐进解

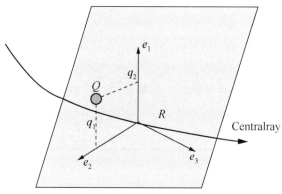

图 5-4-4　三维射线中心坐标系

$$U_{GB}(S,q_1,q_2,\omega) = \sqrt{\frac{V(s)\det[Q(s_0)]}{V(s_0)\det[Q(s)]}}\, exp\left\{i\omega\tau + \frac{i\omega}{2}q^T M(s)q\right\} \quad (5-13)$$

式中：$q^T=(q_1,q_2)$，q_1，q_2 分别是射线中心坐标系中沿坐标轴 e_1，e_2 的坐标，s 为中心射线弧长。中心射线的射线路径由运动学射线追踪得到。运动学射线追踪方程组可由程函方程得到：

$$(5-14)$$

$$\frac{\mathrm{d}x}{\mathrm{d}\tau} = v^2 p_x = v\sin\theta\cos\varphi$$

$$\frac{\mathrm{d}y}{\mathrm{d}\tau} = v^2 p_y = v\sin\theta\sin\varphi$$

$$\frac{\mathrm{d}z}{\mathrm{d}\tau} = v^2 p_z = v\cos\theta$$

$$\frac{\mathrm{d}p_x}{\mathrm{d}\tau} = -\frac{1}{v}\frac{\partial v}{\partial x}$$

$$\frac{\mathrm{d}p_y}{\mathrm{d}\tau} = -\frac{1}{v}\frac{\partial v}{\partial y}$$

$$\frac{\mathrm{d}p_z}{\mathrm{d}\tau} = -\frac{1}{v}\frac{\partial v}{\partial z}$$

式中：θ 和 φ 分别表示射线的倾角与方位角，$\theta \in [0°, 180°]$，$\varphi \in [0°, 360°)$。该一阶常微分方程组可用四阶龙格—库塔方法求解，得到中心射线路径。

矩阵 $M(s) = \dfrac{P(s)}{Q(s)}$ 表示旅行时场沿射线中心坐标 Q_1, Q_2 的二阶偏导数，$P(s), Q(s)$ 为沿中心射线变化的 2×2 复值矩阵，给出了射线周围的能量分布。$P(s), Q(s)$ 满足如下三维动力学射线追踪方程组：

$$
\begin{cases}
\dfrac{\partial Q(s)}{\partial s} = v(s) P(s) \\[3mm]
\dfrac{\partial P(s)}{\partial s} = \dfrac{1}{v^2(s)} V(s) Q(s)
\end{cases}
\tag{5-15}
$$

式中：$V(s)$ 是射线中心坐标系下关于速度场二阶导的 2×2 矩阵，

$$
V_{ij} = \frac{\partial^2 v}{\partial q_i \partial q_j}, \quad i, j = 1, 2
\tag{5-16}
$$

动力学射线追踪方程组的求取需要给定、$P(s)$ 和 $Q(s)$ 的初值，选择合适的初始值以保证高斯束不存在波场的奇异性区域。Hill(2001) 给出了关于该初值的选择如下：

$$
P_0 = \begin{pmatrix} i/v_0 & 0 \\ 0 & i/v_0 \end{pmatrix} \quad 和 \quad Q_0 = \begin{pmatrix} \omega_l w_l^2 / v_0 & 0 \\ 0 & \omega_l w_l^2 / v_0 \end{pmatrix}
$$

得到单个高斯束后，格林函数可以用高斯束的叠加积分来表示（图 5-4-5）：

$$
G(x, x'; \omega) = \frac{i\omega}{2\pi} \int \frac{dp_x dp_y}{p_z} u_{GB}(x, x', p; \omega)
\tag{5-17}
$$

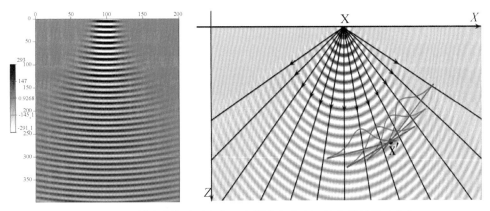

图 5-4-5　单个高斯束（左）及高斯束积分表示的格林函数（右）

（2）高斯束分解及反传播

高斯束偏移的基本实现过程要求将地震数据划分为一系列局部的区域，并利用倾斜叠加将局部区域内的地震记录分解为不同方向的平面波（即射线束），然后利用射线束的走时和振幅信息将平面波进行映射成像。采用 Hill(1990) 提出的加高斯窗局部倾斜叠加（图 5-4-6），表达式为：

$$D_s(L, p_{Lx}, \omega) = \left|\frac{\omega}{\omega_r}\right|^{3/2} \int dx_r\, p_U(x_r; x_s; \omega) \exp[-i\omega p_{Lx}(x_r - L)]$$

$$\times \exp[-\left|\frac{\omega}{\omega_r}\right|\frac{(x_r - L)^2}{2w_0^2}] \qquad\qquad (5\text{--}18)$$

式中：ω 表示角频率，p 代表分解的平面波方向，L 表示分解的高斯束中心位置，x_r 和 x_s 分别代表炮点和检波点坐标，上式所表示的加高斯窗倾斜叠加是在共炮点道集中进行的。

得到了地表高斯束之后，利用运动学射线追踪及动力学射线追踪计算高斯束在地下介质的传播，即可实现地震记录的反向传播，从而进一步实现高斯束偏移。

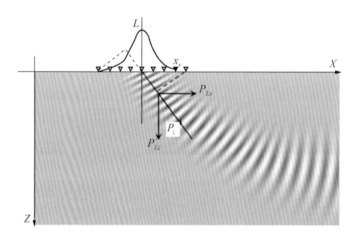

图 5-4-6　高斯束加窗局部倾斜叠加

（3）高斯束偏移的实现

高斯束叠前深度偏移一般可以在共炮点道集、共接收点道集、共偏移距道集和共中心点道集中实现。其中，共炮道集高斯束偏移技术较容易处理起伏地表问题及输出角度域共成像点道集；而共偏移距道集高斯束叠前深度偏移则适合于处理海上数据，其输出偏移距域共成像点道集的方式与常规的 Kirchhoff 积分法偏移类似，该道集在常规处理的层析速度反演中较为常用。

对于炮域高斯束叠前深度偏移，需要从炮点和接收点分别进行射线追踪以求得从炮点出发的下行波和从反射点出发到达检波器的上行波。类似于波动方程偏移，所使用的成像条件是上行波场和下行波场的互相关：

$$I(\boldsymbol{x}) = \frac{-1}{2\pi} \int d\omega \int d\boldsymbol{x}_r \int d\boldsymbol{x}_s \frac{\partial G^*(\boldsymbol{x}, \boldsymbol{x}_r, \omega)}{\partial z_r} G^*(\boldsymbol{x}, \boldsymbol{x}_s, \omega) D_s(\boldsymbol{x}_s, \boldsymbol{x}_r, \omega) \quad （5\text{-}19）$$

式中：$G(\boldsymbol{x}, \boldsymbol{x}_s, \omega)$ 与 $G(\boldsymbol{x}, \boldsymbol{x}_r, \omega)$ 分别表示从炮点到成像点以及从成像点到检波点的格林函数，其表达式如式（5-19）给出，* 代表共轭，$D_s(\boldsymbol{x}_s, \boldsymbol{x}_r, \omega)$ 表示基于炮道集的加高斯窗局部倾斜叠加。

共偏移距道集高斯束叠前深度偏移表达式由（5-20）给出：

$$I(\mathrm{x}) = -\frac{2}{\pi} \int d\omega \int dh \int dm \frac{\partial G^*(\boldsymbol{x}, \boldsymbol{x}_r, \omega)}{\partial z_r} \frac{\partial G^*(\boldsymbol{x}, \boldsymbol{x}_s, \omega)}{\partial z_s} D(h, m, \omega) \quad （5\text{-}20）$$

式中：$D(h, m, \omega)$ 表示位于中心点 m 处的共偏移距 h 地震数据。

2. 技术指标

"十二五"期间，利用积分法成像条件以及 MPI+OpenMP 的高性能并行计算模式自主研发了快速高效的陡倾角成像并提高成像信噪比的高斯束深度偏移技术系列，包括二维及三维的叠后、叠前高斯束偏移技术，起伏地表偏移技术，高精度成像道集提取技术以及适合于低信噪比数据的创新性高斯束优选技术；研究的高斯束叠前深度偏移成像技术系列在成像效果、计算效率方面都走在国内同行业的前列，与国外同类技术整体水平相当；开发的具有自主知识产权的 GBM-V1.0 高斯束偏移软件具有成像精度高、并行计算效率好、计算速度快、操作简捷实用等优点，并且对实际数据有较强的适应性和稳健性，在准噶尔盆地西缘山前带哈山、川东北镇巴等探区取得了理想的应用效果。

（三）应用效果与知识产权情况

1. 应用效果

（1）在哈山地区的应用

该区地表主要为山地、砾石。哈山地表主要为凝灰岩风化层，部分区域岩石出露，激发接收条件差。哈山外南部砾石区地表松散破碎，激发接收条件差，西北部砾石区盐碱层厚，地表松软，激发接收条件较差。表层主要发育浅层折射波、面波、声波以及多次波等，砾石区地震波散射及各种次生干扰严重。该工区的复杂的地表特征验证了成像算法对复杂地表、复杂构造的适应能力。

图 5-4-7 是哈山数据 Inline 线的偏移结果。显而易见，高斯束叠前深度偏移剖面在浅、中、深层均较 Kirchhoff 叠前深度偏移剖面具有更高的信噪比，可解释性更强，这说明研发的技术系列适合复杂地表低信噪比地震数据的构造落实。

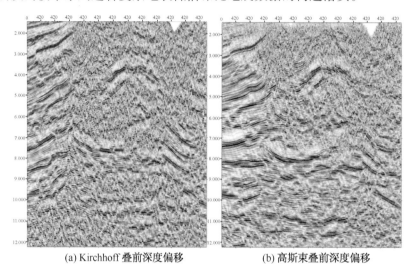

(a) Kirchhoff 叠前深度偏移　　　　(b) 高斯束叠前深度偏移

图 5-4-7　高斯束偏移与 Kirchhoff 叠前深度偏移对比图

（2）在镇巴地区的应用

复杂的表层与深层地震地质条件造成了该区的地震反射信噪比极低（图 5-4-8)，可以检验成像算法对信噪比的适应性。

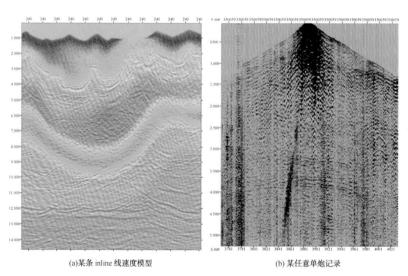

(a)某条 inline 线速度模型　　　　(b)某任意单炮记录

图 5-4-8　速度模型和炮记录

图 5-4-9 是该实际数据偏移结果。可以看出，高斯束叠前深度偏移的剖面信噪比较 Kirchhoff 叠前深度偏移更高，同相轴的连续性更好，且深层的弱能量同相轴成

像质量更高。该结果说明高斯束叠前深度偏移能较好地处理低信噪比地震数据的成像问题，具有很好的应用潜力。

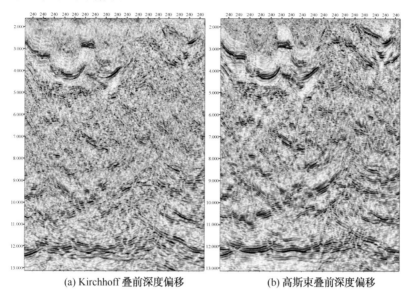

(a) Kirchhoff 叠前深度偏移   (b) 高斯束叠前深度偏移

图 5-4-9 Inline A 高斯束偏移结果

2. 知识产权情况

申请国内专利 4 项，"一种利用局部数据同相轴斜率的直接偏移技术"获得国内发明专利授权；中国石化专有技术 8 项，认定 8 项。

三、逆时叠前深度偏移成像技术

（一）研发背景和研发目标

地震成像在油气勘探中一直扮演着非常重要的角色。20 世纪 90 年代以来，基于射线理论的 Kirchhoff 积分法叠前深度偏移技术和基于单程波动理论的波动方程叠前深度偏移技术得到了较快的发展，并借助于高性能集群计算技术的发展在实际生产中得到了广泛的应用。然而石油勘探对象变得日趋复杂，特别对于中国石化重点勘探而言，地震成像技术需要朝着适应起伏地表、高陡构造、复杂速度分布和复杂储层的方向不断发展。常规 Kirchhoff 积分法叠前深度偏移技术和单程波波动方程叠前深度偏移技术已无法满足复杂探区地震成像需求，急需理论更先进、针对性更强的高精度地震成像方法提供技术支撑。

RTM 是作为当前理论最先进的高精度地震成像技术，同时采用全波方程延拓震源波场和检波点波场，汇集了 Kirchhoff 方法和单程波动方程方法的优点于一身，克服了偏移倾角和偏移孔径的限制，具有相位准确、成像精度高、保幅性能好、对纵横向剧烈速度变化适应性强等一系列优点。RTM 成像方法可以处理强速度变化情况，能够对常规成像方法无法准确成像的复杂区域，如岩体及强断裂带区域进行较准确的成像。随着大型计算集群和 GPU 等硬件的发展，逆时偏移（RTM）的工程化应用已成为了可能。CGG 等国外大型地球物理公司在 RTM 技术的研发方面取得了较大突破，已替代积分法叠前深度偏移成为他们对外服务的主要技术支撑手段。

RTM 技术作为高精度成像技术的制高点，成为了衡量石油物探技术研发服务单位技术能力的一个重要指标。面向中国石化在我国西部缝洞、南方山前带等探区"复杂地表、复杂构造、复杂储层"的地震成像需求，研发一套实用的高精度逆时偏移技术，对于推动中国石化复杂介质探区的油气勘探取得突破、打破国外大型地球物理公司对物探核心前沿技术的垄断具有非常迫切的现实意义。

研发基于双程波方程的叠前逆时偏移成像技术，形成一套支撑复杂地质构造油气勘探核心技术，更好地满足中国石化在西部缝洞、南方山前带等探区"复杂地表、复杂构造、复杂储层"的地震成像需求，为尽快实现西部、南方山前带油气勘探及海外油气勘探的重大突破何保障中国石化油气勘探的可持续发展提供支撑。

（二）技术内容及技术指标

1. 技术内容

基于全声波方程的逆时叠前深度偏移（RTM）是具有明确地质意义的精确成像方法。它采用描述地震波在复杂介质中传播过程的波场延拓算子进行偏移成像，物理概念清晰，且更稳健、更精确，能自然地处理多路径问题以及由速度变化引起的聚焦或焦散效应，并具有很好的振幅保持特性；并避免了上、下行波场的分离，对波动方程的近似较少，从而克服了偏移倾角和偏移孔径的限制，汇集了 Kirchhoff 方法和单程波动方程方法的优点于一体，可以有效地处理纵横向存在剧烈变化的地球介质物性特征。该技术具有相位准确、成像精度高、对介质速度横向变化和高陡倾角适应性强、甚至可以利用回转波和多次波正确成像等优点。RTM 是目前理论最先进、成像精度最高的地震偏移成像方法。

（1）逆时偏移算子

逆时偏移的核心归根到底是正演问题，选取一种计算精度好、效率高的算法是十分必要的。现有的地震波模拟手段有有限差分法、有限元法和伪谱法。有限差分法因其算法简单快速，能自动适应速度场的任意变化的优势仍然是主要方法，研究内容主要包括波场延拓算子构造、数值频散压制和边界反射压制等。

在三维或二维正演模拟及逆时深度偏移中，当利用截断误差为$O\left(\Delta x^2,\Delta y^2,\Delta z^2,\Delta t^2\right)$的差分格式时，为保证频散较小及递推过程稳定，差分网格要求取得非常小，这样计算需要的计算机内存及运算时间会大大增加。Dablain(1986)和Mufti(1990，1996)提出利用高阶差分方程来进行上述模拟和偏移过程。利用高阶差分方程时，网格值可以取得大些，而计算精度并不降低。在此，我们称截断误差高于四阶的差分方程为高阶差分方程。三维声波方程的高阶差分方程可以用统一的方式推导出来。

三维声波方程为：

$$\frac{\partial^2 u}{\partial x^2}+\frac{\partial^2 u}{\partial y^2}+\frac{\partial^2 u}{\partial z^2}=\frac{1}{v^2(x,y,z)}\frac{\partial^2 u}{\partial t^2} \qquad (5-21)$$

式中：$u(x,y,z,t)$为地表记录的压力波场；$v(x,y,z)$为纵横向可变的介质速度。

（2）完全匹配层吸收边界条件

有限差分波场延拓算子构造的另一个关键是边界条件。这是因为要模拟的是地震波在无限介质中传播过程，而我们的计算区域是有限的，这就相当于引入了一个人为的反射界面。因此必须构造边界条件，使边界产生尽可能少的人为反射，这样才能较真实客观地模拟地震波在无限介质中传播过程。并且波动方程数值模拟的边界应当保持波向边界传播的频散关系。任何频散关系的差异均将导致补偿项（反射波）的出现，除非波场能量为零。本次方法研究和技术开发采用完全匹配层边界条件，其优点是计算量增加不大并且效果较好。具体计算公式为：

$$\begin{cases}\left(\partial_t+\beta\right)^2 u_1=v^2\dfrac{\partial^2 u}{\partial x^2}\\[2mm]\left(\partial_t+\beta\right)^3 u_2=-v^2\beta\dfrac{\partial u}{\partial x}\\[2mm]\partial_t^2 u_3=v^2\left(\dfrac{\partial^2 u}{\partial y^2}+\dfrac{\partial^2 u}{\partial z^2}\right)\end{cases} \qquad (5-22)$$

式中：u_1、u_2、u_3为位移波场u分裂成的三部份，β为边界衰减因子。

（3）成像条件

逆时偏移采用带阻尼因子的动力学成像条件，这样的成像条件具有更优的保幅特性，可以为后续的AVO等属性分析提供更真实的地震信息，理论公式可以表示为：

$$Image(x,y,z)=\sum_{s_{\min}}^{s_{\max}}\frac{\displaystyle\sum_{t=0}^{t_{\max}}S_s(x,y,z,t)R_s(x,y,z,t)}{\displaystyle\sum_{t=0}^{t_{\max}}R_s^2(x,y,z,t)+\sigma} \qquad (5-23)$$

式中：t_{max} 是最大记录时间，$S_s(x,y,z,t)$ 为正向外推的震源波场，$R_s(x,y,z,t)$ 为反向外推的记录波场，$I(x,y,z)$ 为点 (x,y,z) 的成像结果。

2．技术指标

"十二五"期间，针对逆时偏移计算量巨大计算效率低问题，融合 CPU 在复杂顺序计算和 GPU 在大规模并行计算的双重优势，通过硬件协同和软件协作，均衡 CPU 和 GPU 的负载，实现基于 GPU\CPU 异构协同的多卡并行计算的波场传播模式；采用震源波场重构的存储策略，大幅度降低计算过程中存储量和 I/O 量，有效地解决了逆时偏移存储需求瓶颈，提高了计算效率；从逆时偏移噪声的产生机理出发，根据噪声的方向特性，大角度特性和频率特性组织逆时偏移组合去噪流程，最大程度的压制偏移噪声、保留有效信号，提高成像效果；处理测试及实际处理应用表明，基于 GPU 的三维叠前逆时偏移技术在国内处于领先水平，与国外技术基本相当。

（三）应用效果与知识产权情况

1．应用效果

在中国石化东部复杂断块、西部碳酸盐岩缝洞、南方复杂山前带、海外盐下等重点探区、21 项生产处理项目进行了推广应用，处理面积达 12791km²，取得了良好的应用效果，促进了这些地区更深层次的勘探开发。

（1）盐下成像

盐下地震勘探由于盐丘速度与围岩差异大、厚度横向变化大、构造侧翼陡等问题造成地震波场复杂，从而使得盐丘边界刻画和盐下成像困难。图 5-4-10 为某区复杂

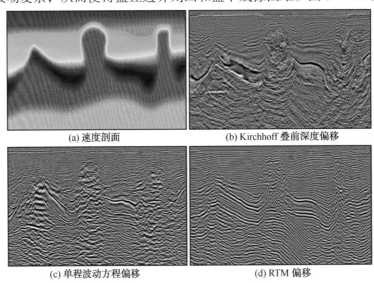

(a) 速度剖面　　　　　　　　　　(b) Kirchhoff 叠前深度偏移

(c) 单程波动方程偏移　　　　　　(d) RTM 偏移

图 5-4-10　偏移效果对比（Crossline1）

盐丘的成像效果对比，我们对该区 3D 资料分别进行了 Kirchhoff 叠前深度偏移、单程波动方程叠前深度偏移、RTM 偏移处理。Kirchhoff 叠前深度偏移方法由于其固有的理论缺陷使得不适应横向速度变化剧烈的地质构造，而且采用的高频近似也会影响中深层的成像质量，所以其偏移剖面成像品质不高，尤其是盐下成像质量非常差。单程波动方程叠前深度偏移剖面成像品质稍高一些，但因一系列近似造成的偏移倾角限制使得高陡盐丘侧翼成像质量非常差，盐下成像也不是很理想。RTM 偏移方法正好汇集了以上两种方法的优点，成像剖面品质得到非常大的提高，岩丘顶界面、侧翼、底界面归位得非常好，盐丘与基岩的接触关系也非常清晰，盐下地层成像刻画得更加准确合理。

（2）碳酸盐岩缝洞成像

奥陶系碳酸盐岩缝洞型储层是我国西部地区重要的勘探目标类型，具有埋藏深、波场复杂、非均质性强等特点，地震精确成像难度非常大。波动类叠前深度偏移方法由于能比较好地处理复杂介质中的复杂波现象，能自然地处理多路径问题以及由速度变化引起的聚焦或焦散效应，并具有很好的振幅保持特性，因此最适合用于缝洞型储层成像。而双程波动类方法 RTM 除了具有非常高的成像精度外，还可以利用多次反射波进行成像，可以更准确地将缝洞型储层在纵横向上定位，降低解释的非唯一性，是缝洞型储层成像的最理想方法。图 5-4-11 为某区地震资料 PSTM 和 RTM 处理效果对比图，可以看到 RTM 成像效果明显优于 PSTM，尤其是在奥陶系碳酸盐岩目的储层成像中取得良好效果，反映缝洞的"串珠"成像更加精细，在 PSTM 剖面中不太明显的小串珠在 RTM 剖面中刻画得更加明显，从振幅属性分析 (图 5-4-12) 中也可以看到 RTM 成像剖面中串珠个数明显多于 PSTM 剖面，串珠与周围的振幅差异明显强于 PSTM 剖面。

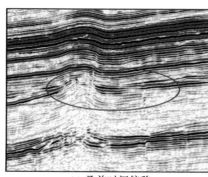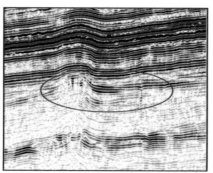

(a) 叠前时间偏移　　　　　　　　　　(b) RTM偏移

图 5-4-11　偏移效果对比

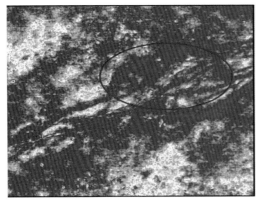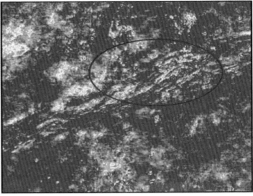

(a) 叠前时间偏移　　　　　　　　　　　　　　　　　(b) RTM偏移

图 5-4-12　振幅属性分析对比图

（3）复杂山前带成像

复杂山前带地震资料具有"地表复杂、地下复杂"的双复杂特点，地表地形起伏剧烈、低降速带速度变化大、厚度变化大，地下构造复杂、速度横向变化大，从而造成地下地震波场复杂、成像困难。我们基于"真地表偏移"的思路分别对某 3D 工区进行了 Kirchhoff 叠前深度偏移和 RTM 偏移处理（图 5-4-13）。相比于 Kirchhoff 叠前深度偏移剖面，RTM 偏移剖面信噪比、分辨率都得到很大提高，"画弧"现象也得到很大改善，尤其是中部目标储层成像、右上部灰岩地层成像、左上膏岩地层成像都得到非常大的提高。

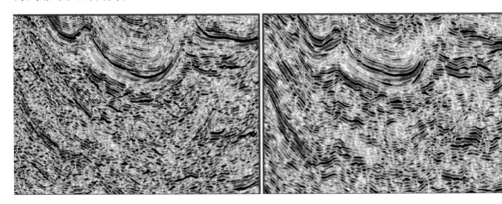

图 5-4-13　偏移效果对比

（4）复杂断陷成像

图 5-4-14 为一复杂断陷三维地震资料的成像剖面对比，可以看到 RTM 偏移剖面成像效果明显改善，断面清晰、收敛性强，断点位置准确，更易于正确解释断层。断层归位更准确、形态更清晰，断层下盘内幕成像得到明显改善，消除了假象，使得地层构造形态清晰可辨。

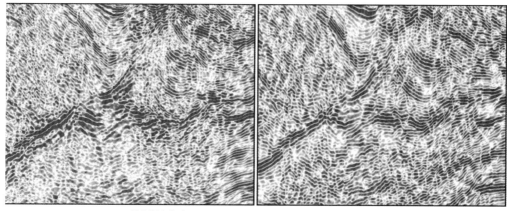

(a) Kirchhoff 叠前深度偏移　　　　　　　　　　　(b) RTM 偏移

图 5-4-14　偏移效果对比

2. 知识产权情况

申请国内发明专利 7 项，"一种海量数据图形处理器的波动方程逆时偏移成像方法""一种逆时偏移偏移距域共成像点道集提取方法""一种利用 GPU 进行逆时偏移提取角度道集的方法"获得国内授权专利 3 项；中国石化专有技术 5 项，认定 5 项。

第五节　非线性反演技术

一、研发背景和研发目标

随着当前油气勘探开发的深入，地球物理勘探的重点从构造油气藏逐渐转向岩性油气藏，应用地球物理资料进行储层岩石弹性参数及物性参数反演，实现精细油气储层描述与储量准确评估，是油气地球物理的重要课题。弹性参数的叠前地震反演是目前储层预测及流体识别的主要方法，其相较叠后储层预测具有更高的精度和置信度。

我国目前油气勘探储层多为缝洞型及非常规储层，勘探难度大。针对我国的油气勘探开发现状，特别是中国石化西部碳酸盐岩及非常规储层精细预测与描述问题，常规叠后与叠前属性提取与反演等解释手段难以满足复杂储层参数预测及精细描述要求。储层物性参数也会对储层地球物理响应特征造成一定的影响，基于地球物理资料定量反演储层物性参数理论上是可行的，但由于储层物性参数同地震属性之间的关系是复杂的、非线性性的，因此从地震资料预测储层物性参数又是当前地震资料应用研究的难点。

"十二五"期间，开发适用于弹性、黏弹性介质的叠前多参数反演方法、物性参数反演方法，以及相关配套的正演模拟技术、岩石物理建模技术、频率域道集提取技术等技术系列；打通从地震叠前道集到储层参数反演的通道，提取叠前弹性参数、纵横波品质因子和物性参数等指示因子，结合常规地震多属性储层预测技术，有效评价缝洞储集体、非常规、碎屑岩储层的等效孔隙度、泥质含量、流体充填等各种物性参数，实现储集体预测与参数描述相结合的多参数油气藏综合评价，提升储层参数量化表征与性能评价的准确性，有效指导复杂油气藏勘探开发。

二、技术内容及技术指标

（一）技术内容

1．基于粒子群算法的 AVO 弹性三参数反演技术

研发了基于粒子群算法 AVO 三参数反演方法。粒子群算法是一种群体智能寻优方法，具有收敛速度快、设置参数少、运算简单、易于实现的优点，且不强烈依赖于初始模型。通过对算法特点分析以及理论模型的测试，优选出可用于实际资料 AVO 三参数反演的流程和算法参数，通过输入叠前数据分角度道集即可直接反演出地层纵波速度、横波速度、密度等弹性参数以及通过它们计算得到泊松比、纵横波阻抗等多种属性。结合岩石物理分析，可以优选出适合目标工区的敏感弹性参数和流体指示因子。

粒子群优化算法系统中，可以将每个优化问题的解想象成 n 维搜索空间中的一个点，称之为"粒子"（Particle），整个系统中多个粒子共存、合作寻优。粒子群优化算法首先需要生成初始种群，即在可行解空间中随机初始化一群粒子，每个粒子都是优化问题的一个可行解，并且它们每个都有一个由目标函数确定一个适应值（Fitness）来衡量粒子位置的优劣。每个粒子在搜索空间中以一定的速度飞行，这个速度根据其自身的飞行经验和同伴的飞行经验来动态调整。每个粒子追随当前的最优粒子而动，并经逐代搜索最后得到全局最优解。

在每一代中，粒子将跟踪两个极值，一个是粒子本身迄今找到的最优位置对应的解 P_{best}（Partial Best），即独立粒子本身的飞行经验；另一是全种群所有粒子迄今找到的最优位置对应的解 G_{best}（Global Best），即是粒子同伴的经验。每个粒子使用下面的信息改变自己所处当前位置对应的解：①当前解；②当前速度；③当前解与自己最好位置对应解之间的距离；④当前解与群体最好位置对应解之间的距离，然后根据一定的迭代方式进行优化搜索。

粒子群优化算法的数学描述为：假设一个 n 维搜索空间，空间中总的粒子数为 m，每个粒子所处的位置代表目标函数的一个潜在解，它们的位置向量 x_i 构成一个种群 $X = (x_1, x_2, \ldots, x_m)$，每个粒子在空间中移动速度为 v_i。第 i 粒子目前为止搜索到的最优位置为 $P_{\text{best}} = (P_{i1}, P_{i2}, \ldots, P_{im})$，整个种群目前为止搜索到的最优位置为 $G_{\text{best}} = (G_1, G_2, \ldots, G_n)$，则粒子的速度和位置可以按如下公式进行变化：

$$v_{id}(t+1) = wv_{id}(t) + c_1 r_1 (p_{id}(t) - x_{id}(t)) + c_2 r_2 (g_d(t) - x_{id}(t)) \tag{5-24}$$

$$x_{id}(t+1) = x_{id}(t) + v_{id}(t+1) \tag{5-25}$$

式中：$1 \leq i \leq m$　$1 \leq d \leq n$，w 称为惯性权重因子；c_1、c_2 称为学习因子或加速因子。其中，c_1 为调节粒子飞向自身最好位置方向的步长，c_2 为调节粒子飞向全局最好位置的步长，r_2、r_2 为 [0, 1] 内的随机数，t 为当前迭代代数。

为避免由于速度过大而使粒子飞过了最优解的位置，有必要对速度的最大值加以限制，限定速度上限值为 $V_{\max}$，则有：

$$\begin{cases} v_{id} = V_{\max} & v_{id} > V_{\max} \\ v_{id} = -V_{\max} & v_{id} < -V_{\max} \end{cases} \tag{5-26}$$

整个群体的初始位置和初始速度随机产生，然后按照式 (5-24) 及式 (5-25) 进行迭代，直至找到满意的解。本项目中，为减少搜索过程中异常值对搜索过程的影响，对速度约束采用了均值滤波技术，可提高计算效率和精度。具体实现过程为，在计算过程中对速度进行如下约束处理：

$$v_{i,j}(n) = \begin{cases} v_{i,j}(n), j = 1 \\ \dfrac{v_{i,j-1}(n) + v_{i,j}(n) + v_{i,j+1}(n)}{3}, 1 < j < N \\ v_{i,j}(n), j = N \end{cases} \tag{5-27}$$

式 (5-24)、式 (5-25) 是粒子群优化算法最原始的数学表达式，一般将其称为基本粒子群优化算法（Standard Particle Swarm Optimization，简称 SPSO）。

公式由三部分组成，第一部分是粒子先前的速度，是粒子飞行中的惯性项，是粒子能够进行飞行的基本保证；第二部分是认知部分（Cognition Modal），是从当前点指向此粒子自身最好点的一个矢量，表示粒子飞行中考虑到自身的经验，向自己曾经找到过的最好点靠近；第三部分为社会部分（Social Modal），是一个从当前点指向种群最好点的一个矢量，反映了粒子间飞行中考虑到社会的经验，向邻域中其他粒子学习，使粒子在飞行中向邻域内所有粒子曾经找到过的最好点靠近。三个部分共同决定了粒子的空间搜索能力。第一部分起到了平衡全局和局部搜索的能力，第二部分使粒子有了足够强的全局搜索能力，避免局部极小，第三部分体现了粒子间的信息共享。粒子根据式 (5-24) 中其上一次的迭代速度、当前位置和自身最好经验与群体最好经验之间的距离来更新速度，然后根据式 (5-25) 飞向新的位置。图 5-5-1 为粒子位置更新示意图。

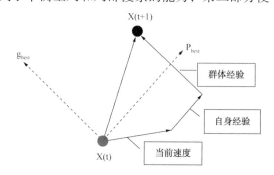

图 5-5-1　粒子位置更新示意图

每个粒子的优劣程度根据已定义好的适应度函数来评价，与待解决的问题相关。下面为粒子群优化算法的流程：

①在搜索空间中初始化粒子群，包括群体规模 m，每个粒子的位置 x_i 和速度 v_i，设定加速因子 c_1 和 c_2，最大迭代代数 T_{max}，并设定当前迭代次数为 $t=1$。

②计算每个粒子的适应度值。

③对于每个粒子，用它当前位置的适应度值和自身历史最优位置 P_{best} 的适应度值进行比较，如果当前位置比历史最优 P_{best} 更好，则用当前位置更新替换个体历史最优位置 P_{best}。

④对于每个粒子，用它历史最优位置的适应度值和全局历史最优值 G_{best} 的适应度进行比较，如果更好，则用其替换 G_{best} 成为当前全局最好位置。

⑤根据式（5-24）、式（5-25）更新粒子的速度和位置。

⑥如果满足结束条件（误差足够小或达到最大循环次数）退出，否则回到步骤②，继续循环。

2. 黏弹介质的 AVF（振幅相对频率变化）反演技术

以黏弹性介质地震波传播理论为基础，利用黏弹性 Zeoppritz 方程及近似式开发了基于叠前地震数据的振幅随射角变化（AVA）、振幅随频率变化（AVF）反演方法。相对于常规的振幅随偏移距变化（AVO）技术，本研究继承常规叠前反演技术高精度的优势，创新性的将 AVF 分析融入反演机制之中，建立一种更加适合地下地质模型与参数估计的反演方法，从叠前地震资料中估计地下黏弹性介质的速度、密度以及衰减参数。

根据黏声介质中的 AVA/AVF 关系，并且给出了黏声介质中的近似公式。而地震波传播的实际介质是不能用黏声介质来完全描述的，特别是在遇到反射界面的时候，由于有转换波的存在，使得黏弹介质中的 AVA 关系与黏声介质中的 AVA 关系完全不相同。这使得研究黏弹介质中的 AVA/AVF 关系是很必要的。Krebes（1983），Ursin 和 Stovas（2002）理论地分析了黏弹性介质的反射系数；Nechtschein 和 Hron（1997），Hearn 和 Krebes（1990）用数值模拟的方法计算了黏弹性介质中的反射系数。Ursin 和 Stovas（2002）利用波场在介质的传播规律，导出了 Zoeppritz 方程，并且给出了与 Richards（1976）相同的 AVA 近似式，然后在这个近似式的基础上，引入了 Kolsky-Futterman 公式，将 Q 介质下的相速度公式带入近似的 AVA 公式，得到了黏弹性介质下的 AVA/AVF 公式。但是由于这个公式过于复杂，没有得到广泛的应用。

本章中采用的方法是将弹性纵波反射与纵波的 Q 反射分离开，将弹性横波反射与横波的 Q 反射分离开。这样做的原理是忽略了由于 Q 值导致的相速度变化所引起的 AVA 效应，由于 AVA/AVF 线性化公式中的 AVF 项与波阻抗项是分离的，反射系数中的 AVF 项可以认为是 Q 反射系数，从 AVA/AVF 线性化公式上看，Q 反射系数使得反射系数多了一个维度，即频率的维度。同时该线性化公式也给 AVF 的反演提供了很大的方便。

地震波在黏弹性介质中传播时会发生吸收衰减作用，这是由于地下介质中的岩性不是完全弹性。地层的岩性变化和储层中含有的流体类型的变化都会使地层对地震波产生不同的衰减作用，因此品质因子 中含有丰富的岩性及流体性质的信息。在贝叶斯反演的框架下，从黏弹性介质下的线性化的 AVAF 公式出发，正演的过程结合了 Hampson 和 Russell 提出的叠后波阻抗的表达方式，利用了类似于 AVA 多参数反演的方式同时反演 Q_P 和 Q_S。在反演的过程中，如何利用时频变换得到不同频率成分的地震信号是关键步骤。在进行 Q 值反演的过程中，由于需要反演的是高频解，它具有不确定性，需要我们进行低频信息的约束；这要求我们在前期处理的过程中需要反演低波数的 Q 值，有很多方法可以得到，这里不再论述。同时在进行 Q 值反演的过程中需要提取角度道集，要求提供给反演的角道集是保振幅的、或者至少应当是相对保振幅的。Q 值最终通过岩石物理模型同如孔隙度、渗透率、流体黏度等参数联系起来，从而完成岩石物理反演，发掘更多信息。

3. 基于贝叶斯理论的物性参数反演技术

应用地球物理资料进行储层物性参数反演，实现精细油气藏描述一直是油气勘探家们特别是地球物理勘探家极为关注的问题，是油气藏地球物理的重要课题。基于贝叶斯分类的储层物性参数联合反演技术，通过统计岩石物理模型建立储层物性参数与弹性参数的先验关系，采用蒙特卡洛仿真模拟技术获取先验关系的全区分布，利用复合贝叶斯公式求取储层物性参数后验概率分布，建立储层物性参数与弹性参数、地震数据之间的关系，并基于贝叶斯分类器实现储层物性参数联合反演。该方法基于概率分布理论，能更好的表征确定的、不确定的误差因素的影响，对储层物性参数反演结果进行分析，能够更为准确、有效的区分优劣储层，为实现精细油藏描述提供可靠的资料。通过对两个实际工区测井资料有限的特点，实现了物性参数反演方法，另外该方法还拥有传统储层物性参数反演方法无法比拟的优势：① 能够联合应用不同类型、不同精度的数据约束反演过程；② 能够定量描述反演结果的不确定性；③ 能够实现多种储层物性参数的联合反演。

基于模型驱动的岩石物理参数联合反演方法首先需要构建岩石物理正演模型。这里通常构建统计岩石物理模型，它可以将物理模型与统计学联系在一起，用来描述实际可能存在而测井数据中并不完整的信息。考虑统计学概念的岩石物理模型可以表示为：

$$m = f_{RPM}(R) + \varepsilon \tag{5-28}$$

式中：各个变量为随机分布的向量，m 代表岩石力学性质（包括纵波速度、横波速度、密度、纵波品质因子和横波品质因子），R 代表储层参数，通常我们比较关注的是岩性、孔隙度和孔隙流体情况，ε 是用来描述模型精确程度的随机误差，通常定义为截断高斯分布。f_{RPM} 代表岩石物理模型，它可以是某地区的经验关系式，也针对某种岩性的理论岩石物理模型，比如针对碎屑岩储层的 Xu&White 模型。

基于贝叶斯理论的储层物性参数联合反演方法，可以用贝叶斯后验概率公式表示为：

$$P(R|m) \propto P(m|R) \cdot P(R) \tag{5-29}$$

$$R = MaxP(R|m)|_R \tag{5-30}$$

式中：$P(R)$ 为储层物性参数 R 的先验分布；$P(m|R)$ 为似然函数，$P(R|m)$ 为后验概率分布，问题的解为在已知弹性参数或者品质因子的前提下，储层物性参数的概率，取后验概率 $P(R|m)$ 为最大值时对应的储层物性参数 R 为最终解。

假设储层参数 R 满足高斯分布，先验分布可 $P(R)$ 写为：

$$P(R) = N(R \ \mu_R, \textstyle\sum_R) \tag{5-31}$$

式中：μ_R，$\sum_R$ 分别为高斯分布的期望与方差，通常我们基于测井数据、岩心数据结合地质认识统计分析来获取目的层段岩石物性的均值 μ_R 和方差 $\sum_R$。

一旦获得储层参数先验分布 $P(R)$，可以基于 MCMC（蒙特卡洛马尔科夫链模拟方法）Metropolis-Hastings 算法来获取储层物性参数随机模拟数据集 $\{R_i\}_{i=1\cdots n}$。将其代入岩石物理模型公式（5-28）中，可以得到储层物性参数和岩石弹性参数、

衰减参数的联合采样数据集 $\{R_i, m_i\}_{i=1\cdots n}$。基于贝叶斯分类算法，利用这个联合采样数据集，可以估计似然函数 $P(m|R)$。

贝叶斯分类算法是一种统计分类算法，在本文描述的反演问题中，似然函数可以表示为：

$$P(m \mid R_j) = \prod_{k=1}^{Ne} P\big(m_k \mid R_j\big), j = 1\ldots c_r, k = 1\ldots Ne \tag{5-32}$$

式中：R_j 为储层物性参数的类，比如高孔隙度储层，c_r 为类别数，定义了预测精度，c_r 需要根据研究目标合理选择。M_k 代表任意一种弹性参数，比如纵波速度，Ne 为参与反演的弹性参数的种类，通常定义 $Ne=3$，将弹性参数向量 m 展开表示为 $m=\{vp, vs, \rho\}$ 或者 $m=\{Ip, Is, \rho\}$，其中 vp、vs、ρ 分别为纵波速度、横波速度和密度，Ip、Is、ρ 分别为纵波阻抗、横波阻抗和密度。

将公式（5-32）代入公式（5-29）和公式（5-30），则分类准则可以描述为：

$$\arg\max\left[P\big(R_j\big)\prod_{k=1}^{Ne}P\big(m_k|R_j\big)\right], j = 1\ldots c_r, k = 1\ldots Ne \tag{5-33}$$

该分类准则的表明，对于已知岩石弹性参数为 m，该岩石的物性特征最有可能为 R_j 需要满足条件：

$$P\big(m \mid R_j\big)P\big(R_j\big) > P\big(m \mid R_t\big)P\big(R_t\big), 1 \leqslant j, t \leqslant c_r, j \neq t \tag{5-34}$$

基于得到得储层物性参数和岩石弹性参数、衰减参数的联合采样数据集 $\{R_i, m_i\}_{i=1\cdots n}$，基于下述表达式我们可以计算似然函数和先验分布：

$$P\big(m|R_j\big) = \frac{P\big(m|R_j\big)}{P\big(R_j\big)} = \frac{count\big(m|R_j\big)/n}{count\big(R_j\big)/n} = \frac{count\big(m|R_j\big)}{count\big(R_j\big)} \tag{5-35}$$

式中：$count(m|R_j)$ 代表在联合采样数据集中，不仅弹性参数为 m，而且岩石物性特征同时为 R_j 的采样点的个数。$count(R_j)$ 代表在联合采样数据集中，岩石物性特征为 R_j 的采样点的个数。结合公式（5-34）和公式（5-35）即可求取不后验概率分布 $P(R|m)$，当后验概率 $P(R|m)$ 为最大值时对应的储层物性参数 R 为最终解。

（二）技术指标

非线性地震多参数联合反演处于油藏定量化参数描述的前沿领域，在缝洞型碳酸盐岩储层及非常规储层参数描述领域具有广阔的推广应用前景。项目技术成果创新性突出，实际应用效果显著，项目整体处于国际领先水平。

三、应用效果与知识产权情况

（一）应用效果

1. 西北古河道发育缝洞充填识别

塔河油田奥陶系缝洞型碳酸盐岩油藏具有复杂特殊性，埋藏深，储集类型以裂缝、溶洞为主，且储层发育极不规则，纵横向非均质性强，储层预测难度大。塔河油田奥陶系碳酸盐岩油藏是典型的缝洞型储层，孔、洞、缝共存，储集体发育具有分区分带性，非均质性极强。油田开发实践表明，溶洞型储集体是碳酸盐岩缝洞型油藏主要的储集体类型，钻井过程中钻遇几率较大，是油田高产、稳产的关键。溶洞储集性能主要受溶洞规模、溶洞内充填物类型及充填程度的影响，不同充填特征的溶洞型储集体产量差异大，因此，准确地识别溶洞储集体的充填物类型及充填程度，对缝洞型油藏的高效开发具有重要意义。

基于塔河 6-7 区及 10 区东高精度三维地震资料，结合油田钻井已经揭示的溶洞、溶洞的充填性解释成果和相应的物探技术、方法，开展古河道缝洞充填特征地震识别和描述。在前期基于属性刻画古河道平面展布特征的基础上，开展基于储层物性参数反演结果的古河道充填性及充填物特征描述。主要基于两条依据：①孔隙度识别充填性；②矿物含量（泥质含量、石英含量及灰岩含量）识别充填物性质。具体技术流程如图 5-5-2 所示。

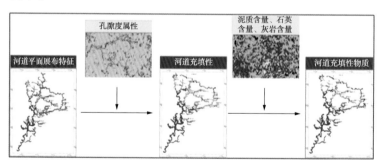

图 5-5-2　古河道充填特征地球物理识别技术流程

根据储层参数联合反演获得各种参数，对沿古河道井充填性进行了统计。拾取工区典型暗河井的孔隙度反演结果，结合测井统计的充填情况（图 5-5-3），孔隙度参数能有效表征储层优劣，孔隙度参数与河道充填性具有较好的相关性，可以基于孔隙度参数进行充填性描述。从交会图中可以看到，相对孔隙度大于 0.057 通常代表未充填井,以 0.057 为阈值,区分充填程度高低,综合吻合率达 89.3%。最终塔河 6-7 区及塔河 10 东部工区充填性识别结果如图 5-5-4 所示。

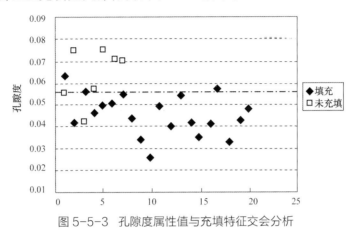

图 5-5-3　孔隙度属性值与充填特征交会分析

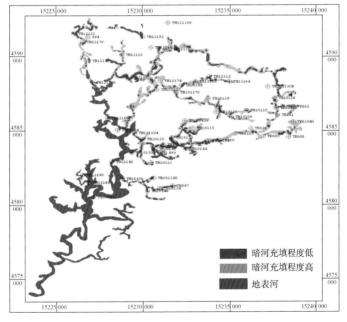

图 5-5-4　工区古河道充填性识别结果

　　为了更清楚地展示古河道充填特征,我们具体剖析工区中任意两条暗河。图 5-5-5 展示了过 TH10112 井暗河充填性分析及实钻井对比。该暗河中 TH10112 及 TH12112 为未充填井,在我们的反演结果上显示为红色(充填程度低),而其他井为充填井,在我们的反演结果上显示为绿色(充填程度高)。可以看出基于孔隙度参数的充填性描述与实钻井情况非常吻合。图 5-5-6 展示过 TH12122 井暗河充填性分析及实钻井对比。该暗河南段基本钻遇未充填井,充填性预测结果上也全为红色(充填程度低),

包括北段的 TH12122 井为未充填也与我们的预测结果非常吻合。总体来看，基于孔隙度参数的充填性描述与实钻井情况非常吻合。综合古地貌特征和工区古暗河充填性预测结果，我们认为：

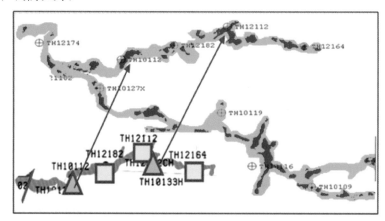

图 5-5-5　过 TH10112 井暗河充填性分析及实钻井对比

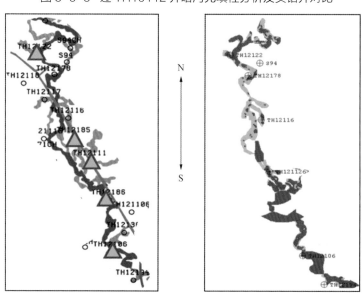

图 5-5-6　过 TH12122 井暗河充填性分析及实钻井对比

①充填程度与古地貌特征及水流方向有关；②暗河入口一般较易充填。

结合暗河井生产动态，对工区充填程度、充填岩性反演结果进行分析，发现反演结果与生产动态相吻合（图 5-5-7）：TH10119 单井注水，与周围井不连通；TH10125 注水，与 TH121104 等井不联通；S93 侧钻，与 TH10132 不连通（分割程度较弱，建议 S93 高强度注水，进一步验证连通性。

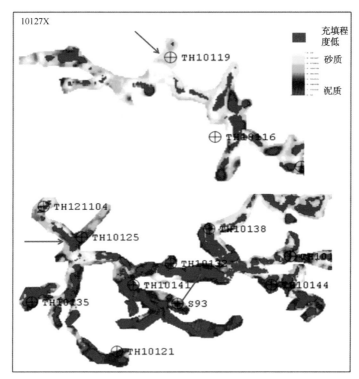

图 5-5-7　结合生产动态对充填性、充填岩性反演结果分析图

2. 川西气田致密碎屑岩储层预测

川西拗陷须五段地层面积广、沉积厚度大、资源丰富，是中国石化西南局非常规会战最重要的战场之一。通过前期对探区内须五气藏的勘探开发实践，取得了大量的成果认识，勘探评价获得重要油气成果，开发跟进老井挖潜测试普遍获产，部分钻井试采效果较好，快速体积法计算结果表明川西须五段非常规致密气资源丰富，具有很好的油气开发潜力。川西须五段储层具有分布广、厚度大、热演化适中、脆性指数高、可改造性好、含气量大的特征。但同时，该储层段砂泥岩频繁互层，厚薄不等，非均质性较强的特征明显：上亚段以互层型为主；中亚段以互层型、富泥型为主，局部为富砂型；下亚段以富砂型为主。

以叠前弹性参数反演结果为基础，通过计算脆性指数，可预测各亚段地层的可压性；结合砂岩分布、砂泥比、裂缝预测、各向异性等分析成果可预测压裂改造有利层段和有利区域。针对需求，采用两种方法分别进行了脆性指数计算：一种是利用脆性矿物含量计算脆性指数，另一种是利用杨氏模量和泊松比构建脆性指数公式。准确评价岩石矿物组分与含量的基础上，利用脆性矿物含量计算脆性指数，评价脆性。

图 5-5-8 为基于岩石矿物定义的脆性指数反演剖面，图中测井曲线为基于岩石矿物成分计算出的脆性指数曲线，可以看出两者吻合的较好。

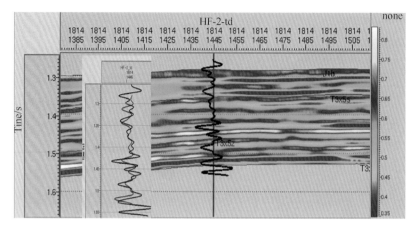

图 5-5-8　基于岩石矿物定义的脆性指数反演剖面（过 HF-2 井脆性指数剖面）

图 5-5-9 为 XC26 井测井、脆性预测及砂体预测结果，其储层特征为砂夹泥型，砂地比 61%，其中高角度缝 13 条，低角度缝 8 条，缝密度为 0.21 条 / 米，Po 为 35.9MPa，日产量 5.2×10^4t。XC26 井脆性指数强异常与砂体预测结果具有很好的一致性。

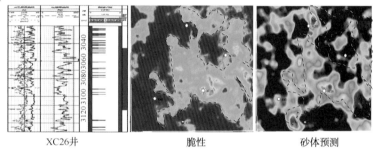

XC26井　　　　　　脆性　　　　　　砂体预测

图 5-5-9　XC26 井脆性预测

（二）知识产权情况

申请国内发明专利 10 项，申报中国石化专有技术 3 项，登记软件著作权 2 项。

第六节　微地震技术进展

一、研发背景和研发目标

微地震监测技术通过对压裂引发的微地震震源进行成像，可以显示压裂裂隙的延伸方向、高度、长度、不对称性等，有助于帮助油藏开发人员监测压裂施工效果、优化压裂施工设计、调整开发及井网部署。因此，微地震监测技术的发展和应用对油气田,特别是非常规油气资源的开发具有重要作用。最早进行的商业化油气开发微地震监测于 2000 年在美国 Texas 州 Barnett 油田应用,并比较理想地对 Barnett 页岩层内裂缝进行成像。

国内对微地震监测技术的研究和应用相对较晚,最早也是应用于岩土工程方面,用于监测预防矿井灾害。近些年来,国内多个油田开始尝试引入水力压裂微地震监测技术,结合其他方法对开发井井区的裂缝发育方向和油井来水方向进行动态监测。如长庆油田、吉林油田等针对低渗储层的开发,利用由几个检波器组成的监测阵列对注水压裂的施工效果进行监督评价已经成为一种常用方法;但由于没有掌握核心的处理和解释技术,没有系统性的采集设计和处理解释软件,基本上是国内企业采集微地震监测资料,资料送到国外地球物理服务公司进行处理解释。这除了付出较高的费用外,还不能在压裂监测的现场处理,影响到微震监测对现场压裂作业优化调整作用的发挥。

为打破国外技术垄断,提高非常规开发效益,中国石化有必要研发适合我国复杂地表条件的微地震定位技术、微地震弱信号自动检测和弱信号提取技术,实现微地震波场快速模拟、震源机制反演等量化解释功能;加快微地震监测技术的产品化进程,开发一套微地震处理解释一体化的软件系统;降低应用成本及时间成本,为水力压裂施工方案优化和井网部署调整及时提供可靠依据,实现对国外技术和服务的替代。

二、技术内容及技术指标

(一)技术内容

1. 采集观测系统设计技术

(1)地面微地震资料特点

岩石等脆性材料在加压破坏过程中,一般伴随着声、电磁发射和变形等物理现象的出现,其中声发射是一种常见的物理现象。当岩石受外力作用产生变形或断裂时,会以弹性波形式释放出应变能,这一现象已被广泛应用于岩石等材料的破坏失稳机理研究。利用声发射不仅可以研究岩石变形破裂的过程和机理,而且利用声发射事件定位可以确定岩石破裂源的空间位置。

通过岩石加压破裂试验发现整个破裂过程声发射的频率主要集中在 0~800Hz 的宽频带内,有的信号频率高达 1000Hz。然而,由于传播路径的增加以及地层对信号的吸收衰减,地面采集到的微地震信号通常频率会较低。微地震事件能量也较低,一般为里氏 −3 ~ +1 级,加上较强的环境噪声的影响,微地震地面信号具有低能量,低信噪比的特点。图 5-6-1 是不同噪声和不同震级的微地震信号在地面的质点运动速度，显示了其能量关系。

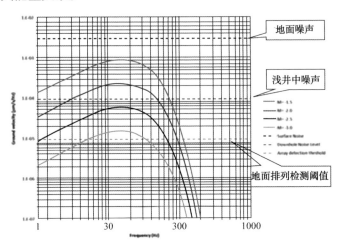

图 5-6-1　微地震地面信号与噪声能量对比图

（2）微地震监测地面观测方式

根据微地震地面监测目的和微地震信号的特点，微地震地面监测主要采用 2 类观测方式：地面测线观测，单点阵列观测。

地面测线排列观测方式主要用于短期性生产活动（如水力压裂）的微地震监测，其周期短至几个小时，长至几周，这是微地震监测应用最多的领域。地面测线通常采用放射状排列，也有采用平行排列方式。

放射状排列典型的观测参数为：8 ～ 12 束测线，每束测线约 100 个组合道，道间距 10 ～ 20m。一般使用单分量检波器。测线排列方式如图 5-6-2 所示。

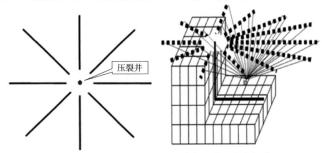

图 5-6-2　微地震地面测线采集观测方式

对于油藏动态监测，由于监测的范围比较大，时间比较长，通常采用大面积稀疏阵列采集观测方式。稀疏阵列地面微地震典型观测参数为：采用 3C 检波器采集单元，检波器埋深 30~150m，检波器实际埋深根据现场噪声调查结果确定，每个阵列约 100 个 3C 检波器采集单元，采集单元间距 500~1000m。稀疏阵列分布方式如图 5-6-3 所示。

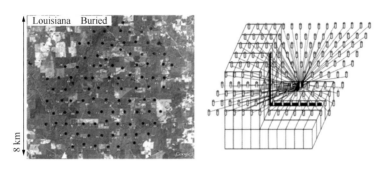

图 5-6-3　微地震地面稀疏采集观测方式

（3）微地震监测地面观测系统设计

综合考虑微地震地面监测技术的资料处理方法和采集施工方法的综合因素。观测系统设计应满足以下几点设计要求：①有利于增强弱信号；②有利于去噪；③足够的观测张角以满足定位精度要求；④经济的施工成本。

根据上述观测系统设计要求和微地震监测观测方式的特点，确定观测系统参数为：测线排列方式，测线总数，测线长度，最小偏移距，道间距，检波器组合数和方式。

2. 微地震处理技术

在进行微地震监测施工时，需要在压裂施工开始之前将监测站布置好，同时对各个监测站进行时间同步和空间精确定位。在压裂施工过程中，由于水力压裂诱发的微地震事件产生的声发射信号由检波器接受，通过无线或有线传输技术将地震数据回收到主控站之后进行微地震震源反演解释，对压裂或者注水时产生的微地震事件进行实时监测，根据震源点的空间分布情况对地下新老裂缝的发育情况进行描述，然后将计算结果通过三维图像显示出来，为将来油藏施工提供理论指导依据。微地震监测过程如图 5-6-4 所示。

具体的处理流程包括以下步骤：

速度模型建立：利用声波测井并结合射孔信号，利用旅行时反演技术建立速度模型。

静校正技术：消除地表地层不均匀性的影响。

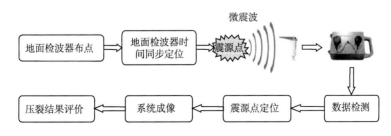

图 5-6-4　微地震监测处理过程示意图

资料预处理技术：微地震信号相对于环境噪声来讲较为微弱，采用处理手段降低噪声的能量水平，为后续定位解释提供较为理想的资料。

微地震事件定位：求取微地震事件的地下位置及发震时刻。

震源机制反演：反演地下破裂面倾角、滑动角以及破裂面面积。

3. 微地震解释

微地震解释的主要目的是获取水力压裂裂缝的几何形态，搞清楚微地震的地质力学机理。微地震解释内容可以分为两大类，一是几何形态，包括裂缝的几何形态及空间展布，二是动力学机理，即利用微地震的震源机制及强度信息对裂缝进行分组深入解释。这两个解释内容都需要与其他的数据信息进行整合以期望获得可靠的压裂评估信息。典型的几何形形态信息主要有裂缝倾向、裂缝长度、裂缝高度、裂缝位置以及压裂体积。

微地震解释流程主要涉及七个方面的内容：微地震资料、压裂信息资料、测井资料及地质资料；微地震信息与水力压裂工程信息综合；识别微地震事件的时空分布模式；微地震综合解释（地质、地震及地质力学）。

（二）技术指标

"十二五"期间，研发形成了用于微地震监测的采集处理解释关键技术系列；建立了微地震监测资料处理技术流程；研发形成了具有完全自主知识产权的微地震监测软件 FracListener；微地震监测软件在中国石化全面推广应用，并在中国石化外开展推广应用。

三、应用效果与知识产权情况

（一）应用效果

微地震监测技术在中国石化华东分公司和顺、西南分公司新场、江汉分公司焦石坝、西北分公司塔河和库车进行了推广应用，主体应用在焦石坝非常规领域；在国土资源部宜昌非常规领域进行了推广应用。本文主要介绍微地震在焦石坝地区的应用效果。

1. 微地震事件定位结果

针对 JY48 平台 48-1HF 井、48-2HF 井和 48-3HF 三口井完成了共计 56 个压裂段的地面微地震监测。在微地震资料处理过程中，围绕弱信号提取和定位精度较高的走时定位，开展利用部分强微地震事件联合射孔信号和导爆索信号优化静校正处理，并针对弱信号进行增强，拾取微地震事件对应记录中的首波到达时，再进行走时相对定位处理,经反复定位误差检查和重新拾取首波、反演处理得到较为可信的微地震事件发震位置。最终从该记录中共检测并定位了1105个微地震事件(图5-6-5～图5-6-8)。通过查看定位结果发现,微地震事件整体沿近 NE 方向分布,走向与井筒水平段呈 60°～90° 夹角,且绝大多数事件分布在射孔段左右 200～300m 的范围内。

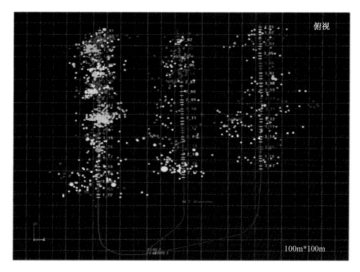

图 5-6-5　JY48-1HF、48-2HF 和 48-3HF 56 段压裂地面微地震监测结果俯视图

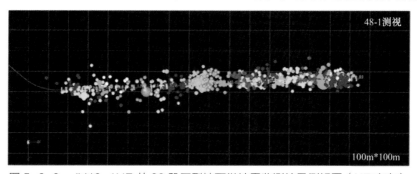

图 5-6-6　JY48-1HF 井 22 段压裂地面微地震监测结果侧视图(NZ 方向)

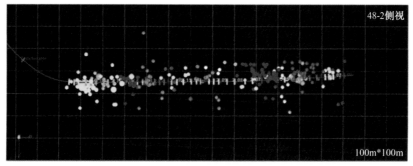

图 5-6-7　JY48-2HF 井 17 段压裂地面微地震监测结果侧视图(NZ 方向)

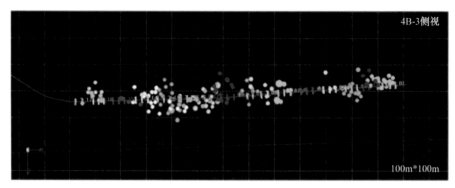

图 5-6-8　JY48 48-3HF 井 17 段压裂地面微地震监测结果侧视图（NZ 方向）

2．压裂缝网分析

根据压裂过程中微地震事件的随压裂过程演化特征对压裂产生的裂缝进行初步解释。图 5-6-9 为 JY48-1HF、48-2HF 和 48-3HF 三口井的压裂缝网解释及各段之间的缝网连通性推测，图中实线代表相对可靠的压裂裂缝，虚线代表可能的压裂裂缝或原生裂缝。从中可以看出，该三口井按缝网复杂程度由高至低排序依次为：48-1HF，48-2HF，48-3HF。其中，48-1HF 井的各段压裂形成的缝网之间存在局部连通性，预测这些段在压裂时可能存在段间干扰。同样，48-2HF 井和 48-3HF 井也存在类似的现象，但是联通程度更低。

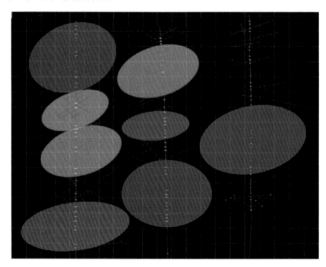

图 5-6-9　JY48 平台三口井连通性推测

3．压裂改造体积

通常来说，压裂改造体积 SRV（Stimulated Rock Volumes）可以定义为水力压裂后渗透率有所提高的岩石体积。SRV 虽然不可以直接计算储层的产量，但可以用于近似的表达水力压裂过程对地层改造的范围，可用于评价水力压裂效果。图 5-6-10 为根据 JY48 平台的三口井微地震事件的定位结果得到的各井的压裂改造体积。从中可以看出，JY48 平台的三口井压裂改造体积之间存在比较明显的差别。其中 48-1HF 井的整体表现最好，且各段的改造体积比较稳定。48-2HF 井和 48-3HF 井相对于 48-1HF 井在改造体特征上表现要差一些。

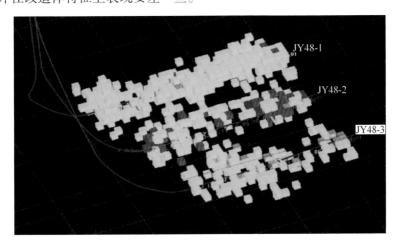

图 5-6-10　JY48 平台压裂改造体积

根据 JY48 平台三口井的无阻流量测试结果，将各井的压裂改造体积与无阻流量进行交会（图 5-6-11）可以发现，二者之间有一定的线性相关关系。

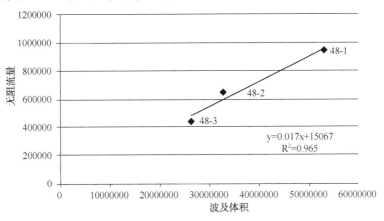

图 5-6-11　压裂改造体积与无阻测试流量交会图

4．地震地质综合分析

JY48 井台位于礁石坝箱状背斜 ES 翼，临近 NE 向边界大断裂，地层产状相对平缓但局部构造发育，在 JY48-1HF 井至 JY-2HF 远端发育小型鼻状构造，整体由西向东相对变平缓。工区内局部应力集中，发育较多天然裂缝（主要包括两组：①与边界断裂平行的 NE 向裂缝；② 走向近 NWW 的调节裂缝）。 从微地震分布和五峰组底界的最大曲率图（图 5-6-12）对比分析可以得出：

① 水力压裂所形成的裂缝，受到主应力和天然裂缝的共同作用；

② 微地震分布的情况和五峰组底界的产状相关性较为明显；

③ NE 向的压裂阶段裂，由于和水平段的方向不一致，缝长度普遍较短。

另外，从微地震事件定位结果与地震剖面联合显示（图 5-6-13）发现，人工裂缝在垂向上的分布主要存在如下特点：

① 缝网的发育主要集中在龙马溪组与五峰组页岩内部；

② 缝高整体不超越下部灰岩顶界；

③ 在天然裂缝的沟通下，部分压裂段的缝高超出下伏灰岩顶界；

④ 龙马溪组缝高有向下生长的特点。

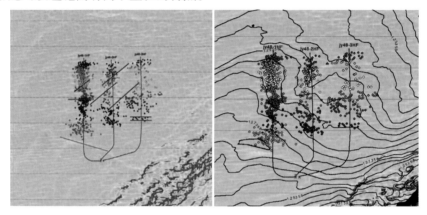

图 5-6-12　JY48 井台微地震分布和五峰组底界的最大曲率图

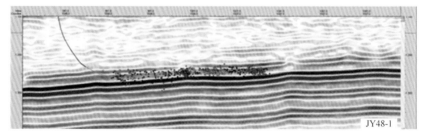

图 5-6-13　JY48-1 井微地震事件定位结果与地震剖面联合显示图

图 5-6-14 所示为脆性反演结果和微地震监测结果的联合显示。在该例中可以发现，无论是微地震事件团的空间分布特征还是压裂改造体积的大小，都与页岩的脆性指数有很好的相关性。具体表现为：在脆性比较好的区域（红色椭圆区域），压裂造缝更容易，监测到的微地震事件数量更多，相应的压裂改造体积也越大；而在塑性区域（黑色椭圆区域），岩石不容易破裂，微地震事件数量较少且压裂改造体积也较小。

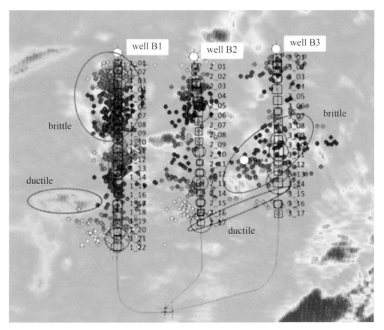

图 5-6-14　页岩脆性反演结果和微地震定位结果的联合显示

背景色为目标页岩层的脆性指数；彩色点为各压裂段对应的微地震事件；
粉色圆圈表征根据微地震事件计算的各段压裂改造体积

（二）知识产权情况

　　申请国内发明专利 11 项，获授权国内发明专利 2 项"一种用于单点地震室内组合的相对静校正量计算方法（CN200910236772）" "一种在高密度地震静校正处理中建立近地表速度模型的方法（CN201010520346）"；中国石化专有技术 4 项。

主要参考文献

[1] 吕公河．高精度地震勘探采集技术探讨 [J]．石油地球物理勘探，2005，40(3)：261-26.

[2] 赵殿栋．高精度地震勘探技术发展回顾与展望 [J]．石油物探，2009，48(5)：425-435.

[3] 胡中平，孙建国．高精度地震勘探问题思考及对策分析 [J]．石油地球物理勘探，2002，37(5)：530-536.

[4] 韩文功．济阳断陷盆地隐蔽油气藏勘探技术 [J]．油气地球物理，2005，3(1)：1-7.

[5] 杨子龙，刘胜等．陆用压电检波器采集效果分析 [J]．石油仪器，2013，27(5)：25-27.

[6] 邱志欣，丁伟，魏福吉等．胜利探区隐蔽油气藏高精度勘探地震采集技术进展 [J]．地球物理学进展，2014,29(4)：1632-1643.

［7］郭栋.胜利油田高精度地震勘探技术[J].石油天然气学报.2005,27(6):865-867.

［8］邸志欣,张丽娜,邓光校.塔河油田高精度勘探地震采集技术分析与实践[J].石油物探,2016,55(4):493-505.

［9］于静,孙明武.永新地区高精度地震采集方法的应用效果[J].石油地球物理勘探,2008,43(增刊2):6-10.

［10］佟训乾,林君,姜弢等.陆地可控震源发展综述[J].地球物理学进展,2012,27(5):1912-1921.

［11］刘定进,杨勤勇,方伍宝等.叠前逆时深度偏移成像的实现与应用[J].石油物探,2011,50(6):545-549.

［12］郭念民,吴国忱.基于PML边界的变网格高阶有限差分声波方程逆时偏移[J].石油地球物理勘探,2012,47(2):256-266.

［13］张志禹,谭显波,黄璐瑶等.抗频散有限差分波动方程数值模拟及逆时偏移[J].石油地球物理勘探,2014,49(6):1115-1121.

［14］孙文博,孙赞东.基于伪谱法的ＶＳＰ逆时偏移及其应用研究[J].地球物理学报,2010,53(9):2196-2203.

［15］薛东川,王尚旭.波动方程有限元叠前逆时偏移[J].石油地球物理勘探,2008,43(1):18-21.

［16］王童奎,付兴深,朱德献 等.谱元法叠前逆时偏移研究[J].地球物理学进展,2008,23(3):681-685.

［17］何兵寿,张会星,魏修成等.双程声波方程叠前逆时深度偏移的成像条件[J].石油地球物理勘探,2010,45(2)):237-243.

［18］丁亮,刘洋.基于归一化波场拆分互相关成像条件的叠前逆时偏移方法[J].石油地球物理勘探,2012,47(3):411-417.

［19］薛东川.几种叠前逆时偏移成像条件的比较[J].石油地球物理勘探,2013,48(2):222-227.

［20］方伍宝,刘定进,蔡杰雄等.深度域地震成像新技术理论与实践[M].北京:中国石化出版社,2014.

第六章

钻井完井工程技术

钻井完井作为勘探开发的龙头环节，是发现油气田、开发油气藏、提高采收率和增储上产的重要手段。20 世纪 80 年代初期，由于受我国钻井完井装备工具技术条件的限制，面对储层埋藏深、地层复杂、高陡构造普遍、井壁稳定性差、H_2S/CO_2 有害气体含量高、井底温度高、压力大等复杂地区的油气勘探开发，尤其在钻井施工中普遍存在压力预测不准确、井身结构难以合理确定，漏失严重、堵漏成功率低，井下复杂、机械钻速偏低等技术难题，时常出现井下复杂故障，甚至发生钻井报废事故，严重制约了油气勘探开发进程。

为了保障中国石化油气勘探开发，推进中国钻井完井技术装备的进步，满足不同地区、不同井型的需要，提高成井效率，中国石化先后开展了钻井装备、工具仪器和配套工艺技术攻关。研制出了具有自主知识产权的自升式钻井平台、3000m 车装钻机、自动垂直钻井系统和正电钻井液体系等，突破了高含硫气井钻井关键技术、油气层保护技术、薄油层水平井钻井技术、地质导向钻井技术、复杂结构井钻井技术、欠平衡压力钻井配套技术、高温高压条件下射孔技术、油气井失控井喷快速处理技术、气体泡沫钻井流体等技术瓶颈。研制开发的自升式钻井平台、3000m 车装钻机达到国际先进水平，高含硫气井钻井关键技术达到国际领先水平，先后获得集团公司及国家级科技进步奖 18 项。形成了高含硫气井钻井完井配套技术、复杂地层超深井钻井完井配套技术、超薄油气层钻井完井配套技术、近钻头地质导向技术、滩浅海高密度丛式井钻井完井配套技术、致密油气层水平井优快钻井完井及分段压裂技术，培育了以自主生产钻修井机、固压装备、高效钻头、固完井工具的"四机"、"江钻"和"大陆架"等民族品牌，自主系列技术和装备工具在东部、西部、川东北和海域等地区应用取得了良好效果，大幅度提高了复杂地层的钻井速度和质量，满足了不同储层的勘探开发需求，并出口美国、俄罗斯、沙特、伊朗等 30 多个国家和地区。促进了中国石化油气勘探开发进程，提升了中国石化钻井完井技术及装备在国内外市场的竞争力。

第一节　超深井钻井技术

我国超深地层蕴含着丰富的油气资源，陆上油气勘探开发正向着超深层领域发展，近年来超深井数量不断增加。超深井地质情况较为复杂，存在多套地层压力系统、井壁稳定性差、岩石坚硬研磨性强、高温高压井控风险高等钻井技术难题，导致超深井机械钻速低、钻井周期长、复杂故障情况多，甚至难以钻达目的层。中国石化针对重点探区超深井钻井完井技术难题，"十二五"期间系统开展了复杂地质特征精确描述、井身结构优化、研磨性硬地层提速、高温高密度钻井液、防漏防塌井筒强化技术、温度广谱固井等关键技术攻关，形成了复杂地质条件下的超深井钻井完井工程配套技术。

一、超深井钻井技术

（一）研发背景和研发目标

随着油气井越来越深，新的钻井工程技术难题不断出现：川东北元坝气田是世界上最深的"三高"气田，地层研磨性强、可钻性差，地层压力体系复杂、储层异常高压，复杂情况多、钻井周期长；西北麦盖提地区古近系盐膏层发育，二叠系、石炭系、志留系地层岩石致密，可钻性差、钻速慢；顺南顺托地区地层岩性和压力系统复杂，碳酸盐岩裂缝型储层异常高温高压，钻井工程面临着地层预知性差、施工风险高、工程质量控制难度大等难题。

中国石化以川东北、塔里木盆地超深层油气勘探开发为工程依托，紧密围绕"优质、安全、高效"钻井作业目标，强化室内模拟分析和基础理论研究，持续开展钻井工程地质描述、井身结构优化设计、大尺寸井眼气体钻井、高压喷射钻井、精细控压钻井等技术攻关，形成针对重点探区的超深井高效钻井配套技术系列。

（二）技术内容及技术指标

1. 技术内容

（1）工程地质描述技术

开展了模拟6000m以深地层环境条件下的岩石力学特性与声学特性的测定试验工作，形成室内实验测量和利用地层物理参数反演超深地层可钻性等岩石工程力学参数的预测模式。在地震反演成果的基础上，根据反演波阻抗和岩石力学参数的关系，运用人工智能建模分析技术，实现了钻前预测待钻井的坍塌压力和破裂压力，为钻井工程设计和施工提供了有效的技术指导。针对超深地层复杂应力状态，建立了基于井壁坍塌信息和成像测井资料反演井眼周围应力场，提出基于井壁应力崩落理论与地质统计算法反演区域地应力大小和方位的方法。建立了三维空间数据场可视化方法，根据三维空间视角的不同变化进行数据变换处理，开发了三维可视化平台，实现了区域地质体三维可视化。

系统研究了复杂断裂带异常地应力分布规律，基于断裂力学理论，建立以走滑断裂局部构造为主控因素的区域地应力分布描述方法，揭示麦盖提地区异常地应力的分布规律；通过离散单元数值模拟，明确区域应力比和断裂走向与水平地应力方向夹角为主要影响因子，优化分层地应力计算模型，准确求取不同区域地应力。基于以局部断裂构造影响为主控因素的异常地应力分布描述和求取方法，可分析计算断裂带塑性地层套管外最大边界载荷，为优化井身结构和确定套管规格提供依据。

（2）井身结构优化设计

针对超深井复杂地质环境地层压力信息存在不确定性、工程风险预知性差、井身结构方案决策难的问题，建立了含可信度的安全钻井液密度窗口确定方法和井身结构设计方法；根据结构可靠性理论和随机理论，进行了套管抗外挤强度和抗内压强度失效风险评价，得出不同载荷条件下套管失效概率，以及安全系数与套管失效概率之间对应关系，为套管柱设计安全系数的选取提供依据。基于钻井工程风险评价的井身结构优化设计方法为超深井井身结构设计方案的优选和决策提供了新的手段，在川东北地区超深井得到了广泛的推广应用。

在西北油田分公司塔河油田主体地区，通过准确描述地层压力等复杂钻井地质环境因素，确认了井身结构设计必封点，提出了套管层次与下入深度确定方法，形成非盐井高效、低成本开发的三级简化井身结构（图6-1-1），新三级井身结构钻速提高10%～15%，减少一开次作业环节，单井节支420万元。针对盐层井，通过长裸眼地层承压扩展了钻井液安全密度窗口，形成盐下井长裸眼穿盐及专打专封井身结构及配套工艺技术。

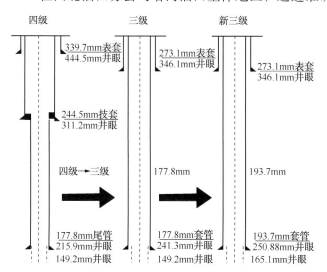

图6-1-1 塔河油田非盐层三级简化井身结构

（3）大尺寸井眼气体钻井

气体钻井就是利用气体作为循环介质的钻井技术，包括纯空气钻井，氮气钻井、天然气钻井和尾气钻井。其中空气钻井主要用于非产层（其原因在于空气钻产层存在井下燃爆的危险），而氮气钻井、天然气钻井主要用于产层。气体钻井主要的技术优势在于：井底压力的大幅度降低，减少了"压持作用"，使钻头继续切削新岩石而不是碾压已破碎的岩屑，破岩效率更高。通过这几年来在川东北地区多个构造气体钻井实践证明，气体钻井比常规液体钻井的机械钻速提高 2 ~ 5 倍，甚至高达10 倍以上。因此，气体钻井能够大幅度提高机械钻速、缩短钻井周期，安全快速钻穿研磨性硬地层。

依据气体钻井井眼临界塑性（损伤）理论，气体钻井井眼稳定有一个临界的塑性状态，超过这个临界状态井眼失稳，在这个临界状态以内是安全的，根据临界塑性状态时的井眼内支撑力的计算结果来判断气体钻井井壁是否稳定。由气体动力学理论导出能够有效将岩屑从井底携带到地面所需最小环空速度 V_g，采用最小动能准则确定气体钻井所需最小注入气体体积流量 Q_{go} 如下：

$$\frac{2.46\times10^{-12}S_g\left(T_s+GH\right)Q_{go}^2}{V_{go}^2 A}-\left[\left(P_s^2+\frac{ab}{a-G}T_s^2\right)\left(\frac{T_s+GH}{T_s}\right)^{\frac{2a}{G}}-\frac{ab}{a-G}\left(T_s+GH\right)^2\right]^{0.5}=0 \quad (6\text{--}1)$$

如在气体钻井过程中地层出水，导致气体钻井无法进行，则考虑转换为泡沫／雾化钻井。泡沫钻井液应具备以下几点特点：①具有良好的发泡能力和泡沫稳定性。泡沫的稳定性（指泡沫的弹性与持久性）和泡沫的发泡能力是泡沫钻井液的两个重要特征参数。发泡能力是液体在外界条件下，生成泡沫的难易程度，它直接决定着泡沫的稳定性与流变性；②具有较强的泥页岩抑制性。在常规钻井中，泥页岩失稳的主要影响因素是钻井液抑制性不够或钻井液密度不够，在进行泡沫钻井过程中，泡沫流体不能在井壁形成泥饼，泡沫钻井中的流体也不能平衡地层坍塌压力，因此流体中必须始终保持良好的抑制性来减少泥页岩水化作用，降低循环流体对泥页岩强度的影响，保持良好的泥页岩井壁稳定；③抗干扰能力强。泡沫钻井时，循环流体在井下应保持其性能的稳定，优良的泡沫钻井液体系，必须能够经受井下高温的考验，能够抵抗井下各种流体、各种离子和不同地层岩屑的伤害。可循环气体泡沫钻井技术是利用雾泵，将一定配比的泡沫液泵入泡沫发生器，与气体设备所产生的气体相混合，产生均匀的高速泡沫流，经高压立管、注入井下；气体泡沫携带岩屑返出地面时，经消泡处理，清除钻屑，然后再调整性能使其再次循环发泡。

针对气体钻井安全问题，研制了空气钻井低熔点合金井下灭火阀，配套开发了井口燃爆安全监测系统；研发了强憎水效应的疏水剂，采用旋转喷淋预处理工艺及抑制封堵防塌钻井液体系，解决了气体钻后转换钻井液中井壁易失稳、划眼时间长的难题。

（4）35MPa高压喷射钻井技术

水射流与机械联合破岩需要选择适当的工作参数，使这两种方式都能发挥最人使用效益的前提下提高破岩效率。高压水射流和机械齿同时作用于岩石上的破碎效率取决于这两种破碎方式各自的效率的贡献。用高速水射流在试验台上切割水平截槽的试验，试验时射流不动而移动试样，试验装置的射流压力为20～100MPa，岩样移速为10～200mm/s，喷嘴直径为0.48～1.19mm。切槽深度随喷射压力的变化关系是一致的，随压力的增加切深成线性增加，对每种岩石都存在一临界压力 Pc，小于此压力时，射流不能对岩石产生切痕。

环空流场数值模拟结果表明，层流钻井液在环空中部流速高，边缘流速低，导致岩屑被推向井壁并下沉，延缓了岩屑从井底返出地面的时间，甚至一些岩屑根本返不出地面。而紊流状态流体质点的运动方向是无规律的，但总的方向是向上的，在横流截面上的流速分布趋于均匀。岩屑不存在翻转现象，一直上升，又由于紊流流速梯度高，岩屑上升速度快，几乎能全部被带至地面。因此，紊流状态下钻井液对环空井壁冲刷作用更大，携岩效果更好，高压喷射钻井过程中应尽可能控制环空流态为紊流。当雷诺数为2000时，环空流态为层流和紊流临界流态，临界流速公式为：

$$v_c = \left[\frac{2000k\left(\frac{2n+1}{3n}\right)^n}{12^{1-n}\rho\left(D_{\mathrm{h}} - D_{\mathrm{po}}\right)^n} \right]^{\frac{1}{2-n}} \qquad (6-2)$$

$$Q_c = v_c \times \frac{\pi}{4}\left(D_{\mathrm{h}}{}^2 - D_{\mathrm{po}}{}^2\right) \times 10^3 \qquad (6-3)$$

式中：v_1 为临界流速，m/s；k 为钻井液稠度系数，Pa·s；n 为幂律指数，无量纲；e为钻井液密度，kg/m³；D_{h} 为井眼直径，m；D_{po} 为钻杆外径，m；Q_c 为临界排量，L/s。

为满足高压喷射技术要求，在D70D电动钻机基础进行了高压喷射钻井设备改造，原设备配备的是1600马力的钻井泵，最高输出压力为35MPa。为满足35MPa高压试验要求，购置了额定压力52MPa、额定功率2200马力的F-2200HL钻井泵2台，并配备相应的钻井泵配件。同时增配了1台F1600钻井泵（额定压力为35MPa，额定功率为1600马力），解决了深部地层动力系统不匹配的问题。原配的钻井泵只有泵体，没有上水管线及动力系统，现将 1600 钻井泵上面的动力机及上水管线安装上，并在上水管线下部焊接了底座。同时对钻井泵的上水、出水管线进行了改进。考虑到试验过程中泵压高达 35MPa，为了安全施工，配备了一套全新地面高压管汇、高压阀门组，耐压达到 70MPa，其中高压立管采用双立管，高压水龙头最大负载 4500kN，最高工作压力 52MPa。为防止钻具发生刺漏，引发安全事故，结合现场钻具情况，配套了 S135 全新钻具钻杆。将高速离心机换为中速离心机，解决了快速钻进条件下高速离心机负荷重，处理效率低的问题。

（5）精细控压钻井技术

以裂缝、孔洞为主要通道和储存空间的碳酸盐岩储层普遍存在气侵与漏失问题，安全密度窗口窄或不存在安全密度窗口，安全钻井难度大。裂缝性储层在较大负压差下发生溢流、在较大正压差下发生漏失。为了解释裂缝性气藏溢流和漏失同存现象，开展了裂缝性气藏溢流和漏失模拟实验，由于钻井液与地层气相存在较大的密度差异，在重力作用下钻井液向裂缝（特别是高陡裂缝）漏失，同时与地层流体发生置换，从而诱发气相侵入井筒；与渗透性地层存在安全窗口不同，裂缝性地层存在置换窗口，在置换窗口内溢流与漏失并存，压力处于动态平衡状态，安全钻井作业钻井液密度窗口很小。

控制压力钻井将循环流体系统封闭起来，进行压力控制，井口带压作业完成相关钻井作业。控压钻井将工具与技术相结合，通过实时调整环空压力剖面，可以减少窄压力窗口井的钻井风险和减少投资；对包括回压、流体密度、流体流变性、环空液面和循环摩阻等进行综合分析和控制；控制地层流体进入循环系统，可用于含硫气藏；可避免地层流体侵入，使用适当的工艺，在钻井作业中产生的任何流动都是安全可控的。MPD（控压钻井）的一个关键特征是可以将循环的流体系统作为一个压力容器系统来看待。控压钻井关键装备由井下随钻监测系统、地面控制系统、数据采集及中央处理系统三部分组成。主要设备有：旋转控制装置（RCD）、钻柱浮阀、封闭流动管线、节流装置（手动、半自动、微机自动控制）、脱气装置或钻井液液气分离系统、数据采集系统。

为提高控压钻井技术在碳酸盐岩储层作业中的适应性，确保井控安全，将井控工艺与控压钻井技术有机结合，完善控压钻井现场施工技术措施。针对顺南区块含 H_2S、高产气储层特点，控压钻井原则上以"微过平衡状态"为核心。合理设计控压钻井泥浆密度，根据实测的 PWD 井底压力数据，及时调整井口压力，保持足够的井底压力当量密度，使井底压力始终微大于地层压力。严格控制溢流量，若不能控制溢流量则逐步增加井口控压值直至液面稳定。原则上，钻进时井口回压控制在 3MPa 内，接单根、带压起钻时井口回压控制在 5MPa 内。若井口回压值小于 5MPa，采用控压钻井节流管汇循环排气；若井口回压值超过 5MPa 且有明显持续上涨趋势，立即关闭防喷器，进行钻井节流管汇循环排气或者提高钻井液密度。在控压钻进井口套压接近 5MPa 时，以 0.02g/cm³ 为基数提高钻井液密度，降低井口控压保持井口安全。起钻时储备足够的重浆用于重浆帽法压井。替入重浆帽后常规起钻，要坚持灌浆，保持井底压力能够平衡地层压力。发生井漏后首先逐步降低井口压力，寻找压力平衡点。如果井口压力降为 0MPa 时仍无效，则逐步降低钻井液密度，每循环周降低（0.01～0.02）g/cm³，寻找平衡点，待液面稳定后恢复钻进。若发生失返性漏失，则带旋转控制头起钻至套管鞋内进行井漏处理。

2. 技术指标

① 建立了利用地层物理参数求取岩石工程力学特性参数和利用岩石硬度预测牙轮钻头可钻性及 PDC 钻头可钻性的数学模型、基于有效应力模型的孔隙压力反演方法，预测精度达到 85% 以上。

② 26" 井眼强携岩携水可循环空气泡沫钻井技术平均钻速 4.26m/h，同比常规牙轮钻井提高 425.93%；17-1/2" 井眼空气钻井平均机械钻速达到 11.23m/h，同比常规钻井液钻井机械钻速提高 4～6 倍，最大钻深达 3252.68m。

③ 35MPa 高压喷射钻井技术在塔河油田应用取得成功，TH12233 井设计钻井周期 74d，实际钻井周期 56.92d，全井平均机械钻速为 12.56m/h，推广应用单井节约钻井时间 18.16d，实现了塔河油田超深井钻井提速提效的目标。

④ 顺南井区推广应用控压钻井技术，通过 MPD 节流阀控制井口回压，弥补停泵后的环空压耗损失，钻进、接单根、起钻时都能够保持井底压力稳定，有效降低了溢漏频率，提高了钻井效率，日进尺提高 4 倍以上，纯钻时效提高到 40%～70%。

（三）应用效果与知识产权情况

"十二五"期间，中国石化超深井钻井技术进展很快，年钻超深井最高达 291 口（2013 年），先后成功完成了东部最深井"SK1 井"、西部最深井"TS1 井"、亚洲最深井"MS1 井"等高难度井，为超深油气资源勘探开发实现突破做出了重要贡献，推动了我国石油行业超深井钻井技术的发展。

在塔河主体盐下井随钻扩孔和钻后扩孔结合设计了"专封盐膏层"的井身结构方案；在托甫台 1 小区、2 小区、10 区和 12 区深层非盐井，形成了三级简化井身结构；升级改造钻井装备，采用 35MPa 高压喷射钻井技术提高水力破岩效果。针对顺南地区工程地质特点，形成了井身结构优化、优快钻井技术、井壁稳定技术和防斜打快技术、控压钻井技术等高效钻井关键技术系列。针对元坝地区超深、地层压力系统复杂、岩性及流体分布情况复杂等钻井完井工程难题，形成了适合元坝"三高"气田的井身结构优化、大井眼空气钻井技术、复合钻井技术及控压钻井工艺参数优化设计方法和配套提速工艺技术。川东北元坝直井、西北塔河、麦盖提等地区平均钻井周期分别缩短 22.69%、27.01%、34.55%。

"十二五"期间，"一种用于井下增压器的超高压钻头流道系统及其构造方法""利用钻压波动提高井底钻井液喷射压力的方法""一种石油钻井冲击器性能测试装置及其测试方法"等获授权国内专利 18 项，发表论文 16 篇。

二、超深井钻井液技术

（一）研发背景和研发目标

超深井钻探施工中，在深部高温高压地层环境下，钻井液普遍存在流变性差及难调控、失水增大、重晶石沉降等问题。现场应用中，高密度钻井液体系在高温下往往出现"加重→增稠→降黏→加重剂沉降→密度下降→再次加重"的恶性循环，流变性、沉降稳定性和高温高压滤失性能的"协同"调控难度大，导致井下复杂情况发生。

针对超深井钻探对钻井液性能的需求，研究高密度钻井液性能上"跷跷板"效应的内在机理，探寻高温高密度钻井液体系的构建方法；研发适用于高温高密度钻井液的关键处理剂，如控制流变性能的高效分散剂、低增黏抗高温降滤失剂、润滑剂、防塌剂等，通过配伍性评价形成超深井用抗高温高密度钻井液，解决高温高密度下钻井液流变性与高温高压滤失量控制、流变性与沉降稳定性难以平衡以及摩阻大等技术难题。通过现场试验，形成并完善超深井高温高密度钻井液技术。

（二）技术内容及技术指标

1. 技术内容

（1）提出高密度钻井液体系构建方法

分析固相材料加重的高密度钻井液体系的流变性与沉降稳定性及高温高压滤失量控制之间存在"跷跷板"效应。高密度钻井液为一种稠悬浮体系，其总黏度可用 Einstein 经典悬浮液黏度公式和 Hiemenz 溶剂化理论公式联合表示。稠悬浮分散体系的黏度由分散介质的黏度、总固相含量带来的黏度、固相粒子分散及溶剂化带来的黏度几部分组成。在 Stokes 沉降理论中，体系中固相颗粒的悬浮稳定性和颗粒的密度、大小、形状以及液相的黏度有关。

基于 Einstein 悬浮液黏度、Hiemenz 溶剂化理论、Stokes 沉降理论等，揭示了高密度钻井液"跷跷板"效应内在机理，明确了高密度钻井液体系构建五项依据：主要从加重材料优选原则、处理剂（包括降滤失剂、分散剂及其他处理剂等）优选原则、膨润土含量控制、适宜的 pH 值控制等方面针对具体地层及施工要求进行设计，提出了高密度钻井液体系"低黏度效应、薄溶剂化膜、低比表面积"的构建方法，为高密度钻井液体系的研究提供了思路。

（2）研选出高密度钻井液体系加重方式和材料

遵循高密度钻井液加重材料的构建方法，分别评价液相加重方式、固液复合加重方式、固相加重方式以及固固复合加重方式等，通过对 10 多种加重材料进行了 80 多套高温高压滤失量、高温流变性与沉降稳定性等实验，最终确定两种加重方案，通过实用性、稳定性、矿源等方面的考察，优先采用重晶石加重方式进行加重。

（3）研制出耐 240℃高温、抗盐且低黏的系列聚合物降滤失剂

设计抗高温聚合物降滤失剂的分子，合成含有磺酸基团和烷基长链的聚合单体，优化反应物配比、反应温度、引发剂等工艺条件，合成耐高温、抗盐且低增黏的聚合物降滤失剂。

确定了原料、配方及生产工艺，研制了三种具有不同基团比例、不同分子量的抗高温降滤失剂 PFL-H、PFL-M、PFL-L。

（4）研制出超高密度钻井液分散剂和降滤失剂

通过分析超高固相体系对钻井液化学剂的要求，设计了分散剂和降滤失剂的分子结构，从链结构、官能团、相对分子质量、官能团比例等方面进行针对性的设计，确定了反应原料、反应温度等合成条件，研制了分散剂 SMS-19 和降滤失剂 SML-4。通过考察基团配比、引发剂、反应温度、反应物浓度等对产品性能的影响，确定了原料及最佳配比。并用红外光谱及热重分析等手段表征合成的产品。

可见研制的分散剂 SMS-19 含有磺酸、羟基、胺基等基团的具有螯环结构的络合物，与分子设计一致，其热分解温度在 240℃以上，试验测得具有较低的接触角表明分散剂具有良好的润湿性。

（5）研制出抗高温镶嵌成膜防塌剂

针对深部复杂地层井壁失稳问题，以油溶性骨架材料通过偶联、取代、交联等有机反应，研制的具有高温广谱变形、弹性封堵、黏结固壁等功能的封堵防塌处理剂 SMNA-1，可有效预防井壁坍塌，提高钻井液的封堵防塌能力，增强井壁稳定性，适用于 140～210℃及以上深部高温地层。泥页岩渗透率降低 70% 以上，显著改善泥饼质量，高温高压滤失降低率≥50%，有效封堵地层裂隙和微裂缝。

（6）研发了高密度钻井液用润滑剂

含有基础油、表面活性剂及多种高效极压润滑等组分，能迅速在金属钻具表面形成牢固的吸附膜和边界层，改变金属表面的润湿性，减小接触摩擦力和钻井液流动阻力，降低摩阻系数及扭矩，不影响高密度钻井液的流变性能，抗温150℃以上。适用于淡水、盐水钻井液体系和低、高密度（大于1.8g/cm³）钻井液。

（7）关键处理剂中试放大研究

通过中试放大研究，确定中试生产工艺，建立生产流程、设备，确定反应参数，形成工业化生产规模。

（8）研究高温高密度关键处理剂的配伍性，形成高温高密度钻井液体系

研究了PFL在盐水、饱和盐水浆中与SMC、SMP的配伍能力，可见抗高温降滤失剂PFL产品与其他处理剂配伍性良好。形成了超高温淡水钻井液体系配方和超高温盐水钻井液体系配方。

以研制的分散剂SMS-19和降滤失剂SML-4为主要处理剂，配合优选的其他配伍处理剂，采用重晶石为加重材料，形成了具有良好流变性和沉降稳定性的密度为2.70～3.05 g/cm³的高密度钻井液体系。

形成的超高密度钻井液体体系的密度≥2.75g/cm³，沉降稳定性 $\Delta \rho \leqslant 0.06g/cm^3$，$FL_{API} \leqslant 5.0mL$，$FL_{HTHP} \leqslant 15mL$，压井液密度3.05g/cm³，抗温≥120℃，抗地层水污染达20%。

2. 技术指标

（1）抗高温抗盐降滤失剂PFL系列产品抗温达240℃、抗盐达饱和；高密度钻井液用分散剂SMS-19降黏率达60%；抗高温镶嵌成膜防塌剂SMNA-1适用于140～210℃及以上深部高温地层，泥页岩渗透率降低70%以上；润滑剂SMJH-1的润滑系数降低率达90%，在高密度钻井液中达25%。

（2）超深井钻井液体系，密度在1.8～3.0g/cm³、抗温150～200℃之间可调，高温高压滤失量可控制在≤20mL，钻井液的流变性、沉降稳定性好，抗温抗盐能力强，可在现场正常泵压下钻进施工。

（三）应用效果与知识产权情况

研发的高温高密度钻井液体系及关键处理剂—抗高温高盐降滤失剂PFL、分散剂SMS-19和降滤失剂SML-4分别在四川官渡、元坝、中原、新疆等不同区块近40口井进行了现场应用，现出优良的抗温、抗盐和降滤失能力，对高温高密度钻井液流变性控制均起到了关键作用，取得了良好的应用效果，创造了2项石油工程新纪录。为

今后勘探深层、超高压层、超高压盐水层油气资源提供了有力的技术保障。

XWX3井：整个三开井段有效地控制了高温高压滤失量，钻井液体系热稳定性好，抑制性、润滑性能强，长时间静止后仍能保持良好的性能，体系应用温度达到211℃。XWX3井的顺利实施，确保了中国石化首口超高温超深多靶点定向探井的顺利钻探，创造了"超高温多目标定向井最深6010m"的中国石化工程新纪录。

GS1井：在GS1井三开井段以2.75～2.89 g/cm³的超高密度钻井液安全钻进745m，顺利钻穿3套高压盐水层，安全完成了整个三开超高压井段。超高密度钻井液在高温高压下具有良好的沉降稳定性、流变性，API滤失量小于2mL，高温高压滤失量小于10mL，顺利实现了正常泵压下的钻进。突破了国外专家的"使用重晶石作为加重剂时钻井液密度无法突破2.64 g/cm³"的技术禁区，官GS1井三开钻井液密度2.87 g/cm³安全钻进时长、钻进进尺352m，创造了国内外"钻井液密度最高2.87g/cm³"世界纪录，解决了30年来在官渡构造始终未能有效解决异常高压盐水层下的油气勘探技术难题。

"十二五"期间，"一种共聚物及其制备方法和应用""一种用分散剂钻井液和钻井液""一种降滤失剂和钻井液"等获国外授权发明专利3项，"一种褐煤接枝共聚降滤失剂的制备方法""一种超高密度钻井液用分散剂、制备方法及应用"等获国内发明专利授权9项，发表论文10篇。

三、超深井固井技术

（一）研发背景和研发目标

新疆塔里木、四川等地区深井平均深度超过6500m。受井身结构限制，各层次套管尤其是技术套管需封隔更多的地层，一次封固段甚至超过6000m。采取的主要固井方式为尾管悬挂和分级固井技术。超深井固井面临主要技术难题有以下几点：一是超深井深度较深，井底温度一般都超过140℃，有的甚至超过200℃。对水泥浆体系抗温能力提出严重挑战，特别是高温降滤失性能；同时，长封固段上下部温差大，导致顶部低温下水泥浆超缓凝或强度低，严重影响整体封固质量；二是超深井井下条件复杂，有高压层盐水或油气层、低压易漏层、多压力体系同层等情况，固井容易发生油气水窜或者漏失等，造成封固质量差或者水泥返高不足；三是超深井深部一般井眼尺寸较小，小间隙井固井如何提高水泥浆顶替效率，保证薄水泥环的整体密封性成为超深井固井的又一难题。

（二）技术内容及技术指标

1. 技术内容

（1）温度型广谱外加剂开发

我国适应深井长封固段的大温差固井外加剂种类较少，且性能不稳定。通过抗高温及适应大温差的抗高温降失水剂及缓凝剂研究，满足70℃以上大温差固井需求，突破了深井高温长封固段顶部中低温条件下强度发展缓慢技术瓶颈。

从硅酸盐油井水泥的水化过程分析入手，优选适合的分子结构、分子大小来调整缓凝剂的温差实用性，从分子空间结构、电性、种类等方面提高缓凝剂分子的耐温性能。最终选择对钙离子有强络合力的有机羟基羧酸小分子为 Ca^{2+} 络合主剂，以多糖大分子为浆体稳定主剂的抗高温缓凝剂 SCR–3。通过室内试验，对温度广谱型缓凝剂进行了综合评价（表6–1–1）。

表6–1–1　不同温度和 SCR 加量的稠化时间

温度 /℃	压力 /MPa（升温时间 /min）	SCR/%	稠化时间 /h
70	39.6（41）	1.0	2:16
100	60.2（53）	2.0	4:20
120	73.9（61）	2.75	5:10
150	94.4（73）	4.0	4:48
170	108.1（81）	4.5	5:40
180	115（86）	5.0	5:56
190	120（90）	5.5	5:37

以 SCR–3 为缓凝剂的水泥浆体系，在不同温度和缓凝剂加量下的稠化时间，基浆配方为嘉华 G 级油井水泥 +35% 硅粉（>110℃时）+4% 降失水剂 DZJ+ 缓凝剂 SCR+0.2% 分散 DZS+44% 水。缓凝剂 SCR 在 70 ～ 190℃范围内可有效地调节水泥浆稠化时间，说明该缓凝剂具有良好的耐温性能，适用温度范围广，最高耐温 190℃。

SCR 对降失水剂（以 AMPS 为主体的合成聚合物降失水剂）的失水影响，如表6–1–2所示：SCR 满足失水控制要求，不影响降失水剂的失水性能。

表6–1–2　失水性能考察

温度 /℃	密度 /（g/cm³）	SCR/%	DZJY/%	失水 /mL
100	1.90	2.0	4	38
120	1.90	3.0	6	36
140	1.90	4.0	7	46

表 6-1-3　水泥石强度试验

SCR/%	温度 /℃	稠化时间 /h	养护温度 /℃	养护时间 /h	强度 /MPa
2.0(6%DZJY)	100	4:20	25	24	15.1
4.0(6%DZJY)	150	4:48	80	24	14.2
2.5(8%FSAM)	100	5:12	25	24	16.4

SCR 配伍降失水剂 DZJY 和 FSAM（成膜降失水剂）使用时的水泥石强度发展，如表 6-1-3 所示，结果表明：缓凝剂满足 70℃温差时，24h 水泥石顶部强度 >14MPa，说明缓凝剂 SCR 适应大温差固井作业，能够满足深井、超深井或长封固段固井作业需求。

以 100℃和 150℃为代表性温度点，分别试验了两个温度点下的缓凝剂加量敏感性，结果表明：SCR 其稠化时间与加量间存在较好的线性关系，能够便捷的调配不同稠化时间的水泥浆体系（表 6-1-4）。

缓凝剂 SCR-3 的水泥浆流变性能、降失水性能、沉降稳定性等综合性能满足设计需求，符合现场应用要求：最高耐温 180℃，温差 70℃时，24h 水泥石强度 ≥ 14MPa。

表 6-1-4　100℃/150℃加量敏感性考察

温度 /℃	密度 /（g/cm³）	SCR/%	稠化时间 /h
100	1.89	1.8	4:01
100	1.89	2.0	4:20
100	1.89	2.2	4:56
150	1.90	4.0	4:48
150	1.90	4.2	5:56
150	1.90	4.5	6:49

（2）温度广谱型油井水泥降失水剂

在对国外高温降失水剂的研究及对水泥降失水机理的深入研究基础上，同时兼顾降失水剂与缓凝剂的配伍性等问题，并结合对水溶性聚合物如何耐高温的理解，最终选取 AMPS、AA、AM 等通过自由基共聚，制备水溶性高温聚合物降失水剂。在聚合物降失水剂结构中，AMPS 结构上的磺酸基团和 AA 结构上的羧酸基团可以保证聚合物降失水剂分子同水泥颗粒间具有良好的吸附及包覆能力。而 AMPS 和 DMAA 作为具有优良抗温能力的水溶性单体可以保证所合成的聚合物降失水剂具有优异的热稳定性。

通过室内试验，对温度广谱型油井降失水剂性能进行了评价，降失水剂的基本性能测试选用嘉华 G 级油井水泥，降失水剂 SCF 加量为占水泥干重的百分比，水灰比为 0.44，水泥浆密度 1.88g/cm³。温度大于 110℃时，加占水泥干重 35% 的硅粉和 3% 的缓凝剂 SCR。不同温度下失水实验为，6.9 MPa、30 min 的失水。

在占水泥比重 3% ~ 7.5% 的加量下，降失水剂在 30 ~ 210℃ 的范围内，能将失水控制在 50mL 内。图 6-1-2 表明：① 100℃ 下，随着 SCF 加量的增加，失水量逐渐降低，当 SCF 加量大于 3% 时失水量能控制在 50mL 内；② 120℃ 下，随着 SCF 加量的增加，失水量逐渐降低，当 SCF 加量大于 5.5% 时失水量能控制在 50mL 内。图 6-1-3 中表明：③ 当 SCF 加量 3% 时，能够满足在 80℃ 以下，将失水量能控制在 50mL 内；④ 当 SCF 加量 6% 时，能够满足在 180℃ 以下，将失水量能控制在 50mL 内。

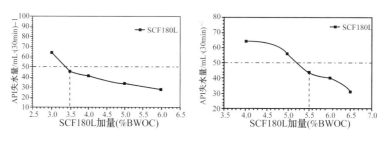

图 6-1-2　100℃、120℃下不同 SCF 加量时的失水量

分别对 NaCl 质量分数为 18% 和 36% 的含盐水泥浆体系的 API 失水量进行了测试，SCF 加量 6%、温度 130℃时，当 NaCl 质量分数为 18% 和 36% 时，失水量均控制在 50mL 以内，小于不加氯化钠水泥浆的失水。这主要是由于合成的降失水剂中引入了大量具有磺酸基的单体，磺酸基团稳定，对外界阳离子不敏感，所以抗盐能力就大大增强了。降失水剂 SCF 具有优良的抗盐性能。

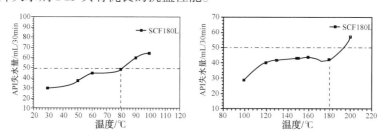

图 6-1-3　SCF 加量 3%、6% 不同温度下的失水量

（3）超深井固井工艺

由于超深井较深，且温度较高，需要水泥浆耐受井下高温但性能不能受到影响，需要配套抗高温水泥浆外加剂；同时，在长裸眼井封时为满足顶部强度的快速发展，需要采用大温差的水泥浆体系。

在环空流体结构设计时采用钻井液—冲洗液—隔离液—水泥浆的浆体结构。合理设计密度差，顶替液的密度应大于被顶替液密度，要求 $\rho_{\mathrm{mud}} < \rho_{\mathrm{spacer}} < \rho_{\mathrm{slurry}}$，而且在条件允许的情况下，推荐密度差在 0.15g/cm³ 以上。

提出并使用了泥浆—隔离液—水泥浆三级堵漏模式，配合低密度水泥浆体系，建立了完整的防止固井漏失体系及配套工艺。三级堵漏模式为首先采用钻井液堵漏技术措施，进行试压成功后，再进行下套管作业，固井前再使用堵漏隔离液技术措施，在水泥浆到达漏层之前起到暂堵作用，最后在水泥浆加入适当的堵漏纤维，以最终达到堵漏目的。

为提高水泥浆胶结质量，提出了脉冲振动固井新技术并研发了新型井口脉冲振动固井装置，通过脉冲振动可以有效地改善水泥浆性能，水泥石的胶结强度平均提高了 11% ~ 22%；研发了旋流鞋固井工具，同时通过模拟各种井型下不同扶正器加量和加法得到的套管居中度，提出了提高套管居中度的扶正器建议加法，综合提高顶替效率，进而提高界面胶结质量。

2. 技术指标

①降失水剂 SCF 的水泥浆降失水性能、流变性能、沉降稳定性等综合性能满足设计需求，符合现场应用要求。新开发的温度广谱型油井水泥降失水剂 SCF 完成了项目指标要求：最高耐温 180℃，滤失量 ≤ 50mL/30min。

②研发了抗温达到 190℃的温度广谱型缓凝剂，协调解决了耐高温和大温差的问题，满足 70℃以上大温差固井需求，突破了深井高温长封固段顶部中低温条件下强度发展缓慢技术瓶颈。

（三）应用效果与知识产权情况

温度广谱型油井水泥缓凝剂、降失水剂和超深井固井工艺解决了深井、超深井长封固段大温差固井技术难题，填补了国内空白，在西北、四川元坝等超深井地区油气田进行了广泛应用，现场最高应用温度 197.5℃（BHST，SN6 井），最大应用温差 65℃（SB1-2H 井），最高应用密度 2.50g/cm³（KL101 井）。

"十二五"期间，在超深井固井技术方面发表论文 4 篇。

第二节　超深水平井钻井技术

我国海相超深层油气占总油气资源量 1/3，主要分布在塔里木、四川等地区，是国家重要的战略接替资源。由于海相油气藏超深（＞6000m）、高温高压（＞

150℃、> 100MPa)、高酸性 (富含 H_2S 和 CO_2) 等多因素叠合，此前采用直井开发，单井产量低、效益差；而采用水平井开发则成本高 (超亿元)、周期长 (超 1 年)、安全风险大，甚至导致油气井报废。因此，超深水平井钻井完井技术是高效开发深层油气的重大技术需求，也是一个国家石油工程技术水平的重要标志。自 2006 年以来，针对超深水平井钻井完井关键技术难题，研究形成了超深水平井滑动导向钻井技术、高温高密度低摩阻钻井液技术、防腐防窜固井技术、安全快速钻井技术等多项关键技术，实现了超深高温高压高酸性水平井的安全高效钻井完井。

一、超深水平井钻井技术

（一）研发背景和研发目标

超深水平井钻遇地层地质结构复杂，大部分气藏含硫，井身结构设计需要进一步优化。在工程地质环境描述研究的基础上，结合安全钻井及不同完井方式需求，开展井身结构优化设计；结合剖面的实际情况以及地层的具体情况对套管的下入能力进行安全分析。

超深水平井摩阻大，钻具优选困难、钻压传递困难，轨迹控制困难，且高温高压，施工风险大。经前期调研，高温环境下螺杆及随钻测量工具可靠性降低。通过直井段防斜打直、轨道优化、钻井参数优选、特殊工具的配套与钻具优选、斜井段轨迹光滑控制等，实现摩阻扭矩优化控制；针对井底高温高压的特点，优选耐高温的定向施工工具，形成现场应用技术；综合考虑地面机泵功率、地层破裂压力、摩阻及钻杆稳定性等因素，结合实钻轨迹分析预测超深水平井安全钻井的延伸极限。

储层埋藏深，垂深达到 6000m 以上，深部地层可钻性差，水平段钻压施加困难，机械钻速很低。利用统计优化算法建立声波时差、地层密度、电阻率等测井参数与岩石可钻性级值的关系模型，评价岩石可钻性对钻头、钻井参数的敏感性，形成岩石可钻性的各向异性评价方法，得到地层岩石横向及纵向可钻性的变化规律；以岩石可钻性、研磨性、硬度、塑性系数等为基础数据，选择机械钻速、磨损量、钻头进尺、纯钻时间等为评价指标，探索多元统计、模糊评价等方法进行钻头优选。

（二）技术内容及技术指标

1. 技术内容

（1）超深水平井井身结构优化设计技术

从四川、西北地区构造、地层、储层及气藏等方面建立了工区基础地质特征剖面，并通过油气水显示、测井和测试资料分析完成陆相气层分布及海相高压水层分布特征研究。通过压力预测方法优选，工区实测压力数据校验，完成陆相、海相地层孔隙压力剖面预测模型建立，建立了元坝地区、顺北等地区三压力剖面。

超深水平井井身结构设计面临的主要难题为地层压力系统复杂、纵横向差异性大，传统意义上的必封点多、钻井速度慢的问题突出等。在遵循常规井身结构一般设计原则的基础上，重点考虑了以下三个关键因素：①技术套管应有效地封隔高应力地层及出水地层，确保气体钻井等新工艺技术的应用；②随钻堵漏技术对地层承压能力的提高及控压钻井技术的应用，可延长非目的层复杂压力井段的裸眼段长度；③超深井水平段应与目的层上部的高压或低压地层有效封隔，确保水平段安全施工并保护储层。

根据上述研究成果，形成了适合元坝地区复杂地质情况的较成熟的五开制井身结构。一开 Φ508mm 套管封隔上部易漏层和浅部水层，下深 500～700m，应用泡沫钻井技术提速；二开 Φ339.7mm 套管封隔上沙溪庙组及以浅不稳定地层和易漏失地层，下深 3200m 左右；三开采用 Φ273.1mm 技术套管封隔易垮塌地层及高压气层，下深 5200m 左右；四开 Φ193.7mm 套管封隔目的层以上海相高压地层，为水平段顺利钻进创造条件。五开用 Φ165.1mm 钻头钻完水平段，采用 Φ127mm 衬管完井。元坝地区超深水平井井身结构及主要钻井技术方案如图 6-2-1 所示。

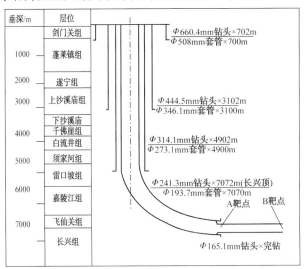

图 6-2-1　元坝超深水平井井身结构推荐方案

（2）超深水平井井眼轨迹控制配套技术

提高工具面调整信号（井口钻柱转角及扭矩变化值）传递有效性。降低摩阻扭矩，改善井眼清洁状况是增强钻具转角/扭矩变化信号传递效率的有效手段。降低钻头扭振强度。优选低扭振强度钻头是降低钻头扭振强度的主要解决方案。制定了组合使用两种钻头的方案，即井斜角小于15°使用牙轮，井斜大于15°使用6刀翼及以上，对称性好的PDC钻头。合理提高定向钻具组合振动强度，降低钻具组合黏卡的发生率，减小"托压"等复杂情况的发生率，有利于工具面稳定。优选了高工具面稳定性钻具组合：PDC钻头+工具面稳定器+非标螺杆+欠尺寸扶正器+MWD+扭矩减振器+上部钻具。

配合前述工具面稳定控制方案，配套了现场施工措施：① 渐进调整工具面。调整过程中，每隔30°～45°暂停观察一次，根据工具面变化情况逐步稳定操作；② 加强钻具短起下。提高钻具短起下频率，以提高井壁光滑度和井眼清洁度，可有效提高工具面稳定性，降低"托压"发生率。形成的工具面稳定控制技术方案在元坝1-1H、101-1H等井进行了推广应用，工具面稳定性有了明显改善。

分析了钻具屈曲变形对接触力影响，试验精确测定了不同岩性不同钻井液体系下的摩阻系数，修正了摩阻扭矩计算模型，编制了超深水平井摩阻扭矩预测软件模块，计算准确度高于95%。认识到超深水平井摩阻扭矩主要分布在斜井—水平段及3000m以内的空气钻井井段，提出了上部直井段防斜打直，井身剖面与钻具组合优化设计、配套减摩降扭工具、应用低摩阻钻井液体系等摩阻扭矩控制方案，实现了摩阻扭矩的有效控制。已完钻超深水平井摩阻控制在19t以内，扭矩控制在18kN·m以内，有效提升了常规导向钻井技术钻超深水平井的技术能力。

根据定向井段导向钻具组合振动分析结果，钻具横向振动主要分布在距离钻头50m以内的井段。含有扶正器的动力钻具和MWD仪器位置振动更为强烈。随着转速增加，振动强度增大且逐渐向远离钻头方向传导。转速达到60r/min时，钻具振动幅度达到32mm，接近钻具与井壁的最大间隙值34mm。与单扶钻具组合相比，双扶钻具组合振动更为强烈，采用双扶钻具组合钻井时，转速可适当降低。基于此设计了低振动强度的双扶钻具组合，同时配套了分段循环降温方案，配套了耐高温175℃、耐高压172.4 MPa HTHP MWD仪器，在元坝气田试验应用3口井，在井底温度最高157℃、井底压力最高140.4Mpa的环境下确保了施工的顺利进行。2013年完钻的YB1-1H井和101-1H井高温定向工具失效率大幅降低。配套高温定向工具仪器可以满足目前元坝超深水平井定向钻井需求。

钻具组合侧钻力不足是超深硬地层裸眼侧钻成功率低的主要原因。对钻具组合进行了力学分析，根据侧钻钻具组合侧钻力分析结果，螺杆尺寸参数对侧钻力的影响规律如下：①螺杆外径越大，钻具组合侧钻力越大。②随着螺杆长度增加，侧钻力增大，残余侧钻力先增大后减小，存在最大值。③螺杆的弯角越大，钻具组合侧向力越大。④扶正器尺寸越大，钻具组合侧钻力越大。

根据分析结果，优选了高侧钻力钻具组合。Φ241.3mm井眼钻具组合为："高保

径牙轮钻头 + $\varPhi$185mm 直螺杆（长度 7～9m）+2.5°/2.75° 弯接头"；$\varPhi$165.1mm 井眼钻具组合为"高保径牙轮钻头 + $\varPhi$127mm 直螺杆（长度 5～7m）+2.5°/2.75° 弯接头"。

形成的超深硬地层裸眼侧钻技术在元坝气田成功应用，有效提高了侧钻成功率。YB121H 井 $\varPhi$241.3mm 井眼侧钻一次成功，施工周期 7d。YB272H 井 $\varPhi$165.1mm 井眼斜井段侧钻成功，创元坝工区施工先例。

（3）超深水平井海相地层钻头优选与应用技术

以单井数据为基础，利用地质统计方法，建立了元坝下部海相地层分层段时差、密度、可钻性参数的空间数据体，所采用的具体方法是普通克里金方法。计算得到的元坝地区下部海相地层分层岩石物理及岩石力学参数平面等值线图如图 6-2-2 所示。

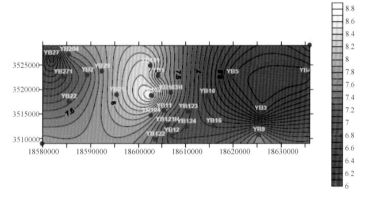

图 6-2-2　元坝地区长兴组中部岩石可钻性级值分布

影响水平井钻头使用效果的因素是多方面、错综复杂的，其重要性与影响程度并不相同，首先采用层次分析法构造出递阶层次结构，确定各因素的相对权重，用以衡量各因素的重要程度。灰色综合评价技术主要用于多个对象的评价，是建立在层次分析方法基础上的。它通过选取参考序列，将待评估对象在各影响因素下的定量值视为比较序列，通过计算各对象与参考序列的关联度来确定最优对象。灰色关联度越大，说明该评价对象越接近最优指标，也就是说待评价斜井段的地质条件与最优指标关联度越大，因此可以按照关联度的大小对评价井段的最优钻头型号进行排序，在次基础上优选出全井段的钻头型号。当评价对象的指标分为不同层次时，需要在单层次综合评价的基础上进行多层次灰色综合评价。

利用上述方法，以元坝地区为评价对象，在对该井造斜段和水平段各段地层分别进行最优钻头型号评价的基础上，通过综合分析，得到该井飞仙关组及长兴组的钻头选型结果如下：飞仙关组：EM1316、T1365、HCD506、GP446、ST306、HJT537GK；长兴组：EM1325、Q406、KM1363、BD477。

2. 技术指标

建立了元坝地区、顺北等地区三压力剖面,不同完井方式下的井身结构优化方案;配套 HTHP MWD 仪器耐高温 175℃、耐高压 172.4 MPa,形成的超深硬地层裸眼侧钻技术,有效提高了侧钻成功率;基于灰色综合评价法钻头同地层匹配性 100%,机械钻速提高 30% 以上。

(三)应用效果与知识产权情况

超深水平井钻井技术成果在元坝气田得到持续推广应用。累计应用完成 12 口超深水平井。平均机械钻速提高 7.8%,钻井周期缩短 128.33 天,并创造了元坝超深水平井井深最深 YB101-1H 井,7971.00m)和垂深最深(YB121H 井,6991.19m)两项世界记录,圆满实现了中国石化高难度水平井自主实施的目标。

超深水平井钻井技术成果在元坝气田得到持续推广应用。累计应用完成 12 口超深水平井。平均机械钻速提高 7.8%,钻井周期缩短 128.33 天,并创造了元坝超深水平井井深最深(YB101-1H 井,7971.00m)和垂深最深(YB121H 井,6991.19m)两项世界记录,圆满实现了中国石化高难度水平井自主实施的目标。

发表论文 5 篇。

二、超深水平井钻井液技术

(一)研发背景和研发目标

元坝气田属海相气藏,埋藏深,储层物性差异大,地质条件复杂。元坝地区超深水平井钻井液方面的主要存在的问题如下:

深部定向段、水平段高温条件下钻井液稳定性、流变性、井眼净化能力等调控难度大;超深水平井目的层埋深较深,垂深超过 6500m,钻井液润滑防卡及高温高压条件下模拟评价技术等亟需攻关;元坝地区超深水平井定向段会钻遇多套压力层系且多含膏岩层,地层复杂,易造成钻井液性能污染。

分析元坝超深水平井钻井液技术难点,针对性的开展超深水平井钻井液体系关键性能机理研究。通过对超深水平井技术难点及施工中影响因素进行分析,结合机理理论研究,开展了国内外关键处理剂研选、对比、评价研究,优化形成超深水平井抗高温低摩阻钻井液体系,并针对钻井液体系的高温稳定性、流变性能、润滑性能、封堵性能等进行了优化评价研究。通过现场施工工艺研究,最终形成元坝超深水平井钻井液技术。

（二）技术内容及技术指标

1.技术内容

（1）钻井液润滑性机理研究

钻井液的润滑性能通常包括泥饼的润滑性能和钻井液这种流体自身的润滑性两方面。钻井液和泥饼的摩阻系数，是评价钻井液润滑性能的两个主要技术指标。

钻井作业中摩擦有三种不同润滑模式，见图6-2-3。影响钻井液润滑性的主要因素有：钻井液的黏度、密度、钻井液中的固相类型及含量、钻井液的滤失情况、岩石条件、地下水的矿化度以及溶液 pH 值、润滑剂和其他处理剂的使用情况等。

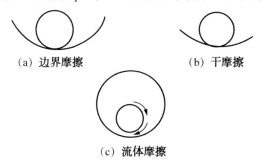

（a）边界摩擦　　　　（b）干摩擦

（c）流体摩擦

图6-2-3　三种不同润滑模式示意图

（2）钻井液抗温性机理研究

Zeta 电位对膨润土胶体的高温稳定性有着非常重要的影响，可以考虑采用合适的护胶剂，吸附在蒙脱石晶层表面，提高膨润土的 Zeta 电位，并在高温下维持 Zeta 电位和膨润土胶体的稳定，维护钻井液黏度、切力等性能。可在钻井液体系中引入刚性分子链的抗高温护胶剂及降滤失剂等，并通过大中小分子量搭配，拓宽分子量分布，提高钻井液的高温稳定性。

（3）元坝超深水平井抗高温低摩阻钻井液体系的形成

通过体系中关键处理剂的研选，形成了超深水平井抗高温低摩阻钻井液体系。配方如下：2.5%NV–1+0.1%KPAM+0.3%PAC–LV+0.2%NaOH+0.15%XC+0.5%PFL–M+3%SMP–2+3%SMC+3%FT–1+2%SMJH–1+1%GX–1+0.5%FST+440g 重晶石。

（4）元坝超深水平井抗高温低摩阻钻井液体系性能综合评价

元坝超深水平井抗高温低摩阻钻井液体系 160℃ 老化前后，超深水平井钻井液体系流变性、滤失量等参数变化率均较小，体现了体系良好的抗温能力。160℃ 老化 16h、40h 和 64h，钻井液体系的流变性等参数呈趋势缓慢变化，钻井液的密度保持一致，体现了体系优良的高温稳定性能（表6-2-1）。

表 6-2-1　超深水平井钻井液体系综合性能评价表

实验条件	AV/ (mPa·s)	PV/ (mPa·s)	YP/ Pa	Gel/ (10s/10min)	FL$_{API}$/mL	FL$_{HTHP}$mL	pH	ρ /(g/cm³)
老化前	50.5	38	12.5	4/9	1.6	--	9.5	1.70
160℃ /16h	49	37	12	3/8	1.8	8.0	9.5	1.70
160℃ /40h	43	33	10	2/4.5	1.9	8.4	9.5	1.70
160℃ /64h	36.5	28	8.5	2/4	2.0	9.0	9.5	1.70

元坝超深水平井抗高温低摩阻钻井液体系 160℃老化 16h、40h 和 64h，超深水平井钻井液体系的摩阻系数变化范围很小，钻井液的泥饼黏附摩阻系数均 <0.07，体系能够满足元坝地区超深水平井现场施工要求（表 6-2-2）。

表 6-2-2　超深水平井钻井液体系润滑性能实验数据表

实验条件	PV/(mPa·s)	YP/Pa	Gel/ (10s/10min)	FL$_{API}$/mL	Kf
老化前	38	12.5	4/9	1.6	0.072
160℃ /16h	37	12	3/8	1.8	0.062
160℃ /40h	33	10	2/4.5	1.9	0.064
160℃ /64h	28	8.5	2/4	2.0	0.065

砂床实验中，未添加封堵剂的超深水平井钻井液在 30min 内全滤失，侵入砂床深度约 20cm。而添加非渗透封堵材料 FST、刚性封堵材料 GX-1、磺化沥青的超深水平井钻井液，30min 内均无滤失，钻井液侵入砂床深度显著减少，体现了体系良好的封堵性能（表 6-2-3）。

表 6-2-3　钻井液封堵性评价结果对比

评价液配方	滤失情况	侵入砂床深度	评价液封堵性
未添加封堵剂的超深水平井钻井液	30min 内全滤失	>20cm	弱
超深水平井钻井液 +1.5%FST+3% 磺化沥青	30min 无滤失	9cm	较强
超深水平井钻井液 +1.5%FST+1%GX-1+3% 磺化沥青	30min 无滤失	2.5cm	强

优选的超深水平井钻井液体系受到黏土、盐水和高价钙离子污染后，流变性和滤失量等参数变化范围较小，体现了体系良好的抗污染能力。

①抗黏土污染实验，性能见图 6-2-4。

②抗盐污染实验，性能见图 6-2-5。

③抗钙污染实验，性能见图 6-2-6。

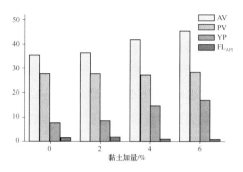

图6-2-4 体系抗黏土污染评价

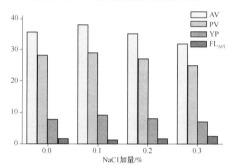

图6-2-5 体系抗盐污染评价

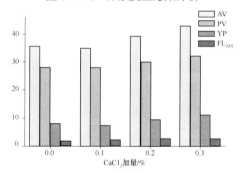

图6-2-6 体系抗钙污染评价

（5）高温高压润滑模拟评价系统的研制

实际上，钻井施工现场所使用的润滑剂多是经实验室评价之后获取的性能优良的产品。然而，在实际的现场应用中，这些润滑剂的作用效果却差强人意，很难满足现场施工要求，即现场应用中润滑剂的性能与实验室中润滑剂的性能存在较大的差异性。其原因就在于，由实验室中的润滑评价装置得到的钻井液的润滑性能参数用于表征超深水平井的钻井液的润滑性能在适用性上存在差异，即现有的润滑评价装置的测试条件和设计理念并不完全适用于超深水平井钻井液润滑性能的评价。所以，超深水平井需要配置一套适用于高温高压深井条件的钻井液润滑性能评价系统，这对于进一步提高钻井效率具有重要意义。

仪器的额定温度180℃，额定压力20.0 MPa，围压为2.0MPa，钻井液额定循环流量8.0m³/h。

利用本研究设计的高温高压润滑模拟评价系统，模拟滑动钻进过程，对元坝超深水平井常用的SMJH-1、RH220和RH102三种润滑剂进行性能评价，并将测试结果与150℃、3.5MPa条件下测定的泥饼黏附系数进行分析对比。

利用高温高压润滑模拟评价系统，模拟滑动钻进过程测量得到的三种钻井液润滑剂作用效果的变化趋势与利用泥饼黏附系数测定仪测定的泥饼黏附系数和极压润滑仪测定的变化趋势基本一致。显然，与RH102相比，SMJH-1和RH220的作用效果更加明显，这与实际钻井施工中反映的应用情况基本一致（表6-2-4）。

表6-2-4 钻井液润滑性能评价对比表

配方	高温高压LSMS旋转摩擦系数	降低率/%	LSMS润滑系数	降低率/%	极压润滑系数	降低率/%
基浆	0.0939	/	0.221	/	0.489	/
基浆+3% SMJH-1	0.0722	23.1	0.174	21.3	0.058	88.1
基浆+3% RH220	0.0740	21.2	0.180	18.6	0.133	72.8
基浆+3%RHJ-2	0.0785	16.4	0.198	10.4	0.218	55.4

利用高温高压润滑模拟评价系统，模拟复合钻进过程测量得到的三种钻井液润滑剂作用效果的变化趋势与利用极压润滑仪测定的结果变化趋势基本一致。实验结果表明高温高压润滑评价结果与常规评价结果既相似相通，同时也有显著区别，因为其更加客观的反映了井下真实情况。

2.技术指标

技术指标见表6-2-5。

从表6-2-5对比情况分析，超深水平井抗高温低摩阻钻井液与国外的两种钻井液Terra-Max、Duratherm现场实际应用性能相一致，而且在钻井液润滑性方面优于国外体系。超深水平井抗高温低摩阻钻井液的使用效果与国外抗高温润滑体系应用效果相当，处于国际领先水平。

（三）应用效果与知识产权情况

超深水平井抗高温低摩阻钻井液体系在YB272H、YB1-1H和YB101-1H共3口试验井进行了现场应用，推广应用YB29-2H井、204-1H、27-1H、102-2H、10-1H、27-3H共6口井。

表6-2-5　试验井五开水平段钻井液性能关键参数对比

参数 ＼ 配方	YB272H	YB103H	YB1-侧1
钻井液体系	抗高温低摩阻钻井液	Terra-Max 钻井液	Duratherm 钻井液
井深 /m	6641~7580	7047~7729.8	5825~7427
井底温度 /℃	140~160	140~160	140~160
ρ /（g/cm³）	1.31~1.33	1.28~1.30	1.4~1.70
FV/s	56~67	66~80	40~70
API /(mL/mm)	2.4~3.8/0.5	2.8~3.0/0.5	1.8~3.5/0.5
HTHP/(mL/mm)	9.0~10.4/2.0	8.2~9.8/2.0	9~15/2.5
PV/(mPa.s)	27~35	26~36	15~40
YP/(Pa)	12.5~17.5	11~16	8~27
G1/G2(Pa)	4.5~6.5/9.5~13	2.5~5/7~9	2~4/6~10
Kf	0.05~0.072	0.059~0.084	0.06~0.12

应用结果表明：①钻井液抗温性能稳定，保证施工顺利进行；②钻井液流变性能良好，有效解决了大环空返速低情况下的携岩和井眼清洁问题；③钻井液润滑性能保持良好，起下钻摩阻较低，无阻卡等复杂情况；④确保了安全施工，无井下事故发生。

用于评价水平井和大位移井的钻井液的润滑性能的方法、测试钻井液润滑剂的润滑性能的装置等获国内发明专利2项，发表论文2篇。

三、超深水平井固井技术

（一）研发背景和研发目标

超深水平井井深，套管负荷重，下套管磨阻大，套管不宜居中；对水泥浆性能要求严格，要求抗高温性能高且稳定性好；元坝地区天然气中富含酸性气体，易造成腐蚀，影响后续作业；地层压力高，水平段长，环空间隙小，不利于水泥浆顶替。

针对超深水平井固井存在的技术难题，从研究套管居中技术入手，确保套管顺利下入，研究高效前置液，提高顶替效率；同时研究超高温防腐防窜水泥浆体系，有效的压稳气层，保证封固质量，形成了一套超深水平井固井技术。

（二）技术内容及技术指标

（1）套管居中技术

套管居中技术包括了套管下入过程中的抬头工艺、漂浮工艺及提高套管居中度技术。

①套管抬头工艺。

研究采用"套管抬头"工艺技术，在浮鞋上接一根1m短套管，安装旋流刚性扶正器一只，弹性扶正器两只，确保套管"抬头"，采用合适的扶正器如高强度双弓弹性扶正器、滚轮刚性扶正器等，以减少下套管时的摩阻。

②套管漂浮技术。

通过在套管串结构中加入漂浮接箍，利用漂浮接箍与套管鞋中间套管内封闭的空气或低密度钻井液的浮力作用，来减小套管下入过程中井壁对套管的摩阻，有效地克服套管在大斜度井眼中的高摩阻问题，使套管更容易下入设计井目的层位，以达到套管安全下入的目的。

③套管井内居中技术。

研究表明水泥浆在同心环空中对钻井液的顶替是非常均匀的，而套管偏心是固井时水泥浆窜槽的主要原因，偏心环空液体的流速、流态在不同的间隙处发生变化，宽窄间隙的流速差可达几十倍。在套管偏心的环空中，对于宽环隙的一边水泥浆流动阻力总是大于窄环隙的一边，造成宽环隙的一边水泥浆流动速度总是小于窄环隙的一边而形成水泥浆窜流，经常出现的情况是宽间隙处的水泥浆已处于紊流流态时，窄间隙处的水泥浆还未发生流动或处于层流状态。而且临界顶替排量随套管偏心度增加而增大，紊流顶替排量与套管居中度的关系见图6-2-7。

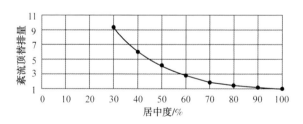

图6-2-7　水泥浆紊流临界顶替排量与套管偏心度的关系

由图6-2-7可以看出，当套管居中度由100%下降至67%和50%时，套管环空紊流顶替排量（窄间隙处）分别增加1和3倍。因此，要提高水泥浆的顶替效率，就要尽可能的确保套管在井内居中。

开发出了计算机模拟系统，应用井眼轨迹、井径等电测资料，对套管下入及在井内的居中度进行模拟，合理安放扶正器位置，确保套管在井内的居中度。

（2）提高水泥浆顶替效率

只有有效提高水泥浆的顶替效率，才能实现水平井段窄间隙的钻井液完全被驱替出来，才能取得理想的封固效果。提高水泥浆的顶替效率，除了尽可能地提高套管的居中度外，针对超深水平井还采用了如下的技术措施：

①采用"套管漂浮"技术，水平井段的套管内替入密度较低的钻井液和压塞液，使套管在浮力作用下，有向井壁高边漂浮的趋势，减小套管的偏心程度，提高水泥浆的顶替效率。

②使用低黏低切的"先导钻井液"，一方面可以降低环空的摩阻，从而降低施工压力，另一方面可以有效驱替原井浆，以提高水泥浆的顶替效率。

③使用理想的固井前置液，有效清除水平井中黏附在井壁及套管壁上的油膜及虚泥饼是提高水泥石胶结质量的关键技术，理想的前置液是实现这一目的的主要手段。超深水平井应用的冲洗液和隔离液性能应满足：

冲洗液应有较低紊流临界排量，要求小于 18mL/s；冲洗液在紊流下要有 10min 以上的接触时间；与钻井液、水泥浆有良好的相容性；冲洗液应有良好的稳定性；要含有表面活性剂，有利于清洗油膜，并形成水湿环境。

隔离液采用抗高温、悬浮能力强、沉降稳定性好的加重隔离液，隔离液的密度要求：$\rho_{钻井液} < \rho_{隔离液} < \rho_{水泥浆}$，三者的密度差控制在（0.1 ~ 0.2）$g/cm^3$，主要目的是通过密度差来实现良好的顶替效果。

④选择理想的顶替排量，使用紊流顶替是提高水泥浆顶替效率最有效的方法，因此，要根据地层承压实验的结果选择注替排量，在水泥浆完全达不到紊流顶替的情况下，要尽可能的确保先导钻井液和前置液达到紊流。以某超深水平井为例，对各种浆体的紊流排量进行了模拟计算，结果见表 6-2-6。

表6-2-6 各种入井流体的紊流排量

浆体名称	紊流排量 /(L/s)	临界返速 /(m/s)
先导钻井液	25	0.95
冲洗液	6.5	0.25
加重隔离液	32	1.3
领浆	46	1.7
尾浆	42	1.6

从表 6-2-6 的计算可知，要想使得水泥浆达到紊流顶替是比较困难的。从该井的地层承压实验可知，动态承压能力能够达到 32L/s 的施工排量，因此，只要确保先导钻井液和前置液达到紊流顶替，即可提高固井质量。

（3）优化高温水泥浆性能

超深水平井固井对水泥浆的性能要求更为苛刻，针对超深水平井井段固井特点，对水泥浆提出了如下要求：

为了防止在候凝期间水泥浆中的自由液聚集在顶部，形成一个横向贯通的水槽，要求水泥浆自由液含量为0；同时为了防止水泥浆发生沉降，在水泥石顶部形成疏松的水泥环，要求水泥石上下密度差小于0.03g/cm³；根据气井固井的要求严格控制水泥浆 API 失水要求小于50mL/6.9MPa·30min；缩短水泥浆的稠化过渡时间，水泥浆的防气窜性能系数 SPN 小于3；浆体流变性要求，水平井固井时，为了保证水泥浆具有较好的稳定性和驱替泥浆性能，要求水泥浆屈服值要稍大于泥浆屈服值。水泥浆塑性黏度控制在50mPa·s，屈服值15Pa左右为宜，并且六速旋转黏度计的读数 $\Phi6$ 和 $\Phi3$ 应控制在8～12。

针对超深水平井，研发了胶乳水泥浆体系。在川东北超深高酸性气藏条件下进行了胶乳水泥浆抗高温性能实验，根据井底温度170℃，取循环温度140℃，水泥浆实验结果见表6-2-7，稠化曲线、高温高压流变曲线和气窜模拟评价结果等分别见图6-2-8 和图6-2-9。

表6-2-7　胶乳水泥浆体系抗高温性能实验

项目	实验结果
高温高压失水 /mL，（170℃×6.9MPa）	39
稠化时间 /min，(140℃×110MPa)	175（缓凝剂 0.8）；308（缓凝剂 1.3）
防气窜性能	未发生气窜
抗压强度 /MPa，（170℃×24h×21MPa）	23.6
自由液 /mL	0

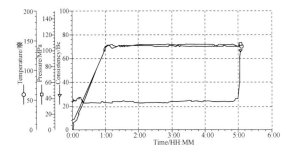

图 6-2-8　胶乳水泥浆稠化时间曲线

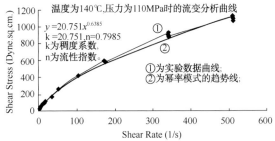

图 6-2-9　胶乳水泥浆高温流变性能曲线

通过以上实验结果可以看出：胶乳水泥浆具有良好的抗高温性能，在170℃条件下，具有水泥浆失水低、强度高且不衰退，初始稠度较低，稠化时间易于调节，曲线走势平稳，后期稠化过渡时间短，实现直角稠化，有利于防止环空油气水窜；该水泥浆体系具有良好的高温高压流变性能和流动度，其流型指数n值人于0.7，流动度在20～23cm之间。

（三）应用效果与知识产权情况

通过超深水平井固井技术的研究，形成了提高超深水平井固井技术，成果先后在普光及元坝等气田全面推广应用，100多井次应用并固井质量优良，保障了普光及元坝气田顺利投产。

第三节　超深高酸性气藏钻井完井工程技术

四川盆地元坝气田是我国目前已开发的埋藏最深的大型海相碳酸盐岩酸性气田，气藏埋深为6500～7100 m，完钻井深介于7500～8000 m。其中白垩系—上三叠统为陆相沉积，沉积岩性以砂、泥岩为主，陆相地层总厚度为4900 m左右；中三叠统及以下沉积地层为海相沉积，岩性以碳酸盐岩为主；上二叠统长兴组生物礁气藏具有超深、高含硫化氢、中低孔渗、储层厚度较薄特征，气藏经济评价结果认为只有水平井才能降低总体开发投资进而有效开发该气藏。目前，全球开发该类超深高酸性气藏的石油工程技术实践较少，面临着超深水平井安全优快钻井完井、测录井、井下作业等一系列石油工程技术难题。为此，以工程地质一体化为手段，基于成功开发普光气田的经验，通过针对性技术攻关，形成了高酸性气藏安全钻井技术、钻井液技术、固井技术、测录井技术、井下作业技术。在元坝气田一、二期产能建设中应用近40口井，全部建成商业气井，实现了 $34 \times 10^8 m^3$ 净化气产能建设目标，所形成的超深酸性气藏石油工程系列技术对于国内外类似气藏的勘探开发具有借鉴作用。

一、高酸性气藏安全钻井技术

（一）研发背景和研发目标

元坝陆相下沙溪庙组泥岩含量高，井眼稳定性差，气体钻井过程中井壁坍塌严重。自流井组地层压力高，井控风险大；珍珠冲段地层含大段砾石层，蹩跳钻严重，钻头优选难度大；须家河组地层存在区域高压，压力系数 1.85，石英砂岩含量高，软硬地层交错，地层研磨性强、可钻性差，可钻性级值普遍在 5 ～ 8 级，属于高硬度、高研磨性地层。该井段（下沙溪庙组、自流井组、须家河组）段长 2000 m 左右，约占总井深三分之一，钻井耗时占全井钻井周期 45%。嘉陵江组含高压盐水层和盐膏层，钻井液密度可达 2.1 ～ 2.20 g/cm³，长兴组地层温度高，一般在 150 ～ 170℃之间，H_2S 平均含量在 5.32%，CO_2 含量达 6.56%，地层压力达 70 MPa 左右，测试无阻流量为 200×10^4 ～ 750×10^4 m³/d，属典型的"三高一超"气田，工程地质特征总体可以概括为 6 个字"硬、塌、卡、漏、喷、毒"。

针对以上难题，借鉴国内外先进工艺和提速工具，采用室内实验、数值模拟、现场试验相结合的方法与手段，以提高机械钻速、缩短钻井周期、降低钻井成本为目的，开展了大量钻井实践和技术攻关，综合配套新工具、新技术，形成了元坝超深酸性气藏安全钻井技术。

（二）技术内容及技术指标

1. 技术内容

（1）钻井设计优化技术

钻井设计优化前期，元坝地区深井主要采用四开制，一开使用 Φ406.4 mm 钻头钻至上沙溪庙组顶部，井深 2000 m 左右，下入 Φ339.7 mm 表层套管；二开使用 Φ311.2 mm 钻头钻至须家河组顶部，下入 Φ273.1 mm 套管，下深 4550 m 左右，Φ273.1 mm 套管先悬挂、后回接；三开使用 Φ241.3 mm 钻头钻至嘉一段顶部，井深 6500 m 左右，下入 Φ193.7 mm 套管，先悬挂后回接到井口；四开使用 Φ165.1 mm 钻头钻至设计井深，井深 7100 m 左右，下入 Φ127mm 衬管。该井身结构能够节省套管费用，但不利于新技术应用，在二开空气钻井钻至井深 3300 m 以后转换常规钻井液钻井，井筒复杂情况多。

元坝地区超深井钻井设计优化技术主要依据地质设计、已完钻井实钻资料，结合新工具新工艺技术特点，优选实施井段，体现"科学性、先进性、针对性和经济性"原则，以满足"发现和保护油气层、油气井的寿命、钻井安全生产和油气井的长期效益"的目的。优化了 3 个必封点，①第一个必封点是封隔浅层地下水，利于 Φ444.5 mm 井眼的空气钻井、建立井口、安装防喷器。②第二个必封点是为满足气体钻井提速，同时封隔上部易漏层和水层，为 Φ314.1 mm 井眼高压地层钻井提供井筒条件。③第三个必封点封雷四段气层以浅地层，防止采用高密度钻井液压漏海相地层。

优化出五开制井身结构如图 6-3-1 所示：

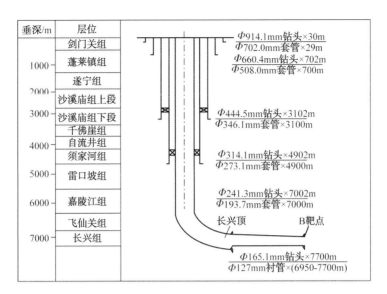

图 6-3-1　五开制井身结构优化图

表层套管（Φ508 mm）下深介于 500 ~ 700 m，下深原则是封隔水层，为 Φ444.5 mm 井眼空气钻创造条件；技术套管 1（Φ339.7 mm 或 Φ346.1 mm）封隔上沙溪庙组底部低承压层；技术套管 2（Φ273.1 mm）封隔陆相高压层和雷口坡组四段气层及以上层位，为四开使用低密度钻井液钻开海相地层创造条件；油层套管（Φ193.7 mm）封隔嘉陵江组高压盐水层或其他复杂地层；采用 Φ146.1 mm 尾管完井。优化的井身结构把适合气体钻井井段和钻井液钻井井段设计到不同的井眼段，实现气体钻井结束后及时下套管固井，避免转换成钻井液钻井后，水基钻井液长期浸泡裸眼井壁而引起井下复杂问题。实现开钻到 Φ444.5 mm 井眼段钻进时间控制在 45 d 以内。

（2）欠平衡集成优快钻井技术

在元坝地区第四系至上沙溪庙组地层采用空气、泡沫钻井技术。一开为 Φ660.4mm 大井眼，井深 500 ~ 700m，主要钻井方案为泡沫钻井。二开为 Φ444.5mm 井眼，进尺约 2500m，钻至上沙溪庙组底部（垂深约 3300m），主要采用空气。配套干法固井技术与气转液技术，大幅度提高上部长裸眼大尺寸井眼段钻井速度，缩短钻井周期和中完周期。该技术在元坝地区上部陆相地层得到普遍应用，机械钻速介于 18 ~ 22 m/h，是常规钻井液钻井的 5 ~ 8 倍。利用空气锤钻井技术，保证长裸眼段防斜打直，提高井身质量，同时获得更高机械钻速，目前空气锤钻井最高日进尺 660 m。

（3）高研磨地层钻井技术

元坝三开 Φ314.1 mm 井眼段钻遇地层为下沙溪庙组、自流井组和须家河组，地层研磨性强，可钻性差，钻井周期长，该井段长度约占全井深度 25%，而钻井时间却占全井钻井周期 40%，是元坝超深井钻井提速瓶颈井段。为了提速提效，先后应用新工具、新技术，逐步形成与不同地层相适应的提速技术。

PDC ＋扭力冲击器复合钻井技术。扭力冲击器如图 6-3-2 所示，它将钻井液的流体能量转换成扭向的、高频的、均匀稳定的机械冲击能量并直接传递给 PDC 钻头，使钻头和井底始终保持连续性。消除了井下钻头运动出现的一种或多种黏滑现象，使整个钻柱的扭矩保持

图 6-3-2　扭力冲击发生器照片

稳定和平衡。YB102-3H 井在 Φ314.1 mm 井眼用 4 趟钻进尺达 896 m，平均机械钻速 3.42 m/h，单趟钻最高进尺 516.46 m，行程钻速比常规牙轮钻头钻进（1.04 m/h）提高 228.85%。

孕镶钻头＋高速动力钻具钻井技术。自流井组珍珠冲段底部为砾石层，须家河组二段、一段主要岩性为灰色石英粉砂岩、细砂岩，石英含量高，胶结致密，研磨性极强。牙轮钻头在该地层使用时间短，进尺少，磨损严重，风险高。PDC 钻头不适应该地层岩性，使用过程中易蹦齿，失效快。孕镶金刚石钻头（图 6-3-3）＋涡轮复合钻井

图 6-3-3　孕镶金刚石钻头照片

[7] 共在元坝海相超深井 Φ311.2 mm 井眼应用 11 口井，累计钻进进尺 6 837.08 m，平均机械钻速 1.51 m/h，同比牙轮钻头常规钻井机械钻速提高 122.06%。

PDC ＋螺杆复合钻井技术。孕镶钻头主要用于含砾地层的提速。对于非含砾地层，使用高效 PDC 钻头配合等壁厚螺杆更具有经济性。等壁厚螺杆具有输出扭矩大、抗高温高压、使用寿命长的特点，可以增加 PDC 钻头破岩能力，减轻钻柱的扭转振动和钻头打滑现象。在 YB10-2H 井上沙溪庙组至自流井组上部使用国产 PDC ＋螺杆提速取得突破性进展，机械钻速 2.88 m/h（牙轮钻头 1.04 m/h），行程进尺 476.13 m。

（4）超深水平井井眼轨迹控制技术

元坝高酸性油气藏井底静止温度达 155 ℃，井底压力达 155 MPa，要求超深水平井测量仪器耐高温高压。目前优选的 MWD 测量仪器（图 6-3-4），最高抗压 172 MPa，抗温 175 ℃，满足了高酸性油气藏超深水平井测量需要。在 YB205-1 井的现

图6-3-4　MWD测量仪器图

场应用中，井底静止温度155 ℃，压力155 MPa，钻井液密度2.08 g/cm³，仪器共入井8趟，累计使用990.5 h未出现任何仪器故障，缩短了钻井周期。

优选具有防掉设计的国产抗150 ℃高温螺杆，在实际应用过程中，螺杆未出现一次因高温引起的故障或断螺杆事故，使用时间均达到了预期效果，其中Φ172 mm螺杆平均使用时间达到156 h，减少了起下钻次数，缩短了钻井周期。

在钻具组合设计方面，研究形成了斜导眼段采用"钻头+高温螺杆+高温MWD"组合进行定向；侧钻段采用"牙轮钻头+高温直螺杆+2.5°弯接头+高温MWD"组合提高侧钻成功率；定向增斜段采用"钻头+高温螺杆+高温MWD"组合，在初始造斜时（井斜小于25°）选用牙轮钻头；水平段选用"钻头+高温螺杆（无扶正器）+高温MWD"组合。此外，通过改良螺杆钻具扶正器，减少憋泵现象和掉块卡钻风险。

（5）喷漏同存缝洞型气藏井控技术

以现场"三高"气井井控装置标准化设计、"三高"气井井控设备配套、140MPa闸板防喷器气密封检测、高酸性气藏压回法压井、喷漏同存堵漏压井等技术应对高产、高压、高含硫、喷漏同存复杂条件下的井控难题。立足一级井控，避免二级井控，做到及时发现、及时关井，实现了元坝高酸性油气藏施工作业井控零事故。

2. 技术指标

实现了陆相地层钻井周期控制在145 d以内，实现"300d完成7700m井深的超深水平井"的重大突破，形成了元坝高研磨性地层综合配套钻井技术推荐方法。

（三）应用效果与知识产权情况

元坝高酸性气藏勘探初期，13口直井平均完钻井深7047.03m，评价钻井周期482.97天，平均机械钻速1.59m/h，平均台月效率437.74m。由于高酸性气藏钻井技术的创新与推广应用，开发钻井指标屡创新高，7700m超深水平井钻井周期大幅度缩短至 300 天以内，创造了元坝气田"十个月完成一口超深水平井"的历史，也创造了国内陆上水平井钻井深度最深记录（7971m）。机械钻速不断提高、台月效率逐年提高、中完时间明显缩短，工程质量不断提升、验收优质工程率提高，由第一批的 50% 不断提高到第二批 70%，甚至第三批 80%。

"四川陆相复杂地层提高钻井速度配套技术"获 2012 年中国石油化工集团公司科技进步二等奖；"川东北试气作业安全管控模式的建立与动用"获 2012 年度第 25 届全国石油石化企业管理现代化创新优秀成果一等奖。获得国内授权发明专利 2 项，已经申报并受理发明专利 4 项，制定中国石化企业技术标准 3 项，发表论文 6 篇。

二、高酸性气藏钻井液技术

（一）研发背景和研发目标

元坝气田钻井过程中主要遇到漏失、井壁失稳、高温高压下的沉降稳定、含盐膏层、高压盐水层、钻井性能波动、以及井眼进化难度大、润滑防卡难度大、储层保护难度大等技术难题。

针对以上难题，同时为了满足气体钻井技术应用，借鉴国内外先进钻井液工艺技术，采用室内实验、现场试验相结合的方法与手段，以问题为导向开展技术攻关，研发钻井液体系，通过不断的钻井实践，形成了以气液转换技术、井壁稳定控制技术、超深大斜度井、水平井润滑减阻技术、防酸性气体污染技术、井眼清洁优化为核心的"三高"超深水平井钻井液技术。

（二）技术内容及技术指标

1. 技术内容

（1）气液转换技术

优选全油基前置液和钾钙基聚合物转换液。油基润湿反转前置液在钻井液转化前注入井内，改变井壁界面为亲油特性，为井壁涂上一层保护膜、增加了一道井壁稳定的防线。防止替入常规钻井液后产生的滤液与地层中的泥岩水化作用从而发生分散、剥落，引起井壁失稳。转换钻井液使用钾钙基聚合物体系，该体系具有强抑制、强封堵、强包被、低滤失特点。使用全油基前置液和钾钙基聚合物转换液后，气液转换平均单井划眼时间由 83.2 h 降至 28.3 h。

（2）超深大斜度井、水平井润滑减阻技术

摩阻扭矩的控制是大斜度井、水平段后期钻进的主要问题之一。使用聚磺防卡钻井液体系，在控制好泥饼质量的基础上，进一步优化井眼净化措施。使用多种抗温抗盐润滑剂，提高钻井液润滑性能，确保钻井液在超深大斜度井、水平井中具有良好润滑防卡性能。元坝工区施工井水平段钻井液泥饼薄而韧，泥饼厚度小于等于 0.5 mm，摩阻系数小于 0.1。

（3）井壁稳定控制技术

优选 KCl 聚磺防塌钻井液体系，依靠 K^+ 的嵌入作用和多种封堵剂的复合使用，增强抑制、封堵、防塌性能，在 YB102-1H、YB102-3H 等 10 余口井成功应用，有效解决了元坝工区陆相井段井壁失稳问题。Φ311.2 mm 井眼平均划眼时间由 265.4 h 降至 71.4 h，未出现井塌现象，平均井眼扩大率由 11% 降至 7.51%。

（4）防酸性气体污染技术

针对高酸性气藏高含硫的特点，通过合理的钻井液密度控制、高 pH 值控制与使用高效除硫剂的综合配套措施，防止硫化氢气体返至地面，保证高含硫酸性气藏的安全快速钻进。该技术施工的 30 余口海相深井均未出现硫化氢事故。针对四川地区陆相井段常钻遇二氧化碳污染的难题，通过维持较高 pH 值，合理的钻井液密度，使用石灰碱液进行处理，同时加入功能性处理剂，调整钻井液的流变性、失水造壁性，形成了一套防二氧化碳污染技术。

（5）井眼清洁优化技术

该技术确保环空返速和加强钻井液性能控制，主要的采取技术手段为，通过提高钻井液动切力，动塑比控制在 0.6 ～ 0.8，增强悬浮携砂能力；保持低黏高切流变性，降低岩屑沉降速度；通过提高钻井液泵排量以达到正常携岩要求；钻进时，每 50 ～ 100m 进尺进行一次短起下划眼通井，或采用旋转钻具，加大排量循环，破坏岩屑床；每次起钻前注入 8 ～ 10m³ 高黏切清扫液，防止岩屑床的形成。

2. 技术指标

气液转换平均单井划眼时间由 83.2 h 降至 28.3 h，Φ311.2 mm 井眼平均划眼时间由 265.4 h 降至 71.4 h，平均井眼扩大率由 11% 降至 7.51%。

（三）应用效果与知识产权情况

截至"十二五"末，高酸性气藏钻井液技术在元坝地区得到广泛应用，解决了元坝气田钻井过程中漏失、井壁失稳、高温高压下的沉降稳定、含盐膏层、高压盐水层、钻井性能波动、以及井眼进化难度大、润滑防卡难度大、储层保护难度大等复杂问题，同时满足气体钻井过程中气液转换问题，大幅度缩短转换时间，通井时间，为缩短元坝超深井钻井周期提供了良好基础。保证了"三高"气藏安全、快速的钻井施工要求，取得良好的应用效果与经济社会效益。"元坝超深含硫气藏勘探开发关键工程技术"获2014年度中国石油和化工自动化行业科学技术进步二等奖。获得国内授权发明专利2项，已经申报并受理发明专利4项，制定中国石化企业技术标准3项，发表论文7篇。

三、高酸性气藏固井技术

（一）研发背景和研发目标

元坝气田固井主要存在以下技术难点：①气体钻井后采用传统固井工艺存在固井前钻井液转化时间长、井漏、井壁失稳、固井质量差的问题；②深井段作业中存在封固段长、大温差、高温、高压、高含硫、窄间隙等固井难题。

针对气体钻井转换成钻井液易造成井壁垮塌、井漏等复杂事故和深井段长封固大温差、长运移段顶替效率差等固井问题，通过室内小样实验、现场应用相结合的方法与手段，形成了气体介质干法固井、深井大温差长封固段固井和超高压小间隙固井等核心技术，有效解决了元坝气田固井的技术难题。

（二）技术内容及技术指标

1. 技术内容

（1）气体介质条件下固井技术

通过对井眼条件、安全下套管、固井液及现场工艺等方面进行较为系统的研究，形成气体介质（空气或泡沫）条件下固井的成套工艺技术。避免气液转换产生的井漏、井壁不稳定等复杂情况的产生，具有缩短钻井周期、胶结质量好、节约成本等特点。元坝地区表层或技术套管气体钻井完钻后，采用的气体介质条件下固井技术。元坝地区共实施干法固井26井次，套管最深下深3008.22 m，固井质量评价均为优。如YL29井、YL173井、YB273–1H井表层运用气体介质条件下固井技术，不仅提高了施工进度，减少了固井过程中排放固井前置液、水泥浆等造成的环保压力，同时提高了各井大井眼固井施工质量。

（2）深井长封固段固井技术

通过对井眼条件、下套管、固井浆柱结构优化、水泥浆材料优选、水泥浆配方、平衡固井设计等方面进行系统研究，研发出了大温差智能水泥浆体系，并结合井眼净化、套管居中、固井浆柱结构优化技术，形成了一套深井长封固、大温差固井技术。

解决了多压力体系共存、裸眼井段长、井筒温差高、水泥浆凝固难等难题。近年来一次性封固段长超过 3000 m 的固井施工有 89 井次，固井质量评价均为优。

（3）超高压小间隙固井技术

通过对先导浆、前置液和水泥浆体系，浆柱结构，管串结构，扶正短节使用，固井参数优选、施工安全等研究，采用体积置换法设计前置液用量，利用螺旋流顶替技术指导旋转尾管悬挂固井、旋流扶正器的现场应用，开发使用了胶乳、胶粒防腐防气窜水泥浆体系，成功解决了海相深井小间隙小尾管固井技术难题，在达到安全施工的前提条件下，提高了深井小尾管固井质量。近年深井小井眼小间隙固井施工 25 井次，固井质量优良率达 85%。

2. 技术指标

采用干法固井技术 26 井次，Φ346.1 mm 套管最深下深 3008.22m，固井质量均为优。一次封固段最长达到 5576.63m，创中国石化单级固井一次封固段最长纪录。小井眼小间隙固井施工 25 井次，固井质量优良率 64%。

（三）应用效果与知识产权情况

"十二五"期间形成的高酸性气藏固井技术在元坝地区得到广泛应用，气体介质条件下固井技术在元坝应用 26 井次，固井质量优，气体介质固井井深最深 3008.2m；深井一次封固段长 > 3000m，最大温差 110℃，深井段小井眼小间隙固井施工 25 井次，固井质量优良率达 85%。获得国内授权发明专利 2 项，已经申报并受理发明专利 4 项，制定中国石化企业技术标准 3 项，发表论文 5 篇。

四、高酸性气藏测录井技术

（一）研发背景和研发目标

川东北元坝长兴组礁滩相气藏及川西雷口坡组顶岩溶气藏酸性气田均具有的"三高一超两复杂"特点（高温高压高含硫、超深、储层空间展布和气水关系复杂）。复杂的勘探目标增大了油气储层录井识别与评价的难度：工区油气水关系复杂，储层识别评价难度较大；储层的岩性、物性、含油气性等关键性参数的录井资料多为定性的、描述性的，影响了储层识别评价的准确性。同时，川东北地区普遍采用特殊钻井工艺施工，影响了录井对储层特征信息的采集；井超深、采用 PDC 钻头及空气钻井施工造成岩屑细小、混杂，岩性识别困难；为防范有毒、有害气体溢出，采用过平衡钻井、屏蔽暂堵等技术，造成油气水显示较弱，油气显示发现与归位难。测井作业遇卡、遇阻频繁，通钻次数多，测井作业时间长，设计资料采集困难且采集不齐全，后期测井解释评价困难。

针对以上难题，借鉴国内外先进工艺和技术，采用室内实验、数值模拟、现场试验相结合的方法与手段，形成了礁滩相储层录井评价解释技术、超深酸性气藏测井采集技术和超深酸性气藏测井评价技术等三项配套技术。

（二）技术内容及技术指标

1. 技术内容

（1）礁滩相储层录井评价解释技术

通过应用岩屑核磁共振和离子液相色谱技术，结合常规气测录井等手段，形成礁滩相储层录井解释与评价技术，解决了高压、高含硫礁滩相地层气水识别和录井评价难题。

传统获取较准确储集层物性参数的方法是采用岩心实验分析，由于存在采样、送样、室内样品处理和室内样品分析多个环节，分析周期较长，限制了快速做出勘探开发决策。核磁共振物性定量分析技术分析快速，实现钻井现场岩屑物性（孔隙度与渗透率）定量分析，满足勘探开发快速决策的需要。

针对川东北海相过平衡钻井条件下油气水层的识别和解释评价难题，充分借鉴国内气测解释研究成果，引进离子色谱分析技术，建立川东北海相油气水层解释评价技术。通过直接检测钻井液滤液中多种阴阳离子的含量，实现随钻发现水层、评价地层水的技术方法。与传统氯离子滴定法识别水层技术相比，其技术优势体现在：采用全自动仪器显微分析，能够消除人为滴定的误差；分析样品经离心、超滤后，能够克服泥浆加药剂的影响；具有速度快、精度高的特点，钻井液中各种离子含量变化反映更灵敏，如地层少量出水、或泥浆水浸后都可进行监测；分析参数多，更容易判断地层出水情况。

（2）超深酸性气藏测井采集技术

针对四川盆地高酸性超深水平井高温高压、测井易阻卡和吸附卡的技术难题，以高温小井眼测井技术和泵出存储式测井为主，钻具输送湿接头式测井为辅，形成了超深酸性气藏测井采集技术，主要包括以下内容：完善的测井工艺：采用电缆湿接头测井工艺、泵出存储式测井工艺；用先进仪器：提升测井仪器耐高温、高压技术指标；改进水平井测井配套工具：配套机械释放器、棒式湿接头水平井工具；加强测井施工作业准备，编制单开次施工设计，测井前对井下仪器进行加温试验。

（3）超深酸性气藏测井评价技术

以"礁滩相储层识别及有效性评价、缝洞储层参数计算、流体判别、储层分类评价及有限测井资料条件下的碳酸盐岩水平井测井解释"等为核心技术，形成了超深酸性气藏测井评价技术。海相碳酸盐岩储层包括礁滩相和岩溶缝洞性两大类，主要有以下6方面测井评价技术：缝洞性储层识别及有效性评价技术；缝洞性储层参数计算技术；电成像谱分析法计算缝洞储层次生孔隙度技术；礁滩相碳酸盐岩储层测井相识别技术；缝洞性储层流体性质判别技术；缝洞性储层分类评价技术。

2. 技术指标

7500m超深水平井完井测井时间平均60h；一次测井成功率大于90%；测井曲线合格率100%，优质率大于90%；井底测井资料漏测井段小于30m；测井解释符合率 >95%。

（三）应用效果与知识产权情况

"十二五"期间高酸性气藏测录井技术完成酸性气井录井34口井、完成30余口7000m以深超深水平井测井采集。其中马深1井创亚洲裸眼井测井深度最深纪录 –8418m；YB101–1H井创国内陆上水平井测井深度最深纪录 –7971m；在钻井显示微弱的情况下根据测井精细解释成果发现PZ1井雷四段气层，获得无阻流量 $331 \times 10^4 m^3 /d$，取得龙门山前带海相勘探突破，发现了彭州海相大气田，有力支撑川西海相勘探与元坝气田长兴组产能建设。

"四川盆地缝洞性碳酸盐岩储层测井评价"获2013年度中国石化科技进步三等奖；"成都气田天然气富集规律及高效勘探"获2014年度四川省科技进步二等奖；"元坝超深含硫气藏勘探开发关键工程技术"获2015年度国土资源部科技进步奖二等奖。获得国内授权发明专利2项，已经申报并受理发明专利4项，制定中国石化企业技术标准3项，发表论文7篇。

五、高酸性气藏井下作业技术

（一）研发背景和研发目标

元坝高酸性气藏酸压技术面临的技术难题主要体现在：①胶凝酸液体系性能需要进一步优化；②施工排量低、储层温度高，酸岩反应快，需要从施工工艺参数上进行优化；③物性条件差的常压储层存在残酸返排困难的问题；④微裂缝发育层的酸液滤失问题；⑤大酸量深度酸压施工质量保证问题。而高压高产含硫气井测试技术面临的问题主要体现在：①测试地层压力、温度、流体性质等预测方法还不适合于川东北地区复杂的工程地质特征；②快速、准确评价及满足后期试采需要的超高压、含硫气井测试、试采管柱组合设计方法不完善；③测试、试采地面流程设备配套不完善，结构组合不合理，控制技术不完善，控制参数需要进一步优化；④川东北地区多数气井需要射孔、测试、酸压改造、压后评估等多种作业，急需形成完善的适应于川东北地区的多种井下作业联作工艺技术。

在川东北大湾、河坝区块和元坝区块已开展的酸压工艺基础上，结合元坝高酸性气藏工程地质特征分析，改进原有胶凝酸和引进新型酸液体系，开展酸压工艺和配套技术改进研究，形成适合元坝区块海相储层深度酸压的酸液体系、酸压工艺及配套技术；结合元坝区块实际情况，建立气井压力、地层温度、井口温度等预测方法和适应于本地区油气井测试的管柱力学分析方法、强度校核的修正体系，建立一套适应于川东北特点的测试管柱、井下工具及仪器、井口装置和测试及试采的地面流程的选型标准，形成川东北地区射孔、酸压、测试和增产改造后评价、试采的联作技术方法和技术措施，缩短测试周期，降低生产成本，提高施工安全性。

（二）技术内容及技术指标

1. 技术内容

（1）APR 快速测试技术

元坝海相气藏具有高温、高压、高含 H_2S、高产的"四高"特点，APR 完井测试优先氟胶材质的封隔器胶筒和 600 型密封件，保障测试工具高温密封性；优先工具材质，优化工具结构与尺寸，大幅提高绝对承压能力（232MPa）、工作压差（105MPa）、解封与解卡能力（抗拉强度 700KN）、通径（大于 38mm），减少阻流效应；在 RTTS 封隔器上部增加厚壁油管防止管柱屈曲导致泄漏，在测试管柱增加伸缩补偿器，平衡管柱在酸压、放喷等阶段的伸缩量，增加封隔器座封能力，减少管柱在井筒中的变形量，确保管柱密封性能；优化管具结构，形成酸压—测试三联作/两联作两种典型的 APR 测试管柱；优先酸溶性堵漏材料，优化酸溶性堵漏配浆材料，解决堵漏材料引起的管柱解卡和产层解堵的难题；在封隔器下部增加自助解封器，提高射孔作业的安全性；降封隔器座封井段上下 100m 替为高黏钻井液，增加清水替浆的隔离液量，防止封隔器卡埋；优先小颗粒堵漏材料、低浓度堵漏浆和自然漏失堵漏工艺，解决因堵漏压井引起的测试管柱堵塞和卡埋问题。形成适用于元坝海相"四高"气井的 APR 测试联作优化技术，该技术在元坝海相气田应用 40 余井次，测试施工一次性成功率达 95%，为元坝气田安全、高效测试评价提供了有力的技术支撑。

（2）复合暂堵酸压技术

元坝气田采用常规笼统酸压技术难以使 II、III 类低渗层段得到有效改造而影响增产效果，针对不同暂堵对象对粉末暂堵材料和纤维暂堵材料进行性能评价和优先，对暂堵液排量、暂堵剂用量、酸压参数等进行优化设计，形成水平井复合暂堵分段酸压技术，实现对水平井高渗层段的改造后有效暂堵，促使中低渗层段起裂和进酸，有效解决元坝长兴组水平井酸压技术难题。通过多口井的现场应用，暂堵后可净增压力 10MPa 以上，压后平均无阻流量达 $430 \times 10^4 m^3/d$，增产效果显著。

（3）连续油管技术

针对元坝气田井下安全阀和永久封隔器投产管柱的故障井处理，结合连续油管特点和独特优势，通过连续油管解堵技术、气举助排技术和复杂井筒处理技术攻关及方案优化，形成了以"冲砂、气举助排、替酸解堵、带压解冰堵、打捞钻磨"为核心的连续油管解堵技术、气举助排技术和复杂井筒处理技术体系，并在元坝气田成功应用多口井，为气田的井筒维护、故障清除等提供强有力的技术支撑。

（4）高含硫气井解堵工艺技术

结合元坝高含硫气井井筒实际问题，将井筒堵塞问题分为地层原因引起、井筒积液、井筒形成水合物冰堵节流、井筒机械类堵塞、井筒物质堆积堵塞产生节流及机械物和脏物混合作用 6 种类型，主要分析了产生堵塞的产气量、井口油压等参数变化特征，并根据不同现象提出了相应的解堵措施，在优化溶硫剂及活性酸的基础上，提出了溶硫剂解堵、活性酸解堵及连续油管解堵 3 种具体解决方案，形成元坝高含硫气井解堵工艺技术，通过现场实施，成功解决了井筒堵塞问题，为元坝气田高含硫气井安全稳定生产提供了技术支撑。

2．技术指标

成的 APR 快速测试技术一次性成功率 95% 以上；复合暂堵后净压力增加 10MPa 以上。

（三）应用效果与知识产权情况

"四高"气井 APR 快速测试技术成功应用 40 余井次，施工一次性成功率 95% 以上，刷新了测试管柱压差最大（80MPa）、工具承受内压最高（212MPa）等记录；复合暂堵分段酸压技术在元坝气田长兴组储层实施约 11 口井，增产效果良好。YB27-1 井通过复合暂堵酸压技术，一级暂堵压力上升 11MPa，二级暂堵压力上升 13MPa，无阻流量为 $211.5 \times 10^4 m^3/d$；YB29-1 井的采用连续油管冲砂、穿孔作业，后实施 $1000 m^3$ 大型酸化，在油压 39.8MPa 获天然气产量 $76.48 \times 10^4 m^3/d$。YB205-1 井采用解堵工艺技术，加注溶硫剂 8m³ 和 12m³ 活性酸后，油压由 28.75MPa 升至 41.2MPa，产量由 35×10⁴m³/d 恢复至 55×10⁴m³/d。

"川东北高温高压高含硫深井测试及配套技术" 获 2011 年度中国石油化工集团公司科技进步一等奖； "川东北地区高压、高产含硫气井测试设计优化研究" 获 2011 年中国石油化工集团公司科技进步三等奖；"深层致密储层超高压压裂关键技术" 获 2015 年度四川省科技进步三等奖。获得国家授权发明专利 2 项，已经申报并正在受理发明专利 4 项，制定中国石化企业技术标准 3 项，发表论文 4 篇。

第四节　复杂结构井钻井技术

一、大位移钻井技术

（一）研发背景和研发目标

大位移井技术对于海上边际油田、滩浅海油田及陆地地面条件受限的油气藏开发具有独到的优势。目前国内虽然已完成了多口 4000 ~ 8000m 位移的大位移井，但其中绝大多数大位移井，受制于关键技术、关键工具、关键仪器的限制，几乎都是采用国外油服公司的技术来完成的，严重制约了我国大位移井钻井技术的发展和应用。

针对我国大位移井技术在技术、工具、仪器、装备方面的不足，通过自主创新，研究和开发具有我国自主知识产权的大位移井钻井完井关键技术与装备，以降低大位移井钻井完井过程中摩阻扭矩、提高大位移井钻井完井成功率和最大限度实现地质目的为目标，采用理论研究、实内试验、现场试验相结合的方法，形成以大位移井钻井工程优化设计技术、提高大位移井钻井延伸能力关键技术、大位移井固井关键技术为核心的海上大位移井钻井完井关键技术，然后通过现场应用试验与相关技术集成，对现场施工工艺进行优化完善，最终形成海上大位移井钻井完井配套技术。从而满足我国位移超过 6000m 的大位移井钻井完井工程施工的要求，提升我国大位移井钻井完井技术整体水平和国际竞争力，为我国能源战略目标的实现提供技术支撑。

（二）技术内容及技术指标

1．技术内容

（1）大位移井钻井工程优化设计技术

基于多场耦合理论，建立了井周地层孔隙压力和有效应力的计算方法，结合泥页

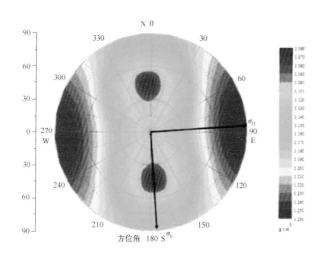

图 6-4-1 井斜角方位角对坍塌压力影响云图

岩强度弱化规律的研究形成了大位移井井壁稳定分析技术，并建立了井径扩大率分析方法，分析了井斜角、方位角对井壁稳定性的影响规律（图 6-4-1）。修正了钻柱屈曲临界载荷及钻柱屈曲后摩阻增量计算公式，同时考虑井径变化对摩阻扭矩的影响，形成了考虑钻柱屈曲和井径变化的大位移井摩阻扭矩预测技术，钩载和扭矩的预测精度高于 90%。以岩屑床厚度为评价标准，建立了两层岩屑运移模型井眼清洁评价方法。对传统水力参数优化理论进行修正和完善，建立了一套适合大位移井的水力参数设计方法。

利用先进的计算机图形化界面技术和可视化技术，形成大位移井工程化设计软件，实现井壁稳定分析、井眼轨道优化设计、井身结构优化设计、水力参数优化设计、摩阻扭矩分析、套管安全下入计算分析等功能，提高了现有方法对大位移井的适用性。

（2）提高大位移井钻井延伸能力关键技术

通过大位移井位移延伸能力影响因素分析，提出了大位移井延伸能力判断准则并建立了相应的分析模型，形成相关评价分析步骤，完成单因素条件下延伸能力影响规律，并形成了图版。针对大位移井不同井段轨迹控制特点，选用不同的钻井方式，形成了大位移井轨迹控制总体优选方案，依托课题研制成功的适用于 Φ215.9mm 井眼的捷联式旋转导向钻井系统全增斜模式下，最大狗腿度 6.47°/30m，满足大位移井施工需要。

在大位移井减摩降扭方面，通过研制套管减摩降扭工具，减小套管磨损、降低钻进扭矩，累计进行了 15 口井现场应用，单只工具累计工作时间最高达到 702h，扭矩与摩阻降低均超过 15%。通过轴向振荡加压工具的研制，解决大位移井钻进过程中的托压问题、实现钻压的有效传递、减少滑动钻进期间的钻具自锁、减少马达制动、提高对工具面的控制能力并最终实现提速增效，累计进行了 18 口井现场应用，平均提高机械钻速 46%。为了降低大位移井岩屑床厚度，研制了岩屑床清除工具，累计进行了 6 口井现场应用，单只工具累计最长工作时间 756h，有效清除岩屑床，减小摩阻，提高了大位移井作业的井下安全性。

针对大位移井实钻井眼轨迹测量漂移对大位移井轨迹控制带来的不确定性，开展了井眼轨迹参数测量数据修正方法研究，形成了基于多传感器测量井眼轨迹修正技术，该技术采用卡尔曼滤波方法，将多个传感器采集的信息进行数据融合处理，达到更高的测量精度，且具有可随钻测量的特点，为随钻测斜仪提供数据参考，优化轨迹测量。

（3）大位移井固井关键技术

针对大位移井套管柱安全下入问题，综合考虑下套管波动压力、摩阻扭矩、旋转条件下套管通过的最大井眼曲率以及套管强度理论，形成了套管最大延伸能力计算分析方法；研发了漂浮下套管工具，进行了漂浮接箍安放位置分析计算，形成了大位移井漂浮下套管工艺技术，研制成功的 $\Phi177.8mm$、$\Phi244.5mm$ 两种规格的漂浮接箍在 17 口井进行成功应用，取得良好效果。

针对大位移井固井过程顶替效率低、居中度差、对水泥浆性能要求高等特点，开展了固井顶替界面稳定性和顶替效率模拟研究，得到了提高顶替效率的工艺技术措施；研发了适用于大位移井的固井水泥浆体系及新型液压式扶正器，综合形成了提高大位移井固井质量技术。研发的固井水泥浆体系具有微膨胀性及良好的抗冲击韧性，较常规水泥石，该体系抗冲击韧性提高了 17% 以上，完全满足大位移井固井及后期开发需求。

（4）大位移井钻井完井工艺技术集成及应用技术

针对大位移井摩阻扭矩大的特点，通过研究和实践形成了大位移井摩阻扭矩监测技术，主要在前期摩阻扭矩模型的基础上，利用编制的摩阻扭矩分析软件进行摩阻扭矩的计算分析，然后通过收集现场实时数据，形成摩阻扭矩图版，为现场井筒工况的分析和下步措施的制定提供科学的依据。

应用弹塑性理论，建立钻杆受力力学方程，并应用最优化技术理论，通过设计变量和约束条件的建立，确定出以减磨降扭工具数量最少即减磨降扭工具间距最大这一优化设计目标，建立相应的优化目标函数，并取组合变形最大剪应力强度、疲劳强度和最大挠度作为约束条件。最终编制计算程序，计算得到给定大位移井工况下的减磨降扭工具安放位置和数量，并形成了《大位移井减摩降扭工具使用技术规范》。同时形成了大位移井钻头选型与评价方法，大位移井钻具组合优选方法，井眼清洁技术评价方法和 ECD 管理技术。形成《海上大位移井钻井推荐作法》。

2. 技术指标

①形成大位移井钻井完井技术，完成 Z129-1HF 井施工，水平位移达到 3168.78m；完成 PH-ZG1 井施工，水平位移达到 5350.58m。

②形成的自主知识产权技术和装备能够满足我国位移超过 6000m 的大位移井钻井完井工程施工的要求。

③形成具有自主实施 6000m 位移的大位移井钻井完井技术的技术能力，较引用国外技术节约钻井成本 30%。

（三）应用效果与知识产权情况

开展了位移超 3000m 的 Z129-1HF 井现场试验，完钻井深 5341m，垂深 3341.94m，水平段长 654.39m，水平位移 3168.78m，创胜利浅海水平位移最大记录。在 3000m 位移井试验基础上，开展了位移 6000m 大位移井现场试验，综合利用井壁稳定技术、摩阻扭矩和井眼清洁技术、井眼轨迹控制技术及 ECD 监控技术等大位移井钻井完井关键技术，顺利完成了 PH-ZG1 井施工，该井完钻井深 6866.00m，垂深 3155.89m，水平位移 5350.58m。并以该井为基础，从摩阻扭矩、循环压耗、钻井设备等方面对位移 6000m 井的技术可行性进行了模拟分析，分析结果表明形成的技术条件完全可以满足施工。

海上大位移井套管安全下入计算分析软件 V1.0、大位移井井壁稳定分析软件 V1.0、大位移井水力参数优化设计软件 V1.0、大位移井摩阻扭矩预测分析软件 V1.0、海上大位移井套管安全下入计算分析软件获软件著作权。申请了 7 项实用新型专利和 3 项发明专利，发表论文 11 篇。

二、千米水平段技术

（一）研发背景和研发目标

致密砂岩是胜利油田增储上产的主阵地，油藏类型以滩坝砂、砂砾岩、浊积岩为主，前期经过 F154-P1、Y227-1HF 等多口井现场实施，仍存在系列技术难题：因水平段储层不均质，砂泥岩互层多，常用钻具组合造斜特性变化大，造成频繁起下钻调整钻具组合，钻井时效低；因水平段长，对地层的自然造斜能力和现有钻具组合的造斜能力认识不足，使得水平段钻进过程中滑动比例高，使得钻井机械钻速较低，井眼轨迹质量差；因水平段长、储层不稳定，钻遇泥岩段后易水化膨胀，导致水平段钻进后期摩阻扭矩急剧增大，滑动效率低；螺杆钻具寿命与高效 PDC 钻头寿命不匹配，严重制约了单趟钻进尺最大化。

针对致密砂岩油藏长水平段水平井轨迹控制效率低、钻具组合钻进性能调整空间小、行程进尺少等技术难题，以目前长水平段水平井应用较多的螺杆钻具组合和常规钻具组合为研究对象，通过开展螺杆钻具组合、常规钻具组合力学性能分析、钻进趋势预测以及变径稳定器安放位置优化研究，形成非常规油藏长水平段底部钻具组合优化设计技术；然后通过开展高效 PDC 钻头个性化设计、变径稳定器整体设计与加工、高效长寿命螺杆的改进以及减阻加压工具研制，并结合现场试验进行相关技术完善和工具改进，最终形成适合致密砂岩和页岩油气的千米长水平段钻井关键技术，从而为非常规油气资源的高效开发提供有力支撑。

（二）技术内容及技术指标

1. 技术内容

（1）长水平段多参数优化控制工艺技术

通过考虑钻具接头、变截面梁、螺杆结构弯角等因素影响，建立了长水平段系列钻具组合力学分析模型，为长水平段井眼轨迹优化控制奠定了基础；基于遗传算法的优化原理，通过构建 GA 适应度函数及迭代收敛准则，实现了钻头和地层各向异性参数的准确预测，解决了钻进期间地层可钻性或岩性发生变化时，地层特性参数实时获取困难、准确性差的难题；针对主要试验区块、不同钻具结构，通过长水平段多参数分析与优化设计软件编制以及关键参数影响规律分析，实现了底部钻具组合优化设计和钻进参数的优配，有利于提高长水平段钻进时效。

（2）长水平段高效钻井工具开发技术

针对区块岩性特点，在室内岩石力学实验的基础上，从冠部轮廓、刀翼设计、水力设计、切削齿设计等方面对 PDC 钻头进行个性化改进和专业定制，有效提高了长水平段钻头寿命，满足了一趟钻一只钻头完成 1000m 水平段的需要；考虑钻头大小、钻具组合中不同安放位置及泥浆力学性能等影响因素，通过对变径稳定器的外形及强度、活塞的支撑受力及信号发生器结构参数进行设计，研制了一种适用于长水平段钻进的"W"销槽行程控制液压膨胀式新型变径稳定器（图 6-4-2）。另外，试验应用了自主研制的减阻加压工具，验证了工具的可靠性，形成了工具安放位置的优化方法，克服了井眼摩阻，有利于提高长水平段钻进效率。

F：内收状态　　G：伸出状态　　H：齐平状态

图 6-4-2　液压膨胀式变径稳定器井口工作状态

（3）长水平段"一趟钻"工艺优化应用技术

通过利用完钻井实钻造斜率数据反算地层和钻头各向异性指数等区块未知参数，并且计算待钻井的钻具理论造斜率，进而优化底部钻具组合，研究形成了长水平段底部钻具优化设计应用技术；根据区块地质工程特点，通过钻头优选和 PDC 个性化设计，钻具组合推荐、钻进参数优选以及变径稳定器、减阻加压工具安放位置优化，形成了长水平段"一趟钻"整体方案优化设计技术。

2．技术指标

形成了一套"一趟钻"完成 1000m 水平段的钻井关键技术，实现了高效 PDC 钻头单次入井纯钻时间 200h 以上；变径稳定器工具使用寿命 300h 以上，实现了试验井水平段机械钻速同比提高 23.24% 以上。

（三）应用效果与知识产权情况

千米水平段技术项目成果分别在胜利、西南和华北等油气田现场试验及推广应用 23 口井，其中 SF104-3HF、SF310HF 等 6 口井实现了千米长水平段一趟钻的技术目标，水平段机械钻速平均提高 44.74%，最高提速 81.57%，并且分别创造了水平段单趟钻进尺最高（1160.83m）、平均机械钻速最高（13.89m/h）等多项区域工程纪录。申请了 7 项实用新型专利和 3 项发明专利，发表论文 8 篇。

三、五级分支井技术

（一）研发背景和研发目标

近年来，石油工业正在迅速地转向海洋，寻找新的接替资源。由于作业区不断移向更深的海域以及随之而来的高成本作业环境，作业者倾向于尽可能减少开发油气藏所需单井的数量，节约重复发生在单井及相应设备（如套管、采油平台和井口等）上的费用，减少对环境的影响。随着人们对海洋环境的日益关注和追求更高的投资回报，分支井技术在海洋油气勘探开发过程中，正扮演着越来越重要的角色。另外，我国整个东部油区均已进入开发后期，存在大量报废井，利用这些报废井进行老井侧钻分支井是一种低成本、高效益的开发方式，具有极大的潜力和发展前景。

分支井技术由一个主井眼侧钻出两个或更多进入储层的井眼，能够实现多个储层泄油。对油藏开发而言，分支井有助于制定合理的开发方案，以较低的成本有效开发多产层的油藏、形状不规则油藏、低渗、稠油、薄层、枯竭油藏及裂缝等储层；从钻井角度看，各分支享有共同的井口及上部井段，因而可以大大降低钻井成本，减少占用土地及有利于环境保护。因此分支井技术正逐步成为降低钻井成本，提高油田综合开发效益的重要技术手段。五级分支井技术是分支井技术中难度最高、应用前景广、正在蓬勃发展的高新钻井技术，它具有完整的机械支撑、液力封隔性和分支井眼的选择性再进入性能，是目前钻井前沿技术研究的热点和难点，与其他级别的分支井系统相比较有其更大的技术优势。

（二）技术内容及技术指标

1. 技术内容

（1）形成了五级分支井钻井完井整体技术方案

方案见图 6-4-3。

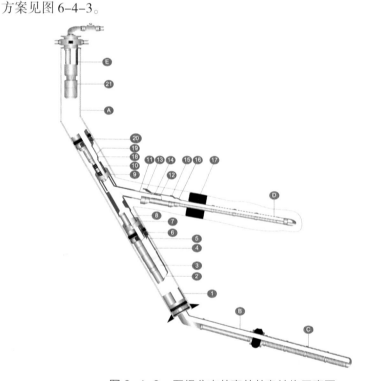

图 6-4-3　五级分支井完井井身结构示意图

1—Φ244.5mm 尾管悬挂器；2—Φ177.8mm 盲接头；3—Φ177.8mm 破裂阀；4—Φ177.8mm 短节；5—Φ177.8mm 短节；6—封隔封隔器；7—锚定总成；8—加长短节；9—模板；10—井眼连接器；11—Φ114.3mm 油管；12—Φ127mm 密封总成；13—液压丢手；14—Φ127mm 内抛光回接筒；15—变径接头；16—变径接头；17—遇油遇水封隔器；18—Φ152.4mm 密封总成；19—Φ139.7mm 短节；20—Φ244.5mm 采油封隔器；21—潜油电泵机组（或采用抽油机）；A—Φ244.5mm 套管；B—Φ177.8mm 管柱；C—Φ139.7mm 筛管；D—Φ139.7mm 筛管；E—采油管柱

（2）研制了五级分支井系统及其配套工具

研制了一体式可回收分支井窗系统，该系统能够实现可回收斜向器与套管磨铣工具的一起下入,节省了一趟钻的作业时间,提高了钻井施工效率。工具实物见图6-4-4,参数见表6-4-1。

表6-4-1 一体式可回收分支井开窗工具参数表

名称	下部螺纹	斜面度数	最大外径	斜面长度
参数	NC50	2.5°	Φ203mm	5223mm

图6-4-4 一体式可回收分支井开窗工具

（3）研制了五级分支井关键工具眼连接总成

五级分支井井眼连接总成采用榫合结构井下插接的结构设计,实现了整体机械支撑及液力密封性;连接器下部与延伸短节相连接,延伸短节的末端有一个密封总成,能够插入分支井眼完井管柱的内抛光回接筒上端。井眼连接总成能够承受15MPa的液力密封压力。

（4）形成了五级分支井钻井完井工艺技术

采用再进入导向器和隔离套相互转换的工艺技术实现了选择性再进入作业,并在现场成功应用。

2．技术指标

研制的五级分支井工具成功完成了一口井的应用,达到五级完井水平,分支井井眼连接总成密封压力达到15MPa,实现了主井眼和分支井眼的选择性再进入功能,五级分支井工具成本是同类进口工具价格的1/3。

（三）应用效果与知识产权情况

五级分支井技术在T142－支平1井、H3－支平1井开展了现场试验,其中H3－支平1井达到五级完井水平,井眼连接处现场试压达到15MPa。H3－支平1井是国内陆上第一口用于油藏开采的达到五级完井水平的分支水平井。该井先投产上分支井眼,后期又封隔上部分支井眼,对下分支井眼射孔投产,投产施工时对上下分支井眼进行了选择性再进入施工。复杂结构井BHA钻进趋势分析与优化设计软件V1.0获软件著作权。申请了7项实用新型专利和3项发明专利,发表论文13篇。

第五节　随钻测控技术

一、高温高压 MWD 随钻测量技术

（一）研发背景和研发目标

随着国内深井、超深井的日益增加，尤其是以川东北元坝区块、西部深井开发中如托普、哈里哈塔等新区块以及东部盐下砂砾岩为代表的高温井和深井的开发中，定向井和水平井的开发受制于常规的随钻仪器已经明显不能满足温度压力要求，而目前此项技术掌握在少数国外公司手中，一流公司在中国只提供技术服务而不销售产品，二线厂商销售产品价格昂贵且后期配件维修极为不便（哈里伯顿产品售价约 300 万美元 / 套，APS 和 GE Tensor 产品售价约 70 万美元 / 套）。目前这些区块多采用直井开发或者租用国外公司仪器进行随钻测量服务，仪器租金及人员日费约 6 万元人民币且仪器相当紧缺，加之深井存在进尺慢、工期长的特点，大大增加了成本，影响了此类区块的开发。

国内开发抗高温高压 MWD 仪器面临的主要技术难题：一是高温传感器缺乏，国内现在还无法生产高精度的抗高温高压传感器，而国外也只有少数几个大厂家有耐温 150℃的电子产品，另外，国外对此类产品进行进口限制，使得国内无法应用；二是在高温高压井随钻测量过程中，常常由于隔热失败及密封失效引起的 MWD 无信号使得测量无法进行，甚至导致仪器损坏，从而增加了起下钻的次数，导致钻井效率降低。

在开展大量室内及现场试验的基础上，根据试验现象和理论研究得出温度对 MWD 仪器的影响规律，针对不同影响提出解决方案并采取相应措施，开展高温 MWD 工程化应用的技术攻关，包括：提高增强 MWD 系统可靠性，研制新型高温驱动器，针对深井中小井眼的要求开发高温小径脉冲器等；同时提高仪器性能的试验室检测手段，加快研发进度；鉴于国内缺乏耐高温电子元器件的实际问题，在引进国外高温电子元器件的基础上，利用器件老化、筛选设备对器件进行筛选，采用部分电路二次封装的措施，提高仪器抗温能力，同时开展能量控制、降功耗、散热等技术方面的专题研究，以提高 MWD 仪器抗高温高压的性能，研制出抗高温（175℃）、抗振动、抗冲击的高温 MWD 仪器。

（二）技术内容及技术指标

1．技术内容

（1）高温传感器标定技术

高温高压对随钻 MWD 测量系统的影响主要体现在高温高压对随钻测量系统中的传感器以及电子元件产生很大的影响，最终导致仪器的使用寿命缩短甚至无法工作。

利用最小二乘方法对传感器静态时的全温度范围测量值进行拟合，得到拟合趋势线方程，通过拟合趋势线方程可以计算测量范围内全温度对应的拟合值，通过拟合值与标准数值对比可以求出补偿修正系数，得到拟合曲线如图 6-5-1 所示。

完成高温电子元器件筛选设备设计制作，包括分立器件综合老化系统、集成电路高温动态老化系统、二极管全动态寿命试验系统的研制，针对高温元器件开展相应的试验。

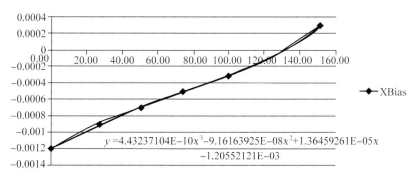

$$y = 4.43237104\text{E}{-10}x^{3} - 9.16163925\text{E}{-08}x^{2} + 1.36459261\text{E}{-05}x - 1.20552121\text{E}{-03}$$

图 6-5-1　传感器 XBias 最小二乘拟合结果

（2）高温脉冲器可靠性技术

针对特殊地区如新疆车排子地区经常出现的脉冲器沙卡现象，寻找脉冲器沙卡的原因，继续改进脉冲器。通过大量检查及分析，脉冲器沙卡原因是细微颗粒卡溢流阀。目前已完成防沙卡脉冲器的设计及制作，现场仪器全部改进为防沙卡结构。

脉冲器的主轴与轴承座之间由于摩擦，经常在 2 万次脉冲即造成主轴损坏，造成不必要的起钻，同时也增加了更换主轴的维修成本。为了解决上述问题，通过在主轴两端增加了硬质合金耐磨套，同时又增加了耐磨套的扶正 O 圈，大大提高了脉冲器的周期使用寿命，降低了脉冲器的维修频率。

（3）驱动器优化设计制造

在前期研究的基础上，采用二次封装技术进一步简化电路，电路长度由 277mm 减小到 146mm，这种改变使得整个仪器串的长度变短，增强了仪器的可靠性。

驱动器电路改进设计不仅保证脉冲发生器可靠工作（提供周期性供电），使电磁阀在不同工作阶段维持相应的理想驱动电流；而且电路功耗小，节约井下电池能量。

经过重新设计的驱动器电路在井下高温、高压、剧烈震动的条件下,能长时间稳定、可靠地连续工作。目前已经完成10套新型耐高温驱动器(150℃)的制作。并通过20多口井的现场试验及应用。

(4)有源磁场标定技术

随着丛式结构井、绕障井、多分支水平井、连通井施工数量的不断增加,定向探管磁方位等参数测量精度的要求越来越高,定向探管的测量精度直接影响到井眼轨迹能否准确按设计轨迹施工,因此在施工前如何检验探管的测量精度,保证测量仪器在良好的工作状况下投入到使用当中成为一个必须解决的问题。目前解决这个问题一般采用建无磁标定车间的方法来实现,但实现完全无磁环境的要求非常苛刻,难以屏蔽外界电磁干扰,极易受到周边磁环境变化的影响,造成标定数据不稳定。

有源磁场标定系统用亥姆霍兹线圈产生均匀磁场的原理,在抵消地球磁场及周边环境磁场的基础上,产生满足定向探管标定要求的稳定均匀有源磁场,同时可以在室内模拟地球各个位置的地球磁场强度及相对水平面的夹角,验证定向测量探管在全球各地使用时的数据准确度,有效地把测量值传递到无磁环境下。在地球磁场受到干扰的环境下,可以用于精确标定定向测量探管。

2. 技术指标

最高工作温度:150℃;耐压:150MPa;井斜测量误差 ≤ ±0.1°;方位测量误差 ≤ ±1°;重力工具面误差 ≤ ±0.5°;磁性工具面测量误差 ≤ ±1.0°;连续工作时间:≥ 200h。

(三)应用效果与知识产权情况

目前抗高温高压MWD仪器已经完成新疆、四川元坝、胜利等区块68口井现场应用,其中超过125℃高温井32口,井底最高温度152℃,单井最长工作时间1695h。通过现场应用表明,高温MWD在高温井中的测量精度达到设计指标,为恶劣环境条件下的钻井工程施工提供了可靠的保障。

"十二五"期间,"一种自适应钻井深度跟踪校正方法""减震接头""一种泥浆脉冲发生器测试装置"获国内发明专利。发表论文3篇。

二、近钻头地质导向技术

(一)研发背景和研发目标

目前我国东部老油田已进入开发后期,地下复杂情况增多,西部油田的勘探开发出于自然环境限制，要求大量采用国际先进钻井技术，尤其是钻大斜度井或水平井时，在薄油层或有复杂褶皱、断层的油藏中，一般将井身与界面保持一定距离，使得几何导向面临严峻挑战。这就要求随钻测量传感器下移至钻头处，在几何导向的基础上注重于使井眼最大限度地暴露油层，使现场人员能实时得到有关地下信息及近钻头测斜信息，有效控制钻具轨迹，确定复杂油层的位置，实现地质导向。

近钻头地质导向钻井技术能满足我国地质导向钻井和随钻测井技术的发展要求，可实时判断地层属性、前探待钻地层、导向能力强，能提高探井发现率和开发井钻遇率和采收率，因而广泛用于水平井(尤其是薄油层水平井)、大位移井、分支井、侧钻井和深探井。但目前国内因该项技术研究起步较晚，技术水平低，如果使用该技术，只有依赖国外，接受高价的技术服务。所以需加强该项技术的研究，满足国内钻井行业的需求。

充分利用我们现有的成熟技术，根据近钻头测量系统的应用技术要求进行近钻头井斜及方位伽马随钻测量仪的研制。采用整体研究方案设计，模块化分工实施和管理，关键技术组织攻关，由易到难逐步投入现场试验和应用。单项技术采取理论研究－试验—研究—试验的研究开发路线，总体技术组织试验井位进行综合试验的技术路线。跟踪国外先进成熟技术，加强国内同行技术合作，提高整体技术水平，加快产业化和标准化进程。

(二)技术内容及技术指标

1. 技术内容

(1)近钻头井斜及方位伽马测量仪结构设计

通过对钻铤扭矩和承受压力计算分析，根据仪器连接结构特点和要求，确定了仪器总体结构。采用方位伽马及测斜一体化设计，功能实用性强，井斜、伽马传感器离钻头最近。近钻头井斜及方位伽马测量仪与电阻率短节连接结构设计采用近钻头测斜与MWD信号及能源的单芯总线传输技术，实现钻铤安装和连接的简单性。近钻头地质导向测量仪如图6-5-2所示。

(2)近钻头地质导向仪器测斜技术研究

近钻头井斜测量点距离钻头0.6m，数据直观反应了钻头当前的姿态信息，对井眼轨迹的几何控制提供了最为直观的信息，是钻井施工更加直观和有效。在钻进过程中的动态近钻头井斜虽然测量精度受到一定影响，但他能动态的反应当前钻头位置信息，较好的满足了工程井眼轨迹控制对信息的要求。井斜传感器安装在距钻头附近动力钻具扶正器里，井斜传感器采用三个重力加速度计和一个温度传感器测量井斜和温

图6-5-2　近钻头地质导向测量仪

度。通过时序电路选通，形成脉冲波，供处理电路采集处理计算出实时井斜，考虑动力钻具几何特征，对实测井斜进行修正得到井眼轴线的井斜角；同时考虑到井斜传感器自身特点，在井下动态测量中会出现的误差，方法通过监测井下震动，在对实时井斜数据修正中给予考虑，形成了非居中条件下的近钻头测斜修正技术。

从完成的3次现场试验结果表明，形成的非居中条件下井斜修正技术方法正确，测量数据与 MWD 测量数据吻合。

（3）旋转聚焦多扇区方位伽马测量方法

一般的随钻自然伽马测量仪只装有一个伽马传感器，并居于钻铤中心轴线，其测量响应是以传感器所在点为中心的球形区域内所有地层自然伽马射线共同作用的结果，对地层岩性变化的判别存在时间滞后，不能及时分辨上下岩性界面特征和有效发现储集层的上部盖层，错过进入储集层的最佳时机。同时由于伽马传感器位于井眼中心，在它的探测范围内包括钻井液、钻铤、环空和地层，因此伽马测量的分辨率受到钻井液、钻铤和环空的影响。

在近钻头多扇区方位伽马测量仪的设计中，将伽马传感器安装在钻铤侧面的槽中，在槽表面镶嵌有金属屏蔽层，由于伽马传感器安装在镶嵌有伽马射线金属屏蔽层槽内，由于金属屏蔽层的作用，伽马传感器只接收与其相对应的扇形区域内地层的伽马射线，响应具有方位特性。利用这种方位响应特性，通过软件控制的方法，当钻具旋转过程中有选择的对所需地层扇区进行伽马测量，形成了旋转聚焦多扇区方位伽马测量方法。由于具有方向响应特性，近钻头多方位伽马测量仪在钻井过程中不但能够实时测量地层岩性，还能够分辨上下岩性界面特征，有效发现储层的上部盖层，捕捉进入储层的最佳时机。

（4）近钻头井斜及方位伽马实时处理系统软件研制

根据泥浆脉冲编码规则，在 WINDOWS 操作系统环境下对硬件直接操作，能够实现 MWD 实时信号的准确检测。为适应仪器多种工作模式的数据结构，根据系统特性，建立了 LWD、近钻头井斜方位伽马参数解释系统中心软件平台及 LWD 地质参数、近钻头井斜方位伽马实时处理系统软件平台，实现数据、解释、查询与操作一体化。开发了基于 WINDOWS 多用户操作系统下的地面数据处理系统软件。以 LAS 格式为标准，能够与国外软件数据格式相容。通过对伽马数据处理方法的研究，实现了实时方位伽马曲线及伽马内存曲线回放。并利用多阶非线性较深方法，实现了井深的精确跟踪及一种曲线平滑处理的方法。

（5）过动力钻具信息传输方法

将近钻头测量数据实时通过总线的方式传送到钻具上部的 MWD 系统的井下数据控制中心，经由 MWD 将近钻头井斜、伽马数值传送到地面信号处理平台，解算出具有工程实际意义的参数供技术人员使用。

实现了井下电源载波信号传输处理，将井下信号调制到电源上，通过单芯总线实现系统电气连接，提高了井下安装结构可靠性和简单性，利用单芯总线、采用协议的方法实现各测量短节动态数据交换，将测量结果实时提供给井下数据平台，实现各测量短节之间的互联。

2．技术指标

近钻头地质导向仪器技术指标：伽马测量范围：$0 \sim 500$API；测量精度：± 2API；测量点离钻头距离：0.6m；井斜范围：$0° \sim 180°$；井斜精度：$\pm 0.2°$。

（三）应用效果与知识产权情况

为了拓宽近钻头方位伽马随钻测量仪工程适用范围，形成适用于 215.9mm、241.3mm（8.5″、9.5″）井眼的近钻头方位伽马随钻测量仪设计及机械加工，见图 6-5-2 所示。在完成新结构设计、完善制作及测试标准的基础上完成了 12 套近钻头方位伽马随钻测量仪制作（包括本体 Φ172mm、Φ197mm 两种尺寸及 1.25°、1.5° 两种规格），分别完成了 100MPa 电子仓密封性测试、钻铤连接及整体室内联调。

针对不同的技术内容采用并行研究、分步实施的技术路线，近钻头地质导向系统的现场试验包括单项技术试验和综合试验、应用两部分内容。单项技术试验包括：T128-X92 井验证钻进条件下近钻头工具测量功能及机械结构的可靠性，T123-X60 井实现了近钻头参数的测量及实时传输；Y16-X19 井进行仪器整体性能试验及方位伽马测量。通过不断优化改进后的近钻头地质导向系统共成功完成2轮次16口井的现场应用，能够及时判断钻遇地层及钻头前方地层的特性，寻找储层的位置，形成了近钻头地质导向应用技术，为低渗透油气藏、薄油藏等复杂油气藏的勘探开发提供了技术支持。

"十二五"期间，"近钻头地质导向技术"2013年获中国石化集团公司技术发明一等奖，"井斜及方位伽马随钻测量仪""随钻双感应电阻率测量仪"获国内发明专利授权，发表论文8篇。

三、垂直钻井技术

（一）研发背景和研发目标

研制自动垂直钻井系统是针对我国西部和南方探区，特别是高陡构造及岩性变化复杂条件下如何解决防斜打快问题。传统的轻压吊打等防斜措施不仅造成很低的机械钻速，导致钻井周期长，钻井成本高，而且往往造成井身质量很差，严重时导致中途填井重钻或报废，延长建井周期，甚至达不到勘探开发的目的。因此必须研制具有自主知识产权的自动垂直钻井系统。

针对新区、深层油气开发目前面临的一项主要难题，如何解决高陡构造、大倾角地层等易斜地层的防斜打快问题。我们提出了采用捷联式稳定平台为系统测控平台并具有完全自主知识产权的自动垂直钻井系统来进行防斜打直的钻井新方案，并对其可行性进行了调研，该课题可以满足市场需求和解决实际生产问题，可以完成自动垂直钻井系统的研究并进行现场试验，捷联式自动垂直钻井系统是胜利石油管理局钻井工艺研究院设计的具有完全自主知识产权的新一代自动垂直钻井工具，它采用动态推靠方式实现钻进过程中的主动防斜、纠斜。其中测控平台是系统的核心，主要是由电源短节、测控短节、伺服短节和防斜纠斜推靠机构组成。在测控短节的控制下，伺服机构驱动推靠机构对过流的钻井液进行合理分配，利用泥浆钻井液动力驱动防斜纠斜机构推靠井壁，产生具有一定大小和方向的侧向推靠力，以实现有效的防斜、纠斜功能。在高陡构造、易斜地层的石油钻探中，能够有效解放钻压，提高钻速和井眼质量。

（二）技术内容及技术指标

1. 技术内容

研制具有自主知识产权的自动垂直钻井系统样机，以及配套的工艺、标定、测试及检测技术，形成自动垂直钻井技术并进行现场应用。

（1）自动垂直钻井系统结构优化

完成驱动联接装置的研制与改进、旋转变压器分体式设计、发电机驱动系统改进；开展系统减振技术研究，包括：测控短节振动模拟分析、测控短节提高加表抗震性设计；完成永磁同步电机(PMSM)的设计与校核分析。

AVDS 系统每个构件都受扭矩的作用，施加在轴向压力 50kN，扭矩为 2000N·m。通过有限元计算得到：测控短节最大 Mises 应力值为 108MPa，最大变形为 0.001826m。

（2）ANSYS 电机热场分析模型

主要包括：轴、转子铁心、磁钢、气隙、定子铁心、电枢绕组、环氧树脂、机壳。电机热场模型的准确建立是热场分析的基础，其关键点在于：绕组的空间体积，绕组导体与定子铁心之间的接触介质（绝缘层，环氧，也许还有少量空气），以及电机绕组端部的处理等等。为简化处理将绕组与定子铁心之间用环氧浇灌。

（3）捷联式稳定平台测控优化技术

系统采用了一款无刷直流电机，电机的扭矩则与电机本身特性及绕组中电流相关。系统采用了位置环、速度环、电流环闭环控制方式，图 6-5-3 是用软件实现全数字三闭环控制的框图。

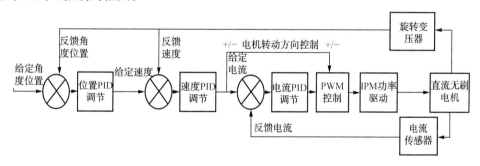

图 6-5-3　电机三闭环控制框图

（4）防斜执行机构可靠性技术

针对在 T181 井现场试验的情况，执行机构本体结构存在冲蚀问题，需要对其进行结构优化及改进。如果在保持有效推靠力的情况下，降低活塞推力，则能够降低翼肋磨损，从而提高执行机构的寿命。

在保证工具纠斜能力不变的情况下，以三个翼肋的情况为基准，采用 4 个翼肋和 5 个翼肋时，单个活塞推力分别下降 33% 和 45%；在翼肋与井壁摩擦系数固定的假定前提下，4 个翼肋和 5 个翼肋工作状态时扭矩分别上升 35% 和 10%，而在活塞数目突变瞬时，4 个翼肋和 5 个翼肋情况下，分别为增加 1% 和下降 35%。

（5）配套测试系统及检测技术

在传感器标定过程中，由于结构设计的原因，增加了短节与套筒安装的重复性，并且测控短节坐标系与套筒坐标系的对准精度较差。以往的标定位置较为繁琐，不能提高翻转台多位置的测量精度。因此必须改进转台结构，减少重复操作，并提高标定转台的测量精度。

由于测控短节涉及多种信号，目前仅通过示波器或万用表的一次性测量记录不利于资料整理和分析。在力矩电机的调试中，电机的跟踪性能、力矩性能、高压启动性能等调试过程缺乏基于测量信号时间序列的量化分析。在涡轮发电机的测试中，当前条件下，只能进行冲水试验，无法考核发电机本体的外特性。自动垂直钻井系统电机试验台主要包括 PXI 工控机，传感器组（霍尔电压电流传感器，转矩转速传感器，磁粉制动器），基于 LabVIEW 的上位机数据处理软件等。整体结构如图 6-5-4 所示。

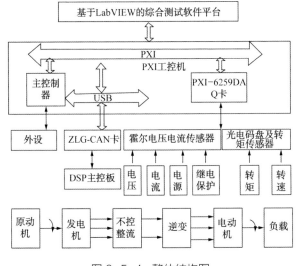

图 6-5-4　整体结构图

2．技术指标

性能指标：① 井斜控制精度：<1.5°；② 适用转速：60 ~ 200r/min；③ 工作压力损耗：<1MPa；④ 连续工作寿命：>80h；⑤ 工作温度：<100℃；⑥ 钻井液密度：1.0 ~ 2.0g/cm³；⑦ 钻头压降：>3 MPa；⑧ 最大耐压：120 MPa。

（三）应用效果与知识产权情况

"十二五"期间，共计服务 16 口井，技术服务费平均日费 8 万元，单井服务周期为 20 天计算；钻机日费（按 70 钻机折算）为 8 万元，单井节约周期为 10 天计算；整个系统为自主研发及制造，单套工具节支 410 万元。研制具有自主知识产权的捷联式自动垂直钻井工具，不仅能够产生显著的直接经济效益，还能够促进防斜控制工艺的完善和发展，满足钻井新技术发展对钻井工艺的更高要求，从而产生更大的间接经济效益。

自动垂直钻井系统在 T181 井的成功试验，填补了该项技术在国内自动垂直钻井应用的空白。自动垂直钻井系统工具在 T181 井现场试验过程中，进尺 1689.04m，累计纯钻时间为 41.79h，平均机械钻速为 40.43m/h。全井段井斜控制在 1°以内，纠斜效果明显。自动垂直钻井系统井下工作正常，钻进模式与纠斜模式正常转换。另外，类同的防斜执行机构已在川东北进行了三次下井试验，单次下井时间达到了 104 h。验证了工具的可行性、稳定性及可靠性，为下一步的工具改进和现场试验提供了技术支撑。实践证明，应用本技术可以有效地解决新区、深层油气开发目前面临高陡构造、大倾角地层等易斜地层的防斜打快问题。

"十二五"期间，"一种自动垂直钻井推力执行机构"2013 年获中国石化集团公司专利铜奖三等奖，"一种稳定平台测试装置""一种自动垂直钻井推力执行装置""一种探管测试技术"获国内发明专利授权，发表论文 9 篇。

四、MRC 地质导向系统研究

（一）研发背景和研发目标

目前，水平井、大位移井技术和地质导向技术在我国得到了广泛的应用，对地质导向技术的需求越来越多，而我国现有相关仪器均依赖进口，进口仪器的高昂价格制约了我国钻井技术水平的提高，因此必须大力开发具有自主知识产权的 MRC 地质导向系统。

MRC 地质导向系统的应用对于大幅度提高钻井效率、降低钻井成本、提高油气采收率起到了重要的作用。井下测量短节可以同时测量井斜、方位、工具面、温度等几何参数及自然伽马、地层电阻率等地质参数，这样它不但可以精确、连续地控制井眼轨迹，而且能够准确描述地层岩性和含水饱和度；钻测量仪可以在钻进过程中，实时准确地判定未经污染地层的储层特性，有利于现场人员及时掌握地层变化情况，随时调整轨迹，有效控制钻具穿行在储层最佳位置，从而实现地质导向，对于保护油气层、提高钻井效率和降低钻井成本具有明显的效果；另外，由于测量结果受泥浆污染少，随钻地质参数更接近地层的真实情况，而且从随钻到测井工程一次完成，能够在一定程度上取代测井，特别适合水平井、大位移井和超薄油藏开发的需求。测量井下压力、振动等信息，提高井下安全性，有效回避风险，降低成本，大幅度提高油气采收率。

MRC 地质导向系统研制成功是我国随钻测量技术领域的一项重大进步，打破了国际垄断，不但能够提高我国的钻井仪器水平，对于提高我国的钻井技术水平，特别是对大位移井、分支井、多底井等高难度工艺井的应用具有重要的现实意义，同时也为我国开展地质导向和闭环钻井技术研究提供了技术条件。

根据国内外技术发展现状和趋势，立足于自主创新，相继开展多频多深度电磁波电阻率、随钻伽马 / 方位伽马、主动式地质导向技术研究；结合国内钻井行业实际需要，立足于产业化和可持续性发展目标开展研究；注重设计的先进性和可行性，采用整体研究方案设计，模块化实施，关键技术重点攻关突破，由易到难逐步投入现场试验和应用；大量开展单元模块的室内实验和井下搭载试验，及时发现问题，逐步优化完善设计方案，降低研究风险。

（二）技术内容及技术指标

1. 技术内容

（1）多频多深度电磁波电阻率测量仪研制

通过对随钻电磁波电阻率测井仪连接结构优化设计、天线结构改进及优化、电路系统优化、刻度方法及装置研究、现场应用技术标准和规范制定等一系列优化研究和标准制定，研制成功适于现场工程化应用的随钻电磁波电阻率测井仪，并形成一套完备的仪器制作、刻度与测试、维护及保养、现场使用技术规范。

采用递推矩阵方法计算成层介质的 Green 函数计算了随钻电磁波电阻率仪器响应和探测特性，建立了线圈系特性参数、信号处理方法、数据处理方法、测井校正图版，形成了随钻电磁波率测井仪器设计、制造技术，是新一代地质导向技术研究的重要基础。

图 6-5-5 为仪器发射频率 f=2MHz、线圈系直径为 $6\frac{1}{4}$ in（1in=0.0254m）、接收线圈 R1 和 R2 到发射线圈 T 的距离分别为 24in 和 30in 时经计算得到的交汇图（幅度比信号中没有扣除真空中背景信号）。这种交汇图尤其适用于油基泥浆随钻测量中原状地层电阻率和介电常数的估算。

形成了包括随钻电磁波电阻率线圈系调试技术及装备、随钻电磁波电阻率线圈制作技术、大型随钻无磁高温装置、随钻伽马 / 方位伽马刻度技术及装置、井下智能编码设计技术、基于地质导向随钻解释应用技术等多项专有技术及装置。

为了满足不同井眼开发井对电磁波电阻率仪器的需求，对电磁波电阻率仪器进行了结构优化，设计研制了 4.75″、6.75″、8″三种外径尺寸的电磁波电阻率，见表 6-5-1。

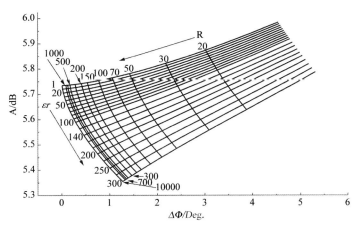

图 6-5-5　幅度比和相位差交汇图

表 6-5-1　三种外径尺寸的电磁波电阻率

型号	$4\frac{3}{4}''$（121mm）	$6\frac{3}{4}''$（172mm）	$8\frac{1}{4}''$（210mm）
适用井眼尺寸	$5\frac{7}{8}'' \sim 6\frac{1}{2}''$（149～165mm）	$8\frac{1}{2}'' \sim 9\frac{1}{2}''$（216～242mm）	$12\frac{1}{5}''$ 以上（311mm 以上）
外径	本体：121mm 防磨带：134mm	本体：172mm 防磨带：184mm	本体：210mm 防磨带：223mm
仪器长度	5866mm	6622mm	6622mm
最大流量	22L/s	40L/s	65L/s
连接扣型	NC38	NC50	6-5/8REG
最大狗腿度 滑动	100°/100m	45°/100m	38°/100m
最大狗腿度 旋转	50°/100m	24°/100m	20°/100m

（2）随钻伽马/方位伽马测量仪的研制

针对随钻伽马测井有别于电缆测井的特殊性，进行了随钻伽马测量响应研究，建立了随钻伽马响应模型，对随钻伽马响应误差进行修正。开展了随钻伽马信号采集、处理技术研究，提高了数据的准确度，保证了测量精度；实现了同 MWD 的挂接和 LWD 井下智能控制。

在随钻方位伽马测量仪的设计中，在钻铤的相对两个侧面开有两个 V 形槽，在 V 形槽表面镶嵌有金属屏蔽层，两个伽马传感器分别安装在两个 V 形槽内。由于伽马传感器安装在镶嵌有伽马射线金属屏蔽层的 V 形槽内，由于金属屏蔽层的作用，每个伽马传感器只接收与其相对应的扇形区域内地层的伽马射线。由于具有方向响应特性，随钻方位伽马测量仪在钻井过程中不但能够实时测量地层岩性，还能够分辨上下岩性界面特征，有效发现储层的上部盖层，捕捉进入储层的最佳时机。

（3）井下仪器一体化设计技术研究

MRC 系统技术实现了基于井下一体化平台的标准化、模块化，集成近井斜、方位伽马、多深度电阻率，电磁波电阻率实现了 400kHz、2MHz 相位差、幅度比测量。

井下仪器一体化平台构建方法包括内部模块化、外部标准化、系统集成化和过程规范化。具体来讲，内部模块化包括部件模块设计和部件通用设计；外部标准化包括连接结构统一和通讯协议通用；系统集成化包括系统集成设计和系统功能组合；过程规范化包括质量过程控制和故障分析跟踪（图 6-5-6）。

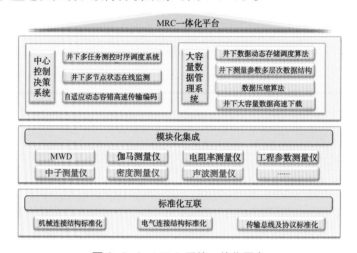

图 6-5-6 MRC 系统一体化平台

（4）主动式地质导向技术研究

通过基于多频多深度电磁波电阻率边界探测方法、基于方位伽马的定向边界探测方法研究，实现了利用 MRC 系统实时地层界面识别，为主动式地质导向技术打下了基础。

通过地层模型前导模拟技术、沿井身轨迹曲线的随钻测井曲线正演、实时测量与模拟曲线对比及反演研究，形成了基于实时地层模型修正技术，研制了地质导向系统应用软件。

完成 MRC 地质导向软件系统开发，根据系统的主要功能构成系统的主要功能模块。即仪器接口箱驱动程序、原始数据的处理和图形显示、曲线输出模块及综合地质资料实时分析系统模块。软件采用面向对象的用户界面设计，采用多窗口的用户界面实现多种资料，多种方法的应用和解释。在利用面向对象的方法进行软件人机界面设计时使界面和应用分离，将用户界面作为一个独立部分来进行设计，界面和应用的交互通过传递消息的形式实现，从而有利于软件的模块化设计，使用户界面具有可重用性。

2．技术指标

MRC 地质导向系统达到如下技术指标：

多频多深度电磁波电阻率测量仪频率：2MHz、400KHz；测量范围：相位差电阻率：$0.1 \sim 3000 \, \Omega \cdot m$；幅度比电阻率：$0.1 \sim 400 \, \Omega \cdot m$；测量精度：$\pm 1\%@（0.1 \sim 60 \, \Omega \cdot m）$，$\pm 0.2ms/m@（60 \sim 3000 \, \Omega \cdot m）$；垂直分辨率：200mm。

随钻伽马／方位伽马测量仪测量范围：$0 \sim 500API$；测量精度：$\pm 2API@50API$；垂直分辨率：15cm（或6″）；方位扇区：$2 \sim 8$ 扇区可选。耐温：150℃；耐压能力：140MPa；连续工作时间：200h。

（三）应用效果与知识产权情况

目前已累计生产 MRC 仪器 20 套、其他配套仪器 40 套，若按进口 1600 万元／套、其他配套仪器 15 万元／套计算，累计节约成本 3.8 亿元，MRC 地质导向系统形成了工程参数、地质参数的一体化测量，先后在胜利、新疆、吉林等油田完成 61 口井技术服务；同时节约中间电测费用约 1400 万元。销售 7 套 MRC 仪器。

利用 MRC 地质导向仪器在薄油层水平井中共应用 47 口，已投产 47 口，投产成功率 100%，投产初期平均单井日产量 17.1t/d，为周围直井的 $3 \sim 10$ 倍左右，提高了开发成功率，取得了增加可采储量的显著效果。47 口水平井增加可采储量 $131.6 \times 10^4 t$，平均单井增加可采储量 $2.8 \times 10^4 t$。

"十二五"期间，"一种自动垂直钻井推力执行机构" 2013 年获中国石化集团公司专利铜奖三等奖，"一种随钻井眼补偿电磁波电阻率测量装置" "一种随钻多频方位感应电阻率测量仪"获国内授权发明专利，编制了"随钻电磁波电阻率测井仪（SY/T 6974–2013）"、"伽马随钻测井仪（SY/T 6907–2012）"行业标准。发表论文 10 篇。

第六节　特殊钻井液技术

一、抗钙钻井液技术

（一）研发背景和研发目标

中国石化西北塔河及外围勘探区，地质条件复杂，存在盐膏层和高压盐水层。特别是钻遇高压高钙盐水层时，钻井液胶体稳定性破坏严重，流变性、滤失量等难以控制 MB1 井寒武系高钙盐水 Ca^{2+} 26000mg/L，钻井液絮凝、加重剂沉降，井下复杂频发，极大影响勘探开发进度。

针对高钙盐对钻井液性能的影响，分析钙离子和高温对钻井液中造浆土及处理剂的影响机理，进行抗钙关键处理剂的单体和分子结构设计，研发抗温抗钙能力强的降滤失剂和流型调节处理剂；以研制的抗钙关键处理剂为主剂，优选配伍处理剂，研发抗高温抗钙钻井液体系，通过现场试验对关键处理剂和体制进行验证并不断完善。

（二）技术内容及技术指标

1．技术内容

研究了高温高钙盐下钻井液性能恶化机理，研制了抗钙盐的功能单体，研发出抗高温抗钙关键处理剂。以其为关键处理剂，优选配套的防塌剂、润滑剂等处理剂，形成了抗高温抗盐钙钻井液体系，在 KL101 井和 XH1 井应用中显示出较好的抗钙盐抗温效果。

（1）抗钙功能单体设计及研制

设计并合成出磺酸盐甜菜碱型两性离子单体、含有刚性环结构磺酸盐单体和 N–取代马来酰胺酸类单体（图 6-6-1），在优化反应温度、物料配比、后处理方法等的基础上，评价其聚合能力和共聚物的性能，确定了 2 种单体用于抗钙关键处理剂研制。

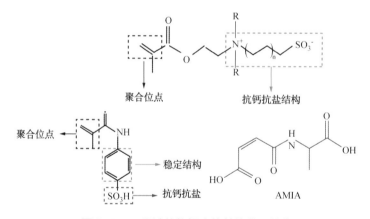

图 6-6-1　设计的抗钙功能单体分子结构

（2）抗钙盐关键处理剂研制及生产

采用抗钙功能单体和其他常规单体共聚，设计并研发了抗高温抗钙盐关键处理剂，室内对反应物浓度、温度、体系 pH 值及引发剂种类、用量等合成条件进行优化。在室内合成、放大的基础上开展中试工艺研究，并进行了中试生产，制定了产品的标准。抗高温抗钙降滤失剂产品有效物 ≥ 85%，1% 水溶液表观黏度 ≥ 15mPa·s，明确了抗钙盐关键处理剂的抗温、抗高价离子的机理。

（3）抗高温抗钙盐钻井液体系及应用

以研制的关键处理剂为核心，优选配套的防塌剂、润滑剂等处理剂，初步形成了抗不同钙离子浓度和温度的钻井液体系，抗温可达到150℃、钙离子最高达30000 mg/L、高温高压滤失量小于20mL。针对现场试验井井展了抗钙钻井液配力优化和施工工艺研究，在KL101井和XH1井进行了抗钙盐应用。

2．技术指标

抗钙盐关键处理剂：有效物≥85%，1%水溶液表观黏度≥15mPa·s（降滤失剂）和≥25mPa·s（流型调节剂），在30000 mg/L CaCl₂溶液中不沉淀。形成的抗高温抗钙钻井液体系，在Ca²⁺不低于28000 mg/L时抗温150℃，高温高压滤失量≤20mL，钻井液密度可达2.0 g/cm³。

（三）应用效果与知识产权情况

抗高温抗钙盐关键处理剂及体系在现场应用效果良好。KL101井三开6659.5m钻遇高压盐水层时，以抗钙抗盐处理剂处理维护钻井液，控制流变性良好、HTHP滤失量小于10mL。XH1井钻至克孜尔塔格组时钙离子浓度突增，钻井液黏度、失水均发生突变，胶体稳定性破坏严重，转为抗钙钻井液体系后性能恢复，顺利钻穿553m含膏地层。

"一种增黏型抗钙盐钻井液降滤失剂及其制备方法""一种抗钙盐钻井液降滤失剂及其制备方法""一种高钙盐钻井液及制备方法""一种抗高温高钙盐钻井液及制备方法"获国内授权发明专利，发表论文5篇。

二、抗高温改性淀粉钻井液技术

（一）研发背景和研发目标

随着新环保针对石油工程中钻井液技术更新更高的要求，如何利用环保型钻井液处理剂以减轻对生态环境的污染，开发满足钻井工程技术和环境保护需要的钻井液处理剂和体系是面临的主要问题：①在钻井过程中抗温能力强的钻井液体系，其所用的处理剂（比如磺化类处理剂）对储层和环境造成了一定的污染；②对环境友好的钻井液体系抗温能力、性能稳定性又较差，成本较高，限制了应用；③改性淀粉作为一种无毒、易降解的环保型钻井液降滤失剂，因其结构存在大量醚键，高温下不稳定易分解，易发酵变臭，普遍抗温在130℃以下。

为解决上述技术难题，通过抗高温改性方法优化设计，改性淀粉的合成研制及关键处理剂的研选，环保型抗高温改性淀粉钻井液体系的确定与性能评价以及现场钻井液应用施工工艺等研究，从抗温抗盐降滤失性能良好的改性淀粉的研制以及配伍性好的关键配伍处理剂的优选或研制出发，通过配方体系优化和综合性能评价，形成能够满足海洋、环境敏感地区及深部复杂地层钻井需要的环保型抗高温改性淀粉钻井液技术，为实现"绿色"钻井做好技术保障。

（二）技术内容及技术指标

1．技术内容

（1）环保型抗140℃高温改性淀粉产品的研制

由于玉米淀粉具有冷水难溶解、不耐高温、高温易糊化、不耐酸碱和分散性差等特点，难以满足石油钻井和相应工业领域的应用需求。为提高其抗高温能力，更好地满足石油钻井的应用需求，采用化学改性的办法，在原淀粉固有特性的基础上，引入特征官能团，使得淀粉的结构、物理性质和化学性质得到改变，赋予其新的化学特性。通过室内反应条件优化，合成出环保型抗140℃高温改性淀粉产品并完成中试。

产品经国家海洋局监测中心$96hLC_{50}$值检测和疾病预防中心经皮肤毒性检测，无毒、无刺激性，属于环保型钻井液处理剂产品。

（2）以抗高温改性淀粉为主剂的环保型钻井液体系研究

通过钻井液性能评价试验研究环保型抗高温改性淀粉钻井液体系的配伍性能、流变性能、抗温稳定性能。通过毒性等测试评价研究环保型抗高温改性淀粉钻井液体系的环保性能。

形成了环保型无黏土相抗高温改性淀粉钻井液体系，性能稳定，达到指标要求，具有明显的抗温抗盐降失水的作用，与国外产品对比，140℃性能相当，150℃优势明显，生物毒性满足国家海洋一级海域排放标准。

形成了抗高温改性淀粉淡水钻井液体系，将1% SMART与3%常用磺化处理剂(1.5%SMP+1.5%SPNH)相对比，高温滚动后抗高温改性淀粉体系表现出很好的塑性黏度、动切力性能，滤失量基本不变，说明抗高温改性淀粉淡水体系具有很好的携岩能力和降滤失效果，可减少磺化处理剂的加量，增强环保能力，降低成本。

2．技术指标

改性淀粉性能指标：单剂抗温140℃，抗盐达饱和，API滤失量≤14mL，生物毒性96h LC_{50}值≥$3×10^4$mg/L，取代度≥0.3；钻井液性能指标：体系抗温150℃，抗盐达饱和，API滤失量≤5mL，HTHP滤失量≤15mL；现场应用13口井。

（三）应用效果与知识产权情况

环保型抗高温改性淀粉钻井液体系分别在新疆、胜利油田、东北等区块 13 口井进行了现场应用，表现出优良的抗温、抗盐和降滤失能力以及环保性能，对环保型抗高温钻井液体系整体流变性能控制起到了关键作用，取得了良好的应用效果，很好地保护了应用区块周边环境及储层，降低了磺化类等非环保型处理剂材料的使用和污染问题，减少了后期废弃物处理的工序，为环保要求高的高温地层油气勘探开发提供有力的技术保障。发表论文 3 篇。

三、微泡钻井液技术

（一）研发背景和研发目标

随着油气勘探开发的不断深入，国内多数油气藏已进入勘探开发后期，储层原始地层压力系数大幅度下降，鄂尔多斯盆地镇泾油田、新疆吐哈油田、中原油田等部分区块储层地层压力系数甚至低于 1.0。对于此类地层，采用常规水基钻井液难以顺利钻进且储层井段还必须考虑油气层保护等问题，需要使用低密度钻井液。目前，常用的低密度钻井流体（如空气钻井、水包油钻井液等）虽然可以满足现场需求，但单井费用较高。

通过在钻井液中加入发泡剂，利用现场振动筛高频振动、钻头水眼高速喷射等手段，在钻井液中形成大量均匀分散的粒径 $25\sim200\mu m$ 的微泡，并配合稳泡剂、降滤失剂等其他处理剂形成微泡钻井液体系。该体系可有效封堵微裂缝，表现出良好的防漏性能；并且无需配备空压机等设备，成本相对较低，不影响泵上水及 MWD 等井下工具的使用，有利于保护油气层。

（二）技术内容及技术指标

1. 技术内容

研制出阴离子型黏弹性表面活性剂，并以其为基础形成了微泡钻井液体系。研发出阴离子型黏弹性表面活性剂，优化反应条件，中试生产，产品固含量 $\geqslant 35\%$。

以阴离子型黏弹性表面活性剂为基础，研究形成了密度 $0.85\sim0.95g/cm^3$ 可调的微泡钻井液体系，抗温 120℃。研究微泡钻井液现场快速配制工艺、日常维护、复杂情况的预防和处理措施，形成一套微泡钻井液技术规范。

2. 技术指标

密度 $0.85\sim0.95g/cm^3$ 可调，抗温可达 120℃，在 40~60 目砂床中承压可达 15MPa 以上。

（三）应用效果与知识产权情况

微泡钻井液在文 23 区块 21 口老井修井作业中应用，与常规修井液相比单井平均漏失速率下降 95% 以上，漏失量下降约 90%。目前，该体系正在文 23 储气库应用，初步显示出良好的防漏效果。发表论文 4 篇。

四、空气钻井雾化及泡沫流体技术

（一）研发背景和研发目标

川东北地区陆相地层采用气体钻井技术，大幅提高钻井速度，缩短钻井周期，现场应用取得良好技术效果。当气体钻井钻遇地层水时，泥页岩井壁通过渗透作用吸收水分并逐渐向深处扩散传递，在吸水过程中导致裸眼的泥页岩水化膨胀，产生水化应力，造成井眼缩径或井壁坍塌、掉块；环空中的粉尘遇到地层出水、出油时会相互结块，并黏附在井壁和钻具上，堵塞环空通道。川东北地区地下水丰沛，上部陆相地层钻遇水层的可能性较大，制约了气体钻井的正常施工。

雾化钻井技术因其良好的防泥包、防塌及低成本、易实施的特点，但现场实施出现雾化周期较短（3～5d）、在地层出水量＞5m³/h 时继续雾化钻进困难或钻井时间短、雾化液不能循环使用等问题，雾化钻井的技术优势难以充分发挥。为满足在川东北各复杂区块雾化钻井的需要，将研究重点放在延长雾化钻井周期和突破地层出水量对雾化钻井的限制、进一步提高气体钻井在地层出水后的使用效率，从防塌、提高携水效率、防泥包、清除井下泥环、雾化液循环使用等方面开展了气体钻井雾化技术研究，形成了具有自主知识产权的气体钻井雾化技术。

（二）技术内容及技术指标

1．技术内容

（1）研制雾化、泡沫钻井专用处理剂

研制中分子质量的阳离子疏水聚合物，具有强抑制、强吸附作用，作为雾化基液的防塌主剂。研制高分子质量阳离子疏水聚合物，具有强包被、吸附、絮凝作用，用于雾化基液的协同防塌和絮凝处理雾化循环液。研制小分子阳离子化合物，具有强化学抑制作用，用于雾化基液的协同防塌、防泥包、清除井下泥环。

（2）研究强抑制、强吸附、强包被成膜阳离子聚合物防塌雾化液及泡沫钻井流体

防塌技术：研究强抑制、强吸附、强包被成膜聚合物防塌技术。防泥包技术：

利用表面活性剂的渗透、分散作用和小分子阳离子聚合物的抑制泥质钻屑水化分散作用，降低泥质钻屑/粉的黏性，提高雾化流体的洗井效率。清除井下泥环技术：优选出具有较强渗透、分散作用的阳离子表面活性剂和非离子表面活性剂，通过表面活性剂和防塌剂的配伍性研究清除井下泥环技术。携水技术：利用表面活性剂降低界面张力分散液相，利用雾化稳定剂防止水滴聚集，提高高压气体的携水效率。雾化液循环使用技术：利用高分子质量阳离子疏水聚合物的强絮凝，作用在排砂过程中絮凝处理循环液，使雾化液中悬浮泥砂快速沉降，循环使用。

（3）研究气体钻井雾化、泡沫技术现场施工技术工艺

针对钻遇地层岩性、出水量、钻时情况的变化，形成相应雾化钻井技术参数调整对应关系及与雾化技术相关的工程措施。场分析、总结，形成完善对现场异常情况的分析、判断方法，针对可能出现的复杂情况形成系统的预防和处理技术工艺和措施。

（4）研究泡沫钻井室内模拟评价装置

研制能进行直井、斜井及水平井方面的携水、携岩等一系列实验的泡沫钻井室内模拟评价装置，最高工作温度可达 80℃，最高工作压力 15 MPa。

2．技术指标

研制三种雾化钻井专用防塌剂，并工业化生产，现场应用 60 余井次，性能指标处于国际领先。形成一套强抑制、强吸附、强包被成膜防塌雾化钻井流体体系，雾化钻井井壁稳定时间由 3～5d 提高到 8～11d，适用地层出水量由 5m³/h 提高至 55m³/h，雾化液循环利用率达 92%。形成一套气体钻井雾化技术现场施工工艺技术，制定作业规程。

研制两种泡沫钻井专用处理剂，两性离子井壁稳定剂，两性离子包被絮凝剂，填补国内空白。形成一套强抑制、强吸附、强包被成膜防塌泡沫钻井流体体系，气体钻井可循环泡沫安全作业时间延长 60% 以上、适用地层出水量由 20m³/h 提高至 55m³/h。机械消泡处理量达 180m³/min，消泡效率达 85% 以上。形成了不同出水量、不同地层条件泡沫工艺技术，制定技术规程。

（三）应用效果与知识产权情况

雾化钻井技术在川东北、川东、川南地区现场应用了 51 井次，有效解决了在西南地区出水地层实施气体钻井存在的井壁坍塌、泥包卡钻等问题。雾化钻井安全作业时间由 3～5d 提高到 8～11d，适用地层出水量最大达 55m³/h。拓宽了雾化钻井的应用范围，将雾化钻井技术发展成为气体钻井配套技术。

空气泡沫钻井技术在元坝、兴隆等区块应用 11 口井，很大程度上解决了空气泡沫钻井安全作业时间短、超大尺寸井眼气体钻井井眼清洁困难、泡沫基液难以循环使

用的技术难题，使空气泡沫钻井周期延长60%以上；在地层出水量达50m³/h时保证了空气泡沫钻井的正常施工；在$\varPhi$660.4mm井眼中携岩效果良好；自主研制的高效消泡器处理量达到180m³/min，消泡效率达85%，实现了空气泡沫基液的循环利用，降低材料消耗约，节约了清水的消耗。

"一种雾化钻井用阳离子聚合物防塌剂""一种泡沫钻井用两性离子聚合物防塌剂""油气井泡沫钻井用机械消泡器"获国内授权发明专利，发表论文9篇。

五、阳离子烷基糖苷钻井液技术

（一）研发背景和研发目标

钻遇长裸眼段水平井及强水敏性泥页岩等易坍塌地层时，常规水基钻井液抑制能力不足，黏土易水化分散，造成长裸眼段水平井及泥页岩含量高地层的井壁失稳，传统采用油基钻井液，存在成本高、环境污染等问题，限制其应用推广。

针对常规水基钻井液在泥页岩地层抑制性不足的问题，通过分子设计和合成设计，自主研发了阳离子烷基糖苷抑制剂，兼具烷基糖苷和季铵盐的双重性能，抑制性能优异，具有较好的润滑性、抗温性和配伍性，且加量小，成本低，作为主剂形成阳离子烷基糖苷钻井液抑制性能得到大大提升，阳离子烷基糖苷还具有降低水活度和滤液表面张力的作用，同时研选同泥页岩地层匹配的封堵剂，可有效解决泥页岩等易坍塌地层的井壁失稳问题，适用于页岩气水平井及井壁失稳严重的水平井的钻井施工。

（二）技术内容及技术指标

1. 技术内容

根据研究思路，确定采用阳离子烷基糖苷作为抑制剂，提高钻井液对黏土水化的抑制能力；采用研选的同地层匹配的级配封堵材料，提高钻井液滤饼的致密性及封堵泥页岩地层的能力；阳离子烷基糖苷本身具有润滑性，必要时配合其它润滑剂，提高钻井液在长水平段钻井完井的润滑防卡能力。

（1）钻井液的抑制性

研发了强抑制性的阳离子烷基糖苷抑制剂，通过嵌入拉紧晶层、吸附成膜、降低水活度等多种化学和物理作用共同体现强抑制性。

（2）钻井液的封堵能力

研发和优选了高效封堵材料，包括纳微米材料、纳米钙、无渗透等，与级配的常规封堵剂协同作用，提高了钻井液滤饼的致密性，有效封堵地层中的细小孔缝，大大减少了钻井液滤液对地层影响，同时钻井液滤液活度低，少量进入地层的钻井液滤液也对地层的伤害小，有利于井壁稳定。

（3）钻井液的润滑防卡能力

研发阳离子烷基糖苷，具有较好的润滑性，在钻具、套管表面及井壁岩石上产生强力吸附，形成非常稳定且具有一定强度的润滑膜，大幅降低钻具与井壁及套管壁之间的摩擦力，降低钻具的旋转扭矩和起下钻阻力，实现润滑防卡。

（4）钻井液体系

研选纳微米封堵剂、配伍流型调节剂、降滤失剂和润滑剂，形成了阳离子烷基糖苷钻井液体系。该钻井液抗温，抗污染能力较强，抑制性与油基钻井液较为接近，润滑性好，较好储层保护性能，无生物毒性。

2．技术指标

研制一套满足长裸眼段水平井及强水敏性泥页岩等易坍塌地层安全钻进的环保型强抑制钻井液体系；形成了一套阳离子烷基糖苷钻井液。岩屑一次回收率99.05%；抗温达150℃，$FL_{HTHP(150℃)}$ 为 7.0 mL，抗盐达饱和；极压润滑系数为0.052；EC_{50} 值为 126700mg/L，形成一套阳离子烷基糖苷钻井液现场施工工艺技术方案。

（三）应用效果与知识产权情况

阳离子烷基糖苷在中原小井眼侧钻井、陕北长段水平井、内蒙、四川等地区现场应用50余口井。技术优势：①抑制防塌性能优异，井壁稳定效果显著，文209–侧7井平均井径扩大率仅为 7.4%，而邻井 20.59%。②摩阻低，润滑性能优良，在长水平段钻井施工中保持CAPG的有效含量，同时配合其他润滑剂，保障了长水平段钻井工程的润滑防卡需要。阳离子烷基糖苷清除有害固相能力较强，可有效抑制黏土、钻屑及有害固相水化分散，有利于储层保护和环境保护。

"一种阳离子烷基糖苷的提纯方法""一种磺酸甜菜碱型两性离子单体的制备方法""一种 N－葡萄糖盐酸基马来酰胺酸单体、制备方法及应用"等获国内发明专利。发表论文5篇。

六、系列堵漏钻井液技术

（一）研发背景和研发目标

十一五期间，中国石化以川东北、新疆为主战场开展了大规模的勘探开发工作，在缅甸D区块、沙特B区块等地开展了积极合作勘探评价工作，但由于这些区块多为深井或山前等复杂构造带，钻井施工时遇到了以往少见的堵漏难题。

据不完全统计，中国石化在川东北所钻的 30 口探井中，几乎每口井都发生过井漏，一次堵漏成功率不足 30%，严重漏失井的堵漏时间多在两个月以上。在缅甸 D 区块施工的井也多次连续发生漏失，堵漏时间占整个钻井施工时间的 10% 以上。新疆塔河油田的 AD 区块、TP 区块盐上单井承压堵漏时间也多在 1 ～ 2 个月之上，甚至有的井如 AD2 井、AD3 井，由于承压堵漏没能达到设计要求，被迫改变套管程序设计。

复杂地质条件下的井漏问题尚有许多相关难题亟需攻关，如恶性漏失堵漏、大幅度提高薄弱地层承压能力等，为此，针对复杂地质条件下的井漏特点，深入开展防漏堵漏新材料、配方和工艺措施的研究，对于提高堵漏成功率、减少井下复杂情况、降低钻井成本，提高勘探开发速度和经济效益是十分重要的。

针对常规随钻堵漏材料承压能力较低、酸溶率低的问题，开发承压非渗透处理剂，形成随钻防漏堵漏技术，以改善随钻防漏堵漏效果。针对常规桥堵材料强度低、抗温性能差的问题，开发抗高温高压桥接堵漏材料系列产品，形成具有良好抗返吐能力的交联成膜堵漏技术，以大幅度提高薄弱地层的承压能力。针对大的裂缝、溶洞难以封堵问题，进行正电化学固结堵漏剂和化学触变剂研究，开发配套的化学固结堵漏技术和化学触变堵漏技术。

（二）技术内容及技术指标

1．技术内容

（1）非渗透随钻防漏堵漏技术

非渗透随钻堵漏技术能解决 0.2mm 以下的裂缝以及渗透性的砂岩孔隙造成的漏失，可以有效封堵漏速为 $10m^3/h$ 的渗透性漏失，能有效改善泥饼质量，降低泥饼的渗透性，能够提高地层的承压能力。

非渗透防漏堵漏技术是一种利用界面化学非渗透封堵机理，实现渗透性地层的防漏、防塌和防压差卡钻以及油层保护的功能，具有抗压强度高、适用范围广、环境友好的特点，可以解决微裂缝孔隙发育、地层压力衰竭、地层弱胶结引起的钻探过程中的复杂情况和问题。其主要作用机理有以下两点：

在井壁上形成一层隔离膜。通过井壁表面的隔离膜控制井筒流体与井壁界面之间的水相运移，阻止钻井液进入地层，减少钻井液滤失。通过精细封堵井壁岩石的微裂隙和孔喉，形成高致密、超低渗的内泥饼。利用封堵材料的可变形性，封堵岩石的微裂隙和孔喉，形成致密超低渗透封堵薄层，隔离井筒钻井液及其滤液。

随钻防漏堵漏处理剂 FST-1，是一种由全酸溶高强度纤维、活性矿物和有机高效成膜材料组成的耐高温承压非渗透防漏堵漏材料。典型的随钻防漏堵漏配方为：井浆 +1% ～ 3%FST-1 +3% ～ 5%QS-2。随钻防漏堵漏浆的浓度为 3% ～ 8%。

（2）交联成膜堵漏技术

该技术可封堵 1 ～ 5mm 裂缝，抗温大于 180℃，承压大于 22MPa，抗返吐大于 3MPa，可用于裂缝性地层堵漏及提高裂缝性地层承压能力。

交联成膜堵漏技术的机理是在裂缝通道中形成稳定且致密封堵层，隔离井筒和裂缝流体压力，阻止裂缝扩展，从而提高地层承压能力。该技术根据 Glen E. Loeppke 单颗粒封堵最大许用压差理论，采用高强度、抗高温刚性颗粒材料 GQJ-1 和 GQJ-2 作为支撑剂，提高架桥强度；采用弹性颗粒材料 GQJ-3 和纤维材料作为填充剂，提高封堵层致密性和韧性；采用化学固结材料 HDL-1 作为交联固结剂，胶结堵漏材料和岩体，提高封堵层整体强度和抗反吐能力。

通过对桥接堵漏材料的强度、抗温、硬度等性能进行综合评价，同时考虑加工的难易程度，选用抗高温高强度支撑剂 GQJ-1 作为 3 ～ 5mm 粒径架桥材料，GQJ-2、GQJ-3 作为 0.6 ～ 3mm 粒径的架桥材料和各种粒径的填充材料。

通过对纤维在水中的分散性、抗温性、价格等方面性能进行综合评价，优选出高强纤维 A，其具有强度高、耐腐蚀、耐高温、化学稳定性强等优点，为理想的纤维堵漏材料。

针对不同的裂缝大小，交联成膜堵漏配方为：基浆 +3% ～ 25% 不同粒径抗温高强度颗粒状材料 +0.5% ～ 5% 长度 3 ～ 5mm 抗温高强度纤维 +1% ～ 3% 交联固结剂。

（3）化学固结堵漏技术

化学固结堵漏浆主要由化学固结剂 HDL-1、水及流型调节剂组成，化学固结堵漏浆密度 1.3 ～ 1.9g/cm³ 间可调，固结物强度在 0 ～ 22MPa 间可调，抗温 180℃。该技术适用于大裂缝、溶洞以及多个漏失层位并存且地层骨架强度低的漏失层。

化学固结堵漏原理是采用正电性堵漏材料，通过电性吸引作用，使堵漏材料容易吸附在带负电的漏失通道壁面上，达到在漏失通道中滞留的目的。堵漏浆在漏失通道中滞留后，逐渐开始凝固成高强度硬胶塞，最后将漏失通道封堵住。

化学固结堵漏材料 HDL-1 主要由正电纳米黏结剂、填充加固剂、正电纳米固结剂三部分组成。

正电纳米黏结剂对地层矿物具有极强的电性吸附和离子反应能力，可与地层表面带负电的页岩形成复合体，使地层表面与堵漏浆快速形成整体。填充加固剂是一种粒径为 10 ～ 25nm 的纳米硅材料，填充于固结浆的空隙，用于提高堵漏浆的强度。正电纳米固结剂中含有部分活性组分，在一定条件、一定时间内发生化学反应，生成水不溶性的固体物，在漏失孔道中形成"封隔墙"；另外，在正电纳米固结剂在引发剂的作用下，基团间发生交联、固结反应，在短时间内由流动态变为固态，并具有较高的抗压能力。

流型调控剂 GL-1 主要由少量聚合物、分散剂和弱有机交联剂组成，具有弱凝胶的特性，随流速或剪切速率的降低，切力升高，当静置不流动时，快速（瞬间）形成弱凝胶体，形成假固状物，有利于堵漏浆在漏失层空间的滞流、充填和封堵。通过调整流型调控剂的加量，可以有效控制弱凝胶成胶时间和结构强度。

化学固结堵漏剂 HDL-1 的基本配方：正电纳米黏结剂∶填充加固剂∶正电纳米固结剂 =8∶25∶12。

化学固结堵漏浆的配方为：水 +50% ～ 200%HDL-1+0.5% ～ 2% 流型调控剂。

（4）化学触变堵漏技术

化学触变堵漏技术由两种浆体组成，接触后浆体增稠，提高滞留能力，堵漏浆滞留后凝固生成高强度固化物，封堵漏失层。该技术适用于封堵有进无出、特别是含水裂缝和溶洞等恶性漏失层。

化学触变堵漏技术属于双液法堵漏。其中一号堵漏浆主要成分为触变凝胶（HSN-1），作用是形成稠胶塞，在漏失通道中滞留并驱离地层水；二号堵漏浆主要成分为无机化学固结浆 (HDL-1)，作用是形成致密的高强度封堵墙。HSN-1 通过与地层水中的金属离子反应，黏度显著增高，起到驱水作用的同时，增大 HSN-1 和后续HDL-1 浆在漏失通道的流动阻力，使 HDL-1 更容易滞留。地层不含水时，HSN-1 也能通过挂壁作用，使后续跟进的 HDL-1 堵漏浆与其接触后反应后，黏度显著增加，使 HDL-1 堵漏浆在漏失通道内更容易滞留，见图 6-6-2。

HSN-1 是由聚多糖类高分子复配抗温单体聚合而成，地面配制时处于部分交联状态，既具有较好的可泵性，又可以在地层条件下发生交联增稠反应。HSN-1 凝胶与高矿化度地层水或化学固结堵漏浆接触后，在 Ca^{2+}、Mg^{2+} 等离子的作用下凝胶分子中的羟基等活性基团进一步发生多段式立体交联反应，形成分子聚集的状态；同时分子聚集也加强了对 Ca^{2+}、Mg^{2+} 等离子的约束，这种协同结合效应使凝胶的黏度更高，性能也更稳定。HSN-1 形成的高黏度胶塞进入漏层后能有效滞留并驱离隔断地层水。

化学固结堵漏材料 HDL-1 为含无机 Ca-Si-Al 类正电性微膨胀固结堵漏材料，且含大量 Ca^{2+}、Mg^{2+} 等离子。HDL-1 化学固结材料在漏失通道中与 HSN-1 进一步交联反应，固化形成高强度的封堵层（如图 6-6-3），达到封堵和承压的目的。

（5）研究形成了裂缝封堵护壁固壁技术

研制了以废聚苯乙烯泡沫、油溶性单体及部分亲水单体为主要原料的两亲胶乳封堵护壁剂 FPS，中试生产，形成产品生产工艺；与钻井液配伍性好，无荧光，抗温达 200℃，高温高压降滤失效果突出，可减缓孔隙压力传递。

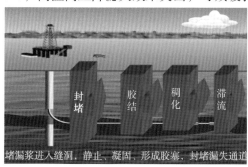 

图 6-6-2　化学触变堵漏示意图　　　图 6-6-3　触变反应后的高强度固化物

研制出铝盐络合物封堵固壁剂 FAL，中试生产，形成了产品生产工艺；FAL 可随滤液渗入地层，释放出可与地层矿物发生胶结反应的 Al^{3+}，提高地层井壁稳定性，与钻井液配伍性好，可将岩心抗压强度提高 30% 以上。

研究护壁剂、固壁剂与其他封堵材料的配伍性，以及对不同钻井液体系和地层的适应性，制定了现场应用及维护处理技术规范，形成了适用于含微裂缝的泥页岩地层的封堵护壁固壁技术。

2. 技术指标

（1）非渗透随钻防漏堵漏技术

研制的承压非渗透堵漏材料 FST-1，封堵性能与国外产品 FLC2000 相当，优于国内同类产品，酸溶率高达 97.5%，远大于国内外同类产品，处于国际先进水平。

在 FA 型无渗透钻井液滤失仪的可视透明圆柱筒中加入 20～40 目洁净干燥的石英砂，铺平压实后使高度达到 20cm，慢慢加入 500mL 实验浆，在 0.7MPa 下加压 30min，通过测定实验浆侵入深度评价封堵效果，侵入深度越浅，封堵效果越好。评价结果见表 6-6-1。

表 6-6-1　实验浆基本性能与砂床侵入深度

实验浆	P /（g/cm³）	B/mL	AV/（mPa·s）	PV/（mPa·s）	YP/Pa	侵入深度 /cm
基浆	1.035	15	13	8	5	全部漏失
基浆 +3%FST-1	1.040	12	14.5	10	4.5	3

由表 6-6-1 可知，在基浆中加入 3% FST-1，浆液的流变性变化较小。观察在可视透明圆柱筒中的封堵情况，未加 FST-1 的基浆全部漏失，加入 FST-1 后，能够形成封堵层，滤液侵入砂层深度 3cm，无漏失。

利用 DFCT-0501 型高温高压封堵承压装置进行抗温承压实验，结果由表 6-6-2 可知，加入 3%FST-1 之后，钻井液在 150℃条件下的承压能力大于 15MPa。

参考行业标准 SY/T 5559-92 酸溶率测定方法（1+1 盐酸，温度为 70℃），FST-1 的酸溶率为 97.2%。

表 6-6-2　实验浆性能与封堵强度

实验浆	P /（g/cm³）	AV/mPa·s	PV/mPa·s	YP/Pa	承压能力/MPa	备注
基浆	1.035	13	8	5	0	实验温度 150℃
基浆 +3%FST-1	1.040	14.5	10	4.5	> 15	

（2）交联成膜堵漏技术

开发的交联成膜堵漏技术，抗压强度高于 20MPa、抗温高于 180℃、抗返吐能力大于 3MPa，国内外未见超过该指标的报道，属国际领先。按 SAN-2 工程分布理论确定各种粒径材料的配比，加入基浆中形成堵漏浆。使用 DL-2 堵漏评价仪器，分别评价封堵 1～5mm 宽的人造裂缝，实验温度 180℃，其结果见表 6-6-3。

表 6-6-3　堵漏配方及封堵效果

序号	裂缝宽度 /mm	堵漏浆配方	封堵效果	
			承压 /MPa	堵漏浆漏失量 /mL
1	1	基浆 +4% 不同粒径堵漏材料 +0.5%3mm 纤维 +1.5% 交联固结剂	> 22	150
2	2	基浆 +8% 不同粒径堵漏材料 +1%3mm 纤维 +1.5% 交联固结剂	> 22	180
3	3	基浆 +13% 不同粒径堵漏材料 +1.5%3mm 纤维 +1.5% 交联固结剂	> 22	200
4	4	基浆 +17% 不同粒径堵漏材料 +2.5%5mm 纤维 +2% 交联固结剂	> 22	250
5	5	基浆 +22% 不同粒径堵漏材料 +4%5mm 纤维 +3% 交联固结剂	> 22	210

注：基浆配方为：5% 土 +2%FST-1。

采用 DL-2 模拟堵漏实验装置进行了交联成膜堵漏配方的抗返吐能力评价。从表 6-6-4，结果可以看出，交联成膜堵漏浆的抗返吐能力可以达到 3MPa 以上。

（3）化学固结堵漏技术

开发的广谱型正电化学固结堵漏技术和新型化学触变堵漏技术，封堵层强度在 0～22MPa 间可调，抗温达到 180℃，国内外未见超过该综合指标的报道，属国际领先。为了保证堵漏施工安全进行，需要控制固化浆的稠化时间，防止出现"灌香肠"

和"插旗杆"事故的发生。化学固结堵漏浆稠化时间可以控制在 4 ～ 12h 范围内。

化学固结浆形成的固结物需要有一定的强度才能满足封堵漏失层的要求。利用增压养护釜，开展固结物强度随时间变化的实验，实验结果如图 6-6-4 所示。从图 6-6-4 可以看出，固结浆固化后，24h 内强度达到 15MPa 以上，36h 可达到 19MPa 以上，48h 可达到 22MPa 以上，完全可以满足堵漏施工的要求。

表 6-6-4 堵漏配方及封堵效果

序号	堵漏浆配方	岩心类型	泥饼厚度 / cm	黏附系数	泥饼强度 / g	正向承压 / MPa	反排压力 / MPa
1	基浆 +8% 不同粒径堵漏材料 +1%3mm 纤维	砂粒	0.5	0.22	151	3	0.14
						5	0.22
						7	0.33
2	1＃ ＋ 1% 交联固结剂		1	0.28	260	3	1.42
						5	2.70
						7	4.15
3	1＃ ＋ 2% 交联固结剂		2	0.35	332	3	2.65
						5	3.16
						7	5.43
4	基浆 +16% 不同粒径堵漏材料 +2%3mm 纤维	石子	0.5	0.22	153	3	0.13
						5	0.22
						7	0.32
5	4# ＋ 1% 交联固结剂		1	0.28	265	3	1.40
						5	2.72
						7	4.13
6	4# ＋ 2% 交联固结剂		2	0.34	330	3	2.61
						5	3.12
						7	5.47

注：基浆为：5% 膨润土 ＋ 2%FST-1。

（4）化学触变堵漏技术

开发的新型化学触变堵漏技术，适合于有进无出、特别是含水裂缝和溶洞引起的恶性漏失堵漏需求。该技术为首创性发明，国内外未见报道。通过布氏黏度剂测量可以不同比例的 HDL-1 与 HSN-1 溶液的接触反应后的黏度变化，可以表征交联反应的程度。如图 6-6-5 所示，通过比较可以看出，HDL-1 黏度在 300cp 左右，反应前的

HSN-1 黏度在 1800cp 左右，两者通过不同比例的混合反应后，混合物的黏度均显著增加，其中 5:5 等比例接触时黏度可以上升至 11000cp 左右。实验表明 HDL-1 通过与 HSN-1 的反应具有良好的增稠效果，可以满足滞留地层的要求。

将 HSN-1 凝胶堵漏液与 HDL-1 化学固结堵漏浆混合，采用高温高压缝板型承压堵漏评价仪，评价混合堵漏浆固化后的封堵能力，设置裂缝宽度为 10mm，裂缝长度 600mm。先在裂缝内和连接管线内充满 1% 浓度的钙离子溶液，再把 500mL 的 HSN-1 凝胶堵漏液注入到仪器中，然后注入 1000mL 的 HDL-1 化学固结堵漏浆，静止不同时间后打开开关，用膨润土浆加压测试其承压能力，实验结果见图 6-6-6，固结后的堵漏浆 24h 抗压强度达到 15MPa 以上。可以满足漏层高承压的要求。

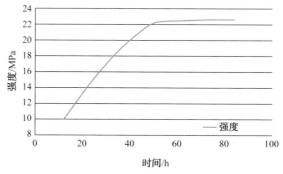

图 6-6-4　化学固结浆固化物强度曲线

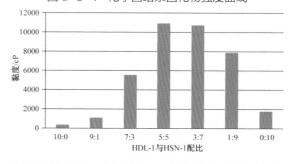

图 6-6-5　HDL-1 与 HSN-1 触变反应后的黏度评价

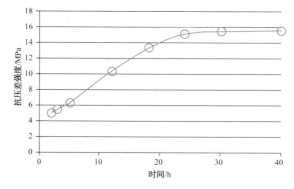

图 6-6-6　裂缝中的抗压强度评价

（5）微裂缝封堵护壁固壁技术

护壁剂固含量 ≥ 40%，固壁剂固含量 ≥ 80%，钻井液中滤液中 Al^{3+} 有效含量 >20000mg/L，岩心抗压强度提高 20%，适应地层温度 60 ～ 200℃，适应钻井液密度 1.05 ～ 2.3g/cm³，现场试验 5 口井以上，试验井段平均井径扩大率 <10%。

（三）应用效果与知识产权情况

系列防漏堵漏技术先后在新疆、四川、缅甸、伊朗等 10 多个国内外油田现场应用 156 口井 375 个层位或井段，一次堵漏和承压成功率 94% 以上，单井堵漏作业时间降幅 60% 以上。微裂缝封堵护壁固壁技术先后在东北区块、内蒙杭锦旗、川西高庙、中原卫城、新疆跃进、顺北区块等现场应用 20 余口井，应用地层与邻井相比，因泥页岩坍塌造成的事故复杂和井径扩大率明显降低，应用井段平均井径扩大率为 8.20%。目前正在新疆地区大面积推广应用，封堵护壁剂 FPS 和固壁剂 FAL 井壁稳定效果显著，可有效降低钻井液高温高压滤失量（由 12mL 降低至 6 ～ 7mL），同时减少二开长裸眼段钻井液的日维护量（由 35m³/d 降低至 25m³/d）。

化学触变堵漏技术在西北、东北、华北应用了 8 口井，有效减少了微裂隙封堵问题引起的井下复杂，试验井井壁稳定，井径扩大率降低 40% ～ 67%，电测均一次到位，下套管顺利。

"一种高强度抗温桥接堵漏剂及其制备方法""一种石油钻井用堵漏剂及其制备方法和应用""一种防止堵漏材料被地层水稀释的预处理剂及其制法和应用""一种防返吐堵漏剂及其制备方法和应用""石油钻井用堵漏剂""一种用于油田或天然气开采的堵漏剂及其制备方法""一种有机 / 无机复合中空微球及其制备方法和应用"等获国内授权发明专利，发表论文 7 篇。

第七节 复杂地层固井技术

一、高压防窜固井技术

（一）研发背景和研发目标

随着油气资源的勘探开发的深入，深井超深井越来越多，固井也面临着高温、高压、复杂压力体系、腐蚀性气体、防窜性能等新的固井技术问题及挑战，国内在防窜固井工艺和水泥浆体系及配套外加剂研究方面开展了大量的研究工作，开发出了一系列的防窜水泥浆体系及外加剂，尽管对深井超深井高温、高压防气窜固井技术研究方面起步较晚，通过攻关研究，也取得了长足进步，缩小了与国外的差距，研究出了高温高压防气窜水泥浆体系及配套外加剂，形成深井超深井高温高压防气窜固井综合工艺技术，较好地解决了川西、新疆等地区深井超深井高温高压井环空气窜等问题，提高固井质量，对高温高压区块的顺利勘探、评价及后期开发具有十分重要的意义。

针对防气窜外加剂外加剂抗高温能力弱等缺点，从外加剂的抗高温稳定性入手，通过提高防气窜粒子的稳定性，在粒子表面构筑具有高温稳定性的聚合物空间位阻层，来提高聚合物的高温稳定性，开发出了高温胶乳防气窜剂；通过将活性纳米硅颗粒通过特殊的处理工艺，开发出了乳液型新型高温防气窜剂；利用开发的高温防气窜剂及其迅速提高水泥浆胶凝强度、增加水泥石致密性、改善水泥石胶结等性能特点，开发出了高温防气窜水泥浆体系，配合现场防气窜固井工艺，提高气窜井固井质量。

（二）技术内容及技术指标

（1）开发了高温防气窜剂等配套外加剂

开发了抗温能力达到205℃（BHST）、180℃（BHCT）的抗高温胶乳DC180防气窜剂和纳米液硅SCMS防气窜剂以及高温缓凝剂SCRH。DC180胶乳防气窜剂具有温度适应性好，良好的控制失水能力；纳米液硅SCMS防气窜剂具有抗高温性能，提高水泥石的致密性，降低水泥石渗透率；高温缓凝剂SCRH具有温度适用范围广，具有良好的缓凝效果，在160℃高温下水泥浆稠化时间可达300min以上，可以满足高温井对水泥浆稠化时间和强度的固井要求。

（2）研究了水泥石长期性能演变规律及其控制技术

开展了恶劣环境下水泥石长期性能演变规律及其控制技术研究，系统地研究了温度在150～205℃之间水泥石强度衰退规律研究，并根据实验结果，提出了添加不同配比关系的水泥石强度稳定剂，可以有效地防止水泥石强度衰退。系统评价了原浆水泥石及常规35%硅粉加量水泥石强度衰退规律，原浆水泥石在温度超过110℃时便发生明显的强度衰退，35%硅粉加量水泥石在温度超过160℃后，仍出现强度衰退问题。通过优化硅粉加量至50%～75%（即体系钙硅摩尔比接近于1），粗细硅粉复配（即粗、细、超细三种粒径合理配比为30：60：10）时，与水化产物反应生成高温下强度较高的雪硅钙石和硬钙硅石，从而保持水泥石强度稳定。

（3）开发了高温防气窜水泥浆体系

为加强防止或减小水泥浆气侵，充分利用纳米液硅的触变性、阻滞性，阻止气体的侵蚀，集目前纳米液硅防气窜剂和胶乳防气窜剂优势于一体，形成抗高温防窜水泥浆体系。该体系，具有直角稠化，水泥浆密度可以在 1.88 ～ 2.42 g/cm³，SPN 值 <1，净胶凝强度 48 ～ 240Pa 过渡时间 <15min，防气窜性能优良；高温（200℃）60d 后抗压强度大于 >18MPa，渗透率小于 0.1 × 10⁻³ μm²。水泥石微观结构均匀致密，无裂缝，且水泥石中仍可观察到无机纤维，显示出优异的抗高温老化性能。防气窜水泥浆防气窜性能评价，SPN 值法通过反映了水泥浆失水、水泥浆凝固过程中阻力变化来水泥浆的防气窜性能，因其简便易操作求取，在现场应用较为普遍。不同密度的增强型防气窜水泥浆体系 SPN 值，均小于 1，显示出优异的防气窜性能高温防气窜水泥石应用高温高压气井环境，主要研究水泥石的高温强度、长期高温稳定性及渗透率变化，以期满足后期生产作业要求，常规密度增强型防气窜水泥石经过 205℃高温养护 10d 后强度仍然达到 46.8MPa，2.05g/cm³ 高密度增强型防气窜水泥石经过 200℃高温养护 10d 后强度仍高达 28.3MPa，满足现场应用要求。

室内测定了 200℃高温高压养护下，密度为 2.20g/cm³ 的增强型防气窜水泥石 30d、60d 的力学性能，经过 200℃ ×21MPa 高温高压养护后后，增强型防气窜水泥石 60d 强度仍高达 59.29MPa，比 30d 时强度高 2MPa，未有强度衰退现象；60d 时弹性模量低至 6.9GPa；且随着养护时间从 30d 延长至 60d，水泥石气测孔隙度和气测渗透率均进一步降低，分别至 20.5% 和 0.0036 × 10⁻³ μm²，其气测渗透率较常规水泥石 0.28 × 10⁻³ μm² 明显降低，可满足高温高压气井固井应用。结果如表 6-7-1 所示。

表 6-7-1　密度 2.20g/cm³ 增强型防气窜水泥石长期力学性能

养护时间 /d	抗压强度 /MPa	杨氏模量 /GPa	泊松比	孔隙度 /%	渗透率 / × 10⁻³ μm²
30	57.54	5.7	0.149	31.5	0.017
60	59.29	6.9	0.166	20.5	0.0036

加入适量硅粉将 C/S 摩尔比降到 1.0 左右，可有效降低水泥石中 CH 以降低高碱性 C_2SH_2 的生成，并生成高温下强度较高、渗透率较低的雪硅钙石 ($C_5S_6H_5$) 和硬钙硅石（C_6S_6H），使水泥石强度保持较高的强度和较低的渗透性，室内利用 X 射线衍射（XRD）对水泥石水化产物进行分析，结果见图 6-7-1。

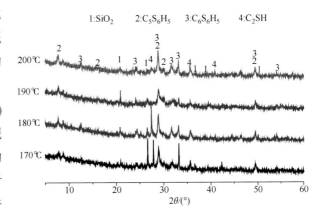

图 6-7-1　不同养护温度下 XRD 图谱

（三）应用效果与知识产权情况

将室内研究成果应用于现场，探索适合超深井固井的工艺技术措施，并不断总结现场试验应用的经验与教训，初步形成一套完整的超深井高温高压防气窜的固井技术。在顺南区块、顺北区块等地区进行了现场应用 10 口井以上，声幅测井优良率达到 80% 以上。发表论文 3 篇。

二、低压防漏固井技术

（一）研发背景和研发目标

随着油气勘探开发不断向深部发展，深井超深井的钻探数量越来越多，深井平均深度已经超过 6500m。低压漏失井固井面临的主要难题是漏失造成地层漏封，在塔里木盆地长封固段固井的漏失比例高达 85%。漏失导致套管裸露，受到地层水腐蚀以及地层水化蠕动挤压，套管极易受损，严重影响油气井寿命。由于受环保等因素的影响，热电厂空心漂珠焦石，目前常用的减轻材料为粉煤灰，但是常规粉煤灰低密度水泥浆存在抗压强度低、强度发展缓慢、稳定性差，综合性能不易调节等技术难题，国外空心微珠的成本过高，应用受到了很大限制。同时对于低压易漏失长封固段固井还未形成配套技术，因此低压防漏固井技术需要持续开展研究。

对于地层承压能力较低的井，需要使用低密度水泥浆固井，从降低成本角度出发，针对不同低密度水泥浆体系分别开展粉煤灰物理改性研究和高抗挤玻璃微珠研究，开发低成本高性能的减轻材料；利用研发的减轻材开展低密度水泥浆体系研究，有效降低固井时环空液柱压力；优选适合隔离液体系中应用的堵漏材料和加重材料，形成可固化的堵漏型隔离液；优化多级防漏堵漏工艺，研制或优化提高胶结质量的新方法、新技术，形成防漏堵漏配套工艺技术。

（二）技术内容及技术指标

（1）研发出了高性能低成本低密度减轻材料

常规粉煤灰活性较低，降低密度能力有限，配制的低密度水泥浆强度发展缓慢。因此针对粉煤灰物理化学特性以及其具有的潜在活性进行了研究，首先通过球磨改善粉煤灰的球形度（图 6-7-2），其次对不同粒径的粉煤灰进行分级处理，优选一定粒径范围的粉煤灰，进而优选辅助功能材料和外加剂增强粉煤灰活性，提高水泥石强度，最终形成了新型复合减轻材料 DFS。

图 6-7-2 项目研究前后粉煤灰微观形态对比

新型复合减轻材料耐压性能稳定、水泥浆密度最低可降至 1.45g/cm³，突破了常规粉煤灰密度只能降至 1.60g/cm³ 的极限，水泥石抗压强度较常规粉煤灰提高 46% 以上，同时相对同等效果产品成本低，可大大降低投资费用。

以纳米二氧化硅为原料，利用离心喷雾干燥法制备空心微珠中间体，然后用高温等离子动态烧结和急速冷却制备高抗挤空心微珠。高抗挤空心玻璃微珠密度 0.5 ～ 0.9g/cm³，粒径 10 ～ 60μm，承压能力最高达到 120MPa，较常规漂珠提高了 100%，达到国际先进水平。高抗挤玻璃微珠制备过程见图 6-7-3，玻璃微珠微观形貌见图 6-7-4。国内外同类技术水平对比见表 6-7-2。

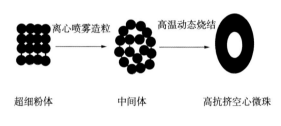

图 6-7-3 高抗挤玻璃微珠制备示意图　　图 6-7-4 高抗挤空心玻璃微珠微观形貌图

表 6-7-2 国内外同类技术水平对比

技术名称	该创新技术	国内技术	国外技术
粉煤灰物理改性方法及新型复合减轻材料	已工业化生产及应用	无相关技术	未见报道
高抗挤玻璃微珠	承压能力最大 120MPa	承压能力最大 100MPa	承压能力最大 120MPa

（2）形成了长封固段高强低密度水泥浆体系

基于颗粒级配理论，建立了高性能低密度水泥浆设计方法：优选不同粒径减轻材料与固井外掺料、提高各材料颗粒的球形度、优化加量比例达到最优的堆积率，以满足低密度水泥浆同时具有较好流动性、良好的沉降稳定性、较高的强度发展。基于投入成本和不同地层密度需求，提出了使用不同减轻材料调试不同低密度水泥浆体系。针对 1.45g/cm³ 及以上的低密度水泥浆，使用新型减轻材料 DFS 配制，更低成本下实现降低密度目的；针对 1.45g/cm³ 以下的低密度水泥浆，使用自主研发的高抗挤玻璃微珠减轻材料配制。

采用新型复合减轻材料 DFS 为减轻剂，优选其他固井外加剂调试形成了深井复合低密度水泥浆体系，密度可降至 1.45g/cm³，上下密度差小于 0.01g/cm³，水泥石 48h 强度大于 14MPa（图 6-7-5）。

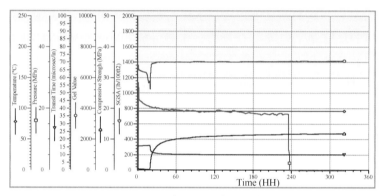

图 6-7-5　水泥石强度发展曲线

利用研发的高抗挤玻璃微珠，依据紧密堆积原理，优化微硅、石英砂等外掺料比例，设计超深井超低密度体系，形成了密度 1.45 g/cm³ 以下的低密度水泥浆体系，最低密度可调至 1.25 g/cm³，48h 强度大于 14MPa，其他性能满足固井要求。水泥浆稠化曲线见图 6-7-6，国内外同类技术水平对比见表 6-7-3。

表 6-7-3　国内外同类技术水平对比

技术名称	该创新技术	国内技术	国外技术
粉煤灰低密度水泥浆	密度最低可降至 1.45 g/cm³	常规粉煤灰密度最低降至 1.60 g/cm³	未见报道
高抗挤玻璃微珠低密度水泥浆	密度最低可降至 1.25 g/cm³ 以下，承压可达 120MPa	密度最低可降至 1.25 g/cm³ 以下，承压最高 100MPa	密度最低可降至 1.25 g/cm³ 以下，承压可达 120MPa

通过紧密堆积设计及紧密堆积模型，运用最紧密堆积模型与材料的粒度分布进行比较，建立了模糊综合评判四元级配模型的评价标准。通过大量室内实验优选出了实心微珠低密度水泥浆体系，1.40g/cm³ 实心低密度水泥石在 100℃×24h 抗压强度达到 15MPa，水泥浆稠化时间 130min。

研发的实心低密度水泥浆体系浆体密度恒定，流变性好，失水量小，直角稠化、浆体悬浮稳定性好，水泥石抗压强度高，各项性能指标基本都达到了设计要求，有效

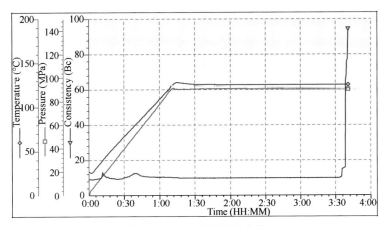

图 6-7-6　水泥浆稠化曲线

解决微泡、漂珠等常规减轻材料高压环境下压缩或破碎而改变浆体密度等问题，满足深井、易漏失井单级固井返井口的要求。

（3）研发了可固化的堵漏型隔离液技术

通过实验研究，优选蛭石、纤维、超细颗粒等堵漏材料，浓度达到了 15%~20%（钻井液的堵漏材料的浓度是 5%~10%）。缝板堵漏实验显示，堵漏隔离液可有效封堵 1mm 以上裂缝，承压能力大于 8MPa。

使用具有一定细度的活性矿渣作为加重材料，因为矿渣具有的潜在碱激活固化特性，残留在井壁的隔离液在水泥浆碱性激活下实现固化，提高界面胶结质量。

可固化的堵漏型隔离液耐温达到 150℃，与水泥浆和钻井液有良好的相容性能，对钻井液滤饼有良好的的冲洗能力。现场应用上百井次，有效起到暂堵效果，保证了水泥浆返高。国内外同类技术水平对比见表 6-7-4。

表 6-7-4　国内外同类技术水平对比

技术名称	该创新技术	国内技术	国外技术
堵漏型隔离液	承压能力提高 8MPa 以上	未见应用报道	未见应用报道
活性矿渣作为隔离液加重材料	隔离液密度最高可加重至 1.5g/cm³。已工业化应用	未见应用报道	未见应用报道

（4）形成了深井长封固段防漏堵漏固井工艺技术

从防漏堵漏综合技术、提高顶替效率新方法等方面开展研究，形成了深井长封固段防漏堵漏固井工艺技术。

首次提出并使用了泥浆—隔离液—水泥浆三级堵漏新工艺，配合项目研究的低密度水泥浆体系，建立了完整的防止固井漏失体系及配套工艺。三级防漏、堵漏新工艺为首先采用钻井液堵漏技术措施，进行试压成功后，再进行下套管作业，固井前再使用堵漏隔离液技术措施，在水泥浆到达漏层之前起到暂堵作用，最后在水泥浆加入适当的堵漏纤维，以最终达到堵漏目的。

通过优化流体流动参数，紊流—塞流复合顶替使环空流体可以低速流动，降低了流动阻力，减小了漏失风险，提高了顶替效率。

（三）应用效果与知识产权情况

成果在新疆塔里木盆地、四川盆地川东北、川西、华东、东北、鄂尔多斯等油气田推广应用 700 余井次，固井合格率 100%，取得了良好的应用效果。如高抗挤漂珠低密度水泥浆固井技术，水泥浆密度 $1.20g/cm^3$，耐温 > 130℃，水泥石抗压强度 > 12MPa，在 TS1 井进行了应用，创造了应用最深纪录。改性粉煤灰固井技术在 ST1 井进行了应用，入井水泥浆密度 $1.45g/cm^3$，固井质量优质。实心低密度水泥浆固井技术在盐 22–斜 103 井实现 4009m 井段一次封固，避免使用分级注水泥工艺风险，固井质量优质。

获中国石化专有技术 1 项，发表论文 2 篇。

三、酸性防腐固井技术

（一）研发背景和研发目标

中国石化在四川盆地的一系列勘探发现预示着该地区将成为我国最有潜力的海相天然气勘探开发区域。普光气田的控制储量达到 $2500 \times 10^8 m^3$，成为中国最大的海相气田。但是海相气藏中不仅含有天然气，而且含有 H_2S、CO_2 腐蚀性和毒性气体。普光气田的 H_2S 含量达到 $180g/m^3$，CO_2 含量达到 $80g/m^3$。高含硫的气井，固井质量起到决定性作用，弃井的难度和代价远远超过钻成一口井。对于高含硫气田，固井防气窜和防止水泥环腐蚀是至关重要的一个环节。此前国内外的研究重点放在油井套管、油管以及工具的材质上。但实际上 CO_2 和 H_2S 对水泥环的腐蚀也不容忽视，国外研究表明 CO_2 和 H_2S 气体在井底高温高压条件下将与水泥石中的水化产物如 $Ca(OH)_2$ 和 CSH 凝胶等发生反应，从而降低水泥石的强度和增加渗透率，为气窜提供通道。失去这一屏障后，腐蚀性气体将直接威胁井内的管柱和井口设施，带来安全隐患。

实验分析 CO_2 和 H_2S 在不同压力、温度下单独腐蚀和不同比例共同腐蚀水泥石强度和渗透率的变化规律，分析水泥石腐蚀前后的微观晶体结构和产物变化，影响因素，分析 CO_2 和 H_2S 与水泥石在湿环境下的作用机理。结合反应动力学分析建立腐蚀程度和时间关系方程。在腐蚀机理的分析基础上提出防止腐蚀的技术方法，开发防腐蚀添加剂，为含酸性气体油气井的固井提供理论基础。具体做法是：①参考国内外的腐蚀实验标准，并结合课题本身的特性制定水泥石腐蚀实验和评价方法；②模拟井下温度和气体分压，对水泥石试件分别进行 H_2S、CO_2 和 H_2S 与 CO_2 共存条件下的腐蚀实验；③对水泥石腐蚀样品进行强度和渗透率检测，并对腐蚀产物进行扫描电镜和 X- 衍射检测，分析微观结构变化和产物变化；④对腐蚀产物进行量化分析，建立反应动力学方程；⑤通过正交实验，结合腐蚀反应动力学方程，建立腐蚀程度和时间关系方程。⑥从降低水泥石碱度角度出发研究抗腐蚀添加剂，并对添加剂的抗腐蚀效果和作用机理进行实验分析。

（二）技术内容及技术指标

（1）揭示了酸性气体 CO_2 和 H_2S 在温度压力变化条件下腐蚀水泥石机理

CO_2、H_2S 腐蚀水泥石基于酸碱反应，$Ca(OH)_2$ 首先被反应，CSH 凝胶结晶化；随温度升高，CO_2 主要腐蚀产物 $CaCO_3$ 从不定形的细小结晶转向有更大结晶体的方解石，提高了腐蚀产物的强度，降低了渗透率。分压对 CO_2 腐蚀的影响较小；温度增长阻止了 H_2S 的腐蚀生成大分子含结晶水的二水石膏和钙矾石，减少了涨裂因素，减少了强度和渗透率损失。分压增长加速了 H_2S 腐蚀进程。随着时间的延长，腐蚀程度不断加大。$Ca(HCO_3)_2$ 不断生成和被溶解，Ca^{2+} 不断流失随着温度增加，腐蚀产物由钙矾石、二水石膏和 C_2SH 向石膏和 C_2SH 转变，膨胀物质越来越少，对强度和渗透率的破坏也就小。

（2）揭示了 CO_2 和 H_2S 共存条件下对水泥石腐蚀机理

混合物腐蚀产物与单独腐蚀产物相同，但抑制了膨胀产物的生成；CO_2 腐蚀主要发生在试块的表面，H_2S 腐蚀主要发生在试块内部；H_2S 的渗透性更强，先进入试块内部，产生带 SO_4^{2-} 的产物，阻止了 CO_2 的反应进程；温度效应与单独腐蚀的规律相反，CO_2 和 H_2S 共同腐蚀加剧了 CSH 凝胶的结晶化，说明共同腐蚀存在协同效应（图 6-7-7）。

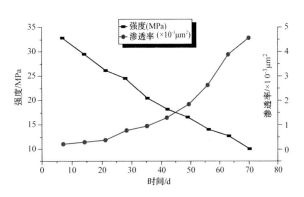

图 6-7-7　CO_2 和 H_2S 耦合腐蚀强度和渗透率变化

（3）开发了抑制腐蚀添加剂和防腐防气窜水泥浆体系

提出了油井水泥抑制和预防酸性气体的机理即：降低渗透率、防止钙流失和增加惰性；研制了耐 CO_2、H_2S 和 CO_2/H_2S 共同腐蚀的 3 种油井水泥添加剂材料；开发了以耐腐蚀添加剂、胶乳为主要成分的防腐防气窜水泥浆体系；水泥浆体系抗温达 200℃，腐蚀速度 < 0.1mm/a，气窜因子 < 2，酸性气井安全生产周期延长了一倍。防腐防气窜水泥浆体系耐腐蚀效果见图 6-7-8。

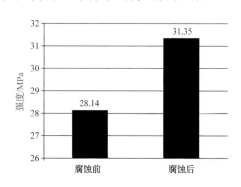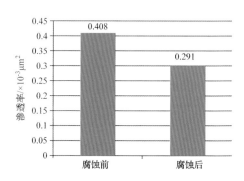

图 6-7-8　防腐防气窜水泥浆体系耐腐蚀效果

（4）国内外指标对比

首次揭示了 H_2S 和 CO_2 耦合腐蚀水泥石机理及规律；研制的双防水泥浆体系填补了国内空白，抗温和防腐能力达到国际先进指标（表 6-7-5）。

表 6-7-5　国内外同类技术水平对比

技术名称	本发明技术	国内外技术	对比结果
水泥石耦合腐蚀规律	耦合 >CO_2>H_2S，CO_2 主导	国内：单相腐蚀；国外：CO_2 腐蚀	首次揭示
双防水泥浆体系	防 H_2S20%、CO_2 耐温 200℃ 腐蚀速率 <0.1mm/a	防 CO_2 耐温：国内 160℃；国外 200℃腐蚀速率：国内 <3mm/a；国外无数据	首创

（三）应用效果与知识产权情况

开发的抗腐蚀添加剂和防腐防气窜水泥浆体系在四川普光气田、新疆塔河油田和伊朗雅达油田开展了现场应用和推广，水泥浆体系主要采用胶乳结合耐腐蚀添加剂。如在普光气田 D402-2 井、D403-2 井、塔河油田 YL-4 井、 YK18 井，伊朗雅达油田 F11 井、S3 井等试验取得良好效果，在伊朗雅达油田推广了 50 口井，固井质量优良，抗腐蚀效果显著。

"一种防止 H_2S/CO_2 共同腐蚀的油井水泥外加剂及其制法和应用" "一种防止硫

化氢腐蚀的油井水泥外加剂及其制备方法和应用" "一种防止二氧化碳腐蚀的油井水泥外加剂及其制备方法和应用"等获国内发明专利，发表论文 3 篇。

四、自愈合水泥浆固井技术

（一）研发背景和研发目标

油气井固井的作用主要是防止地层之间出现流体窜流而保证长期层间封隔，但是由于固井水泥石和建筑上的水泥基材料一样，都是一种易收缩的脆性材料；与此同时受到后期各种作业（射孔、压裂、测试、生产），井下温度、压力大幅度变化等因素的影响，不可避免地会在水泥环内部产生微裂隙，在固井水泥环与地层井壁的胶结界面产生微间隙，形成井下流体的窜流通道，造成油气水窜、环空带压甚至套管挤毁，加剧了生产套管的损害，使得油气井无法正常投产。

目前，在水泥环损伤的预防问题上，国内外普遍采用柔性或者弹塑性水泥浆体系。事实上在油气井开发过程中，水泥环产生裂缝是不可避免的，因此只有让水泥浆凝固后能够随时感知自身裂缝损伤并自动修复裂缝，才能使固井水泥环适应油气井井下的各种复杂情况，保证长期的层间封隔。自愈合水泥固井技术是在现有的固井工艺和体系的基础上，利用加入其中的特殊外加剂与窜入的油气反应，自动修复水泥石微裂缝，封隔油气窜流通道，提高固井水泥环的胶结质量和耐久性，保证油气井的正常生产，提高油气井的使用寿命和开发效益。

借鉴溶解过程的"相似相溶原理"，结合"Flory-Huggins"理论，开展自愈合材料设计；利用 XRD、SEM 等微观测试方法，得出水泥石自愈合前后的内部结构、演变规律，探讨自愈合材料在水泥石中的作用机理；通过对自愈合粒子的粒径、分布、表面形貌分析，研究归纳自愈合粒子的吸烃能力、保烃能力、热稳定性等以及温度、压力对水泥石修复效率的影响规律，掌握自愈合粒子修复功能可控技术；优选与自愈合粒子配伍性良好的固井外加剂，形成满足固井现场施工需求的自愈合水泥浆体系；评价自愈合水泥浆体系综合性能，最终形成可在现场推广应用的自愈合水泥浆固井技术。

（二）技术内容及技术指标

（1）提出了自愈合水泥石自愈合机理

自愈合乳液在水泥石水化过程中失水形成纳米级乳膜，该乳膜在水泥石中呈连续分布（图 6-7-9）。

当水泥石发生破损，油气入侵时，裂缝自愈合乳膜遇油发生膨胀，堵塞裂缝；连

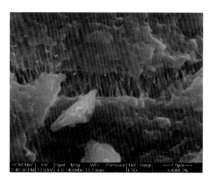

图6-7-9 自愈合水泥石电镜图像及乳膜分布示意图

续的乳膜相也同时膨胀，逐渐带动水泥石整体膨胀，在套管及地层的约束力下发生径向膨胀，封堵裂缝，从而保证水泥环密封完整性。

对于遇烃溶胀自愈合粒子合成借鉴高吸油材料主功能单体，设计引入水性单体解决与水泥浆的相容性问题，合成一种乳液粒子，既保证粒子具有高吸油膨胀的性能，又能加入到水泥浆中完全均匀分散相容，且不影响整体水泥浆的性能。

（2）合成了自愈合乳液

根据设计的分子结构，通过乳液聚合合成出遇气自愈合粒子乳液。将乳化好的单体加入已形成胶束和加入引发剂的水溶液中。引发剂引发聚合反应，单体聚合成聚合物粒子，乳化剂则在聚合物粒子表面形成胶束，保证乳液稳定性（图6-7-10）。

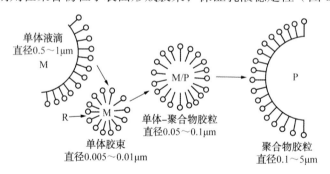

图6-7-10 乳液聚合示意图

通过筛选软硬单体及优化配方，采用可聚合的长链烷烃单体及苯乙烯和多酯共聚，合成了具有较高吸烃溶胀能力的聚合物乳液，并完成了工业化生产。自愈合乳液固含量44.6%，乳液粒子平均粒径为180.2nm，玻璃化温度8℃，吸烃倍率到达720%，并具备良好的剪切稳定性及高温稳定性。

（3）建立了自愈合水泥石修复评价方法，研制了评价装置

①测试水泥石膨胀评价自身修复效果方法。

首次提出了通过水泥石膨胀来评价其自愈合性能的评价方法。测试试验温度、烃类物质中静置养护的水泥石整体溶胀应变，确定水泥石的溶胀性能，反映自愈合水泥石修复能力。

②研制了水泥石静态渗流评价装置。

首次研制了水泥石静态渗流评价装置。静态渗流试验是指将已预制裂缝的水泥块浸泡在流体中，通过控制气瓶流出气体的压力控制水泥块两端的压差（该压差除以水泥块厚度即为裂缝所承受的单位压差）。开启压力阀，流体在压力驱使下开始流动，测试收集单位时间内的流过裂缝流体重量可计算单位时间内流体流量，进而推出该时刻水泥石的渗透系数。开启压力阀，测试水泥石渗透系数；关闭压力阀，水泥石静态愈合。最后得到水泥石的渗透系数随时间的变化关系。

③研制了水泥石动态渗流装置。

动态评价法是指将已经人工造缝的水泥石浸泡在流动的流体中，分别在不同的单位压差下测试不同浸泡时间对水泥石渗透系数的影响，从而表征水泥石自愈合能力。动态评价实验设备如图 6-7-11 所示。

该仪器可以在不同温度和压力下分别评价水泥石单裂缝和环形裂缝的自愈合情况。可操作温度为 30 ～ 120℃，最大操作压力 7MPa，可同时测量流过裂缝流体的瞬时流量和累积流量。

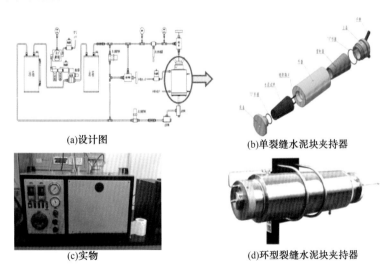

(a)设计图　　　　　　　　　(b)单裂缝水泥块夹持器

(c)实物　　　　　　　　　(d)环型裂缝水泥块夹持器

图 6-7-11　缝隙动态渗流评价装置

（4）形成了自愈合水泥浆固井技术

通过研发自愈合乳液配套稳定剂，优选分散剂、缓凝剂、降失水剂等配套外加剂，形成了满足固井需求的自愈合水泥浆体系。使用温度 30 ～ 130℃，水泥浆密度可调。

相比常规水泥石，自愈合水泥石具有低弹性模量、低孔隙率、超低渗透率的特性，在生产过程中自愈合水泥环更不易产生微裂缝；自愈合水泥石能在80min内愈合不高于0.15mm的裂缝，对水泥环中生成的裂缝及时进行修补，防止气窜发生。相比常规体系，自愈合水泥浆体系具备"先防后补、防治结合"的特性，能够有效保持水泥环长期密封性，为油气井安全生产保驾护航。

①形成了自愈合水泥浆体系。

通过研发自愈合乳液配套稳定剂，优选配套外加剂，形成了满足固井需求的自愈合水泥浆体系。使用温度 30～130℃，水泥浆密度可调。48h养护下，50℃抗压强度16MPa，90℃抗压强度21MPa。

②自愈合水泥石具备良好的力学性能。

相比常规水泥石，自愈合水泥石的弹性模量降低58%、达到5.9MPa；孔隙度降低34%、达到23.34%；水泥石渗透率降低两个数量级，达到 $1.55E^{-03} \times 10^{-3} \mu m^2$。相比常规水泥石，自愈合水泥石具备更好的防气窜性能，并在生产过程中更好地防止微裂缝和微环隙的生成，保证水泥环密封完整性。

③自愈合水泥石具有良好的自愈合性能。

自愈合水泥石遇烃线性膨胀高达3.8%，静态周期烃类渗流修复下可实现裂缝的完全愈合，动态渗流修复仪器在加温加压条件下80min内流量下降为零，裂缝愈合明显。

本项目研究结果与国内外技术对比见表6-7-6。

表6-7-6　国内外技术对比

对比项目		本项目研究	国内外技术
自修复材料		乳液	粉末固体
自愈合水泥石	抗压强度	21MPa	7MPa
	弹性模量	5.9GPa	未见报道
	渗透率	$0.001 \times 10^{-3} \mu m^2$	$0.022 \times 10^{-3} \mu m^2$
	线性膨胀率	1.8%	1.2%
	最大修复裂缝宽度	0.15mm	0.1mm

（三）应用效果与知识产权情况

成果在新疆塔里木盆地、四川盆地、江苏油田、胜利油田等油气田推广应用10余井次，固井合格率100%，取得了良好的应用效果。该项技术获中国石化专有技术一项，发表论文2篇。

五、遇水自愈合水泥浆技术

(一) 研发背景和研发目标

目前油田老区调整井常年注水、注汽开发导致地层压力紊乱，层间压力差异大，储层往往是油水夹层，固井作业中还时常发生漏失、油气水窜现象，即使固井成功，在后期注水、开采过程中，水泥环完整性也会遭到破坏。如果在整个油井寿命期间发生突发事件就会对水泥环造成长期影响，就会严重影响油井的正常生产，甚至造成油井的报废。因此，保证油气井固井水泥环的长效封隔性能，对延长油气井开采寿命、实现地下资源开采的最大化以及保护环境具有重大意义。

遇水自愈合水泥浆体系主要针对油水井固井水泥环在外力作用时易出现微裂缝，造成水泥环完整性受损或环空封固失效的问题，开发出一种智能型遇水自愈合剂，它能够在水泥环中生成大量的不规则形状的结晶，填充毛细孔隙和微裂缝。抵御水流和水载腐蚀性介质的渗透，并且具有永久生长性，无水时它处于休眠状态，一旦水汽渗入，活性物质即被激发形成针状水合晶体，阻断水的侵入。该特性使固井水泥环即使在封隔多年后仍具有裂缝自修补的能力。将遇水自愈合材料结合固井水泥浆的特殊性，优选与遇水自愈合剂配伍性良好的固井外加剂，形成满足固井现场施工需求的遇水自愈合水泥浆体系；并对遇水自愈合水泥浆体系综合性能进行评价，最终形成可在现场推广应用的遇水自愈合水泥浆固井技术。有效提高油田老区调整井、油水夹层地层的固井质量，延长水泥环的封隔时效，有效延长油井寿命，从而保证油田可持续发展。

(二) 技术内容及技术指标

(1) 遇水自愈合剂的合成与分析

遇水自愈合剂借鉴建筑防水原理，是一种渗透结晶型化学添加剂，用于提高含有硅酸盐水泥物质的二次水化性能。该产品其作用机理是在水泥环中生成大量的不规则形状的结晶，填充毛细孔隙和微裂缝。处理后的水泥环能抵御水流和水载腐蚀性介质的渗透，并且具有永久生长性，无水时它处于休眠状态，一旦水汽渗入，活性物质即被激发形成针状水合晶体，阻断水的侵入。该特性使固井水泥环即使在封隔多年后仍具有裂缝自修补的能力。

为研究遇水自愈合剂的自愈合机理与自愈合规律，对遇水自愈合剂进行了红外光谱分析。$1360 \sim 1020\ \mathrm{cm^{-1}}$ 是 C-N 伸缩振动峰，$1300 \sim 1200\ \mathrm{cm^{-1}}$ 是酚羟基中 C-O

伸缩振动双峰，1460 cm^{-1} 是亚甲基剪式振动吸收峰，1700 cm^{-1} 是羧酸 C=O 伸缩振动峰，3100～3500 cm^{-1} 是 N—H 伸缩振动峰。这些基团对于水泥水化作用都有较大影响。

为研究遇水自愈合剂的无机成分，利用能量色散 X 射线光谱仪（EDX）对其进行成分分析。通过对 CW-3 的 EDX 分析发现，自愈合剂 CW-3 主要含有的无机元素有 C、O、Na、Si、Ca，同时含有少量的 Mg、Al、Fe 等元素。这些元素都是水泥水化反应中会涉及的元素。

通过扫描电镜对 CW-3 进行微观形貌分析，得到放大 10000 倍下的自愈合剂 CW-3 的微观形貌，如图 6-7-12 所示。

图 6-7-12　遇水自愈合剂的微观形貌图

观察遇水自愈合剂 SEM 分析图像，都可以看到很多各种形状的晶体存在，其中主要是块状、柱状、针状、片状和树状的，其余大部分为深灰色小颗粒。

综合 IR、EDX 等微观分析结果，自行合成的遇水自愈合剂含有丰富的可促进水泥水化反应的有机与无机组分，具备成为一种优秀油井水泥外加剂的潜力。

（2）遇水自愈合剂水泥浆体系的研制

通过大量实验，得出适合不同温度条件下的遇水自愈合水泥浆体系，得到水泥浆配方及其性能。实验表明，遇水自愈合水泥体系基本性能良好，具有初稠小，流动度适中，失水量小，无析水，抗压强度高的优点。愈合八周后，遇水自愈合水泥抗压强度恢复率均大于 95.2%，渗透率均下降到 $0.014 \times 10^{-3} \ \mu m^2$ 以下。而常规水泥愈合八周后，抗压强度仅 12.4MPa，抗压强度回复率仅为 44.3%，远远低于遇水自愈合水泥的各项指标。

（三）应用效果与知识产权情况

成果在胜利油田 Y66－平 7、Y12－平 3、Y12－平 23、Z11－斜 24、X251－斜 3、Z11－斜 24 井和 Y12－平 1 这 6 口井进行了应用，含水率均低于本区临井同期含水，有效解决了套管外环空的密封性的问题，辅助提高了复杂油水压力层系间封隔能力，减少油气水窜风险，延长油水气井的寿命，提高油气井开发效果。发表论文3篇。

六、热采井抗高温水泥浆固井技术

（一）研发背景和研发目标

目前，热力采油是稠油开采的主要方式，其中以蒸汽驱及蒸汽吞吐手段为主，蒸汽温度高达300～350℃，甚至达到蒸汽临界温度375℃。在此开发条件下，稠油热采井在开发过程中出现以下严重问题：① 由于稠油热采井固井质量不佳造成稠油热采井口的跑、冒、滴、漏及注蒸汽过程中漏汽的问题，严重者会出现从表套循环孔喷出浆状物的现象；② 稠油热采井套管损坏导致严重出砂问题；③ 水泥石的强度衰退以及水泥石渗透率的急剧增加，导致水泥环封隔失效，后期生产过程中发生严重水窜。然而，常规加砂水泥固井不能承受250～320℃蒸汽吞吐施工，在注采一到两轮后由于水泥石的高温强度衰退，导致水泥环破裂损坏，使原本封固好的环空失效，引发油气水窜，造成了稠油热采井在开发过程中出现井口的跑、冒、滴、漏及注汽过程中漏气甚至套管损坏导致严重出砂等严重问题，严重缩短油井寿命。

根据紧密堆积理论、颗粒级配原理，由低温活性材料、抗高温增强材料复配而成抗高温水泥浆体系。该体系低温下具有流变性好、API失水小、稠化时间可调等特点，水泥石在经过高温养护3轮次后，水泥石强度衰减缓慢，仍能保持在24MPa以上，具有良好的抗高温强度衰退性能，保证后期高温注蒸汽或高温吞吐过程中水泥环的封隔效果，是一种用于稠油热采井的长效固井技术。同时，该水泥浆体系在固化过程中还具有一定的微膨胀性，具有良好的界面胶结能力，保证了水泥环环空封隔效果，有利于提高固井质量。同时，针对稠油热采井完井过程中存在的相关问题，进行完井工具的开发和热采水平井应力技术研究，形成一套适用于浅层稠油油藏热采水平井的完井管柱保护技术及配套水泥浆固井技术，为稠油油藏勘探开发、稠油油藏完井技术在不改变现有工艺流程的前提下，实现完井管柱的有效保护，既达到防漏、防窜，又要满足有效封固的目的。

（二）技术内容及技术指标

（1）研发出了高性能抗高温增强材料

油井水泥中含量最多的化学物质是硅酸二钙（C_2S）和硅酸三钙（C_3S）发生水化反应，形成一种胶状的硅酸钙水合物，称为"C-S-H"凝胶，它在常温下对水泥石的强度和外观稳定性具有决定性的作用，在温度低于110℃时，它是一种很好的胶结材料。在高于110℃时，"C-S-H"凝胶将产生晶形转变，从而导致水泥抗压强度下降和渗透率增大，水泥石发生"强度衰退"。

为了使水泥保持较高的强度和低渗透率。采用降低水泥的C/S比即碱度的方法，常规加砂水泥的水化产物为柱硅钙石，晶型转化温度280℃；抗高温水泥通过添加新型增强材料，降低钙硅比，使其水化物由柱硅钙石部分变为硬硅钙石，提高了水泥在高温下的强度和热稳定性，从而实现提高水泥石耐高温性能。

（2）形成了稠油热采井抗高温水泥浆体系

通过对各种外掺料和外加剂的大量研究以及高温下水泥石的强度养护实验，形成了抗高温水泥浆体系配方，该水泥浆体系密度为1.87~1.90g/cm³，水泥浆流动度23cm，API失水量为30mL/30min，在50℃常压条件下，水泥石抗压强度为20.4MPa/24h，在320℃×40MPa条件下，养护4轮次水泥石强度仍保持在32.5MPa。该体系既满足了现场施工的要求，又解决了高温条件下水泥石强度衰减问题。

（3）形成了用于稠油热采井的长效固井技术

采用抗高温水泥浆体系，能有效地封隔套管环空，并且所形成的水泥环具备抗"高温衰退"的能力，在热采井经过多轮次注蒸汽后仍能具有良好封固能力。避免热采井发生油气水窜和井口的跑、冒、滴、漏及注汽过程中漏气问题，延长了油井寿命。

（三）应用效果与知识产权情况

热采井抗高温固井技术在胜利油田各采油厂产业化推广200余井次，第一界面固井质量优质率高达96%，二界面固井质量合格率高达100%。抗高温水泥浆体系的推广应用将有效提高稠油热采井固井质量，与同区块邻井相比，有效注汽轮次明显增加，含水率平均下降15%，延长稠油热采井生产寿命。发表论文2篇。

主要参考文献

［1］杨广国、陶谦、高元、汪晓静. 高温高压气井复合型水泥浆体系研究与应用 [J]. 科学技术与工程.2016，16(20)：15-155.

［2］刘学鹏、张明昌、方春飞. 耐高温油井水泥降失水剂的合成和性能 [J] 钻井液与完井液.2015,32(6)：61-64.

［3］刘飞、刘学鹏、夏成宇、周仕明、邓天安. 抗高温水泥浆降失水剂SCF-1的合成及性能评价[J] 石油与天然气化工.2016，45（6）：64-67.

［4］方春飞、刘学鹏、张明昌. 耐高温油井水泥缓凝剂 SCR180L 的合成及评价 [J] 石油钻采工艺 .2016,38(2):171-175.

［5］窦玉玲 . 大位移井井身结构设计探讨 . 特种油气藏 [J]. 2013, 20（5）：141-144.

［6］贾江鸿，韩来聚，窦玉玲，等 . 基于多目标优化的大位移井轨道设计方法 [J]. 广西大学学报 .2014,39（4）：847-853.

［7］贾江鸿，闫振来，窦玉玲，等 . 桩 129-1HF 井钻井工程优化设计与应用 [J]. 石油机械 .2014，42（12）：17-21.

［8］贾江鸿，闫振来，窦玉玲，等 . The new method and application of frication torque for extended reach well[J]. Advance in petroleum exploration and development . 2014,8(1):37-41.

［9］贾江鸿，闫振来，夏广强 . Application of gray analysis method in fiction coefficient assessment for extended reach well[J]. Advance in petroleum exploration and development. 2014,8（2）：58-62.

［10］张会增，管志川，许玉强，等 . Research Progress of Extended-Reach Well Antifriction Technology[J]. Advanced Materials Research. 2014，Vol.868：638-644.

［11]邵冬冬,管志川,温欣,等 . 水平旋转钻柱横向振动特性试验 . 中国石油大学学报（自然科学版）[J]. 2013, 37（4）：100-103.

［12］许玉强，管志川，张洪宁，等 . 基于含可信度地层压力剖面的精细井身结构设计方法 [J]. 中国石油大学学报（自然科学版）.2014，38（6）：72-77.

［13]邵冬冬，管志川，温欣，等 . 水平井段旋转钻进时钻头侧向力及钻进趋势试验研究 [J]. 中国石油大学学报（自然科学版）.2014，38（3）：61-67.

［14］史玉才，管志川，张欣，等 . 使用螺杆钻具条件下钻井水力参数优化设计方法 [J]. 石油钻探技术 . 2014,42(02):33-36.

［15]王伟,管志川,张文哲,等 . 水平井钻柱延伸能力影响因素分析[J]. 钻采工艺 . 2015,38(2):9-13.

［16］张会增，管志川，刘永旺，等 . 基于旋转激励的钻柱激振减阻工具的研制 [J]. 石油机械 .2015，43（5）：9-12.

［17］张会增，史玉才，玄令超，等 . 旋转激励环境下摩擦力测试实验装置设计与实验 [J]. 河南科学 . 2015, 33（3）：404-407.

［18］王丹，史玉才，刘永旺，等 . 大斜度稳斜段导向钻具复合钻进特性模拟分析 [J]. 河南科学 .2013，31（11）：1923-1928.

[19] 张会增，管志川，刘亚楠. 旋转激励振动载荷对平面摩擦副的影响实验 [J]. 科学技术与工程. 2015,15（16）：144-148.

[20] 邵冬冬，管志川，张文斌，等. 水平井井底钻压波动规律的实验研究 [J]. 科学技术与工程. 2013, 13（15）：4347-4351.

[21] Yang Chunxu, Sun Mingxin, Feng Guangtong. The Method of Management Equivalent Circulation Density in Extended Reach Drilling. 2015 International Conference on New Energy and Renewable Resources.2015.07

[22] 杨春旭，孙铭新，唐洪林. 大位移井套管磨损预测及防磨技术研究. 石油机械 [J].2016, 44(1):5-8.

[23] 孙铭新，张大干，步玉环，孙旺. 大位移井套管轴向力对套管挠度的影响 [J]. 石油矿场机械 ,2014,01:7-10.

[24] 李昊，王金堂，孙宝江，曹成章，李春莉，徐渴望. 海上大位移井固井顶替数值模拟研究 [J]. 海洋工程装备与技术，2014，1（1）：14-20.

[25] 张洪坤，王志远，李昊，沈得新，赵效锋. 套管外挤力的数值模拟及影响因素分析 [J]. 石油机械，2014，42（1）：1-5.

[26] Bu Yuhuan, Liu Yiling.The research on the biggest borehole curvature that allowed through for the rotating casing[J]. International Journal of Engineering, 2014, 27(12): 1963-1972.

[27] 步玉环，张大干，郭权庆. 大位移井顶替效率最优的套管居中度设计方法 [J]. 中国石油大学学报 (自然科学版),2015,02:53-57.

[28] Wang Jinbo, Li Siyang, Chen Yijun, Li Hao. New Strategy and Technology for Success in South China Sea on CACT Extended Reach Drilling Project[J]. International Journal of Petroleum Science and Technology，7（2）,2013: 221-229.

[29] 孙宝江，王金堂，王志远. 海洋深水钻井井筒多相流动规律 [C]. 第十三届全国水动力学学术会议暨第二十六届全国水动力学研讨会文集，2015.

[30] 王金堂，孙宝江，李昊，相恒富，王志远，田爱民. 大位移水平井钻井岩屑速度分布模拟分析 [J]. 水动力学研究与进展，2014，29（6）：739-748.

[31] 郭胜来，李建华，步玉环. 低温下物理和化学激发对矿渣活性的影响研究 [J]. 石油钻探技术，2013,41（3）：1-4.

[32] 王金堂，李昊，孙宝江，曹成章，彭志刚，徐渴望. 大位移井旋转套管固井顶替模拟分析 [J]. 中国石油大学学报（自然科学版），2015，39（3）：89-97.

［33］郭胜来，步玉环．硅酸钠对固井施工安全的影响［J］.中国石油大学学报（自然科学版），2015，39（3）：105-110.

［34］冯光通，胥豪，唐洪林，等．大位移井井眼清洁技术研究与实践［J］.石油地质与工程.2014.28（3），96-99.

［35］张志财　赵怀珍　慈国良，等．桩129-1HF大位移井钻井液技术［J］.石油钻探技术.2014,42（6）：34-39.

［36］唐洪林，孙铭新，冯光通，等.大位移井摩阻扭矩监测方法研究［J］.天然气工业.2016,36(5):81-86.

随着油气勘探开发向更深目的层和特殊层位发展，出现了越来越多的深井、超深井、高温高压井、小间隙井和易坍塌井等特殊井况钻井完井作业。"十二五"期间，西南的元坝气田、西北塔河油田等成为中国石化油气生产的重点区块，而这些区块以6000m以上的深井和超深井为主，存在高温高压、套管下入难度到、固井质量不高和环空气窜等固井技术难题。通过多年的科研攻关，形成了具有自主知识产权的适用于不同井况的系列高端工程装备与现场施工工艺技术。

第一节　工程装备技术

一、DREAM 系列钻井管柱自动化处理系统

（一）研发背景

随着石油行业的发展，对于钻采设备的安全性、自动化的需求越来越大，目前国内陆地钻机在自动化、智能化等方面与发达国家的先进水平存在较大差距，现场应用存在一定的问题与风险，工人劳动强度大，工作环境恶劣，自动化水平低。因此，急需对我国的钻机进行自动化配套。

在分析国外钻机自动化技术与装备的基础上，根据目标钻机情况，确定钻井管柱自动化处理系统各单元设备的技术参数、布局和整体配套方案，制定针对目标钻机的整体详细设计方案，根据目标钻机钻台高度、钻台面布局、二层台尺寸等确定配套设备的安装布局和技术参数，采用三维设计软件完成总体配套方案分析与优化。

结合目标钻机的结构布局情况，进行铁钻工的设备选型与其它设备的研制加工与

室内调试。在整体配套方案的基础上，拟定各单元设备的操作工艺流程，先试验各单元设备，再联合调试整个系统。通过目标钻机改造技术、管柱输送技术、井口工具自动技术、管柱自动排放技术与系统集中控制技术，完成从排管架到钻台输送自动化，井口作业自动化，立根排放自动化，集中动力与集中控制，设备联动实现管柱处理全过程自动化。

（二）技术内容及技术指标

1. 技术内容

（1）钻机自动化设备总体方案设计

分析目标钻机的级别、类型、井架结构形式、顶驱配备情况，根据目标钻机的钻台面布置、钻探能力、钻台高度等优化参数，进行钻机自动化设备总体方案的设计，通过管柱自动输送系统、井口自动化工具系统、管柱自动排放系统、钻机集成控制系统四大子系统相互配合，最终形成实现管柱处理全过程自动化的配套方案。钻井管柱自动化处理处理系统设备构成如表 7-1-1 所示，共计 10 台套自动化设备单元。

表 7-1-1　钻井管柱自动化处理系统设备构成

子系统	功能	设备	
管柱自动输送系统	实现由排管架与钻台面之间的管柱输送	动力猫道	缓冲机械手
钻柱自动排放系统	实现钻井立根的自动排放	二层台自动排管装置	钻台机械手
井口自动化工具系统	实现井口作业的自动化	动力吊卡	动力鼠洞
		动力卡瓦	铁钻工
钻机集成控制系统	实现对系统执行元件的集成控制	综合液压站	集中控制系统

（2）动力猫道、井口自动化工具、二层台自动排管装置等自动化设备研制

开展动力猫道的研制（图 7-1-1），实现钻井排管架与钻台面之间的管柱自动输送；开展井口自动化工具研制，实现井口作业的自动化；开展二层台自动排管装置的研制（图 7-1-2），实现立根的自动化排放。结合钻机参数，研制自动化设备单元，完成配套应用。

（3）综合液压站与集中控制系统配套

对综合液压站与集中控制系统进行研制，实现对系统执行单元的集中控制，根据钻台面布置情况，完成对目标钻机的钻机集成控制系统配套。

集中控制系统负责将各子系统进行统一协调管理，各设备的动作控制都由该系统

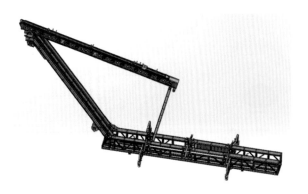

图 7-1-1　动力猫道

图 7-1-2　二层台自动排管装置

发出指令；同时各个设备的信息都要反馈给集成控制系统，供司钻人员监视。综合液压站为铁钻工（或液气大钳）、液压猫头、液压卡瓦、防喷器移动装置、套管钳、缓冲机械手、钻台机械手等提供液压动力。

（4）现场调试与应用

在整体配套方案的基础上，拟定各单元设备的操作工艺流程，先试验各单元设备，再联合调试整个系统。根据调试情况制定操作规程，开展工程应用。

2. 技术指标

通过本项目研究，形成钻井管柱自动化处理系统怕配套技术。根据目标钻机确定钻柱自动化处理系统各单元设备的技术参数和布局，通过选型配套、自主研发等，实现由 1 ～ 2 人即可在司钻房内通过集中控制系统便可完成钻井管柱上、下钻台；上、卸扣；钻进；起、下钻；钻柱立根的存取等钻井作业，自动化升级改造钻机的自动化程度达到国内领先、国际先进水平。

（三）应用效果与知识产权情况

DREAM 系列钻井管柱自动化处理系统是一项实现管柱处理自动化的新型石油装

备配套技术，经过不断发展和完善，该技术已得到越来越广泛应用和认可，在石油钻井工程中发挥越来越显著的作用。

通过钻井管柱自动化处理系统的研究，形成了集动力猫道、钻台机械手、缓冲机械手、动力吊卡、动力卡瓦、动力鼠洞、铁钻工、二层台自动排放装置和集中控制系统于一体的钻机自动化配套工艺与技术，实现了钻井过程的管柱自动化处理。在胜利25435SL井队、胜利50207SL井队开展了整体配套应用，实现了管柱从排管架到钻台面自动往返输送、钻井立根自动排放、井口作业自动化及系统单元设备的集中控制，钻机自动化水平和安全性显著提高，劳动强度减少90%以上。

二、钻井液固体废弃物随钻处理装备

（一）研发背景和研发目标

钻井过程中产生的钻井液及固体废弃物排放在钻井液池中，既有污染周围环境的隐患又浪费钻井液。新环保法的实施，对石油工程施工环境治理提出了更高的要求，在环境敏感区域部署新井数量的越来越多；另一方面，在老井场区域施工的钻井井场狭小，甚至无法开挖大循环池，对钻井液固相废弃物随钻处理技术与装备需求量也越来越大，因此迫切需要解决钻井过程中废弃钻井液及岩屑减量化、固相废弃物随钻治理及钻井液回收的问题。

在充分调研国外同类技术的基础上，优选振动干燥与离心脱液组合方式进行纯物理方式机械分离，连续工作，除正常钻井用的絮凝剂之外，不添加任何其它化学药剂，不产生废液，回收的钻井液全部循环使用，综合考虑钻井施工不同阶段的工艺和特点，制定钻井液各阶段固相废弃物随钻处理工艺流程，运用理论分析、室内试验测试、现场试验等多种手段，开展钻井液固相废弃物随钻处理中关键装备的研制。通过开展各个功能模块的现场试验，最终形成钻井液固相废弃物随钻处理成套装备的定型。

逐步完善随钻处理工艺技术，分析单一模块设备性能参数，以此为依据优化匹配成套设备性能参数，合理制定现场应用方案，优化设备参数组合，降低固相废弃物含水率。形成钻井液固相废弃物随钻处理现场使用操作规程标准。

（二）技术内容及技术指标

1. 技术内容

（1）全井段、全排量钻井液固相废弃物随钻处理工艺

根据钻井不同阶段制定出相应的处理工艺及流程，不改变目前的钻井工艺和固控

系统流程、不改变目前使用的钻井液体系，不额外除添加钻井液常规使用之外的任何化学药品，实现钻井液固相废弃物脱液干化、液体重复利用，去掉大循环池，能够实现全排量、全井段处理。固相进行清污分开、分类处理，降低后期无害化处理的难度及工作量。所有液体全部回收使用，节省清水补充，实现了废弃物的减量化。

（2）上部地层快速沉降固液分离工艺及装置研制技术

根据地层特点形成的二开上部地层快速钻进工艺，具有独特的技术优势，该阶段机械钻速快，可以节约钻井周期、降低钻井成本；但是这一阶段井底上返的固液混合物量大而且粘泥含量高、易板结、造浆强烈。这个阶段是钻井液固相废弃物随钻处理工艺的关键阶段也是最难处理的阶段，设计了具有自主知识产权的快速沉降处理模块，能够解决上部地层井底上返的钻屑量大、固液分离难度大的问题，能够使固相颗粒快速聚集沉降、固液快速分离，可以完全自然沉降分离出清水，相对原来大循环池，净化效果更好，解决快速钻进过程上返的钻屑量大、泥质含量高、造浆严重、固液分离难度大的问题。

（3）钻井液固相废弃物随钻处理装备研发与集成配套技术

采用振动与离心组合的物理方式，成套装备采用主要由振动干燥处理模块、快速沉降处理模块、离心分离处理模块、应急贮存模块、钻屑收集输送模块等组成（图7-1-3），整套装备采用模块化、标准化设计，能与钻井现场固控系统高度融合一体，与各种不同类型的钻机配套使用。安装使用维护方便快捷，适应性强，自动化程度高，劳动强度低。

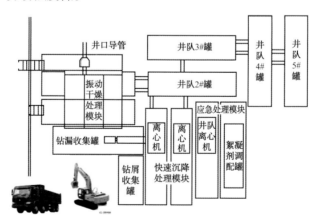

图7-1-3 钻井液固相废弃物随钻处理装备装备

2. 技术指标

快速沉降装置固液分离处理量：200m³/h；岩屑脱液干燥处理能力：15～20 m³/h；脱液干燥后含水率：< 70%；占地面积：170m²；储备容积：160m³。

（三）应用效果与知识产权情况

钻井液固相废弃物随钻处理技术经过不断发展和完善，该技术已得到越来越广泛应用和认可，在绿色钻井中发挥越来越显著的作用。

成套工艺与装备处理效果良好，实现了钻井液固相废弃物随钻处理，能够与不同钻机配套使用，可以推广应用到国内诸如新疆油田区块、延长油田区块、鄂尔多斯区块等。为扩大外部市场提供技术支撑与装备支持，研究成果不仅可以在石油勘探开发领域应用还可以推广应用到其它环保处理领域，具有广阔的推广应用前景。现场推广应用 43 口井，取消了泥浆池，减少用地面积 25800m²，实现了钻井液废弃物随钻处理和钻井液循环回用，经装置处理后固相含水率小于 70%，试验井节约用水 45%。

"一种全井段钻屑及废弃钻井液不落地处理装备" "一种钻屑快速沉降装置"获国内授权实用新型专利。

三、超高压、大功率压裂泵车及轻量化集成技术

（一）研发背景和研发目标

我国新发现油气储量中，深层、超深层及页岩气等非常规油气资源约占 2/3，高效开发这些资源是国家能源安全的重要战略举措，也是油气开发领域的主战场。利用大型压裂机组对油气储层进行改造是解放 "孔渗低、埋深大、压力高"油气藏的决定性手段。常规压裂装备（单机功率＜ 1490kW、压力＜ 100MPa）不能满足我国复杂地质和地表条件下资源的安全高效开发。"井工厂"压裂成为新常态，对机组超高压能力、单机大功率、车载移运和长时间大规模作业等提出了新挑战。为适应大型压裂工程，迫切需求 "超高压、大功率、轻量化"的装备，研制超高压、大功率压裂机组（工作压力 140MPa、单机功率 ≥ 1860 kW）具有重要的战略意义。

（二）技术内容及技术指标

创新形成了超高压、大功率压裂泵车及轻量化集成技术。率先研制出世界首台 3000 型压裂泵车，提升了我国油气开发装备的核心能力。

1. 超高压长寿命泵头体的失效规律及材料优选技术

发现了裂纹在应力集中区萌生，并向形变量最大方向扩展的失效规律，提出了以减缓裂纹扩展速度为目标的泵头体设计准则。优化设计了材料强韧性参数和化学组分，严控微量元素含量，增加钼、钒等元素，降低硫磷等有害元素。开发出泵头体

"多向锻造＋降温锻造"和高淬透热处理技术，晶粒度达到 7～8 级，淬透性提高 100%，冲击值提高 66%，泵体使用寿命比同类先进产品提高 50% 以上。

2．长冲程、大连杆负荷压裂泵技术

创新开发了集理论计算、结构设计、有限元分析、吸排模拟的压裂柱塞泵设计与分析系统，形成了压裂泵缸数、冲程、连杆负荷、传动结构和材料优选"五因素优化"的轻量化设计方法；建立了 4470kW、140 MPa 的压裂泵综合性能试验台，形成了全功率、最高连杆负荷下"百万冲次"耐久性测试方法；研制出长冲程低冲次 STP3300 三缸大功率压裂泵，最高工作压力达 140 MPa，最大功率质量比达 0.28 kW/kg，与国外先进水平相比质功比提升 18%，连杆负荷提升 54.7%，满足了车载轻量化要求。

3．大功率压裂泵车部件轻量化及整机优化集成技术

首创压裂泵车"六单元" 集约化冷却技术，研制出多通道多级温控自动调速冷却系统，与国外先进技术相比，冷却效率提高 11%，重量降低 30%；制定了受限空间和重量约束部件设计准则，开发出大功率压裂车集成设计软件，发明了不同阻尼条件下的双向隔振装置，保证了大功率轻量化车载压裂泵装备的平稳运行。研制的 3000 型压裂车与国外先进水平相比，最大功率、压力提升 33%，重量降低 19%，集成的压裂车功率密度 17kW/m³，可满足山区、丘陵、受限井场、超高压施工作业。世界首台 3000 型压裂车见图 7-1-4。

图 7-1-4 世界首台 3000 型压裂车

（三）应用效果与知识产权情况

大型压裂装备的研制与应用始终服务于国内、国外油气储层改造市场，研制出的 3000 型成套压裂机组在页岩气、水平井等大型压裂施工中进行推广，先后在重庆、华北、陕北等区块完成工业应用，参与 150 口井的大型压裂施工作业，持续施工 32100h 以上，先后刷新国内页岩气施工压力最高、作业时间最长、受控设备最多等

多项施工记录。自主研制的大功率压裂泵、高压管汇流体元件、集成控制系统等关键部件出口到北美、独联体等地区，实现了石油高端装备的出口创汇。3000 型压裂装备作为石油装备领域标志性产品，实现了页岩气开发压裂装备的全面国产化，为我国大规模压裂施工提供了装备保障。

项目累计申请专利 54 项，其中发明专利 20 项，发表论文 68 篇，获软件著作权 13 项，制、修订行业标准 3 项，获得国家科技进步奖二等奖 1 项，项目研制所形成的装备作为石油勘探装备领域的标志性产品参加国家"十二五"科技创新成就展。

四、海洋多井组修井模块技术

（一）研发背景和研发目标

胜利海上油田经过多年的开发，年原油产量已达 300 多万吨。随着海上勘探开发的不断深入，油井数量不断增加，新井投产、试油、油井大小修工作量也大幅度的增长，多数老生产井经过长期的运行开发，需要对油、气、水井进行维护、修理和各种措施作业。由于海洋石油开发环境的特殊性，以往多数情况下采用自升式修井作业平台进行修井。"十二五"期间，胜利海上自升式修井平台数量远远不能满足海上日益增加作业工作量的需要，且现有自升式修井平台缺少大悬臂梁结构，不能完全满足海上修井作业的需求，许多油井还是不能及时进行修井作业，影响了浅海油田油气资源的有效开发和海上勘探开发的整体部署。因此，海上修井作业需要新型的装备。针对以上问题提出海洋修井模块的研究思路，其特点是体积小，重量轻，可在一个平台上左右长距离移动，能完成平台多井组的几十口油井维修任务，并可在多个井组平台之间吊装移动重复利用。

（二）技术内容及技术指标

1．技术内容

（1）移动式修井模块设计技术

深入调研浅海海上油田勘探开发的现状及趋势，对比研究国内外浅海油气田的主要开发模式和修井装备现状，设计开发可满足多井组、多井位修井作业需求的长距离移动式修井模块（图 7-1-5），形成了海上多井组修井模块设计技术。同时轻量化、小型化设计集成的修井模块比相同工作能力的陆地修井装备结构重量减轻 15%～20%，并保证单体重量不超过 50t，满足油田小型浮吊的吊装要求，各单体模块间采用机械快速连接，组装及拆卸施工更加安全快捷，减少施工工作量，提高效率。

图 7-1-5　长距离移动式修井模块

（2）修井模块可调平长距离同步移动技术

采用"液压油缸＋棘爪"的形式来驱动作业模块移动。作业模块的液压移动系统主要由液压站、移动重力式液压步行机构和轨道等组成。其中步行机构安装在作业模块底座的立柱的两个滑鞋之间，下端通过滑鞋与移动导轨相连。液压移动装置由移动油缸、介杆和换向固定座组成。介杆上有一排步行孔，为钢制焊接件，固定座内装有换向块可以换向，保证作业模块的横向往复移动。调平机构见图 7-1-6。

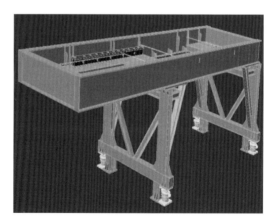

图 7-1-6- 调平机构图

（3）海上网电变频驱动技术

控制模块采用海洋网电变频 12 脉动控制技术，与传统的 6 脉动整流技术相比，在相同的输出功率下能够降低系统扰动，对稳定电网、延长电动机寿命有着重要的作用和意义。12 脉动串联整流技术在确保高电压驱动电动机正常工作时，有较高的工作效率，减少谐波污染。克服了海上电网电压波动大、电网容量小等缺点，提高作业效率，清除噪声污染源，极大改善了作业环境。采用整流变压器和无功补偿器和有源滤波器，将谐波值控制在 5% 以内，采用以太网和低压直流控制保证了电网的安全。

（4）动力模块快速装配技术

修井模块在平台安装前，应进行各模块的预组装，主要为作业模块、动力模块、控制模块、固控模块等，而作业模块分为三个子模块即下底座模块、钻台模块、井架模块。作业模块的三个子模块及其余各模块均在陆地预组装好，然后整体吊装到平台上，使用机械快速连接，组装及拆卸搬家安全、方便、快捷。采用模块化、撬块化集成设计，具有体积小、重量轻、功能全、便于吊装等优点，所有管线与平台管线均可精确对接安装和拆卸。

2. 技术指标

修井井数：12～48 口，纵移距离：50～80m，横移距离：4～6m，修井深度：3500～5000m，单体吊装重量：≤ 50t，适应海域：胜利埋岛海域及相似环境地区。

（三）应用效果与知识产权情况

海洋修井模块技术在胜利油田得到全面推广应用。"十二五"期间胜利油田海上累计推广应用 6 个海洋修井模块项目，覆盖 176 口井，累计修井 158 井次，新增产值 62470 万元。应用该修井模块技术大大缩短了修井作业周期，平均单井修井周期缩短 4～5d，作业成功率 98% 以上，大大降低了作业成本，提升了浅海开发的修井能力，为海上油气开发提供了一种投资省、见效快、工作安全可靠、效率高的新型装备，为海上原油挖潜增产发挥出了巨大的作用。

"十二五"期间，"海上多井组长距离移动式修井模块研制"获 2014 年中国石化科技进步二等奖。"海床土体探监测探杆贯入机具"等获国内授权发明专利 4 项，发表论文 3 篇。

第二节　仪表信息系统

一、VDX 数字钻井参数仪

（一）研发背景和研发目标

随着现代化钻井技术的进步和石油装备技术的提升，国内外市场对钻井参数仪表的要求也越来越高，如今的国际市场不仅仅是资本的竞争，更是技术上的竞争。钻井仪表作为钻井队的必备装备，其作用也越来越重要。高性能钻井参数仪表完善了甲方的监督职能，为乙方钻井作业提供科学依据。

当前国际上钻井多参数仪表技术的发展正朝着显示界面图形化、交互人机化、数据采集智能化、数据传输网络化，并逐步朝着与其他钻井装备一体化的方向发展。国内参数仪技术不能满足上述更高要求。

目前国际先进的数字化钻井仪表，引进成本高、维护困难等诸多问题，应用受到限制。我国在数字钻井仪表领域还处于比较落后的状态。研发数字钻井参数仪表，既是开拓海外钻井市场发展的需求，也是我国钻井仪表技术发展的需求。

通过对数据采集技术、传感器及测量技术、数据处理及传输技术、环境适应性技术的研究，研制了一套测量准确、功能完备、运行可靠且具有较强环境适应能力的VDX数字钻井参数仪。

制定了适合多种钻探环境的仪表配套方案，改进了适合多种环境的压力传感器和泥浆液位传感器，并制定了相应的配套安装规程。研制了高精度数据采集系统。研制了软硬件系统，主要措施有嵌入式主板的使用、嵌入式操作系统的定制、嵌入式采集软件的优化、采集与显示的通讯优化、数据库的性能优化等。司钻触摸屏显示一体机监测软件具有人性化软件界面设计、多种界面显示、信息交流界面、屏幕大键盘、数字键盘辅助输入、工况注释输入、井况信息输入、高低限报警、曲线跨度上下限任意调节、具有清洗屏幕功能、公英制单位选择、中英文语言界面等众多功能，同时实现了参数设置简单化、功能自动化（自动判别钻井状态、自动钻压调零、自动备份数据等），而且具有密码保护做到数据最大安全化。设计合理的SQL数据库具有实时数据存储、结构可靠、定时收缩日志文件、定时压缩数据库文件、自动备份、易维护等特点，存储的数据资料可用于历史数据的查询、打印，相关井史信息建立、回放、提取、存档，作为事故处理依据提供真实的信息。

（二）技术内容及技术指标

①研制了一套测量准确、运行可靠，具有较强的综合性环境适应能力，相对完善的全天候VDX系列钻井参数仪表，可满足国、内外陆地石油钻井工程——从普通钻修井、丛式井钻井及气探井作业的需求，并形成了系列化产品，在国际市场上得到认可。

②适应恶劣环境仪表处理技术研究，整机系统防爆等级分别达到Ⅱ级要求，嵌入式低能耗硬件，宽温环境稳定工作，超高亮度显示技术，外壳防护标准，抗震性能好的固态存储介质应用。

③研发整套自主知识产权的 C/S 架构系统软件，触摸屏操作的数据监测服务端软件界面直观、操作便捷、功能强大，远程客户端查询、打印软件，具有相关井史信息建立回放提取存档等完善功能，为司钻及现场监督、工程师等技术人员提供了便捷、可靠的操作体验，为事故处理依据提供了真实信息，大大提升了工作效率及作业的安全可靠性，多方式远程数据传输软件，应用了井场信息传输规范（WITS），实现了钻井数据的网络化共享，可为甲方或第三方的实时数据请求提供支持。

传感器信号输出：4 ～ 20mA 或 0 ～ 5VDC 标准；测量精度：大钩负荷、立管压力、钻速 ≤ 1.5%；扭矩、出口排量 ≤ 2.5%；井深、大钩高度 ≤ 0.1m/ 单根；泵冲 ±1SPM、转速 ±1RPM；泥浆体积、增减量 ≤ 0.5%；环境温度：−30 ～ 70℃；④相对湿度：≤ 90RH。

（三）应用效果与知识产权情况

VDX 数字钻井参数仪国内广泛应用于中原、西南、新疆、胜利、冀东等地区。随着国际市场的拓展，VDX 数字钻井参数仪也进入到了国际石油钻井市场，并在中东、南美等国家的石油工程市场得到了普遍好评和广泛应用，成为了集团公司国际钻井市场装备配套的首选产品。国外已应用到美国、沙特、科威特、厄瓜多尔等国家。从普通的钻修井作业到丛式井、气探井钻井作业等高端钻井领域，VDX 数字钻井参数仪参数测量准确，系统运行可靠，完全胜任恶劣的钻井工况，具有良好的环境适应性，人性化的人机交互非常适合司钻便捷地了解当前的钻井数据及钻井参数的变化趋势，能够起到及时预防事故发生的有效作用，得到了以要求严格著称的沙特阿美公司的认可。VDX 数字钻井参数仪在沙特、科威特等国家成功应用，达到了替代进口产品的目的。

二、石油工程决策支持系统

（一）研发背景

随着石油工程施工难度的增加和施工范围的拓展，越来越多的重大方案设计和关键施工环节的技术处理需要结合各类专家知识，进行跨专业、跨地域专家讨论、远程决策指导。

在重点井钻井工程方案设计时，通常是组织专家组开会，对设计项目组所作的初步方案进行讨论，讨论的重要技术点包括井身结构设计、钻柱组合及强度设计、钻头选型及钻井参数设计、钻井水力参数设计、钻井液体系及性能优选、井控设计、套管下深及套管柱强度设计、固井设计、特殊工艺设计等，专家们只能根据项目组提供的有限的参考资料，利用打印材料和多媒体投影进行讨论，然后由项目组根据讨论意见返回修改。目前这种工作方式还很多需要改进之处：一是难以灵活充分利用历史井信息；二是难以进行方案对比优化；三是决策效率有待提高；四是决策信息展示不够直观。

在重点井施工过程中，进行技术优化、复杂情况处理、地质导向和重大事件处理等关键技术环节需要专家决策。通常有两种专家决策模式，一种是派专家长期住井（住在井场或者井场附近）进行专职技术支持，另一种是遇到重大复杂情况或事故时再派专家上井处理。目前这种工作方式还很多需要改进之处：一是难以发挥专家团队优势；二是决策的及时性受到影响；三是难以高效利用人力物力财力。

针对目前中国石化乃至国内石油工程技术决策模式中信息量小、信息分析手段单一且不直观、决策效率低、专家资源难以高效利用、跨学科跨地域决策难度大等一系列难题，分析钻井设计方案论证、钻井施工和压裂施工等三大决策场景，专家对每个关键技术环节决策的信息需求，设计相应的软件模块。

利用SOA架构和"插件式"思想研发一体化基础平台，将各业务功能模块按照"插件"开发规范开发成可插拔的"插件"，从而根据不同应用场景的功能需求，进行软件模块的灵活定制，形成相应的子系统。总体架构如图7-2-1所示：

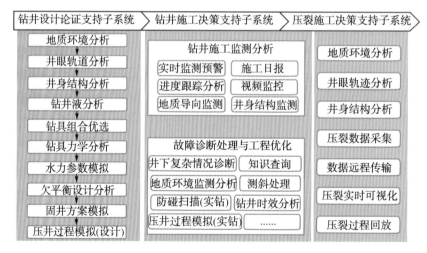

图7-2-1 石油工程决策支持系统主要功能组成

（二）技术内容及技术指标

系统采用石油工程业务一体化、地质信息与工程信息融合、多源异构数据实时融合、软件新技术应用等多种创新思路，形成了以下5项成果：形成了钻井设计论证支持子系统，形成了钻井施工远程决策支持子系统，形成了压裂施工远程决策支持子系统，形成了 24 个可复用石油工程专业组件，形成了基于 SOA 的插件式软件基础平台。三个子系统的主要功能构成如图 7-2-1 所示，具体技术内容及指标见表 7-2-1。

表 7-2-1　技术内容及指标

技术内容	本系统功能及指标	国内相关技术	国外相关技术
地质与工程信息融合	实现了地震、成果底图、测录井解释成果等地质信息与钻井工程信息的综合集成	未见此类产品	哈里伯顿、斯伦贝谢等公司有相关产品
钻井全流程信息集成	实现了钻井设计、实钻过程、完井全过程的信息集成	未见此类产品	哈里伯顿有类似的产品，但侧重于信息管理和简单查询，缺乏对比功能
决策针对性	根据钻井关键技术环节决策的需要，实现了决策相关信息的可视化对比，直观方便，有利于快速决策	未见此类产品	尚未在公开销售的产品中见此功能
专家经验的集成应用	将专家经验（如区块的钻井液适应性、各种故障的常用处理方法）集成到相应的决策环节，便于经验知识的传承复用	国内的井下故障处理专家系统具备类似功能，但涉及面很窄	尚未在公开销售的产品中见此功能
协同工作支持度	专家可将自己的观点添加为"注释"，其他人员可以在系统中共享，相互借鉴，共同决策；网络会议模块可将不同专家组织起来，针对某个模块进行讨论决策	中国石化的勘探决策支持系统具备少量此类功能	尚未在公开销售的产品中见此功能
风险预警与故障诊断	包括单参数门限值预警、多参数汇算关联实时预警、基于征兆的辅助诊断、故障处理知识查询、案例查询一体化	有相应产品，但功能单一	斯伦贝谢的 PERFORM 有此功能
地质导向	可同时以横向和纵向沿着井身轨迹方向展示录井和随钻测井信息，方式灵活，操纵方便，信息对比和展示充分；可在线调整目的层位置和形态，可添加专家注释	未见此类产品	斯伦贝谢的地质导向系统具备类似功能
地层压力计算	压实趋势线的添加和操作灵活，可根据实际需要添加一条或多条趋势线，并可通过图形交互式操作进行趋势线调整、平移、及端点移动，可充分利用专家经验更加准确地建立趋势线，确保计算结果的正确性	未见此类产品	哈里伯顿的 DrillWorks 等最先进的极少数产品具备此功能
钻柱力学分析	同时考虑了井斜和方位变化的影响，井壁弹性影响、钻柱与井壁之间多向随机接触摩擦作用，能比较真实地反映出钻柱整体的摩阻力大小及分布规律	国内软件考虑的因素较少	哈里伯顿有类似产品

（三）应用效果与知识产权情况

目前系统已经在西北外围探井、上海澜西探井、元坝超深水平井、江汉焦石坝页岩气井、东北龙凤山探井和海外加蓬开发井等 100 余口重点井施工中进行了应用，并且在西北和上海以技术服务形式实现了商业盈利。通过本系统，后方人员可以监测井涌、井漏和卡钻等多种钻井风险，形成风险剖面，指导现场施工，从而降低风险发生概率，避免经济损失；可以利用自动时效分析，得到纯钻时效、非生产时间及各种工况所占用的时间比例，便于分析区域钻井特征，优化钻井方案；可以利用随钻计算 ECD 和地层压力，实时评价井壁稳定情况，避免井壁失稳；可以利用移动端监测软件，随时随地了解生产现场情况和进度信息，便于快速做出决策。最终减少了上井次数，降低了风险发生概率，进而有效提高决策效率和管理水平，避免决策的片面性，降低管理和决策的时间和成本，是一种工作模式的升级和变革。

软件著作权有： 钻井风险控制系统 V1.0、钻井远程实时预警及诊断系统 V1.0、井筒及地质环境可视化系统 V1.0。项目获集团公司科技进步三等奖。发表论文 5 篇。

三、井筒信息融合系统及应用平台

（一）研发背景和研发目标

随着钻井施工越来越复杂，难度越来越大，对钻井质量及安全都提出了更高要求，需要高度集成井筒的动静态数据，进行生产过程的施工监测、风险分析。近年来，国内外相关石油公司利用地面和地下各项钻井参数的实时测量、处理等技术，对钻井过程进行监控，有效的管理和控制钻井风险，取得了很好的效果。相比国外，国内的井场数据全面集成共享还不充分，缺乏数据的深层次分析以及风险识别分析。

针对钻井井下风险，利用信息融合技术，围绕井筒的多领域数据进行风险识别模型研究。以现有的井场采集设备采集能力为基础，综合钻、测、录、地球物理及井下随钻测量参数，进行信息的数据级融合，搭建综合数据仓库；通过数据处理分析，进行信息的分析级融合，即施工过程监测分析、风险识别模型建立；通过三维虚拟等处理方式，以最优、最直观的方式展示井筒相关的数据；利用云服务技术和移动环境技术，搭建井筒信息融合系统，实现井筒信息的共享交互分析以及钻井风险识别诊断，降低钻井风险。

井筒信息融合系统整体采用客户端＋云模式。云端采用基于"数据及服务"的私有微云方式为客户端提供数据服务。客户端分为桌面、移动两种架构。桌面客户端偏重业务处理、平台管理；移动客户端主要展示成果、轻量业务处理。

（二）技术内容及技术指标

融合多领域（钻井、测井、录井、地质）的多源信息，立足各井筒专业数据库扩展建设综合数据库及应用系统；在钻井中应用三维可视化技术将地球物理、地质等和钻井有关的数据和知识综合起来建立钻井井下三维虚拟场景；通过开展钻前区域钻井风险分析，为施工井提供钻具、钻头等工程参数的最优推荐，对区块井下复杂情况统计分析，为井下风险预防提供基础；研发了邻井对比分析软件，按照地层情况推荐最优钻头、警示邻井钻遇复杂地层；研发了钻井地质力学分析软件，给拟施工井提供预测压力剖面；开展井下风险表征规律及随钻识别模型研究，建立基于可信度因子的阈值法随钻预警模型，利用录井数据对井下复杂情况进行自动预警；建立专家在线诊断模型，在初步预警后结合专家对钻井参数及其他现场情况的定量定性描述，进行趋势变化分析、辅助对复杂情况进行判定。两种诊断模式结合，充分利用自动采集实时预警，在第一道防线基础上引入专家干预、设置二道防线，避免误判、防止漏判。具体技术内容及指标见表7-2-2。

表 7-2-2 技术内容及指标

技术内容	本系统功能及指标	国内相关技术
井筒多源信息融合分析应用技术	将地震及地质解释成果、井筒工程信息融合到系统软件，将地质模型、地层压力、与井眼轨迹等工程信息深度集成，实现地质与工程信息的融合应用	国内未见报道国外领先的软件具备
国外领先的软件具备	采用阈值自动预警、复杂实例雷达搜索模型 CBR 与专家经验诊断相结合，建立了基于井下风险表征规律的井下复杂情况随钻识别模型	国内未见报道国外领先的软件具备

（三）应用效果与知识产权情况

目前系统已经在胜利石油工程公司各钻井公司、钻井院进行全面推广应用，实现了从钻井工程设计方案优化到钻井施工全过程的跟踪分析。先后在重点井 Z129-1HF、Z129-平 10，永字号台式井 Y553-斜 11、Y553-斜 12、Y553-斜 13、Y553-斜 14，胜利油区 Y72-斜 373、Y72-斜 385、Y72-斜 358、Y11-斜 162 等 10 口井、以及渤海湾 BZ25-1-C37H、BZ25-1-C38H 进行了整体的跟踪监控。该系统在钻井设计阶段，可以快速、图形化的实现区域风险分析、优选推荐、邻井对比，提高设计速度、减少人员劳动强度；在施工阶段，能够为技术专家提供一体化的决策平台和辅助计算，满足团队决策和快速决策的要求。

软件著作权有：井筒信息管理与集成查询系统 V1.0、邻井井史数据对比分析软件 V1.0、基于可信度因子的井下复杂情况专家诊断系统 V1.0。"井筒信息融合与风险识别技术"获 2016 年中国石化科技进步二等奖。发表论文 2 篇。

第三节　钻井完井工具

一、射流冲击器

（一）研发背景和研发目标

在油气勘探开发过程中，随着钻井深度不断加深，钻进的地层更加古老，钻遇地层更加坚硬，采用常规的钻井方法，机械钻速慢，影响钻井周期，增加了勘探开发成本，因此，亟待解决硬地层钻井机械钻速低的问题。

在充分调研国外同类技术的基础上，综合运用理论分析及数值模拟、室内试验测试、现场试验等多种手段，系统分析旋转冲击钻井的破岩特点，揭示旋转冲击联合破岩的机理，建立石油旋转冲击钻井破岩的理论模型，分析旋转冲击钻井参数对破岩效率的影响，科学地确定旋转冲击钻井工艺技术参数。

在"射流附壁"理论研究的基础上，建立射流元件内部 CFD 数值模拟流场，开发双稳射流元件，指导射流冲击器的设计，完善射流冲击器的设计方法。

开发射流冲击器性能测试及寿命评价系统，建设完成的多功能钻井模拟试验台架为冲击器寿命验证提供了试验平台。开展冲击器结构流体参数、耐磨损、抗冲蚀等性能参数测试，进行攻击使用寿命验证。

完善旋冲钻井工艺技术，分析冲击器在不同岩石中所需的冲击器性能参数，以此为依据调节冲击器性能参数，合理制定冲击器现场应用方案，优化钻具组合，优选旋冲钻井参数，提高其破岩效率。形成射流冲击器现场使用操作规程标准。

（二）技术内容及技术指标

1．技术内容

（1）旋冲钻井破岩理论研究

通过对岩石受轴向力和剪切力作用下的力学模型及岩石受冲击动载作用下的力学模型的研究，建立了旋转冲击钻井破岩力学模型，揭示了旋冲钻井破岩机理，提出了一套旋转冲击钻井破岩理论及旋转冲击钻井破岩参数的匹配方法，最终形成了全新的深井超深井旋转冲击钻井破岩方式。

（2）射流冲击器结构设计及制造技术研究

石油钻井井下工作条件恶劣，如何实现给钻头有效冲击力；如何突破冲击器在井下工作寿命低的瓶颈，是研究的核心及攻关方向。开展了射流冲击器整机方案设计，提出了射流冲击器的设计方法，建立了射流冲击器的工作理论。通过室内测试、计算机模拟计算和结构设计、逐步优化和完善了冲击器的结构，编制了计算机辅助设计软件，通过多轮优化和完善，设计出低速大功率射流元件、一体化铸造缸体两大核心机构。并进行了轴向顶紧机构、分流机构、防空打机构、功率传递机构等关键机构的设计。最终研制成功了射流冲击器。

开展了射流冲击器制造工艺技术方法研究。成功制造出系列射流冲击器，如图7-3-1所示，优选出冲击器各机构加工材料，制定了冲击器整机加工工艺规范，并制定出核心机构和关键机构加工工艺规范，保证加工质量达到设计要求。

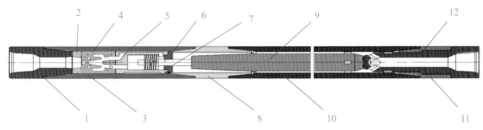

图7-3-1　射流冲击器结构图

1— 上接头；2— 分流装置；3— 外缸；4— 换向机构；5— 缸体；6— 活塞；7— 缸盖；
8— 中接头；9— 冲锤；10— 外管；11— 八方；12— 砧子

（3）射流冲击器性能测试及评价研究

研发了射流冲击器地面性能调测试系统，利用该地面性能测试系统，对射流冲击器进行了大量的室内性能测试及评价实验研究，形成了一套冲击器地面内性能测试试验方法，为冲击器的结构性能参数匹配以及旋冲钻井工艺的形成奠定了良好的硬件基础。

（4）旋冲钻井工艺及现场应用技术研究

研究旋冲钻井参数（钻压、排量、转速、泵压、冲击功、冲击频率等）与岩石抗钻特性匹配关系，形成了旋冲钻井参数优选方法。制定了射流冲击器现场应用操作规程。开发出旋冲钻井现场服务软件，可依据现场的测井资料，优选出旋冲钻井参数，为现场服务提供理论依据。

2．技术指标

通过本项目研究，形成石油旋冲钻井实用可行的破岩理论和射流冲击器的设计理论及设计方法；为指导射流冲击器设计及性能参数确定提供依据；应用该项理论方法，使射流冲击器单次使用寿命和旋冲钻井技术的应用效果有明显提高，冲击器有效工作时间达到100h以上，在硬脆性地层中机械钻速同比提高30%以上。

（三）应用效果与知识产权情况

旋冲钻井技术是一项以研究液动冲击器结合相应工艺的具有生命力的新型石油钻井技术，经过不断发展和完善，该技术已得到越来越广泛应用和认可，在石油钻井工程中发挥越来越显著的作用。

射流冲击器解决了硬地层钻速慢问题，取得了良好应用效果在国内中国石化、中国石油、中国海油三大油公司下属油田及国外加拿大、也门等油气钻井区块，进行了 114 井次的推广应用，平均机械钻速提高 41.3%，在高密度、高粘度钻井液情况下，射流冲击器均能正常工作，其工作寿命达到 120h 以上，最高使用寿命达到 273h。入井最深达 6912m，最长单井进尺 1085m，累计进尺 29800m。适用泥浆比重达 2.0，黏度达 100s。创造出应用井深最深、寿命最长的记录。

"旋冲钻井技术研究及推广应用"获 2015 年北京市科学技术奖三等奖； "一种液动射流冲击器" "冲击式钻井设备" "用于测试自进式喷嘴的自进力的装置及其方法"等获国内授权发明专利。发表论文 3 篇。

二、页岩地层油气捕集取心技术及岩心后处理技术

（一）研发背景和研发目标

采用传统的取心工具获所取的页岩岩心在起钻过程中，由于压力变化造成岩心中的油气不断解析逸出，地面所获取的岩心资料无法准确评估页岩地层的真实油气含量。此外，目前已有的保压取心技术采取保持井底压力密封岩心的技术方法，需要地面转运高压岩心筒，并带压岩心后处理，发生过多起地面安全事故，已逐渐被国内外同行淘汰和放弃；而密闭取心技术靠密闭液包裹隔离岩心仅能提供原始的地层油水饱和度，在起钻过程中同样不能阻止岩心中的油气解析逸出。

针对页岩气等非常规油气开发特点，完成页岩地层油气捕集取心工具的方案设计，取心作业完毕需采用差动装置实现密封瓣阀关闭钻头环口，防止起钻中岩心中的解析气逸出，通过单向阀进入储气筒储集，通过温度压力采集系统读取存储，同时储气筒留有采集口，可进行气体采集分析。能在安全的工作压力下，在起钻过程中 100% 原位收集岩心的逸出油气，所提供的岩心除了标准岩心分析数据，还可以分析原始含油气量、气 / 油比、直接测量的饱和度、无损失气体含量等其他技术不能获得的数据及增强的储层数据，可以更加准确的指导油气田的开发决策和生产。

（二）技术内容及技术指标

1．技术内容

（1）研制了岩心油气捕集取心工具

根据工具功能原理，设计了如图 7-3-2 所示的工具整体方案，从上向下依次包括差动机构、悬挂总成、油气储气筒及压力补偿系统、取心外筒、取心内筒、密封阀系统和取心钻头。

外筒组合串从上向下依次由：牙坎上、下差动接头、密封滑套、定位接头、外岩心筒、取心钻头组成。内筒组合串从上向下依次由：液压丢手总成、悬挂和分水总成、储气筒总成、温压测量短接、内筒密封阀系统总成。内、外筒总成串依靠滑块进行连接。通过液力憋压进行丢手，完成割心及密封瓣阀关闭作业。轴向差动机构能满足取心工程中承扭、承压作用，结构强度较高，安全可靠。

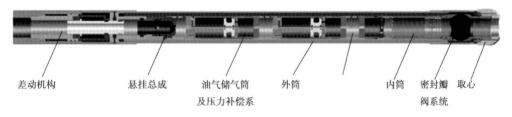

图 7-3-2　页岩地层取心油气捕集工具示意图

（2）研制了密封阀及内筒密封系统

在起钻过程中，实现岩心在内筒内的有效密封是实现页岩地层取心油气捕集的关键，取心内筒的密封采用采用密封瓣阀进行密封，密封阀的关闭靠上部差动装置来辅助完成。密封阀主要有阀座、瓣阀和阀套组成。工作原理：工具入井前，瓣阀保持开启状态，中间被遮挡套遮挡，岩心可以从遮挡内部空间进入内筒。取心结束后，释放上部丢手装置，开启差动机构，上提钻柱，拉开差动机构，使遮挡套随内筒上移，露出瓣阀。同时，岩心爪自锁，带动岩心上移，进入内筒密封腔室。在扭簧扭力和重力作用下下，瓣阀向下闭合，压合密封圈。使岩心内筒成为一个密闭腔室，达到在起钻过程中密封岩心中渗出流体作用。密封阀额定密封压力 7MPa，密封方式采 O 圈软性密封。

（3）岩心油气储集筒研制及压力平衡技术研究

在页岩地层进行随钻取心油气捕集，岩心油气储集筒（如图 7-3-3 所示）在起钻过程中收集岩心逸出的油气涉及到钻井取心、油气采集、岩心筒密封等多项工艺技术，基本工作原理阐述如下。

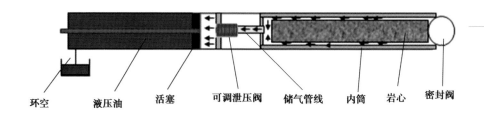

环空　　液压油　　活塞　　可调泄压阀　储气管线　内筒　岩心　密封阀

图 7-3-3　油气捕集储气筒示意图

首先进行钻井取心作业，取心钻进结束后，利用自锁式岩心爪进行割心，卡断岩心柱；丢球液力憋压，启动工具差动机构，上提工具内筒串，将岩心柱上提过密封阀盖板，密封阀盖板在扭簧作用下自动关闭，密封取心内筒；起钻过程中，环境压力逐渐降低，岩心柱内高压流体渗出，导致岩心内筒内部压力升高，岩心释放的气体经过一个单向阀向上运移进入储气筒系统，完成油气收集。

（4）岩心后处理技术研究

隔筒辨别砂泥岩性、校核岩心所标的取心深度，帮助现场地质人员对比地层、卡准层位，确保取全取准储层数据，在进入实验室前现场地质人员通过测试曲线就可及时了解所取岩心岩性。岩心不出保形筒，减少了对岩心的污染和人为造成的破碎，保证了岩心的完整性，利于后期实验室的分析化验。

岩心稳固技术通过专门研制的注胶设备将胶液混合后发泡凝结起来填充岩心与铝合金衬筒之间的缝隙，避免岩心在运输、转移过程中因晃动而造成岩心破损。

2．技术指标

①研制适用 Φ215.9mm 井眼取心工具和岩心后处理设备，岩心直径 Φ100mm，一次取心进尺能力 3m，形成配套工艺技术和操作规范。

②实现岩心的逸出油气收集和捕提，岩心收获率大于 80%，油气储集筒安全释放压力 7MPa，油气储集筒抗外挤压力 35MPa，油气储集筒最高额定工作压力 4MPa。

（三）应用效果与知识产权情况

胜利石油工程有限公司钻井工艺研究院采用自主研发的页岩油气捕集取心工具，在胜利油田 Y66X98 井，井段 298～299.5m 进行取心作业，岩心进尺心长 1.5m，收获率 100%，现场试验中板阀关闭良好，丢手系统操作正常，岩心抓割心可靠。"选择式取心装置""一种预紧密封板阀装置""差动式空气钻井取芯装置及方法"获国内授权发明专利。发表论文 2 篇。

三、海洋天然气水合物钻探取心技术

(一)研发背景和研发目标

天然气水合物需要高压低温环境才能产生,在海洋中一般赋存于深海浅层地层中,在钻探过程中由于温压条件变化会迅速分解,其分解的主要气体甲烷是一种重要的温室气体,会对全球气候环境会造成影响。并且水合物的分解能引发海底天然气的快速释放和沉积层液化,产生大面积海底滑坡等自然灾害,对海洋工程具有毁灭性的破坏。采用常规取心技术难以避免对天然气水合物的扰动,为防止灾害发生,并取到天然气水合物样品,就需要一种特殊的保压保温钻探取心技术。

针天然气水合物钻探取心过程中为保持天然气水合物的原位特性,需要快速提取、保持温度、保持压力、快速转移、监控温度压力;为采用深水钻探船不提钻裸眼取心需要采用绳索取心技术,在不取心时能够与钻进模式快速转换;取心结束后,由于天然气水合物不可避免的要分解成可燃气体,要在工具上留有接口,进行气体采集。

(二)技术内容及技术指标

1. 技术内容

① 以深海勘察船为工作母船,以海洋天然气水合物钻探取样为目标,研制多种结构的保压保温取心及送入工具,研究压力补偿技术、控制技术及耐压关闭技术,研制在同一钻具条件下的非保压及相配的取心工具。

② 取心工艺技术研究:包括取心工具送入与回收、提升系统与取心工具的配套、取心作业参数的制定、带压样品的转移、储存与冷藏工艺技术。

③ 带压转移、岩样储存与冷藏装置的研制:包括带压转移技术、连通技术、压力关闭技术、控制技术、保压及冷藏技术。

④ 研制取心与全面钻孔转换技术:包括组合钻头钻进技术和转换工具的设计与试制。

2. 技术指标

① 保压取心工具适合内通径104mm钻具,取心直径48mm,取心长度1m,耐压30MPa。

② 非保压取心工具适合内通径104mm钻具,取心直径72mm,取心长度3m。

③ 带压转移装置行程1.8m,耐压35MPa,最小内径 Φ60mm,压力和温度显示精度 ±0.1。

（三）应用效果与知识产权情况

胜利石油工程有限公司钻井工艺研究院采用自主研发的天然气水合物钻探取样工具，在南海 LW3 区块，水深 1310m、泥线以下 100～123.5m 进行天然气水合物取样作业，共计取样 2 口井 13 个回次，9 次保压成功，保压最高 12.014MPa，保压样品分解的气体现场检测 99.2%～99.7% 为甲烷气体，并且点火成功，还完成保压样品 12MPa 的带压转移，在冷柜中 0～3℃冷藏 50 小时后收集气体点火成功。出版专著：《深水天然气水合物钻探取样关键技术初探》一部。"一种钻柱式水合物钻探取样装置""钻井松软地层取心工具的导向装置""非干扰式深海水合物钻探取样装置""选择式取心装置"等获国内发明专利授权。发表论文 6 篇。

四、系列高性能尾管悬挂器

（一）研发背景和研发目标

在深井、超深井、高温高压井、小间隙井等复杂井尾管固井作业中，仅有尾管悬挂器功能的尾管固井工具已不能满足现场需求。如：中国西北的深井、超深井开发，要求尾管悬挂器具有更高的承载能力；四川地区的高压油气井，要求尾管悬挂器具有很高的环空封隔能力；中国海上油田大斜度井、水平井等复杂井要求尾管悬挂器具备旋转下入功能，保障尾管顺利下到设计位置。因此，需要开发具备重载、大过流、旋转和顶部封隔等功能的高性能尾管悬挂器系统，解决上述复杂井的特殊需求，提高尾管固井作业的成功率和固井质量。

通过分析国内外常规尾管固井工具特点，结合复杂深井勘探开发尾管固井需求，引入新理念，采用模块化设计思路，分别开展高承载坐挂机构、旋转液压丢手、尾管顶部封隔器和旋转轴承等功能单元的结构设计，然后开展集成化研究，分别形成适用于不同井况要求的内嵌卡瓦尾管悬挂器、旋转尾管悬挂器、膨胀尾管悬挂器和封隔式尾管悬挂器等工具。通过采用新材料，解决关键部件技术性能问题；通过配备高性能检测设备，确保零部件质量；通过研制多功能模拟装置，对功能单元和整机进行全面性能评价并完善提升。通过开发扭矩预测分析软件，指导现场旋转尾管施工确保尾管固井成功率。最终形成具有自主知识产权的高性能尾管悬挂器系列工具，彻底解决深井复杂井尾管固井成功率低、固井质量难以保证的突出技术难题，为我国油气勘探开发提供有力技术保障。

（二）技术内容及技术指标

1．技术内容

（1）内嵌卡瓦尾管悬挂器

针对常规尾管悬挂器挂机构承载能力低、坐挂后过流面积小、入井可靠性不高等缺点，研发了革命性的空间立体斜面承载的内嵌式卡瓦坐挂机构，并形成了新型内嵌卡瓦尾管悬挂器，如图7-3-4所示。

图 7-3-4　内嵌卡瓦式尾管悬挂器示意图

该坐挂承载机构打破了传统的卡瓦与锥套径向挤压承载的方式，通过锥套和卡瓦的空间立体斜面进行承载，改变了卡瓦与上层套管的受力状态，将传统轴向受力改为轴向和切向的复合受力方式，大大降低了坐挂处的应力，消除了应力集中问题。而且卡瓦与上层套管的接触面积较常规有大幅增加，从而使得悬挂负荷较常规尾管悬挂器提高1倍以上，$\Phi178mm$尾管悬挂器承载能力达到2520kN，创下了国产尾管悬挂器承载能力的新记录。

此外，该坐挂机构的卡瓦为整体式无推杆结构，坐挂前卡瓦始终位于锥套内，很好地防止其下入过程中由于磕碰造成的脱落，坐挂和下入的可靠性大大提高，使得尾管悬挂器在深井、大斜度井和小间隙井等复杂井况的适应能力得以提高。在卡瓦坐挂后，卡瓦与本体之间会形成新的内过流通道，增加了坐挂后的过流面积，使固井时循环通道更为畅通，顶替效率更高，从而可以有效地提高固井质量。与常规悬挂器相比，坐挂后的过流面积提高30%以上。

为满足现场不同规格尺寸尾管固井工具的需求，完成了内嵌卡瓦尾管悬挂器的规格系列化工作，相继研发了$\Phi365mm \times \Phi273mm$、$\Phi273mm \times \Phi219mm$、$\Phi219mm \times \Phi168mm$、$\Phi245mm \times \Phi178mm$等9种规格的内嵌卡瓦尾管悬挂器，详细规格见表1。其中，$\Phi365mm \times \Phi273mm$、$\Phi273mm \times \Phi219mm$、$\Phi219mm \times \Phi168mm$等3种规格为国内外首创。

（2）超高压封隔式尾管悬挂器

封隔式尾管悬挂器主要由尾管顶部封隔器、坐封工具和内嵌卡瓦尾管悬挂器等部件组成，在注水泥固井结束后，上提钻柱，启动坐封工具，然后下压管串剪断封隔器坐挂剪钉，实现尾管顶部封隔器的机械坐封，封隔尾管环空，从而有效解决高温、高压井环空气窜的问题。

其核心部件为尾管顶部封隔器（图7-3-5），该尾管顶部封隔器打破传统封隔器单纯靠橡胶材料进行封隔的方式，利用金属实体膨胀原理，通过涨锥使可膨胀金属骨架发生径向形变，从而使其外表面的橡胶紧贴于上层套管内壁形成密封。优选了耐高温和耐腐蚀性能极佳的橡胶材料，使封隔器的耐温和耐压大幅提高，环空封隔能力达70MPa，耐温能力达204℃。

同时，封隔器设计了防止提前坐封挡块，保证只有在固井结束后，送入工具被提出，挡块组失效时才能下压实现封隔器坐封，最大遇阻载荷为500kN；同时，其流线型的外面和金属骨架能够保证其在快速下入和大排量循环下不会提前坐封，有效减小了在大斜度井、岩屑较多的井中封隔器提前涨封的事故。研制了新型的双斜面防退卡簧，在防退效果不变的前提下，增加了间隙，使其在高比重泥浆环境下的可靠性大幅提高；整体式的防退卡瓦能够保证其在坐封后不会发生轴向运动，进一步提高了其密封可靠性，性能达到国际同类产品性能指标。

图7-3-5 金属膨胀式顶部封隔器结构示意图

（3）旋转尾管悬挂器

旋转尾管悬挂器主要由内嵌卡瓦悬挂器、旋转液压丢手工具和高承载轴承等部件组成，如图7-3-6所示，其下入过程中能够通过钻机或顶驱驱动管柱整体旋转实现尾管的旋转下入，提高下入成功率；同时可以在尾管固井过程中实现旋转尾管固井作业，提高泥浆的顶替效率，提高固井质量。

高载荷轴承是旋转尾管固井工具的核心技术之一，难点是设计空间窄、承载能力要求高、工况恶劣等，国内外现有的轴承难以达到实际工况的要求。创新地设计了具有密封效果的高承载对数滚子轴承，其采用双排对数母线型滚子结构，为了防止泥浆、水泥浆中的固相进入到轴承跑道，在轴承的内孔、外圆均设计了耐高温、耐磨的密封圈，从而保证滚子和跑道在相对洁净的工况下工作，显著提高了轴承的承载能力和寿命，达到了实际使用工况的要求。研制的177.8mm轴承在1.65g/cm³的泥浆中，轴向载荷90t，寿命达到了55h，达到国际先进水平。

为了实现尾管下入和固井过程中的管柱旋转，研发了高抗扭的旋转液压丢手工具（如图7-3-6所示），该液压丢手工具与尾管悬挂器间不再使用传统的螺纹连接的承载方式，而是创新的采用了卡块式承载方式。同时具备液压丢手和机械丢手两种丢手方式，使丢手更加可靠。Φ177.8mm 液压丢手的承载能力达到 2000kN，抗扭能力 40kN·m，液压丢手压力 14 ～ 16MPa，机械丢手扭矩 4 ～ 6kN·m，性能全面达到国外同类产品的指标。

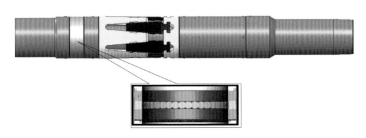

图 7-3-6　旋转尾管悬挂器结构示意图

（4）封隔式旋转尾管悬挂器

封隔式旋转尾管悬挂器是在旋转尾管悬挂器和封隔式尾管悬挂器基础上研发的，集高承载、大过流、旋转下入、旋转固井和顶部封隔等功能于一体的尾管悬挂器系统，其主要由内嵌卡瓦悬挂器、旋转液压丢手工具、高承载轴承和高压尾管顶部封隔器等功能单元组成，如图 7-3-7 所示。内嵌卡瓦坐挂机构保证其具有高承载、大过流和坐挂可靠性高等特点；下入过程中能够通过钻机或顶驱驱动管柱整体旋转实现尾管的旋转下入，提高下入成功率；可以在尾管固井过程中实现旋转尾管固井作业，提高泥浆的顶替效率，提高固井质量；尾管顶部封隔器能够在固井后实现环空封隔，防止油气水窜。

为满足现场不同井身结构的要求，现已基本实现工具的系列化，研发了 Φ245mm×Φ178mm、Φ194mm×Φ140mm、Φ178mm×Φ127mm、Φ178mm×Φ114mm 等四种规格的封隔式旋转尾管悬挂器。

图 7-3-7　封隔式旋转尾管悬挂器结构示意图

（5）膨胀尾管悬挂器

膨胀尾管悬挂器是膨胀管技术的衍生产品之一，采用先固井、后坐挂的作业方式实现悬挂器液压膨胀作业，利用钢管膨胀及高强度橡胶材料作为密封悬挂机构解决水力密封的问题。通过开展膨胀悬挂原理分析、膨胀管材和密封悬挂材料优选、一体式工具结构设计及膨胀性能检测等方面研究，自主研制了适用于套管、筛管和旋转尾管固井要求的膨胀悬挂器,具有耐高温、大通径、高强密封和双向悬挂等特点,可以悬挂更大尺寸套管,减少重叠段套管段长度,实现不同套管之间无缝连接。

目前,通过有效高性能橡胶材料和膨胀挤压的密封方式,膨胀尾管悬挂器可实现 55MPa 以上的环空封隔能力,并有效提高了悬挂器坐挂内通径,进一步扩大提升了套管内悬挂尾管尺寸,可实现 177.8mm 套管内悬挂 139.7mm 尾管,139.7mm 套管内可实现 101.6mm、114.3mm 尾管,有效扩大了尾管悬挂器的应用范围,可实现 177.8mm 套管侧钻井二开次钻完井作业。

现已实现膨胀悬挂器产品系列化,研发了 Φ340mm × Φ245mm、Φ245mm × Φ178mm、Φ194mm × Φ140mm、Φ178mm × Φ140mm、Φ140mm × Φ114mm 等四种规格的膨胀尾管悬挂器(图 7–3–8)。

图 7–3–8　膨胀悬挂器结构示意图

2. 技术指标

①内嵌卡瓦尾管悬挂器与常规悬挂器相比承载能力提高 1 倍,过流面积提高 30%,形成了 9 种规格的系列内嵌卡瓦尾管悬挂器。

②封隔式尾管悬挂器耐温 204℃,耐压 70MPa;可同时具备高承载、大过流、旋转尾管下入、旋转尾管固井和顶部环空封隔等功能;具体技术指标见表 7–3–1。

③膨胀尾管悬挂器可悬挂套管和筛管,耐压 55MPa,具有尾管头密封和大通径特点,可悬挂更大尺寸尾管;具体技术指标见表 7–3–2。

表 7–3–1　封隔式尾管悬挂器技术指标

规格	额定承载能力 / kN	抗扭能力 / (kN·m)	密封能力 MPa	耐温 /℃
Φ245mm × Φ178mm	1800	41	50/70	150/175/204
Φ194mm × Φ140mm	900	33		
Φ178mm × Φ127mm	600	23		
Φ178mm × Φ114mm	600	23		

表 7-3-2　膨胀悬挂器技术参数

技术参数	$\Phi 139.7 \times \Phi 114.3$	$\Phi 177.8 \times \Phi 139.7$	$\Phi 193.7 \times \Phi 152.4$	$\Phi 244.5 \times \Phi 193.7$	$\Phi 340 \times \Phi 273$
膨胀前外径 /mm	102×114.3	139.7×152	146×160	194×212	273×306
膨胀前内径 /mm	88	124	130	174	249
膨胀后外径 /mm	114	152	160	212	306
膨胀后内径 /mm	100.5	137	144	185	282
悬挂器长度 /m	3.5	5	7	9	10
密封压差 /MPa	55	50	45	40	35
悬挂力 /t	>50	>70	>80	>150	>150

（三）应用效果与知识产权情况

　　系列高端尾管悬挂器自 2011 年起在中国石化西北塔河油田、胜利油田、元坝气田，中国海油涠洲油田和中国石油塔里木油田等区块进行了推广应用，累计应用 300 余井次，成功率 100%，很好地解决了深井、超深井、高压油气井和大斜度井等复杂井的尾管固井难题，保障了中国石化元坝、塔河等重点油气田的勘探开发。应用最大井深 7293m，尾管最长 2811m，最大井斜 82°，最高井温 173℃，最高钻井液密度 2.2g/cm³，尾管旋转最长 11h。

　　中国石化西北塔河油田普遍存在井深、尾管段长、载荷大和顶替效率低等技术难题，采用内嵌卡瓦旋转尾管固井工具成功解决以上问题，累计应用 158 井次，其中包括多口中国石化重点探井、重点开发井。如在顺托 1 井成功应用 $\Phi 365mm \times \Phi 273mm$ 国内外首套内嵌卡瓦尾管悬挂器，创造悬挂器尾管最重的记录。在星火 101 井、桥古 1-2 等井成功实现旋转尾管固井作业，通过固井后的测井曲线可以发现整体固井质量优质，相对同区块的采用常规固井方式的尾管固井质量有明显提高。

　　中国石化西南区块地质条件复杂，存在井深、井温高、泥浆密度高，井壁不稳定易坍塌和固井后环空气窜等问题，采用封隔式尾管悬挂器有效解决以上问题，累计推广应用 40 井次。在 YB272-1H 井实现最高泥浆密度 2.2g/cm³ 的应用记录，尾管固井后封隔器坐封正常，环空密封良好，实现憋压候凝的技术要求，成功打破国外同规格工具在该区块从未完全成功的魔咒，完全替代进口产品。并在 YS1 井和 YaS1 井两口彭州海相重点风险探井应用旋转尾管固井技术，固井期间全程实现旋转，固井质量良好，固井后封隔器坐封明显，证明了内嵌卡瓦旋转尾管悬挂器在高比重泥浆、深井复杂井中安全可靠性。

涠洲油田是中国海油重点海上区块，多大斜度井或水平井，井眼轨迹复杂，尾管下入极为困难，且对固井质量要求高。封隔式旋转尾管悬挂器累计应用近60口井，成功率100%。其中，在WZ6-12-A3S1井采用旋转下入技术成功将1290m的Φ178mm尾管下入到位，体现了旋转尾管固井技术在大斜度井、水平井中尾管下入的优势，累计旋转11h。2015年在涠洲12-2油田的8口定向井中全部实现旋转固井，最长旋转时间60min，最大旋转扭矩达到23kN.m，采用SBT测井技术综合评定固井质量，其中7口井优秀，1口井良好。成功实现了大位移井的旋转尾管固井，打破了大斜度井无法旋转固井的固定思维。2016年在涠洲12-1油田完成了3口大斜度、长裸眼的旋转尾管固井作业，特别在A4H1井中完成了长达1636.23m，最大井斜80度的固井施工过程旋转，一举刷新了国产旋转尾管悬挂器成功旋转的尾管最长、井斜最大的记录。

系列规格膨胀尾管悬挂器先后在中国石化、中国石油、中国海油、中盐公司及哈萨克斯坦等国内外多个地区推广应用350口井，成功率100%，应用井型包括侧钻井、加深井、套损井、热采井、探井、采盐井等。膨胀悬挂器最大坐挂深度5822m，悬挂尾管长度12～1639.56m，套管重叠段由传统150～200m减少到20～30m，杜绝尾管头出水现象发生，整体性能达到了国外先进技术水平。其中，在塔河TH10235CH2、冀东NP280C、胜利B674-平3等20口井中成功实现177.8mm套管内悬挂139.7mm尾管固井，并实现后续钻完井作业，有效解决低压层、泥岩坍塌层和漏失层等小井眼复杂层封堵难题；中海油BB5井采用膨胀悬挂器提供高效的尾管头密封，实现裸眼低压层和套管射孔井段的辅助封隔，确保后续顺利钻达目的层。

"内嵌旋转尾管固井成套系统研制与应用"获2015年中国石化技术发明二等奖；"多功能尾管固井工具的研制与工业化"获2015年北京市科学技术奖三等奖；"膨胀悬挂器尾管完井修井技术"获2012年中国石化科技进步二等奖；"液压膨胀式旋转尾管悬挂器"获2014年中国专利优秀奖。"液压膨胀式旋转尾管悬挂器"获国内授权发明专利。发表论文7篇。

五、适应复杂工况双级注水泥器

（一）研发背景和研发目标

为解决新疆塔里木地区和川东北地区等高温高压、高含腐蚀介质等复杂工况、深井、超深井固井漏失、小间隙井及大套管固井的技术难题，同时，为提高固井技术水平和固井质量，研制了适应于复杂工况的双级注水泥器。

针对新疆塔里木地区和川东北海相地区油气井高温高压、富含 H_2S 和 CO_2 等酸性腐蚀介质、小间隙井眼的特点，对套管和固井工具提出了严峻的挑战。再者，常规双级注水泥器存在打开、关闭可靠性低、适应井深浅、钻除时间长、钻除后密封失效或耐久性密封能力差等问题，开展了适应于上述复杂工况的、性能可靠、高效防转的新型双级注水泥器。

（二）技术内容及技术指标

1．技术内容

① 机械式双级注水泥器。

研发了高性能的机械式双级注水泥器（图 7-3-9），其特点在于关闭套采用一体式结构，在外筒相应的位置设计有传压孔和循环孔，避免了打开、关闭过程中的小腔压缩及抽真空问题；高的限位承载机构避免了提前关闭问题；打开塞端部的流线型设计和内部加重材料易于打开塞顺利到位，同时，与塞座之间的组合密封方式提高了打开前的密封可靠性；高质量的加工精度提高了关闭后的密封效果；高效防转机构节省了附件钻除时间，避免了因防转效果差而引起的密封失效问题；高性能的橡胶材料保证了双级注水泥器的长期耐久性。气密封螺纹技术的应用，可用于气井中，承压达70MPa。该机械式双级注水泥器适应于小于 25° 的深井、超深井的分级注水泥施工作业中，规格尺寸包括：13-3/8″、10-3/4″、9-5/8″、7-5/8″、7″。

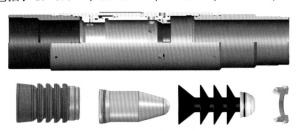

图 7-3-9　机械式双级注水泥器

② 液压式双级注水泥器。

研发了高性能的液压式双级注水泥器（图 7-3-10），其适应于直井及水平井的双级固井或筛管顶部注水泥施工工艺。特点在于限位装置防止环空压力过高，提前打开双级箍；防压力激荡装置取代盲板，并与液压式双级注水泥器用于筛管顶部注水泥工艺，避免因压力激荡而出现提前打开问题；打开塞座、关闭套与挡环共同形成一压差面，并封堵循环孔，在液压力的作用打开循环孔；高效防转机构节省了附件钻除时间，避免了因防转效果差而引起的密封失效问题；高性能的橡胶材料保证了双级注水泥器的长期耐久性。规格尺寸包括 9-5/8″、7-5/8″、7″、5-1/2″。

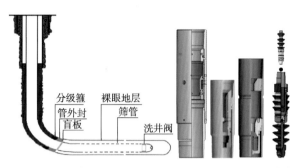

图 7-3-10　液压式双级注水泥器及筛管顶部注水泥防压力激荡装

③ 免钻除双级注水泥器。

解决常规双级注水泥器固井后需要下钻钻除附件的难题，研发了免钻除双级注水泥器（图 7-3-11）。其特点在于滑套外径小于套管通径、打开套与关闭套（内套）等于套管内径，滑套与内套形成大间隙；滑套与内套之间特质的单向密封圈在大间隙下的密封能力大于 30MPa，确保了打开、关闭可靠性；特质的带应力剪切槽的沉头螺钉定位大间隙的内套与滑套，确保了滑套外径的最小化，内套内径最大化。一级胶塞复合顶替技术：一级上下胶塞复合，提高水泥浆管壁的刮削效果；替浆工艺技术：一级－压塞液＋清水＋内置液＋泥浆；二级－压塞液＋清水。压塞液防止胶塞上部形成水泥塞；滑套等附件的连体技术为滑脱重力型打开塞带动滑脱机构加速下滑。规格尺寸包括：7″、5–1/2″。

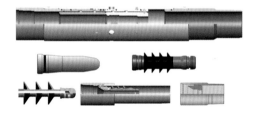

图 7-3-11　免钻除双级注水泥器及胶塞附件

2．技术指标

① 适用井深达 7000m，双级箍下深位置可达到 5000m。

② 抗高温达 150℃，密封能力达 35MPa。

（三）应用效果与知识产权情况

系列双级注水泥器自开发以来，在塔河、普光、元坝、胜利、中原、吉林、江汉等油气田以及哈萨克斯坦、伊拉克米桑油田、伊朗雅达等国外各区块先后推广应用900 余套，应用成功率大于 98%。

"适应复杂工况双级注水泥器的研制与产业化"获 2013 年中国石化科技进步二等奖。发表论文 3 篇。

六、膨胀套管

（一）研发背景和研发目标

目前，随着油田开发的不断深入，石油工程面临着"新井难打、老井难修"的难题，严重制约了老区稳产和新区开发。深井超深井复杂地层钻井难题不断加大，钻遇复杂层时常面临难以下入技术套管封隔复杂层和无法实施后续钻完井作业等难题；特殊工艺井的完井套管过小，影响后期采油及作业，尾管头易漏失而造成寿命短和资源浪费；传统套损修复手段无法解决长井段、多井段套损及射孔井段封堵等难题。

例如，塔河、冀东油田部分 Φ177.8mm 套管侧钻井钻遇泥岩坍塌、掉块、卡钻等复杂地层时，难以保证钻井完井安全；胜利油田 139.7mm 套管侧钻井常规下入 95.25mm 套管完井，无法进行机械防砂、分层注采和 73mm 油管难以正常下入等难题。

通过调研国内外膨胀套管理论研究及技术现状，结合复杂裸眼井、侧钻井等裸眼井况和完井需求，结合膨胀套管补贴技术研究基础，开展膨胀管体材料优选、膨胀螺纹设计、膨胀机构优化、配套固井附件和裸眼井施工工艺研究等，在工具单品实验基础上，进行集成化、全尺寸室内实验和井下模拟试验，形成整套的膨胀套管产品。与此同时，结合裸眼井施工条件，进行配套扩眼技术优化和后续非标钻具配套，形成具有自主知识产权的裸眼井膨胀套管完井技术；并根据现场需求，进行了等井径膨胀套管关键技术研究，完成井下功能性试验，为实现无内径损失封堵钻井奠定基础。

（二）技术内容及技术指标

1．技术内容

（1）膨胀套管管材选型

针对无缝钢管在管体热处理及管体膨胀时容易产生微裂纹的情况，优选采用低碳合金钢的高频直缝焊套管（ERW 焊管）材料，依靠增加合金元素来提高强度，原材料采用高塑性及均匀延伸率优异的高强度热轧钢板，优选热处理工艺，优化焊缝焊接工艺，提高钢管的焊缝横向冲击功和延伸率，延伸率大于30%，冲击韧性和延伸性较高，综合性能达到井下复杂工况要求。

（2）膨胀螺纹优化设计

为了提高膨胀螺纹的连接强度，满足长井段斜井膨胀要求，进行膨胀螺纹优化设计，优选倒钩形螺纹和负角度承载面，增加螺纹有效长度和外加厚保护装置，同时采用金属/金属、金属/非金属及专用螺纹密封剂相结合的多重密封方式，有效提高膨胀螺纹膨胀后的密封性能，可以满足膨胀套管对密封的性能要求。

（3）膨胀套管裸眼施工工艺研究

针对膨胀套管采用先固井后膨胀的特殊作业方式，采用抗硫酸盐、抗高温性能良好的超缓凝水泥浆体系，进行内置式浮鞋设计，进一步优化注水泥工艺，注水泥量应控制在环容的80%以内，要控制好水泥浆稠化时间，确保膨胀套管施工安全及固井质量。

（4）等井径膨胀套管关键技术研究

等井径膨胀套管技术可实现复杂地层无内径损失封堵钻井，主要进行大变形材料优选、大变形膨胀螺纹设计、可变径膨胀工具及其闭合机构研究、配套工具及施工工艺研究等关键技术研究，完成室内实验和井下功能性试验。

2．技术指标

目前，已自主研发出系列的膨胀套管产品，拥有 $\Phi108mm$、$\Phi139.7mm$、$\Phi152.4mm$、$\Phi193.7mm$、$\Phi219.1mm$ 和 $\Phi273mm$ 六种规格，适用于各种尺寸井眼和套管内作业。膨胀套管适用于膨胀套管补贴、侧钻井完井和裸眼复杂层封堵等工况，性能指标达到国际先进水平，具备单次长井段膨胀能力。膨胀套管主要技术参数见表7-3-3。

表 7-3-3　膨胀套管的主要技术参数

适用井眼尺寸 /mm	上层套管 /mm		膨胀套管系统 /mm						机械性能 /MPa	
	外径	内径	膨胀前		初始壁厚	膨胀后			膨胀后	
			外径	内径		外径	内径	通径	抗内压	抗外压
118	139.70	124.2	108.0	94	7	119.3	105.5	102.3	≥ 50	≥ 30
149.2	177.80	157.1	139.7	124.2	7.72	154.3	139.5	136.3	≥ 45	≥ 25
165.1	193.7	174.6	152.4	136.9	7.75	168.4	154.4	151.4	≥ 40	≥ 20
215.9	244.5	220.5	193.7	174.6	9.52	211.84	193.55	190.6	≥ 35	≥ 15
241.3	273.1	247.9	219.1	201.2	8.94	240.9	223.7	220.7	≥ 30	≥ 13
311.1	339.7	317.8	273	249	12	314	290	286.5	≥ 25	≥ 10

（三）应用效果与知识产权情况

系列膨胀套管产品已在中国石化、中国石油、中国海油和哈萨克斯坦等油区广泛应用，其中膨胀管补贴已实现产业化推广应用。截至目前，膨胀套管已在中国石化塔河油田、胜利油田等成功进行侧钻井完井和复杂地层封堵应用近30口井，完善形成了适用于深井复杂地层的膨胀管钻井封堵系统及配套完井技术，首批试验井已正常投产达 14 年以上，有效解决了小井眼侧钻井难以进行机械防砂、分层注采和难以下入技术套管进行二开次钻井等技术难题。其中，塔河油田 TH10233CH 井创造了 Φ139.7mm 实体膨胀管下深最深 5886m 和钻后扩眼井斜 62.3° 最大两项中国石化工程纪录，为深井超深井小井眼复杂地层侧钻井的顺利施工提供了有力保障；胜利油田垦 623– 侧 9 井创造了自有技术实体膨胀管施工最长 635.79m，实现 139.7mm 套管侧钻井内机械防砂和分层注采作业。

"膨胀套管完井修井关键技术"获 2011 年山东省科技进步一等奖；"深层侧钻水平井膨胀管钻完井技术"获 2014 年中国石化科技进步。"一种组合膨胀套管及膨胀筛管的尾管完井方法""套管井下膨胀工具及使用其膨胀套管方法""套管井下膨胀工具的驱动装置"等获国内授权发明专利。发表论文 5 篇。

七、膨胀波纹管

（一）研发背景和研发目标

随着深井、超深井、复杂井施工逐渐增多，钻井难度越来越大。施工过程中钻遇到井漏、井涌、水侵或坍塌等复杂情况时，往往需要下入套管封固，增加套管层次。在这种情况下，井越深、套管层次越多，因而最初的井眼直径就越大，或者反之，如果一开直径一定，最终的井眼直径更小，有可能钻不到目的层或者即使钻至目的层，但井眼大小，满足不了开采及后续修井、增产等重入作业的要求。

目前常规漏失封堵方法，可以较好地解决渗透性漏失等漏失量小的情况，但对于裂缝性漏失、溶洞性漏失基本上没有好的解决办法。随着塔河油田开发的进一步深入，中短半径水平井侧钻技术已经成为油田碳酸盐岩缝洞型油藏挖潜的主要手段，截止 2010 年已完成 200 余口套管开窗侧钻井。塔河油田奥陶系 Φ177.8mm 套管开窗侧钻时为了满足开发及避水等的要求，奥陶系侧钻井造斜点被迫上提，使得在进行侧钻时遇到斜井段井壁失稳难题。

井漏、井涌、水侵或坍塌等复杂给钻井作业增加了很大难度，增加了钻井成本。膨胀波纹管技术可以封堵复杂井段，建立临时井筒，为解决上述复杂钻井问题提供一套有效的技术手段。

在收集、调研的基础上，了解学习国内外膨胀波纹管钻井技术；用计算机仿真手段分析膨胀波纹管应力应变特点，优选膨胀波纹管结构，理论分析膨胀波纹管膨胀过程的力学特性，优选膨胀波纹管材料；确定膨胀波纹管的加工工艺及热处理工艺，设计制造出膨胀波纹管试样，确定膨胀波纹管连接方式，设计制造出膨胀所需的配套工具等；确定焊接及检测设备和工艺技术；开展室内性能评价试验，得出膨胀波纹管性能参数，以及检测密封连接和膨胀配套工具的可靠性，为施工提出指导性参数；根据试验结果确定满足要求的膨胀波纹管材质、密封连接结构，为膨胀波纹管的生产提供技术参数；最后根据现场不同井况条件，制定方案进行现场试验和应用。

（二）技术内容及技术指标

1．技术内容

（1）膨胀理论及计算机仿真技术研究

用计算机仿真手段分析可膨胀管应力应变特点，试验研究分析膨胀管在不同条件下的力学特性，膨胀管膨胀后的金相组织变化以及金属流动特点，初步确定出可膨胀管的材质

（2）膨胀波纹管设计与制造技术研究

根据可膨胀波纹管塑性变形特点和处理复杂情况的技术要求，优选较高抗内压强度和抗外挤力特性的金属材料，作为可膨胀波纹管的材料，设计波纹管的连接结构，制定焊接连接工艺。根据波纹管设计，研制机械胀管器，对胀后波纹管进行进一步修复。

（3）膨胀波纹管室内试验研究

开展膨胀波纹管室内抗外挤强度、抗内压强度试验确定膨胀波纹管性能参数；开展室内焊接试验、密封试验、综合模拟试验对工具性能进一步验证；开展室内机械膨胀试验，对研发的机械膨胀工具进行试验验证，确定机械膨胀参数。

（4）膨胀波纹管应用研究

将膨胀波纹管技术在现场进行应用，研究确定可膨胀施工设备配套技术，膨胀波纹管下入工艺、膨胀工艺等，并进行现场膨胀、复杂地层封堵试验。

2．技术指标

研发了适用于 Φ149.2、Φ215.9mm、Φ241.3mm、Φ311.15mm 四种规格井眼尺寸的膨胀波纹管、配套的膨胀工具、辅助工具及配套技术，性能指标超过国外同类产品性能，均具有承受单次抗拉 200m 波纹管的能力。具体性能指标见表 7-3-4。

国内外首次研究形成了小尺寸大曲率异形膨胀波纹管的焊接工艺方法，焊缝密封性能达 25MPa 以上。形成了一套焊接缺陷的识别方法及相关计算模型与程序；非裂纹型焊接缺陷的计算误差率在 ±20% 以内；裂纹型焊接缺陷的计算误差率 ±20% 以内。

表 7-3-4　膨胀波纹管性能指标

型号	波纹管大径 /mm	壁厚 /mm	胀后通径 /mm	抗内压强度 /MPa	抗外挤强度 /MPa
Φ149.2mm	142	7.5	150	43.8	12
Φ215.9mm	196	8	216	35.0	10.0
Φ241.3mm	225	8	242	35.0	8.0
Φ311.2mm	290	10	312	30.0	6.0

（三）应用效果与知识产权情况

形成了一套成熟的膨胀波纹管技术封隔复杂地层工艺方法。先后在江苏油田、胜利油田进行了 10 多井次应用，成功封隔漏失、缩径、坍塌地层，膨胀波纹管技术为中国石化工程院创造的直接经济效益为 450 余万元；为胜利油田新增产值 330 余万元，为江苏油田新增产值 820 余万元；在华北油田分公司成功进行了三口井的应用，新增产值 2.62 亿元。

"膨胀波纹管封隔复杂地层技术及工业化应用"获 2016 年北京科学技术奖二等奖，"膨胀波纹管垂直对管装置及对管焊接方法""一种膨胀波纹管的成型方法""种球形波纹管胀管器"等获国内授权发明专利。发表论文 2 篇。

八、遇油／遇水自膨胀封隔器

（一）研发背景和研发目标

随着油气田勘探开发的不断深入，复杂地质条件的井逐渐增多，在开发过程中出现了许多由于地层岩性不稳定，疏松掉块造成的井壁不规则的井眼和井径扩大率较大的井眼。常规裸眼封隔器由于其径向膨胀率有限，难以对此类井眼进行有效的环空封隔，在勘探开发过程中极易出现由于封隔失效而造成的井内油气窜层，影响开发效果，严重时甚至出现井口带压等安全隐患。而且对于常规裸眼封隔器，通常具有较为复杂的机械结构，在工具下入至设计位置时，通过地面操作控制封隔器坐封，但复杂的机械结构在作业时存在失效风险，且封隔器在下入过程中如果胶筒出现划伤或损坏，将大大影响其封隔器效果。

针对上述问题，研制了遇油／遇水自膨胀封隔器，基于橡胶胶筒吸收井内的油或水后体积膨胀来实现环空封隔，橡胶在体积膨胀时自动对井壁形状进行适应，对井壁不规则井眼及井径扩大率较大井眼进行封隔，具有良好的环空密封效果。经过多年攻关，形成了完整的遇油／水自膨胀封隔器工具及配套应用技术。

在调研国内外遇油／遇水自膨胀封隔器产品性能、结构、适用条件的基础上，进行遇油／遇水自膨胀封隔器结构设计，通过有限元分析方法设计放图保护机构，从结构上提高整体封压性能；通过分析橡胶吸油吸水膨胀原理，对遇油／遇水膨胀橡胶材料配方进行研制，并基于试验归纳不同油、水的类型对膨胀性能的影响规律，进而对不同液体环境中的橡胶配方进行优选和调整。开展遇油／遇水自膨胀封隔器胶筒成型与硫化方法研究，形成配套的成型硫化工艺，保证胶筒成型精度及膨胀性能。根据自膨胀封隔器在实际应用中的工作原理，建立地面性能评价方法，对其在不同环境条件下的膨胀性能和封压性能进行试验和测试，并用于指导橡胶配方的选择和调整，开展现场应用技术研究，制定现场作业规范，保证应用可靠性。在完成工具研发的基础上，开展工业化生产技术研究，提高生产效率，保证生产质量，并进行现场的规模化应用。

（二）技术内容及技术指标

1．技术内容

（1）自膨胀封隔器总体方案与结构设计

自膨胀封隔器主要由基管、遇油／水膨胀橡胶胶筒、端部防突保护机构等部分组成，如图7-3-12所示。基管可以使用任何符合API标准的套管，两端加工有与管串相连接的套管螺纹；胶筒直接硫化于基管上，遇到井下油或水时发生膨胀，是封隔环空的主要作用单元，设计为双层结构，高膨胀性能的内层提供足够的膨胀力，高强度的外层提供足够的接触应力，实现封压。

图7-3-12　自膨胀封隔器的结构

设计自膨胀封隔器端部防突保护机构，可在胶筒遇液膨胀的径向膨胀力作用下同步膨胀，始终对胶筒起包覆和保护作用，防止其在轴向承压状态下，胶筒端部的挤压流动，进而造成撕裂，降低封压性能。同时，还可在入井时保护胶筒，防止磕碰划伤。通过有限元分析法，优选防突机构材料，优化防突环厚度，确定最终结构，为胶筒提供轴向支撑，封隔器的封压能力提高100%。

（2）吸水树脂合成方法与遇水膨胀橡胶材料配方研究

通过反向悬浮共聚法将阴离子单体和三种含有不同亲水基团的阳离子单体来制备耐盐性共聚高吸水树脂SAR，研究调节SAR极性和支化度的方法，提高SAR的吸水和保水能力；并利用接枝聚合方法，采用互穿网络技术对SAR进行了疏水性改性，以提高吸水树脂和橡胶的粘接力，降低流失率，制得两性离子型高吸水聚合物。

提高橡胶与吸水树脂的相容性，选择橡胶D_1为基体原料，采用物理机械共混法，制备遇水膨胀橡胶。通过聚氨酯合成技术研究，以特定合成的两亲性聚氨酯作为高吸水聚合物与橡胶之间的增容剂，大幅提升相容性；并通过基体橡胶配比、吸水树脂、无机补强剂、其它助剂等材料配比调节，归纳不同组分含量对橡胶性能影响规律，并进行了环境因素对遇水膨胀橡胶吸水性能的影响规律的深入研究，通过耐盐性、耐温性改性研究，总结不同浓度和不同价态阳离子、不同温度以及不同酸碱性环境对橡胶膨胀性能的影响规律，对遇水膨胀橡胶材料进行应力应变曲线测试和有限元仿真分析，针对遇水自膨胀封隔器胀封的不同浓度Na^+、K^+液体环境，确定橡胶材料配方，形成遇水膨胀橡胶配方体系。

（3）吸油树脂合成方法与遇油膨胀橡胶材料配方研究

采用石墨烯与吸油树脂复合的方法制备吸油树脂，再将吸油树脂与橡胶基体物理共混制备遇油膨胀橡胶材料的研究思路。克服常规吸油橡胶膨胀速率低、膨胀率小、吸油后橡胶软化强度低的缺点。通过不同功能单体悬浮聚合法制备高吸油树脂，研究单体配比等对其性能的影响，所制备的高吸油树脂具有较好的综合性能，在柴油、汽油、机油中的平均吸油质量倍率在8倍以上。采用Hummers法制备氧化石墨烯，将氧化石墨烯的DMF溶液和超细分散的吸油树脂混合均匀，通过参与石墨烯的自组装过程形成具有三维立体网状结构的石墨烯–吸油树脂凝胶。并以石墨烯–吸油树脂凝胶作为膨胀剂和补强剂，采用物理机械共混法，选用弹性大、黏合性能好的D_2橡胶为基体材料，加入配合剂，制备具有高强度、高吸油量的石墨烯基遇油膨胀橡胶材料配方体系。

（4）自膨胀封隔器成型与硫化工艺研究

遇油/水自封隔器结构设计的基础上，系统研究膨胀封隔器胶筒加工工艺，重点研究硫化温度、压力、时间等条件及环境因素等对封隔胶筒耐温性能、力学性能、膨胀性能等关键性能的影响，通过配方和成型工艺条件的配伍，研究提高遇油、遇水自膨胀封隔胶筒性能的方法。

自膨胀封隔器的硫化成型工艺按流程分为橡胶基体的塑炼、遇油/水膨胀橡胶混炼、自膨胀封隔器胶筒成型、自膨胀封隔器硫化等四个主要步骤。

① 塑炼与混炼。采用膨胀橡胶增塑改性技术，通过选择增塑剂的种类和用量，在保持橡胶材料膨胀性能和强度的前提下，提高橡胶材料塑性，制定配套的塑炼和混炼工艺参数，混炼胶片厚度可精确控制在 0.5mm，形成橡胶塑炼混炼工艺规程。

② 胶筒成型。根据自膨胀封隔器胶筒成型长度、外径等尺寸均为定制式的可变尺寸的特点，创新性的采用多层结构逐层逐段包贴成型的方法，制定不同尺寸胶筒成型规程，明确包贴层数、段数的确定原则，制定成型工艺。

③ 硫化。针对不同厚度胶筒，确定硫化体系是配方，采用水蒸气加热加压硫化方法，研究硫化时间、压力对不同厚度的胶筒硫化性能的影响规律，确定硫化工艺，采用柔性加压法进行胶筒外径尺寸与质量的精确控制，长度为 5m 的胶筒外径尺寸偏差可控制在 ±1mm 以内。

（5）自膨胀封隔器性能评价及预测方法的建立

遇油／水自膨胀封隔器工作环境为在不同温度、不同液体环境下胶筒逐渐膨胀，直至达到封压要求的过程，胶筒的长度、厚度、封隔井眼的直径等尺寸因素和液体环境类型、温度等条件等环境因素均会对封隔器性能产生较大影响，需建立一套科学的性能评价方法，对封隔器在不同条件下的性能进行全面系统的评价，为现场应用提供可靠的试验数据。开发遇油／水自膨胀封隔器性能试验装置，可以对试验温度、压力、液体环境进行控制，模拟不同井下环境条件，通过 40 余组不同条件下的性能测试，建立了 100 余种不同环境下的自膨胀封隔器性能数据。

通过对遇油／水膨胀橡胶不同膨胀率下应力应变关系的测定，进行自膨胀封隔器性能有限元分析，并对应性能试验的实际结果，通过正交分析法，分析不同条件对封隔器性能的影响规律，建立自膨胀封隔器性能预测方法，形成中国石化专有技术 1 项，开发自膨胀封隔器性能预测软件。通过修正，预测结果与实际试验结果偏差小于 10%。

（6）自膨胀封隔器现场应用技术

开展自膨胀封隔器现场应用技术，创新性的提出了将遇油／水自膨胀封隔器与液力坐封式封隔器组合的应用方法，针对不同施工工艺，设计工艺管串，制定现场操作规程，形成《遇油遇水自膨胀封隔器操作规程（试行）》中国石化集团公司一级企业标准 1 项，授权国内发明专利 2 项。

（7）自膨胀封隔器产品的系列化及产业化

完成遇油／水自膨胀封隔器规格系列化研究，根据胶筒橡胶膨胀性能与井下液体膨胀环境、膨胀速度、封压要求、井眼轨迹等配伍条件，归纳自膨胀封隔器胶筒长度、胶筒外径等主要参数的设计方法，开发 4-1/2″、5″、5-1/2″、6-5/8″、7″

等多种规格自膨胀封隔器结构，实现针对不同井况要求的尺寸与配方等的系列化与个性化设计。

制定自膨胀封隔器胶筒成型工艺规程，针对系列化产品，规范不同尺寸胶筒的胶片尺寸，包贴层数，包贴段数，及硫化参数，形成生产质量控制标准和全过程质量检测控制方法，提高生产效率，实现产品工业化生产。

2．技术指标

研发了 $\Phi88.9$、$\Phi114.3mm$、$\Phi139.7mm$、$\Phi168.3mm$、$\Phi177.8mm$ 等五种规格的遇油／遇水自膨胀封隔器，并可根据实际需求，进行不同规格产品的用户定制设计，针对不同规格、不同胶筒厚度、长度的自膨胀封隔器产品形成了配套的成型与硫化工艺技术，胶筒最长长度达到 7m，外径尺寸精度达到 ±1mm。遇油／遇水自膨胀封隔器产品承受压差能力达到 10MPa/m，性能指标达到国外同类产品水平，具体见表 7-3-5。

表 7-3-5　遇油／遇水自膨胀封隔器性能指标

技术参数	遇水膨胀封隔器						遇油膨胀封隔器					
胶筒密封长度 /mm	1000	2000	3000	4000	5000	6000	1000	2000	3000	4000	5000	6000
封压性能 /MPa	10	15	20	30	40	50	10	15	20	30	40	50
胶筒工作温度 /℃	≤ 130						≤ 130					
膨胀时间 /d	2~10						7~15					
膨胀环境	清水、地层水和完井液（KCl 和 NaCl 浓度小于 5%）						柴油、轻质原油等烃类					

（三）应用效果与知识产权情况

遇油／水自膨胀封隔器在中国石化华北油田、中石油哈萨克斯坦项目中推广应用 165 井次，共计 176 套。其中在华北油田开创了国产自膨胀封隔器在裸眼水平井分段压裂中应用的先河，封隔最大井径达到 $\Phi175mm$，封隔井径膨胀比 227.8%，最大施工压力 64MPa，有效解决了井壁不规则井眼和井径扩大率较大井眼的环空封隔难题。在中石油哈萨克斯坦项目应用遇油自膨胀封隔器 144 套，针对技术套管固井后存在高压油气上窜，造成井口带压的问题，进行水泥环第二界面密封。采用该技术后环空密封能力达到 40MPa 以上，所有井次均实现了环空良好密封，保证完井施工顺利进行，不仅简化了施工流程，降低了作业成本，更提高了油井采油寿命，为固井后环空油气上窜问题提供了一种可靠的解决手段。

遇油／水自膨胀封隔器累计创造直接经济效益 1920 余万元，出口国外 144 套，创汇 1500 余万元，取得了显著的经济效益和社会效益。

"遇油/水自适应膨胀封隔器技术研究及产业化"获 2016 年中国石化技术发明二等奖；发表论文 4 篇。"一种高强度遇水膨胀橡胶及其制备方法""一种含半互穿网络结构的高吸油树脂及其制备方法""一种自膨胀封隔器"获国内授权发明专利。发表论文 5 篇。

九、多级滑套分段压裂工具

（一）研发背景和研发目标

页岩气储集于致密岩层，具有低孔、低渗透、气流阻力大等特点，造成单井产量低，开发效益相对较差，因此需要从技术上解决致密低渗气藏的有效开发难题。水平井分段压裂技术在致密岩层形成多条裂缝，扩大油气产层的泄油面积，提高油气采收率，从而提高单井产量。

调研国内外水平井裸眼分段压裂工具的相关技术资料，分析国内外水平井裸眼分段压裂工具管柱组合和工具的结构特点，结合我国低渗透油气藏、页岩气藏等非常规油气资源勘探开发的特点，完成分段压裂工具的整体结构方案设计，运用先进的设计手段进行分段压裂工具的优化设计与制造工艺的优选，在完成地面功能试验和性能测试的基础上，编制现场施工工艺，进行现场试验应用，最终形成一套具有自主知识产权水平井裸眼分段压裂完井工具及配套技术。

（二）技术内容及技术指标

1. 技术内容

水平井裸眼分段压裂工具（图 7-3-13）主要包括建立压裂通道的滑套、分隔段层的裸眼封隔器、悬挂完井管柱的插管封隔器、打开滑套球的控制装置（简称投球器）及配套的附件等。多级滑套分段压裂工具性能的可靠与否直接影响到是否能够建立过流通道，是否能够在进行压裂时不窜层，滑套等压裂工具起着至关重要的作用。

水平井裸眼分段压裂完井工具工艺原理：预置管柱入井后，投入最小的憋压球，隔离阀关闭，管柱内外隔离，管柱内形成密闭容腔。加压、裸眼封隔器胀封、插管封隔器座挂坐封。经验封、验挂，倒扣提出送入工具。待井架移走后，再进行压裂油管的下入，并与插管封隔器的插管形成密封，憋压打开压差式滑套并进行第一层段压裂，一段设计压裂液泵送结束后，再通过地面投球控制装置，投大一级的球，座于第二个滑套（投球式滑套）处，憋压、打开投球式滑套并压裂此投球式滑套对应的地层。依此类推，待压裂完最后一个地层时，放喷，将憋压球返排出地面。

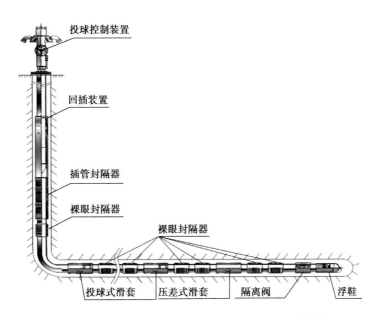

图 7-3-13　水平井裸眼分段压裂工具施工工艺管串

（1）1/8″ 小级差、高承压投球滑套及憋压球

投球式打开滑套由上接头、外筒、内套、球座、防退卡簧、下接头、剪钉及密封件组成。球座及憋压球是建立压裂级数的关键部件。为实现 1/8″ 小级差球与球座的密封能力大于 70MPa 的指标要求，首先，在增大憋压球与球座的接触面积的同时，考虑在球座接触面处设计憋压球的限位机构，可防止憋压球挤压变形穿过该球座，避免了上下两层出现窜层现象。其次，憋压球应变形微小、强度高；为保证压裂施工结束后，在压裂液放喷时，憋压球能被返排至地面，憋压球的当量密度低。针对上述条件，对球座结构进行优化，球面接触，增加限位机构。优选低密度高分子工程塑料作为憋压球基体材料，因碳纤维（CF）以其高比强度、耐磨损、耐疲劳、热膨胀系数小以及自润滑等优异性能成为近年来最重要的增强材料之一，故在工程塑料基体中添加一定量的 CF，以提高材料工程材料的综合力学性能及耐温性能。

经地面测试，优选的 1/8in 小级差的憋压球与优化的球座密封能力大于 70MPa。其在 4-1/2in 压裂油管内可实现 24 级，如表 7-3-6 所示。

（2）压差滑套及井下隔离阀

压差滑套与井下隔离阀组合构成完井管柱的第一段，投最小一级球，落位于井下隔离阀处，加压关闭隔离阀循环孔，水平井裸眼分段压裂完井管柱形成密闭容腔，当加压至 33 ~ 37MPa 时，打开压差滑套。井下隔离阀的防砂技术确保了憋压球顺利泵送到位；压差式滑套内滑套的下行防砂技术确保了压差的有效传递，确保了压差滑套的打开成功率。

表 7-3-6　1/8in 24 级憋压球尺寸排列

级数排序	1	2	3	4	5	6	7	8
球直径 /mm	25.4	28.575	31.75	34.925	38.1	41.275	44.45	47.625
级数排序	9	10	11	12	13	14	15	16
球直径 /mm	50.8	53.975	57.15	60.325	63.5	66.675	69.85	73.025
级数排序	17	18	19	20	21	22	23	24
球直径 /mm	76.2	79.375	82.55	85.725	88.9	92.075	95.25	98.425

（3）插管封隔器

插管封隔器：双向整体式卡瓦实现了对管柱的双向锚定，提高了锚定载荷；而整体式胶筒配合双级液缸加载机构，提高了封隔器坐封能力和卡瓦的锚定能力。卡瓦＋防退卡簧组合式防退机构提高了封隔器封隔能力。

回插装置：螺纹式防退锁紧装置提高了与插管的锁紧功能，抗拉力超过800kN。模块化密封组件提高了插入装置重新插入后的密封能力，密封压力达70MPa。

（4）裸眼封隔器

在多级滑套水平井裸眼分段压裂作业中，经常会存在不规则井眼或井眼扩大率较大的情况，这样单纯使用压缩式裸眼封隔器很难做到对裸眼段的有效封隔，因此针对这种情况，优选工程院压缩式裸眼封隔器和自膨胀封隔器组成组合式裸眼封隔器，如图 7-3-14 所示。

图 7-3-14　组合式裸眼封隔器

组合式裸眼封隔器是在压缩式裸眼封隔器两端分别连接一个自膨胀封隔器。压缩式裸眼封隔器可立即坐封，可实现对环空的即时封隔，其次利用自膨胀封隔器对大井径、不规则井眼封隔可靠性高，封隔有效时间长的特点，可实现后期的有效长期封隔。从而同时满足分段压裂作业的封隔即时性及长久性的性能要求。

2．技术指标

① 多级滑套分段压裂工具规格 4-1/2″，适用于 149 ～ 155.5mm 井眼，打开滑套级数为 8 级以上。

② 憋压球可在水平段顺利泵送到位，且与球座配合承压能力达 70MPa。

③ 优裸眼封隔器有效封隔能力达 70MPa。

④ 插管封隔器实现双向承载力大于 500kN，封隔能力达 70MPa；回插装置具备完井管串送入功能，与其配套的插管密封能力大于 70MPa。

⑤ 投球装置能够实现 10 级以上连续投球。

⑥ 压差滑套具有防提前打开。

⑦ 隔离阀入井后可进行循环，关闭后可实现永久封堵。

（三）应用效果与知识产权情况

自 2012 年应用以来，多级滑套分段压裂工具在中国石化华北分公司红河油田及大牛地气田的 HH37P51 井、HH37P57、HH36P101、DPH-93、DPS-63 等 37 口井成功进行了现场应用。针对水平井的复杂不规则井眼和多变的轨迹，以及井径变化造成的预置管柱下入到设计位置困难、滑套开启不明显及封隔失效等常见技术难题，通过不断优化工具结构设计、加工工艺、应用组合形式及现场施工工艺，解决了以上多项技术难题，保障了施工成功率。其中，单井最多压裂段数达 12 段，封隔器有效封隔压力达 64MPa，封隔井径最大达 175mm，滑套打开成功率 100%，裸眼封隔器有效封隔能力达 100%。

"水平井裸眼分段压裂完井工具的研制与应用"获 2014 年中国石化科学进步三等奖；"分段压裂工具研制与工业化应用"获 2014 年北京市科学技术奖三等奖。"复杂结构水平井水力喷射分段压裂技术研究与应用"获 2013 年科学技术奖三等奖；"压裂滑套冲蚀试验方法"获国内授权发明专利。发表论文 2 篇。

第四节　软件系统研发

一、逆时偏移（RTM）成像软件

（一）研发背景和研发目标

随着中国石化地震勘探的不断深入，对地震采集数据和地震成像精度的要求越来越高，亟需适用于大规模地震数据的高精度地震成像技术提供支撑。基于双程波动方程的 RTM 技术是目前最先进的地震成像技术，但由于波场存储和计算效率问题，在提出以后的几十年来都没有真正用于实际生产。针对存在的问题，国内外专家相关学者先后提出不同的计算策略，例如优化检查点策略、震源波场重构等；并随着计算机技术的发展和高性能并行计算软件平台的逐步完善，逆时偏移技术已经逐渐应用于实际生产。近年来，以 GPU 为代表的多核处理器的诞生更是推动了逆时偏移技术研究和应用热潮；然而，国外大型地球物理公司将 RTM 技术和软件作为前沿关键技术对国内实行技术壁垒，限制了国内 RTM 地震数据成像技术的发展。例如国外的 WesternGeo 和 CGG 等知名国际地球物理服务公司将计算效率问题视为商业机密；一些专门从事 GPU 高性能计算的服务公司，如 Acceleware 公司提供的数据中仅表示支持多节点的高效扩展，并未公布其实际的计算效率。这种竞争模式向中石化地震成像核心技术研发发起了挑战，迫切需要研发形成一套具有完全自主知识产权的 GPU 叠前逆时偏移软件，解决海量地震数据逆时偏移处理所面临的问题和挑战。首先，要能够在前期逆时偏移技术研发基础上，提高逆时偏移技术的实用化水平，解决逆时偏移技术在实际应用中的瓶颈问题；其次，要形成独立的偏移软件，辅以数据加载、作业管理等配套技术，具备处理功能及操作功能，并通过实际资料应用，验证了软件产品的效果和效率。

研究面向大规模地震数据的 GPU–RTM 偏移技术，提高逆时偏移的成像精度和实用化程度，成像效果、计算效率方面均达到国内外领先水平；开发形成一套具有自主知识产权、技术先进、成像精度高、并行计算稳定性好、计算速度快、操作简捷实用的 GPU–RTM 软件，以完全替代国外主流地球物理公司的相关软件。

（二）技术内容及技术指标

1. 技术内容

（1）高精度的 RTM 成像技术

RTM 成像方法采用全声波方程延拓震源波场和检波点波场，汇集了传统 Kirchhoff 方法和单程波动方程方法的优点于一身，它克服了偏移倾角和偏移孔径的限制，具有相位准确、成像精度高、保幅性好、对纵横向剧烈速度变化适应性强等特点，是目前精度最高的地震成像技术。RTM 理论早在上个世纪七八十年代就已提出，但一直没有应用于生产，是因为一些技术瓶颈问题很难解决，主要表现为巨大计算量、巨大存储需求量以及逆时偏移特有的低频噪音，另外 RTM 归根到底是正演问题，追求精度更高、更稳定的偏移算子仍然是研究核心。

① 基于紧致差分的 RTM 技术。

选取计算精度好、效率高的正演算法是 RTM 方法研究和研发的的核心。实现了高精度的紧致差分 RTM 延拓算子、边界衰减干净的完全匹配层吸收边界条件、高保真的带阻尼因子的动力学成像条件，形成了基于紧致差分的的 RTM 技术，在提高成像精度的基础上提高了 60% 的计算效率。

② RTM 偏移噪声压制技术。

由于 RTM 算法本身的特点会带来大量强振幅的低频噪声，而且这种噪声在强反射界面处表现更为严重，严重影响 RTM 的成像效果。从偏移噪音的产生机理（同一传播路径上的震源和检波点波场的互相关所致）出发，根据噪音"波场传播方向一致、大角度、低频"的特点，研发了一套组合压噪技术，有效地压制了 RTM 偏移噪声、保留了有效信号。

③ 保幅 RTM 成像技术。

地震数据中饱含有丰富的走时信息和振幅信息。RTM 算子本身具有较强的保幅特性，但传统的成像条件只能保证走时信息的正确性，满足于构造成像。采用带阻尼因子的动力学成像条件，不但可以从运动学上准确描述地震波的传播过程，而且体现了其动力学特征，具有非常强的振幅保持功能。该方法不但可以使散射能量聚焦、归位，提高成像精度；而且可以输出正确反映地下反射系数的振幅信息，为后续的地震属性分析 (如 AVO/AVA) 提供更真实的地震信息。

④ 起伏地表 RTM 成像技术。

复杂山前带油气地震勘探是中国石化近年来的研究重点，其中因复杂地下构造引起的波场复杂问题可以由高精度 RTM 成像技术得到很好的解决，而因地表起伏引起的道间时差问题则成为该类探区地震高质量成像的突出瓶颈。在常规成像处理中，通常采用高程基准面静校正的办法解决道间时差的影响。然而静校正基于地表一致性假设，在地表起伏剧烈且横向速度变化剧烈、地表速度高的地区，静校正会使地震记录发生畸变扭曲，采用"静校正 + 固定面偏移"的成像流程无法实现复杂山前带地区的高精度地震成像。研发了起伏地表 RTM 成像技术可以直接基于真地表进行波场延拓，它抛开了传统的静校正方法，将处理道间时差问题隐含在偏移成像的过程中，可以更好地应对复杂地表条件下的地震成像问题，是解决好"复杂地表、复杂构造"双复杂介质高精度地震成像的理想手段。

（2）适用于海量地震数据的特色 GPU-RTM 成像技术

海量地震数据具有数据总量大、炮数多、单炮道数多、高密点采集、成像网格密、成像结果数据量大等特点，需要利用大规模并行机群系统进行并行处理，节点数通常达到几百甚至几千的量级。利用 RTM 等大计算量和大数据量的应用软件处理海量地震数据将遇到磁盘 IO 瓶颈、网络通信瓶颈及计算效率低等一系列实用化问题，所以无法基于常规算法策略对海量地震数据进行逆时偏移处理，针对以上问题研发了针对海量地震数据的特色 GPURTM 成像技术，具体创新内容包括：

① GPU 线程数据调度技术，提高 GPU Kernel 计算效率。

GPU 为多线程处理器，受单指令多数据流（SIMD）编程模型约束，即每个线程指令相同数据不同（SIMD）。逆时偏移过程中利用有限差分法进行波场延拓，占计算量最大的部分，其空间网格高度并行的算法适合利用GPU进行计算。不过计算过程中需要在相邻线程中进行数据通信，即每个网格点的波场会被多次读取，而波场数据只能存储在访问效率很低的GPU全局内存中，读取的次数严重制约着计算效率。GPU芯片上的共享存储器的访问速度是全局内存的100倍，改进的算法首先读取局部的波场数据到共享存储器，实现局部数据缓存，计算过程中直接从共享存储器中获取数据，可大幅度提高GPU Kernel的计算效率。

②多GPU卡协同计算技术，解决GPU内存不足问题。

GPU的并行计算计算能力非常突出，但同时它的显卡内存是有限的，这在很大程度上限制了计算规模。为此，我们研发了多GPU卡协同并行计算技术。但是多节点协同处理单炮偏移的算法仍然无法满足实际需要，其原因是通信的数据量巨大，目前的网络带宽无法承载。传统GPU之间的通信过程为：GPU显存—CPU内存—CPU内存—GPU显存，需要三步传输才能完成，而GPU–DMA技术是一项GPU直接通信技术，其传输方式为：GPU显存—GPU显存，一步即可完成通信，大大减少了通信传输时间。

③多线程流计算与并行传输技术，隐藏通信时间。

新型的GPU K10系列本身带有两个传输引擎和一个计算引擎，可以同时执行GPU的计算与传输。传统算法要求必须计算完成后再进行传输，改进的算法首先计算需要通信的边界部分，然后同时进行边界数据的传输和中间部分的计算。由于占90%计算量的中间部分是计算的主要部分，通常情况下其计算时间大于数据的传输时间，这样就可以隐藏GPU之间的数据通信耗时，彻底解决通信瓶颈。

④利用多级数据索引提高海量地震数据的存取效率，解决磁盘IO瓶颈。

海量地震数据的IO存取是制约软件性能的重要因素，目前的采集数据包括高密度采集、宽方位角采集和全方位采集等等，数据量均以TB为单位，读取和存储一遍数据需要一天甚至几天的时间。由于单炮数据在文件中的位置相对集中，采用多级数据索引技术，即只存储单炮的起始地址与数据长度，单炮编号及道序号等信息，形成多级别的数据地址标识，在GPU–RTM软件运行过程中快速找到需要的数据，大幅减少数据等待时间。

（3）自主知识产权的RTM成像软件

拥有完全自主知识产权的RTM成像软件，具备数据管理、参数编辑、并行作业提交与监控、数据浏览及数据输入输出等功能。结合目前计算机集群部署现况，立足于 MPI+DMA+Stream 技术的高性能并行计算模式，有效地利用了大规模分布式 GPU 计算机集群、在减少数据 I/O 量的同时提高了 GPU 利用率。

2. 技术指标

中国石化研究的 GPU 逆时深度偏移成像技术在成像效果、计算效率方面都走在国内同行业的前列，与国外同类技术整体水平相当，计算效率方面甚至略高于国外 GPURTM 软件产品；开发的具有自主知识产权的 RTM 逆时偏移软件具有成像精度高、并行计算稳定性好、计算速度快、操作简捷实用等优点，达到了国际领先水平。目前该软件在中国石化物探院云计算中心的 CPU 集群 25000 核（1670 个节点）和 GPU 集群 222640 核（208 个节点）上进行了部署，处理能力达 1000 万亿次 / 秒，具备企业级集中部署能力，完全可以替代目前国外主流地球物理公司的相关软件。

（三）与国内外同类软件的对比

2014 年 4 月 18 日，中国石化科技部组织鉴定委员会对中国石化石油物探技术研究院的 RTM 成果及软件进行了技术鉴定，应用及实际工区测试表明：已经形成了适用于海量地震数据的 GPU–RTM 叠前偏移技术系列及软件，具备生产实用能力，通过多个区块的应用结果显示，成像效果明显；GPU–RTM 计算效率获得了相比于 CPU–RTM 的 15 到 40 倍提升；研究成果整体达到国际领先水平，可替代目前国外的主流软件。

（四）推广应用及知识产权情况

RTM 技术在中国石化东部复杂断块、西部碳酸盐岩缝洞、南方复杂山前带、海外盐下等重点探区进行了推广应用（表 7-4-1），处理面积达 12791km²，取得了良好的应用效果，促进了这些地区更深层次的勘探开发，目前该项技术已成为中国石化石油物探技术研究院的一项核心品牌技术。项目研发的相关技术成果应用于 20 多项生产处理项目的高精度深度域地震偏移成像处理。

（1）西北碳酸盐岩缝洞成像

目标区块储层受断裂控制，缝洞体发育，从成像剖面对比图可以看出，RTM 叠前深度偏移在缝洞成像方面比时间偏移要好，不仅串珠归位准确，而且对杂乱反射收敛效果好，对小断裂刻画也更清晰（图 7-4-1）。

（2）南方页岩气储层成像

工区内构造变形具有复杂多样的特点，工区地面褶皱及断裂构造都较发育。从对比图可以看出（图 7-4-2），RTM 成像效果明显比 Kirchhoff 叠前时间偏移信噪比高，

表 7-4-1　RTM 推广应用统计表

序号	项目名称	项目来源	处理面积
1	新疆塔里木盆地麦盖提 I 区块玉北 1 井区三维地震勘探资料处理解释一体化项目	中国石化西北油田分公司	1142 km²
2	塔里木盆地塔中 I 号带顺 6 井区三维地震资料处理项目	中国石化西北油田分公司	494 km²
3	新疆塔里木盆地顺托果勒西区顺 6 井区三维地震勘探资料目标处理项目	中国石化西北油田分公司	496 km²
4	新疆塔里木盆地桑塔木南三维地震资料处理项目	中国石化西北油田分公司	545 km²
5	元坝地区中浅层三维地震资料提高分辨率处理	中国石化南方分公司	2288 km²
6	镇巴区块地震资料处理与解释一体化技术研究	中国石化南方分公司	100 km²
7	桑塔木南叠前深度偏移与时间偏移后储层对比	中国石化西北油田分公司	200km²
8	新疆塔里木盆地塔河油田于奇 15 井三维地震勘探资料处理	中国石化西北油田分公司	305 km²
9	塔里木盆地桑塔木三维重新采集地震勘探资料处理	中国石化西北油田分公司	405 km²
10	哈山西地区三维地震资料叠前深度偏移处理	中国石化胜利油田分公司	323km²
11	塔里木盆地顺托果勒南区块顺南 1 井区三维地震资料处理	中国石化西北油田分公司	1995 km²
12	哈山西三维 RTM 成像技术研究及处理应用	中国石化胜利油田分公司	210km²
13	塔里木盆地顺 7- 顺西 1 井区三维地震资料 RTM 成像处理	中国石化西北油田分公司	496km²
14	塔里木盆地卡塔克 4 区块三维地震勘探资料重新处理	中国石化西北油田分公司	367 km²
15	镇巴 III 期三维地震勘探资料重新处理	中国石化南方分公司	100km²
16	伊拉克 Taqtaq-3D 三维高精度地震成像处理	TaqTaq Operating Company Ltd	151km²
17	焦石坝三维逆时偏移处理	中国石化江汉油田分公司	591km²
18	塔河油田艾丁北三维地震资料成像及缝洞体识别技术研究	中国石化西北油田分公司	363km²
19	塔里木盆地塔河油田 10 区西高精度三维地震资料处理	中国石化西北油田分公司	614km²
20	塔里木盆地顺托果勒区块顺 1 井西三维地震资料目标处理	中国石化西北油田分公司	272km²
21	塔里木盆地顺托果勒南区块顺南 2 井区三维地震资料处理	中国石化西北油田分公司	1334km²

断裂刻画更为清楚，岩性界面或层序界面特征明显，波组特征明显，可解释性强，波组之间的形态、振幅横向变化自然，信息丰富。

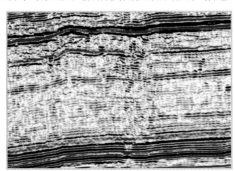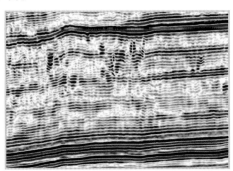

PSTM成像剖面　　　　　　　　　　　　　RTM成像剖面

图 7-4-1　RTM 成像与 PSTM 成像对比图

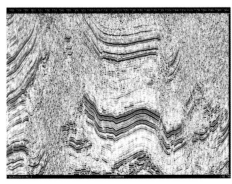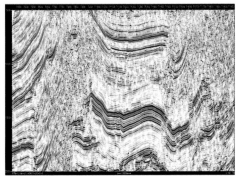

PSTM成像剖面　　　　　　　　　　　　　RTM成像剖面

图 7-4-2　RTM 成像与 PSTM 成像对比图

（3）东北复杂断陷成像

彰武区内构造复杂，断块发育，小断层成像比较困难，通过 RTM 处理，小断块及高陡构造成像清晰（图 7-4-3），剖面信噪比也有了大幅提高。

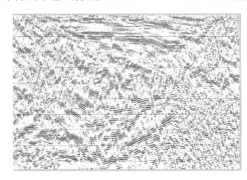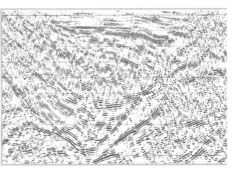

PSTM成像剖面　　　　　　　　　　　　　RTM成像剖面

图 7-4-3　RTM 成像与 PSTM 成像对比图

二、NEWS 油气综合解释系统

（一）研发背景和研发目标

NEWS 油气综合解释系统是 2001 年开始自主研发的地震综合解释系统，具有网络化体系结构、支持石油勘探开发领域中多学科综合研究。"十二五"期间，随着油气勘探开发的不断深入，各种复杂性油气藏，复杂性储集体在空间分布的非均质性大大增加了勘探开发的难度；需要最大限度地利用地震资料中的有用信息，各种各样的反演方法和地震属性分析方法等储层预测及油气识别方法被提了出来，并在实际的生产过程中得到了应用，为勘探开发解决了大量的地质问题。这对油气勘探解释软件也提出了更高的要求，综合解释软件不仅要帮助研究人员弄清油气藏的构造特征，而且需要帮助研究人员进一步弄清地层特征和油气藏的物性参数的分布规律，以寻找隐蔽的油气藏，同时还要提高工作效率。面对新形势，"十二五"期间，NEWS 油气综合解释系统（下简称 NEWS 系统）要根据"面向地质目标、突出技术特色、快速打造产品"的总体思路，采用自主研发、技术合作、产品并购的石油物探软件产品发展策略，逐步形成一个流程完整、功能强大、使用简洁地震综合解释系统。

"十二五"要实现 NEWS 系统的地震构造解释、测井综合解释、层序地层解释、岩性参数分析、储层评价及储量计算、地震岩石物理及叠前地震属性分析子系统等功能整合；并在此基础上开发集成特色软件包，依据勘探开发一体化的理念，在统一的数据平台及图形平台上，构建了 NEWS 综合地学研究平台和 NEWS 综合油藏研究平台，形成面向油气勘探和油气开发的两大解释软件产品系列；在软件版本上分别形成面向油气勘探和油气开发的单机版及企业网络版；在应用部署上，支持传统的单机版、服务器/客户端方式，也支持企业级云部署三种部署方式，可以适应不同的用户需求。

（二）技术内容及技术指标

1. 技术内容

（1）软件开发与集成平台研发

① 软件平台基本组件库完善与扩充。

目前 NEWS 软件开发平台具有了一套层次清晰，内容丰富，使用灵活的基本图形、数据组件库，它是建立面向油气解释领域专业软件平台的基础条件。随着解释技术及软件技术的不断发展，NEWS 系统针对特色技术集成的需求，不断完善、扩充了自身的基本组件库。

（a）数据组件的完善与扩充。

NEWS 系统完善了原有数据组件的组织结构，针对特色技术对数据的需求，用更细的层次描述专业数据，优化了数据存取速度，增加了组件访问接口，提高了组件工作效率和使用灵活性。

NEWS 系统扩展了数据管理的应用面，引入针对叠前数据的管理组件，实现了叠前大规模数据的高效管理，形成了叠前至叠后的完整数据管理流程；对油田开发数据的需求，扩充了相关数据组件，满足了技术集成对数据的要求；研发了基于 OpenSpirit 的第三方数据访问组件，增强 NEWS 系统和其他商用软件间的互通性。

（b）图形组件完善与扩充。

NEWS 系统使用 Qt 图形库的先进技术，对原有图形组件进行移植改造，提高组件的界面美观度，加强组件的操作易用性；针对特色技术集成需求，研发了新的专业图形组件，面向同类需求，提供了功能全面的专业组件，缩短了技术集成的工作周期，提高了开发效率。

② 软件平台专业应用框架完善与扩充。

NEWS 系统在基本组件库的基础上，通过对解释专业领域对软件功能需求的分析，进行了专业功能整合，提炼出了具有共性的专业应用框架，配合相关框架机制，实现了快速有效的技术方法集成，缩短软件研发周期。

（a）平面、剖面、井应用框架完善。

NEWS 系统改进了现有专业应用框架的使用方式，增加了更多的专业功能，提高了框架的专业功能整合度，优化了数据组织，提高了专业应用框架的运行效率。

（b）三维可视化应用框架扩充。

在完善原有三维可视化框架的基础上，NEWS 系统基于 OpenInventor 三维可视化图形库，扩充了面向专业技术集成需求的可视化框架，形成了从叠前应用到叠后解释到地质建模的一体化三维可视化应用框架。

（c）叠前专业应用框架研发。

根据叠前技术应用需求，在剖面框架的基础上，NEWS 系统研发了新的叠前应用框架，提供灵活的叠前数据查询手段，满足叠前应用的共性要求。

（d）框架相关机制完善。

为了更灵活方便的进行特色技术集成，NEWS 系统完善了功能 / 算法对象机制、软件功能插件机制以及系统通信机制。在框架相关机制的支持下，提高了专业应用框架易用性，提升了软件系统整体品质。

③基于多核、多线程并行计算框架。

针对 AVO 属性反演、叠前弹性参数反演、叠前方位各向异性参数反演及叠前波形反演等叠前反演计算量大的问题，NEWS 系统通过充分利用 PC 机的多核资源，提高了反演软件的计算能力，形成了一套面向储层预测及流体检测的通用并行计算框架，减少模块开发者并行开发的工作量。并行框架由工作线程和线程池两部分组成，涉及线程创建、调度、销毁，工作线程同步、等部分组成。

（a）工作线程。

基于 Pthread 线程库，NEWS 系统开发了几种典型的线程模板，方便并行算法开发人员基于该模板，针对不同的计算任务简单扩充模板实现并行编程。

（b）线程池。

线程池是工作线程的容器，负责工作线程的管理工作。包括创建和回收工作线程，为接收到的计算任务分配工作线程，工作线程间的同步和销毁工作。根据当需要执行的任务数目和任务的优先级别，数据存储方式研发了不同的线程调度和创建策略，保证了线程调度的效率，降低了空闲线程数目和系统资源的使用量。

（2）NEWS 系统特色技术集成

NEWS 系统集综合数据管理、叠前/叠后地震资料综合解释、井中资料综合解释、层序地层及地震沉积解释、开发储层精细描述以及地质成果图件制作等功能为一体，为地震、地质、测井及测试等多学科资料的综合研究与应用提供一体化综合研究平台。"十二五"期间，通过研发人员的不懈努力，NEWS 系统整合了目前石油地质、地球物理、测井等专业的先进技术和方法，形成了针对不同勘探阶段及地质目标的解决方案及技术流程。

①数据管理与成图技术。

NEWS 系统的一体化综合数据管理平台包含了油气田勘探开发各个阶段的各类专业数据，实现了包括下列数据的管理与编辑操作，包括研究区块的索引信息，钻井信息，地震测网、测线信息，用户信息，叠前/叠后地震数据体，测井曲线数据，井中地质数据及油/水井生产动态数据，地震断层/层位解释数据，构造分析数据，层序地层及地震沉积学分析数据，储层分析数据，地震岩石物理测试及分析数据，油气藏综合描述数据，油气田开发数据，油气藏地质模型等数据。

NEWS 系统包含地质成果图件制作、地质成果图件编辑、地质符号库等成图与制图功能模块，满足了油气勘探开发阶段多种地质成果图件工业制图输出的功能需求。

②复杂构造地质解释技术。

NEWS 系统在复杂构造解释方面形成了一系列特色技术和软件功能，包括支持逆断层解释与成图；支持地震属性叠合及融合显示、多窗口多属性剖面解释；采用面向断面的断层组合方式，能一次组合该断层错断的所有层位；组合断层有上升盘、下降盘标识，在断层组合时能自动判别断层的上升盘、下降盘；多样化断层组合方式；地震速度场与测井速度、地质分层及地震层位的约束和校正；支持多测网平面断层组合和网格化等值线成图；支持多源数据（地震层位、速度、沿层属性等）的网格化等值线成图；多样的时深转换方式。

③ 地震地层沉积研究技术。

NEWS 系统的地震沉积研究技术流程，参考了深度域地震剖面的多井对比结果使井间解释更合理；能够实现对古地貌、古沉积环境及沉积体系的恢复；地质年代域地震道波形分类解决了常规地震相分析的穿时现象；不同数据域同步解释技术使时间域与地质年代域地震交互分析更方便；地层切片体数据的连续浏览为沉积演化研究提供了直观的分析工具。

④ 裂缝检测技术流程。

NEWS 系统的裂缝检测软件包拥有目前一流的断裂及裂缝检测系列技术，为不同尺度断裂的高精度成像和致密储层裂缝检测提供了一套较完善的工具。叠后裂缝检测模块拥有目前一流的断裂及裂缝检测技术，为不同尺度断裂的高精度成像和致密储层裂缝检测提供了一套较完善的技术手段，包含了扩散滤波、构造滤波等边缘检测滤波技术，边缘检测及相似性横向变化检测技术，基于流体力学的地震张量计算技术，完整的第一、第二、第三代相干体技术，基于空间几何平面拟合的地层倾角、倾向技术，基于空间几何曲面拟合的构造曲率计算技术，地震振幅曲率计算技术，基于曲波变换的多尺度、多方向相干体技术等特色技术。叠前裂缝检测模块可以根据叠前地震道集的方位各向异性特征检测出致密储层及其他非常规储层的裂缝发育方位和裂缝发育强度。

⑤ 流体识别技术。

NEWS 系统的储层孔隙流体识别软件包为地震资料解释人员开展储层含油气性分析提供了一套较完善的工具。通过地震谱分解及吸收系数计算、叠前叠后联合解释、叠前弹性参数反演、以及地震岩石物理分析、沿层地震属性提取、储层横向预测等功能的组合应用，为地震资料解释人员提供了一个较完善的地震储层孔隙流体识别技术流程。地震谱分解模块拥有短时傅里叶变换、连续小波变换、广义 S 变换、子波分解等系列时频分析方法，为储层孔隙流体识别及砂泥岩薄储层预测等提供了一套较为完善的工具。

（3）特色软件包

① StratEasy 地震沉积解释软件包。

StratEasy 地震沉积解释软件包针对地层—岩性油气藏，为地球物理和地质人员进行地层沉积研究提供了一套完善的工具。通过对地震层序解释、地震沉积学解释、平面沉积相解释以及单井综合解释和多井综合对比等功能模块的组合应用，可以帮助解释人员应用钻井和地震资料完成井中沉积层序和沉积相分析、多井对比、地震层序和地震相分析、地震沉积学研究到平面沉积相解释的地层沉积研究全过程（图 7-4-4 ～图 7-4-7）。

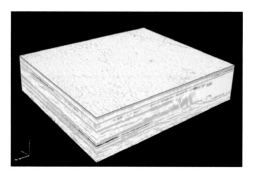

图 7-4-4　地层切片体图

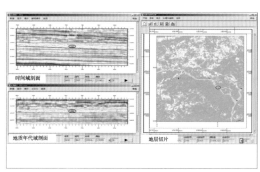

图 7-4-5　时间域、地质年代域剖面与地层切片联动解释

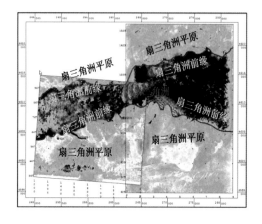

图 7-4-6　地层切片沉积解释

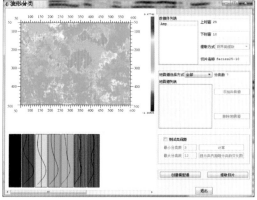

图 7-4-7　沿层地震道波形分类

② FracEasy 裂缝检测软件包。

FracEasy 裂缝检测软件包拥有目前一流的断裂及裂缝检测系列技术，为不同尺度断裂的高精度成像和致密储层裂缝检测提供了一套较完善的工具。该软件包继承了目前业内完善的技术方法，主要包括：扩散滤波、构造滤波等边缘检测滤波技术，边缘检测及相似性横向变化检测技术，基于流体力学的地震张量计算技术（图 7-4-8），

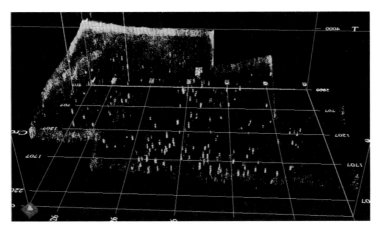

图 7-4-8 地震张量数据雕刻，圆柱状异常是溶洞的响应

完整的第一、第二、第三代相干体技术（图 7-4-9），基于空间几何平面拟合的地层倾角、倾向技术，基于空间几何曲面拟合的构造曲率计算技术，地震振幅曲率计算技术，基于曲波变换的多尺度、多方向相干体技术（图 7-4-10，图 7-4-11）等技术系列，为了提高软件计算效率和提升用户的工作效率，其中绝大部分算法都进行了并行化处理。

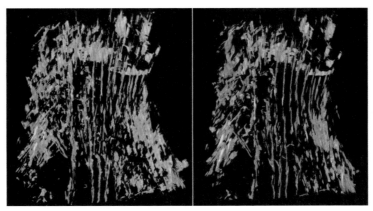

图 7-4-9 构造滤波前和构造滤波后相干体可视化对比

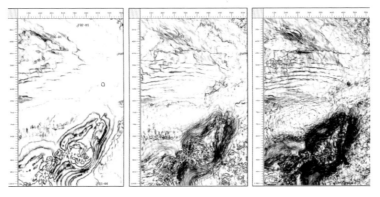

图 7-4-10 基于曲波变换的大、中、小尺度相干切片（从左到右）

③ SeisEasy 地震属性软件软件包。

SeisEasy 地震属性软件基于地震波衰减和薄层调谐理论，以频率谱分解为基础，开展地震频谱成像技术研究，集成了短时傅里叶变换、连续小波变换、广义 S 变换、子波分解（图 7-4-12）、匹配追踪等一系列时频分析方法，通过十数中吸收属性（图 7-4-13，图 7-4-14）的计算，为储层孔隙流体识别及砂泥岩薄储层预测等提供了一套较为完善的工具。

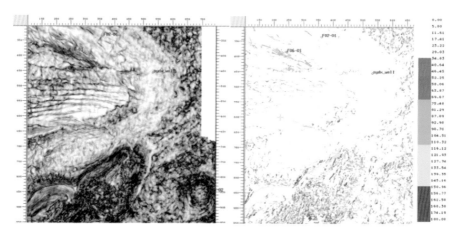

图 7-4-11 基于曲波变换的多方向相干切片和裂缝带走向切片

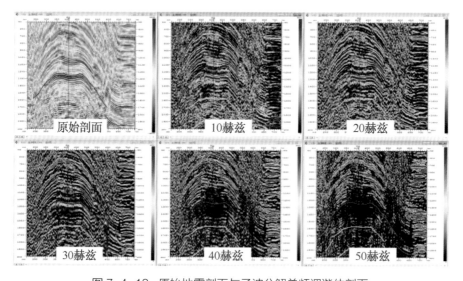

图 7-4-12 原始地震剖面与子波分解单频调谐体剖面

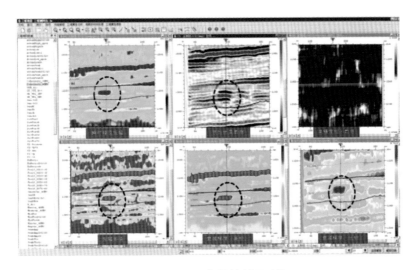

图 7-4-13　吸收属性剖面对比

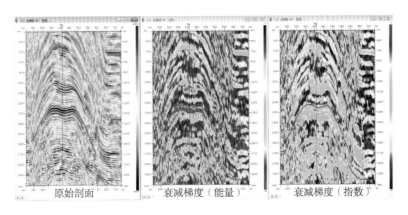

原始剖面　　　　　　衰减梯度（能量）　　　　　　衰减梯度（指数）

图 7-4-14　原始地震剖面与子波分解计算得到的吸收属性剖面

　　④ I–GeoSeis 地震地质综合解释软件。

　　I–GeoSeis 地震地质综合解释软件，即开发阶段的精细储层研究软件，是针对油田开发阶段进行井震结合储层描述的软件（图 7-4-15），软件充分利用油田开发阶段大量的地质资料与高分辨率三维地震资料进行精细标定，提高时深转换的精度；利用参考标准层地震反射界面与地质分层界面的匹配关系建立逼近研究单元的地层格架，提高界面追踪的等时性；利用地震属性与储层参数的相关性分析进行地质规律的识别，提高井间预测的可信度（图 7-4-16）；利用地震属性刻画的主体沉积微相作为约束条件进行研究单元沉积微相平面图的自动追踪（图 7-4-17），提高储层精细描述的效率。

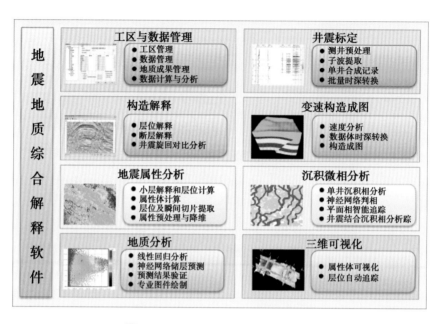

图 7-4-15 I-GeoSeis 的主要功能

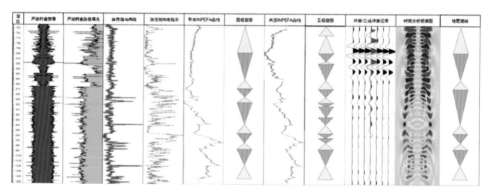

图 7-4-16 在单井解释环境中进行测井旋回与地震旋回的对比分析

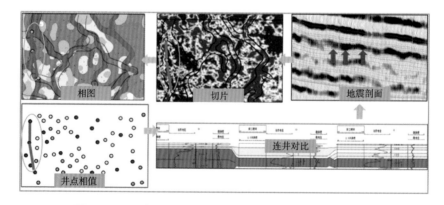

图 7-4-17 多种视图联动分析进行井震沉积微相平面的绘制

2. 技术指标

NEWS 系统由综合性数据平台、集成化图形平台、六个专业应用子系统和一系列的实用工具构成，数据平台涵盖了地震、地质、测井、测试的多个专业领域，融多学科勘探开发数据于一体，实现了多源数据的无缝相接，支持石油勘探开发领域中多学科（地震、地质、测井）综合研究。其数据平台的集成性和可扩展性居国内领先。

地震构造解释不仅具有与国外主流解释软件同样的解释功能，而且还提出了完整的"从剖面解释到断层组合，再到构造成图"的逆断层构造解释的解决方案，解决了国外解释软件在逆断层构造解释方面的不足。该解决方案和技术为 NEWS 系统专有，居国际领先水平。

钻井和测井资料解释从测井资料的泥质含量、孔隙度、饱和度等储层岩性、物性参数计算出发，到地层划分、岩性分析、沉积相分析、沉积旋回分析和储集层划分等单井地质综合解释，到参照深度域地震资料的多井地层对比、多井岩性层对比、多井沉积相对比、多井沉积旋回对比、多井储集层对比等多井地质综合分析功能，形成了一套较完整的井中资料综合分析工具。该技术系列丰富了油气综合解释的研究手段，其解决方案和技术居国内领先。

层序地层和地震沉积学解释从地震层序界面识别出发，进行地震地层和层序地层分析、体系域和海（湖）平面变化分析、地震沉积学分析。尤其是地震沉积学解释，使地震资料的地层沉积研究有了质的飞跃，由于地震沉积学主要是利用地震资料的平面特征来研究地层沉积的，它可以提供许多常规剖面和切片上无法看到的与地貌学和沉积模型相关的地震属性图像；通过对目标层段地层切片体从老到新连续观察，可以进行物源（水流）方向、水进水退等古地貌古环境分析；结合井中沉积特征可以对某一地质时期进行纵横向的沉积演化和沉积体系分析，为相控储层预测提供了一个有效手段。该技术在国内属首创，居国际先进水平。

储层预测和流体识别不仅具有常规的地震属性分析和提取、地震波阻抗反演等功能，还具备基于倾角导向的地层倾角、倾向，相干、曲率等不连续性检测功能；基于叠前地震数据的弹性参数反演功能；沿层地震属性综合评价、储层圈闭分析和油气藏储量计算等功能。尤其是基于地震岩石物理的岩石孔隙流体替换技术，可以进行横波速度预测、岩石和流体模型建立、流体替换及 AVO 地震正演模拟等，从而为常规地震勘探中储层物性、孔隙流体变化引起的地震属性参数的定性、定量解释提供可靠的依据，其一体化解决方案和技术居国际先进或国内领先水平。

采用软件开发与实际生产任务相结合的方法，通过集中培训、现场和在线即时的技术支持、软件过程化控制等手段，体现了国产软件根据需求及时变更的优势，探索了一条国产自主油气软件快速推广应用的技术线路。

（三）与国内外同类软件的对比

NEWS 系统是用于地震解释领域的专业软件，目前国内石油行业所用的地震解释软件主要来源于国外，其中最具代表性的是 Halliburton 公司的 Landmark、Schlumberger 公司的 GeoFrame，NEWS 系统与 Landmark、GeoFrame 的对比情况参见表 7-4-2。

表 7-4-2　NEWS 系统与 Landmark、GeoFrame 功能对比表

软件功能与应用领域	NEWS	Landmark	GeoFrame	功能对比
一体化软件平台	基于 Oracle 数据库的一体化数据平台	基于 Oracle 数据库的一体化数据平台	基于 Oracle 数据库的一体化数据平台	基本相当，OpenWorks 更强大一些
地震构造解释	地震层位标定 二维/三维地震构造解释 工区底图 速度分析	Syntool SeisWorks 2D/3D PowerView DepthTeam Express	Synthetics Seis2DV/3DV SeisTie InDepth Basemap Plus	整体功能相当，但 NEWS 有特色：具有完整的逆断层解决方案和面向断面的断层组合方式
地震地层沉积研究	层序地层解释 地震沉积解释 平面沉积相	StratWorks MapView	GeoFrame 地质综合研究（Geology Office）	NEWS 具有完整的地震地层沉积研究技术流程，Landmark 和 GeoFrame 只有部分功能
地震综合储层预测	常规属性分析 属性提取 叠后裂缝检测 地震频谱分解 叠后地震反演 叠前叠后联合解释/叠前裂缝检测 断层封堵分析 储层预测及评价	PAL PostStack PostStack ESP SpecDecomp DecisionSpace Well Seismic Fusion Full Well Seismic Fusion Rave	SATK MathCube SeisClass Variance Cube Seismic Spectral Decomposition LPM (Log Property Mapping) GeoPlot	都具有完整的技术流程，但 NEWS 功能更全，预测效果更好：①具有致密储层裂缝与溶洞预测技术系列（包括叠前裂缝检测），预测效果显著提高；②具有完整的地震谱分解技术系列，为地层沉积研究、砂泥岩薄储层预测及流体识别提供了一套较为完善的工具；③具有与 Jason 相当的叠后地震反演功能
地震孔隙流体识别	地震频谱分解 岩石物理分析 叠前叠后联合解释/AVO 属性分析 叠前弹性参数反演与流体因子反演	DecisionSpace Well Seismic Fusion Full Well Seismic Fusion	叠前叠后联合解释/叠前反演由 WesternGeco 集成在 Petrel 上	NEWS 具有较完整的地震孔隙流体识别技术流程，Landmark 和 GeoFrame 只有部分功能 NEWS 技术特色有：①储层岩石物理分析；②基于地震谱分解的流体识别；③具有完整的叠前弹性参数反演与流体因子反演功能
面向开发的储层精细描述	开发储层精细描述软件包	PetroWorks	GeoFrame 地质综合研究（Geology Office）	NEWS 具有完整的技术流程，Landmark 和 GeoFrame 只有部分功能

在软件技术和应用功能上整体与国外主流解释软件 Landmark 和 GeoFrame 相当。在地震构造解释方面拥有完整的逆断层解决方案；在地震地层沉积研究方面拥有以地震沉积学解释技术为特色的完整技术流程；在地震综合储层预测方面，NEWS 系统形成了针对不同地质目标的特色技术系列，如致密储层裂缝与溶洞预测技术、砂泥岩薄储层预测技术等，预测效果明显优于 Landmark 和 GeoFrame，可与目前业界公认的特色软件相比；在地震孔隙流体识别方面，NEWS 系统技术流程完善，其叠后裂缝检测、基于地震谱分解的流体识别等技术可与业界公认的特色软件相当。

（四）推广应用与知识产权情况

1．推广应用

（1）推广应用支持体系建设

通过多年的软件推广应用实践，NEWS 系统目前形成了较为成熟的软件产品技术支持服务体系和专业技术支持团队，从构成上而言包含有各项规范和流程、网站和技术支持队伍。

技术支持队伍是软件产品技术服务支持体系最为重要的构成，按照人员工作职能进行分类（图 7-4-18），NEWS 系统的推广应用支持体系包括安装人员、培训人员、技术支持人员、网站论坛维护人员、测试人员、销售人员和产品负责人。

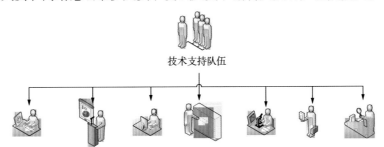

图 7-4-18　技术支持队伍的人员构成

NEWS 系统的推广应用支持体系建立软件缺陷收集处理流程、软件测试流程、软件发布流程、软件培训流程、现场技术服务流程、远程技术服务流程、网站信息发布流程、软件版本管理流程等八个流程，编制了《软件产品信息发布规范》《软件产品文档资料管理规范》《软件产品版本管理规范》《软件产品培训和现场支持规范》《软件产品用户反馈信息管理规范》等五个规范性文档指导软件技术支持和推广应用工作的开展。

此外，为了发挥网络和通讯方面的技术优势，NEWS 系统建立了专门的软件产品服务网，开通了热线电话，建立 QQ 用户群 242146474（院内）；179038722（院外），开通软件产品服务电子邮箱：support.swty@sinopec.com 和微信用户群。通过软件产品服务网（http://geosoftware.sgri.cn/），可以下载软件安装包、更新包、软件宣传资料、用户手册、操作手册、视频材料和典型案例等与软件产品相关的资料。

（2）NEWS 系统推广应用

根据 news 研发情况和市场需求，News 应用推广应用经历了三个阶段，一是内部推广应用、完善改进阶段，二是面向市场、免费推广阶段，第三阶段是打造特色、走向市场，实现商业化。

①中国石化内部推广应用，提升完善 News 软件。

NEWS 系统自 2006 年在中国石化 12 家油田企业科研院所进行试用，特别是 2009 年起，在中国石化总部由原总地质师蔡希源为组长的"NEWS 油藏综合解释软件推广应用领导小组"的带领下，在科技部和油田部的指导下，2010 年和 2011 年结合实际生产任务共完成 13 个区块 21 个项目的解释工作，集成各油田自主开发功能 5 项，取得了很好的实践应用效果，共有 4 个项目分别获得当年的科技进步三等奖。通过实践生产的检验，NEWS 系统在稳定性和技术先进性等方面得到了极大地提升，建立从软件安装、用户培训到现场和远程即时解答的完整技术服务支撑体系，并于 2011 年获中国石化科技进步一等奖。

②面向国内市场、免费推广，提升 News 行业影响力。

2012 年起，在没有总部项目支撑的情况下，本着推动技术进步、节约生产成本和服务于中国石化全局的理念，同时朝着大力发展具有自主知识产权地震勘探软件、打破国外技术壁垒和软件市场垄断的目标，物探院在完成方法技术研发的同时，将最新的研究成果形成软件产品集成到 NEWS 系统中，持续推动 NEWS 系统在中国石化内部免费推广应用，最新版本的 NEWS 系统坚持在各油田企业全面更新升级、推广、培训并进行技术支持。

2012 ~ 2014 年，NEWS 系统继续在国内的 20 多家科研院所、高校和生产单位进行推广应用，并在 50 余个科研、生产项目中取得了良好的应用效果。

③打造特色、迈向中高端，实现 NEWS 软件商业化。

2014 年起，NEWS 系统走特色化发展之路，通过两年时间的两次软件研发大会战，形成了 StratEasy 地震沉积解释软件包、FracEasy 裂缝检测软件包、SeisEasy 地震属性分析软件包三个特色软件包，软件品质进一步提升，并可以以云部署的方式为用户提供软件产品的使用。2015 年 9 月起，NEWS 特色版软件包先后在中国石化的勘探分公司、中原油田分公司、西南分公司进行了现场的推广应用和销售，累计完成 7 个项目的地震解释和地质研究工作，得到了油田单位的肯定；并进入中国石化软件采购系统。

2. 知识产权情况

"十二五"期间，NEWS 系统共获得软件著作权 4 件，国内授权的发明专利 5 项，中国石化科技进步奖一等奖 1 项，二等奖 1 项。发表论文 50 多篇。

主要参考文献

[1] 许俊良等 . 深海天然气水合物钻探取样钻柱振动模态分析 [J]. 天然气工业，2011，(1).

[2] 戴金岭等 . 天然气水合物钻探取样技术现状与实施研究 [J]. 西部探矿工程，2011，(1).

[3] 任红等 . 天然气水合物非干扰绳索式保温保压取样钻具研制 [J]. 探矿工程（岩土钻掘工程），2012，(6).

[4] 许俊良等 . 天然气水合物钻探取样技术现状与研究 [J]. 探矿工程（岩土钻掘工程），2012，(11).

[5] 王智锋等 . 天然气水合物深水深孔钻探取样系统研制 [J]. 天然气工业，2012，(5).

[6] 许俊良等 . Gas Hydrate Core Sample Height Research，10th International Conference On Gas in Marine Sediments.

[7] 任红等 .Test Research on Pressure –Temperature – Preserving Sampling Drilling Tool for gas hydrate，7th International Conference on Gas Hydrates.

[8] 任红等 .Research on Marine Gas Hydrate Drilling Sampler of China, Proceedings of the Tenth(2013)ISOPE Ocean Mining and Gas Hydrates

[9] 马清明等 . 天然气水合物钻探取样—WEPC 工具研制 [J]. 非常规油气，2014，(3).

[10] 陈忠帅 . YLRb-8100 液力加压取芯工具的研制及应用 [J]. 石油机械，2016，44(3).